AF513932

EUL VERLAG

Dissertation

zur Erlangung des akademischen Grades
Doctor rerum politicarum

Kontrollierte Auktionen

Eine Analyse privater Verkaufstransaktionen aus Perspektive des Veräußerers

Fachbereich:	Betriebswirtschaftslehre
Hochschule:	European Business School
Hochschulsignatur:	1540
Kandidat:	Dipl.-Kfm. Vera Kopp
Geburtsort:	Bad Homburg
Referenten:	Prof. Ulrich Hommel, Ph.D.
	Prof. Dr. Hartmut Kreikebaum
Einreichungstermin:	16. Oktober 2009
Prüfungstermin:	11. Dezember 2009

Reihe: Finanzierung, Kapitalmarkt und Banken · Band 73

Herausgegeben von Prof. Dr. Hermann Locarek-Junge, Dresden, Prof. Dr. Klaus Röder, Regensburg, und Prof. Dr. Mark Wahrenburg, Frankfurt

Dr. Vera Kopp

Kontrollierte Auktionen

Eine Analyse privater Unternehmensverkäufe aus Perspektive des Veräußerers

Mit einem Geleitwort von Prof. Ulrich Hommel, Ph.D.,
European Business School (EBS), Oestrich-Winkel

EUL VERLAG

Bibliografische Information der Deutschen Nationalbibliothek

Die Deutsche Nationalbibliothek verzeichnet diese Publikation in der Deutschen Nationalbibliografie; detaillierte bibliografische Daten sind im Internet über <http://dnb.d-nb.de> abrufbar.

Dissertation, European Business School (EBS), Oestrich-Winkel, 2009, unter dem Titel: Kontrollierte Auktionen – Eine Analyse privater Verkaufstransaktionen aus Perspektive des Veräußerers

D 1540

ISBN 978-3-89936-993-9
1. Auflage Dezember 2010

© JOSEF EUL VERLAG GmbH, Lohmar – Köln, 2010
Alle Rechte vorbehalten

JOSEF EUL VERLAG GmbH
Brandsberg 6
53797 Lohmar
Tel.: 0 22 05 / 90 10 6-6
Fax: 0 22 05 / 90 10 6-88
http://www.eul-verlag.de
info@eul-verlag.de

Bei der Herstellung unserer Bücher möchten wir die Umwelt schonen. Dieses Buch ist daher auf säurefreiem, 100% chlorfrei gebleichtem, alterungsbeständigem Papier nach DIN 6738 gedruckt.

Geleitwort

Auktionstheoretische Analysen sind in den vergangenen Jahren verstärkt in den Fokus der mikroökonomischen Forschung gerückt. Empirische Studien dokumentieren ferner, dass Auktionsverfahren auch in der unternehmerischen Praxis zunehmend an Bedeutung gewonnen haben. Vergleichsweise wenige Forschungsarbeiten haben sich vor diesem Hintergrund damit befasst, wie Auktionsverfahren in realen Verkaufssituationen ausgestaltet werden. Dies gilt insbesondere für Bereiche, in denen Auktionsverfahren als Mechanismus zur Preisfestsetzung nicht gesetzlich vorgeschrieben sind, wie bei der Veräußerung von Unternehmen im Rahmen außerbörslicher Transaktionen. An dieser Forschungslücke setzt die vorliegende Arbeit an.

In der Untersuchung wird zunächst der Zusammenhang zwischen den vom Verkäufer verfolgten Zielen im Rahmen des Veräußerungsprozesses und der Selektion eines bestimmten Verkaufsverfahrens hergestellt. Kontrollierte Auktionen mit einer begrenzten Bieteranzahl ermöglichen im Vergleich zum Exklusivverfahren oder aber einer offenen Auktion ohne Beschränkung des Teilnehmerkreises, sowohl den Vertraulichkeitsbedürfnissen des Verkäufers als auch seinem Ziel der Kaufpreismaximierung gleichzeitig zu entsprechen. Daher erfahren kontrollierte Auktionen bei der Veräußerung von Unternehmen eine breite Anwendung und bilden den Fokus der weiteren Analyse. Anschließend identifiziert die Autorin basierend auf dem theoretischen Fundament der managementorientierten Literatur einerseits sowie der auktionstheoretischen Literatur andererseits, welche konkreten Handlungsoptionen dem Verkäufer zur Strukturierung von kontrollierten Auktionen zur Verfügung stehen. Die beiden jeweiligen Literaturstränge beleuchten dabei isoliert einzelne relevante Aspekte für die Ausgestaltung kontrollierter Auktionen und liefern zum Teil widersprüchliche Erkenntnisse.

In einem weiteren Schritt werden daher beide Literaturstränge in Form einer Synthese zusammengeführt, um eine ganzheitliche Betrachtung des Untersuchungsgegenstands einnehmen zu können. Darüber hinaus überprüft die Autorin anhand von Ergebnissen aus Experteninterviews, inwieweit die in der Literatur erarbeiteten Handlungsempfehlungen in der unternehmerischen Praxis tatsächlich implementiert werden. Ferner wird anhand des Abgleichs der empirischen Ergebnisse mit denen beider Literaturstränge analysiert, auf welche Ursachen Divergenzen in der praktischen Vorgehensweise zurückzuführen sind. Weiterhin werden die Gründe für die teilweise gegensätzlichen

Erkenntnisse der managementorientierten sowie der auktionstheoretischen Literatur herausgearbeitet.

Mit dieser Arbeit ist es Frau Kopp auf überzeugende Art und Weise gelungen, eine sehr erkenntnisreiche und lesenswerte Untersuchung durchzuführen. Die Ergebnisse des empirischen Teils der Arbeit bieten zahlreiche Denkanstöße für weitere modelltheoretische Analysen und zeigen Verbesserungspotenziale hinsichtlich in der Literatur bisher unzureichend erfasster Problembereiche auf. Daher liefert die Arbeit einen wertvollen Diskussionsbeitrag für die Forschung. Zudem ist sie von hoher praktischer Relevanz, da die in den Experteninterviews generierten Ergebnisse ein besseres Verständnis für kritische Faktoren bei der Strukturierung von kontrollierten Auktionen ermöglichen. Ich wünsche der Arbeit eine weite Verbreitung und eine interessierte Aufnahme.

Oestrich-Winkel, im November 2010

Prof. Ulrich Hommel, Ph.D.

Vorwort

Viele Personen haben mich während der Anfertigung dieser Arbeit begleitet und maßgeblich zu ihrem Gelingen beigetragen. An dieser Stelle danke ich ihnen allen recht herzlich.

Zuerst ist mein Doktorvater, Herr Prof. Ulrich Hommel, Ph.D., zu nennen. Ulrich Hommel hat mich in jeder Phase meiner Dissertation unterstützt und sich immer die Zeit genommen, auftretende fachliche Herausforderungen konstruktiv zu diskutieren und somit die richtigen Impulse zu setzen. Durch seine freundliche und faire Art verstand er es, auch in schwierigen Phasen der Dissertationszeit zu motivieren. Ferner danke ich herzlich Herrn Prof. Dr. Hartmut Kreikebaum für die Übernahme des Koreferats meiner Arbeit.

Großer Dank gebührt meinen Interviewpartnern, die sich trotz ihres engen Terminkalenders die Zeit genommen haben, an der vorliegenden Untersuchung teilzunehmen. Ohne sie wäre diese Arbeit nicht möglich gewesen.

Meinen ehemaligen Lehrstuhlkolleginnen und -kollegen Dr. Hanna Lehmann, Dr. Mischa Ritter, Dr. Robert Vollrath und Jörg Welter sowie der guten Seele des Lehrstuhls, Frau Gudrun Fehler, danke ich für ihren unvergesslichen Teamgeist und eine abwechslungsreiche Assistentenzeit. Besonders erwähnt sei Dr. Philipp Baecker, auf dessen EDV-technische Hilfe im alltäglichen Kampf gegen LaTeX ich jederzeit zählen konnte.

Ein spezieller Dank gilt auch Frau Trudel Thullen, die immer ein offenes Ohr für mich hatte. Neben ihrer außerordentlichen Hilfsbereitschaft bei der rechtschreiblichen Überarbeitung des Textes stand sie mir stets mit praktischen Ratschlägen während und nach meiner Lehrstuhltätigkeit zur Seite. Frau Thessa von Hülsen danke ich für ihre hilfreichen Anregungen und Unterstützung bei der Vorbereitung des empirischen Teils der Arbeit.

Großer Dank gebührt ferner all meinen Freunden. Sie waren immer für mich da, wenn ich sie gebraucht habe und sehr verständnisvoll hinsichtlich der zeitlichen Einspannung während der Dissertationszeit. Außerordentliche Anerkennung gilt insbesondere Dr. Sarah Ali und Dr. Anna Magdalena Haslinger, auf deren Unterstützung ich mich zu jeder Tages- und Nachtzeit verlassen konnte. Dr. Sarah Ali hat mit unermüdlichem

Engagement die Dissertation durchgesehen und zahlreiche wertvolle neue Denkanstöße geliefert. Persönlich bin ich ihr dankbar für die tiefe Freundschaft, die in dieser prägenden Zeit entstand. Dr. Anna Magdalena Haslinger hat trotz ihres beruflich bedingten engen Zeitrahmens ebenfalls die gesamte Arbeit mit der erforderlichen Präzision und dem ihr eigenen Scharfsinn Korrektur gelesen. Mit ihrer positiven Sicht der Dinge sowie ihrem ansteckenden Humor hat sie mir zudem immer den notwendigen Ausgleich zu meiner Arbeit gegeben. Für ihre bedingungslose Freundschaft danke ich ihr herzlich.

Meine Eltern Margit und Wolfgang, mein Bruder Thore sowie meine Großeltern Gertrud, Mathilde und Wilhelm haben mir mit ihrer uneingeschränkten Unterstützung und ihrem Verständnis immer Halt und Zuversicht gegeben und mir diese Arbeit, wie so vieles andere auch, erst ermöglicht. Mein Mann Florian hat die unvermeidlichen kleinen und großen „Aufs“ und „Abs“ der Promotionszeit am unmittelbarsten miterlebt. Er hat es immer wieder verstanden, mich auf liebenswerte Art und Weise zu motivieren und mir stets den Rücken frei gehalten. Meiner Familie widme ich diese Arbeit in großer Dankbarkeit.

München, im November 2010

Vera Kopp

Inhaltsübersicht

Inhaltsverzeichnis

Abbildungsverzeichnis

Abkürzungsverzeichnis

3G	Third Generation
AEA	American Economic Association
AIJA	International Association of Young Lawyers
AktG	Aktiengesetz
Bd.	Band
BGB	Bürgerliches Gesetzbuch
BGH	Bundesgerichtshof
bspw.	beispielsweise
BT	Bundestag
bzgl.	bezüglich
bzw.	beziehungsweise
CA	California
CAPM	Capital Asset Pricing Model
CARA	Constant Absolute Risk Aversion
CEPR	Centre for Economic Policy Research
DARA	Decreasing Absolute Risk Aversion
DBW	Die Betriebswirtschaft
d.h.	das heißt
DStR	Deutsches Steuerrecht
ecgi	european corporate governance institute
et al.	et alii

evtl.	eventuell
f.	folgende
FAZ	Frankfurter Allgemeine Zeitung
FTD	Financial Times Deutschland
GA	Georgia
ggf.	gegebenenfalls
GmbH	Gesellschaft mit beschränkter Haftung
HBS-JFE	Harvard Business School - Journal of Financial Economics
HGB	Handelsgesetzbuch
Hrsg.	Herausgeber
IARA	Increasing Absolute Risk Aversion
i.d.R.	in der Regel
IFRS	International Financial Reporting Standards
IL	Illinois
IMF	International Monetary Fund
IPO	Initial Public Offering
i.V.	in Verbindung
Jg.	Jahrgang
KS	Kansas
LBO	Leveraged Buyout
LBS	London Business School
LMU	Ludwig-Maximilians-Universität
LSE	London School of Economics

M&A	Mergers & Acquisitions
MA	Massachusetts
MAC	Material Adverse Change
MBI	Management Buyin
MBO	Management Buyout
MI	Michigan
Mio.	Million
MN	Minnesota
NBER	National Bureau of Economic Research
NJ	New Jersey
NJW	Neue Juristische Wochenschrift
Nr.	Nummer
NY	New York
NYU	New York University
NZG	Neue Zeitschrift für Gesellschaftsrecht
OCS	Outer Continental Shelf
o. Jg.	ohne Jahrgang
o. V.	ohne Verfasser
plc	public limited company
RAND	Research and Development
resp.	respektive
S.	Seite
Sfb	Sonderforschungsbereich

SIFR	Swedish Institute for Financial Research
sog.	so genannt
SPSS	Superior Performance Software System
UMTS	Universal Mobile Telecommunications System
US	United States
USD	US-Dollar
u.U.	unter Umständen
v.a.	vor allem
vgl.	Vergleiche
vs.	versus
WACC	Weighted Average Cost of Capital
Wahrsch	Wahrscheinlichkeit
WiSt	Wirtschaftswissenschaftliches Studium
WpHG	Gesetz über den Wertpapierhandel
WpÜG	Wertpapiererwerbs- und Übernahmegesetz
W Va	West Virginia
z.B.	zum Beispiel
ZfB	Zeitschrift für Betriebswirtschaft
zfbf	Schmalenbachs Zeitschrift für betriebswirtschaftliche Forschung
z.T.	zum Teil

Symbolverzeichnis

$E[\ ]$ Erwartungswert

F Verteilungsfunktion von X

G Verteilungsfunktion von Y_1

N Anzahl der potenziellen Käufer

V Wertschätzung eines Bieters bei voneinander abhängigen Wertschätzungen

X Wertschätzung eines Bieters im Grundmodell unabhängiger, privater Wertschätzungen / private Informationen eines Bieters bei voneinander abhängigen Wertschätzungen

Y_1 Höchster Wert der Wertschätzungen aller anderen Bieter als Bieter 1

Π Auszahlung eines Bieters aus der Teilnahme an der Auktion

β Strategie eines Bieters

∞ unendlich

$\mathbb{R}$ Menge reeller Zahlen

b Gebot eines Bieters

f Dichtefunktion von X

g Dichtefunktion von Y_1

i Bieter i

k Anzahl aktiver Bieter bei einer Englischen Auktion

$m(x)$ erwartete Zahlung an den Verkäufer

p Preis, zu dem ein Bieter bei einer Englischen Auktion ausgeschieden ist

v Realisation der Zufallsvariablen V

x Realisation der Zufallsvariablen X

1 Einleitung

1.1 Problemstellung und Zielsetzung

In einer Auktion erfolgt die Zuteilung eines zu veräußernden Objekts und die Preisermittlung anhand zuvor definierter Regeln und auf Grundlage der Gebote der Erwerbsinteressenten. Charakteristisch für Auktionen ist, dass stets mehrere potenzielle Käufer in den Verkaufsprozess involviert sind.[1] Hierdurch resultiert eine Konkurrenzsituation zwischen den Interessenten, die auch als Bieterwettbewerb bezeichnet wird. Der Verkäufer verfügt demnach über die Möglichkeit, aus diversen Angeboten zu wählen. Dies verstärkt den Druck auf die Teilnehmer und resultiert üblicherweise darin, dass im Vergleich zu einer Verhandlungssituation ein höherer Kaufpreis erzielt wird.[2]

Aus diesem Grund haben Auktionen auch im Investmentbanking als alternatives Verfahren des Unternehmensverkaufs zunehmend an Bedeutung gewonnen.[3] Empirische Studien dokumentieren, dass im M&A-Sektor in Abhängigkeit vom jeweiligen Betrachtungszeitraum und der analysierten Grundgesamtheit bei 42% bis 52% der insgesamt beobachteten Verkaufstransaktionen eine Auktion eingesetzt wurde.[4]

---

1 Vgl. Dasgupta/Maskin (2000), S. 345; McAfee/McMillan (1987a). Zu weiteren charakteristischen Eigenschaften von Auktionen vgl. eingehender auch Abschnitt 3.1.1 der vorliegenden Arbeit.

2 Die Anwendung des Kriteriums der Preismaximierung resultiert jedoch nicht immer in einer volkswirtschaftlich effizienten Allokation; vgl. hierzu Krishna (2002), S. 5f. Das Ziel einer volkswirtschaftlichen Effizienzbetrachtung steht allerdings nicht im Vordergrund der vorliegenden Arbeit. Aus diesem Grund werden Auktionen auch nicht anhand dieses Kriteriums mit alternativen Verkaufsmechanismen verglichen.

3 Bereits im Jahr 2001 zeichnete sich auf dem Markt für privates Beteiligungskapital (Private Equity) die Tendenz ab, dass Projekte häufig verauktioniert werden; vgl. Freytag (2001), S. 14. Einige Transaktionen werden allerdings nicht explizit als Auktion dargestellt. Klemperer (1999) bemerkt vor diesem Hintergrund: „Other economic transactions, for example takeover battles, are auctions in effect if not in name.“; Klemperer (1999), S. 227.

4 Die Studien beziehen sich hierbei alle auf den US-amerikanischen Markt. Den mit 52% höchsten Anteil ermitteln dabei Aktas/de Bodt/Roll (2009), deren Untersuchung 591 Transaktionen im Zeitraum von 1998 bis 2006 umfasst; vgl. S. 56. Boone/Mulherin (2007) betrachten insgesamt 400 Transaktionen von 1989 bis 1999, von denen 51% als Auktionsverfahren ausgestaltet waren; vgl. S. 852. In einer weiteren Studie von Boone/Mulherin (2008), die den gleichen Beobachtungszeitraum abdeckt, wurde bei einer Gesamtzahl von 308 untersuchten Unternehmensverkäufen in 47% der Fälle eine Auktion durchgeführt; vgl. S. 4. Einen etwas niedrigeren Anteil i.H.v. 42% ermitteln Anilowski/Macias/Sanchez (2009), die von 1998 bis 2005 insgesamt 477 Transaktionen analysiert haben; vgl. S. 45. Einschränkend sei angemerkt, dass hierbei die von Anilowski/Macias/Sanchez (2009) aufgeführte Kategorie der feindlichen Übernahmeangebote zwecks Vergleichbarkeit mit den weiteren oben genannten Studien nicht berücksichtigt wurde.

Bei öffentlichen M&A-Transaktionen ist die Ausgestaltung des Verkaufsprozesses durch gesetzliche Rahmenbedingungen vorgegeben.[5] In Deutschland regelt das Wertpapiererwerbs- und Übernahmegesetz (WpÜG) den Kauf von Wertpapieren sowie Übernahme- und Pflichtangebote für börsennotierte Aktiengesellschaften. Eine auktionsähnliche Veräußerungssituation wird hierbei jedoch nicht durch den Verkäufer initiiert. Sie resultiert, wenn bspw. durch die Bekanntgabe der Erwerbsabsicht eines bestimmten Käufers weitere Interessenten auf das Zielunternehmen aufmerksam werden und ebenfalls ein Gebot einreichen. Der für diesen Fall durch den Gesetzgeber festgelegte Ablauf einer Unternehmensübernahme gleicht einer Englischen Auktion.[6] Auktionsprozess und -regel sind daher fixiert und nicht weiter durch den Verkäufer beeinflussbar.

Im Gegensatz dazu existieren bei privaten M&A-Transaktionen keinerlei Restriktionen hinsichtlich der Ausgestaltung von Auktionsprozess und -regel. Daraus ergeben sich vielfältige Strukturierungsoptionen für den Verkäufer und dementsprechend interessante Ansatzpunkte für die wissenschaftliche Forschung. Deren Relevanz ist auch vor dem Hintergrund zu sehen, dass private Verkaufstransaktionen gemäß den Erkenntnissen der Empirie im M&A-Sektor eine nicht zu vernachlässigende Rolle spielen.[7] Daher liegt der Fokus der vorliegenden Untersuchung auf privaten Verkaufstransaktionen.

Bei privaten Verkaufstransaktionen herrschen im Vergleich zu öffentlichen Transaktionen i.d.R. jedoch besondere Vertraulichkeitsanforderungen. Diese sind zum Einen darauf zurückzuführen, dass das Bekanntwerden der Veräußerungsabsicht im Markt in einer Verunsicherung der Angestellten sowie des Managements der Zielgesellschaft resultieren kann. In dieser Hinsicht sind negative Rückwirkungen auf das operative Ta-

---

5 Öffentliche Transaktionen werden im Gegensatz zu privaten Transaktionen über den Kauf von Aktien, die an der Börse gehandelt werden, abgewickelt; vgl. Killat (2002), S. 967.

6 In einer Englischen Auktion erhöhen die Bieter ihre Gebote sukzessiv, bis alle außer einem Teilnehmer aus dem Verkaufsprozess ausgeschieden sind. Der verbliebene Bieter erhält die Zuteilung und muss einen Preis in Höhe seines Gebots entrichten. Aufgrund der Offenheit der Gebote sind hierbei die von den ausscheidenden Bietern offerierten Preise für sämtliche Mitwettbewerber beobachtbar; vgl. hierzu auch Abschnitt 3.1.4.3 der vorliegenden Arbeit. Unterschiede zu einer Englischen Auktion ergeben sich bei öffentlichen Übernahmeangeboten insbesondere durch den zeitlichen Ablauf, in dem die Gebote eingehen und das Verfahren durchgeführt wird. Die Zeitperiode bis zur Beendigung einer Englischen Auktion ist i.d.R. relativ kurz, wohingegen aufgrund der Annahmefristen der Aktionäre die „Versteigerung“ eines Unternehmens länger andauert. Aus diesen Überlegungen heraus wird offensichtlich, dass die Bieter sich bei einer Unternehmensübernahme weitere Informationen beschaffen können, was bei einer Englischen Auktion nicht der Fall ist; vgl. hierzu auch Fishman (1988), S. 89.

7 In der Grundgesamtheit von Officer (2007), die 12.716 Transaktionen im Zeitraum von 1979 bis 2003 abdeckt, war das Zielunternehmen in nahezu 65% der Fälle nicht börsennotiert; vgl. S. 572 und S. 577. Zu ähnlichen Ergebnissen gelangen Capron/Shen (2007), die im Beobachtungszeitraum von 2000 bis 2004 Anteile privater Transaktionen an den insgesamt durchgeführten Akquisitionen i.H.v. 60% bis 75% ermitteln; vgl. S. 891.

gesgeschäft denkbar. Zum Anderen ist es nicht im Interesse des Verkäufers, unternehmensinterne Daten, die ggf. auch bei nicht erfolgter Zuteilung gegen ihn oder aber den neuen Eigentümer verwendet werden können, einem breiten Personenkreis zugänglich zu machen. Das Ziel der Wahrung der Vertraulichkeit ist hierbei v.a. konfliktär zu denen der Kaufpreismaximierung und der Transaktionssicherheit zu sehen. Während eine Vielzahl an Bietern eine geringere Diskretion impliziert, ist die Wahrscheinlichkeit für einen Abschluss zu einem unter wettbewerblichen Bedingungen gebildeten Preis höher.[8] Insofern ist bzgl. der im Rahmen der Transaktion verfolgten Zielsetzungen eine Gewichtung vorzunehmen, die letztlich in eine Zielhierarchie eingeht.[9]

Aus der Zielhierarchie des Veräußerers lassen sich demnach Anforderungen an das Verkaufsverfahren ableiten, die bei dessen konkreter Strukturierung zu berücksichtigen sind. Bei kontrollierten Auktionen werden zwar mehrere Bieter zum Verkaufsprozess zugelassen, die Teilnehmerzahl ist aber insgesamt beschränkt.[10] Vor dem oben dargestellten Problemhintergrund zeichnen sich kontrollierte Auktionen insbesondere dadurch aus, dass sowohl spezifischen Vertraulichkeitsbedürfnissen als auch den Zielen, einen definitiven Abschluss zu einem angemessen Preis zu realisieren, entsprochen werden kann. Daher erfahren kontrollierte Auktionen im Rahmen von privaten M&A-Transaktionen eine verbreitete Anwendung. Beispielhaft lassen sich die Veräußerungen von Anteilen an der Postbank,[11] der Beteiligung an Evonik Industries[12] sowie der Generika-Sparte von Merck[13] anführen.

Hat sich der Verkäufer zur Durchführung einer kontrollierten Auktion entschieden, stehen ihm in der Praxis zahlreiche Entscheidungsvariablen zur Verfügung, deren tat-

---

8 Ein Höchstmaß an Vertraulichkeit lässt sich im Rahmen von M&A-Transaktionen prinzipiell durch Anwendung eines Exklusivverfahrens erreichen. Aufgrund des Sachverhalts, dass hierbei jedoch nur mit einer Partei verhandelt wird, sind allerdings negative Rückwirkungen auf die Höhe des erzielbaren Kaufpreises denkbar. Bei Scheitern der Verhandlungen kann zudem nicht zügig auf alternative Interessenten zurückgegriffen werden, weshalb die Sicherstellung der Transaktionssicherheit problematisch ist; vgl. hierzu Achleitner (2001), S. 207 sowie die Ausführungen in Abschnitt 2.3.2.1 der vorliegenden Arbeit. Im Gegensatz dazu sind bei sog. offenen Auktionen, in denen die Verkaufsabsicht publik gemacht wird, um eine möglichst hohe Teilnehmeranzahl für den Verkaufsprozess zu gewinnen, der Abschluss sowie eine Kaufpreismaximierung sehr wahrscheinlich. Allerdings kann spezifischen Vertraulichkeitsanforderungen des Verkäufers nur sehr eingeschränkt entsprochen werden; vgl. Illenberger/Berlage (1991), S. 442f. sowie Abschnitt 2.3.2.2 der vorliegenden Arbeit.

9 Zur Zielhierarchie des Verkäufers sowie sich hieraus ergebenden Implikationen im Hinblick auf die Selektion eines spezifischen Veräußerungsverfahrens vgl. detailliert auch Abschnitt 2.3 der vorliegenden Arbeit.

10 Vgl. Weihe (2004), S. 44 sowie Abschnitt 2.3.2.3 der vorliegenden Arbeit.

11 Vgl. hierzu Bastian/Benders/Nagl (2008), S. 1.

12 Vgl. hierzu Hennes (2008), S. 15.

13 Vgl. hierzu o.V. (2007), S. 21.

sächliche Inanspruchnahme von seiner spezifischen Zielhierarchie abhängt. Vor diesem Hintergrund sind insbesondere die generelle Ausgestaltung des Auktionsprozesses und der Auktionsregel sowie Maßnahmen zur Förderung des Bieterwettbewerbs, seine Informationspolitik und der optionale Einsatz von Produkten, die die Erreichung einzelner Ziele weiter unterstützen, anzuführen.

Die wissenschaftliche Literatur, die sich mit hieraus resultierenden Fragestellungen beschäftigt, kann in zwei verschiedene Stränge untergliedert werden: Zum Einen in die managementorientierte M&A-Literatur, deren Fokus primär auf der Strukturierung des Prozesses der kontrollierten Auktion liegt. Idealtypisch werden die drei Phasen der Vorbereitung und Analyse, der Durchführung sowie der Vertragsverhandlungen und des Abschlusses betrachtet. Die Auktionskomponente im Sinne eines durch die Abgabe der Gebote entfachten Bieterwettbewerbs kommt dabei v.a. in der Phase der Durchführung zum Tragen. Zum Anderen in die modelltheoretisch ausgerichtete Auktionsliteratur, die sich weiter differenzieren lässt. An dieser Stelle sind sowohl für die vorliegende Untersuchung relevante grundlegende auktionstheoretische Beiträge zu nennen als auch modelltheoretische Analysen, die explizit die Veräußerung von Unternehmen betrachten. Beide Ansätze widmen sich vornehmlich der optimalen Ausgestaltung der Auktionsregel sowie damit verbundenen Implikationen für den Bieterwettbewerb bzw. in Konsequenz für den vom Veräußerer erzielbaren Kaufpreis. Demnach wird in der auktionstheoretischen Literatur ein Teilaspekt des gesamten Verkaufsprozesses detailliert untersucht, wohingegen die managementorientierte Literatur einen breiteren, aber weniger in die Tiefe gehenden Blickwinkel einnimmt.

In den beiden Literatursträngen werden dabei zwar verschiedene im Rahmen von kontrollierten Auktionen relevante Einzelaspekte isoliert beleuchtet. Allerdings unterbleibt in der derzeitigen wissenschaftlichen Literatur eine ganzheitliche Betrachtung, in der auch den Zusammenhängen zwischen den diversen Einzelaspekten Rechnung getragen werden kann. Darüber hinaus liefert ein Abgleich der managementorientierten mit der auktionstheoretischen Literatur z.T. widersprüchliche Erkenntnisse, die vornehmlich die Ausgestaltung der Auktionsregel betreffen. An diesen beiden Punkten setzt die vorliegende Arbeit an.

Im Rahmen der vorliegenden Arbeit gilt es daher, die beiden Literaturstränge in Form einer Synthese zusammenzuführen und die voneinander abweichenden Resultate der wissenschaftlichen Literatur eingehend zu analysieren. Insbesondere der letztgenannte Sachverhalt wird daher im Rahmen einer qualitativ-empirischen Untersuchung in Form von Experteninterviews adressiert. Ferner lassen sich durch die Ergebnisse der Expertengespräche weitere Erkenntnisse generieren, die in der bisher vorliegenden wissenschaftlichen Literatur noch keine Berücksichtigung erfahren haben.

Forschungsrelevante Fragestellungen sind vor diesem Hintergrund zum Einen darin zu sehen, inwiefern die in der Literatur aufgezeigten Handlungsempfehlungen zu den einzelnen Entscheidungsvariablen des Verkäufers (Ausgestaltung Auktionsprozess und -regel, Informationspolitik des Verkäufers sowie Einsatz von die Zielerreichung unterstützenden Produkten) in der unternehmerischen Praxis umgesetzt werden. Hierbei ist es erforderlich, etwaige Gemeinsamkeiten und Unterschiede der Erkenntnisse der Expertengespräche sowohl im Hinblick auf die managementorientierte Literatur als auch auf die auktionstheoretische Literatur herauszuarbeiten. Zum Anderen ist es von Interesse, auf welche Ursachen ggf. vorhandene Divergenzen in der praktischen Vorgehensweise zurückzuführen sind. Die Ursachenforschung ermöglicht es zudem, die teilweise gegensätzlichen Erkenntnisse der Literatur zu ergründen.

Des Weiteren können aus theoretischer Perspektive Ineffizienzen resultieren, sollte von den in der Literatur vorgeschlagenen Handlungsempfehlungen abgewichen werden. Insofern ist zu klären, inwiefern in der unternehmerischen Praxis ergänzende Maßnahmen bei kontrollierten Auktionen existieren, mittels derer aus theoretischer Sicht existierende Unzulänglichkeiten in praktischer Hinsicht kompensiert werden können. Schließlich ist zu beantworten, inwieweit zwischen den in der Literatur betrachteten abgegrenzten Teilaspekten kontrollierter Auktionen Interdependenzen bestehen. Vor diesem Kontext sind aus einer ganzheitlichen Betrachtungsweise resultierende Effekte zu evaluieren, die zu einer Veränderung der bisher in der Literatur dargelegten Erkenntnisse führen.

Forschungsziel ist demzufolge einerseits eine Überprüfung der existierenden Theorie durch den Abgleich der Erkenntnisse der Literatur mit denen aus der unternehmerischen Praxis. Diese kann allerdings nicht falsifikatorisch, sondern lediglich bestätigend sein.[14] Darüber hinaus wird durch die detaillierte Untersuchung eines bisher nur in Einzelaspekten in der Literatur behandelten Themenbereichs die bestehende Theorie weiterentwickelt. Der Beitrag der aus der ganzheitlichen Betrachtungsweise resultierenden Erkenntnisse betrifft dabei insbesondere die managementorientierte M&A-Literatur, da diese im Rahmen einer kontrollierten Auktion zu leistende Prozessschritte, wenn

[14] Vgl. hierzu Tufano (2001) S. 183.

auch nicht kohärent, von der Phase der Vorbereitung und Analyse bis zu den Verhandlungen resp. dem Abschluss betrachtet. Die Untersuchungsergebnisse können zudem neue Denkanstöße für modelltheoretische Analysen liefern, z. B. indem die in der Praxis angewandten Auktionsregeln oder der Prozessablauf spieltheoretisch abgebildet, alternative Annahmen getroffen oder Nebenbedingungen berücksichtigt werden.[15] Andererseits lassen sich durch die im Rahmen der vorliegenden Arbeit gewonnenen Erkenntnisse auch Empfehlungen für die unternehmerische Praxis ableiten. Dies ist der Fall, da bisher noch keine empirische Arbeit die konkrete Ausgestaltung des Verkaufsverfahrens der kontrollierten Auktion sowie damit verbundener Entscheidungsvariablen des Verkäufers untersucht hat. Die in den Expertengesprächen gewonnenen Erkenntnisse helfen dabei, ein besseres Verständnis für kritische Faktoren in den einzelnen Phasen der kontrollierten Auktion zu entwickeln und mögliche Verbesserungspotenziale bzgl. in der bisherigen Literatur unzureichend erfasster Problembereiche aufzuzeigen.

1.2 Forschungsansatz

Die Wahl eines bestimmten Forschungsansatzes ist stets vor dem Hintergrund des Wissenschaftsverständnisses einer Disziplin zu verstehen. Die Betriebswirtschaftslehre als Sozialwissenschaft ist dabei den Realwissenschaften zuzuordnen, die die „Beschreibung, Erklärung und Gestaltung empirisch [...] wahrnehmbarer Wirklichkeitsausschnitte“[16] zum Ziel haben.[17] Innerhalb der Realwissenschaften werden anhand der Kriterien der Entstehung und Art des Forschungsproblems, der Forschungsziele, der angestrebten Aussagen, dem Forschungsregulativ sowie der Fortschrittskriterien ferner die sog. Grundlagenwissenschaften und die anwendungsorientierten Wissenschaften unterschieden.[18] Während die Grundlagenwissenschaften Wirklichkeitsausschnitte mithilfe von Theorien und Modellen zu erklären versuchen, werden bei den anwendungsorientierten

---

15 Jensen et al. (1989) bemerken vor diesem Hintergrund: „Clinical studies help set the agenda for both theory and empirical work.“; Jensen et al. (1989), S. 4.

16 Ulrich/Hill (1976), S. 305.

17 Da Realwissenschaften zusätzlich zum logischen Wahrheitskriterium dem Kriterium der faktischen Wahrheit unterworfen sind, gehören hierzu die empirischen Wissenschaften. Im Gegensatz dazu besteht das Ziel der Formalwissenschaften darin, logisch überprüfbare Sprachen resp. Zeichensysteme zu konstruieren. Beispielhaft können die Philosophie, die Logik sowie die Mathematik angeführt werden; vgl. Ulrich/Hill (1976), S. 305f.

18 Vgl. Thommen (2004), S. 134-137.

Wissenschaften primär menschliche Handlungsalternativen zur Gestaltung sozialer und technischer Systeme analysiert.[19]

Da in dieser Arbeit eine praktische Fragestellung resp. die Evaluation der bei kontrollierten Auktionen verfügbaren Handlungsoptionen des Verkäufers unter Berücksichtigung seiner spezifischen Zielhierarchie Ausgangspunkt der Analyse ist, folgt diese dem Wissenschaftsverständnis der anwendungsorientierten Forschung.

Die vorliegende Untersuchung beantwortet die Forschungsfragen, indem durch Experteninterviews Daten über den Untersuchungsgegenstand erhoben werden.[20] Dieser Ansatz findet vorwiegend in der qualitativen Sozialforschung Anwendung.[21] Grundsätzlich werden Experteninterviews bei Analysen eingesetzt, in denen die Tiefenperspektive der Befragten eine bedeutende Rolle spielt. Im Vergleich zu quantitativ-empirischen Studien ist die Stichprobe von geringerem Umfang.[22] Experteninterviews sind überwiegend explorativ und dienen der Entwicklung von Forschungshypothesen sowie der Ableitung von Typologien und Kategoriensystemen. Sie können auch als Ergänzung und zur Validierung anderer Forschungsinstrumente eingesetzt werden.[23]

Aufgrund des im vorherigen Abschnitt aufgezeigten Problemhintergrunds der z.T. in der wissenschaftlichen Literatur vorliegenden widersprüchlichen Erkenntnisse sowie v.a. der isolierten Analyse einzelner bei kontrollierten Auktionen auftretender Fragestellungen, ist eine quantitativ-empirische Vorgehensweise in Form standardisierter Interviews oder Fragebögen jedoch mit Problemen behaftet.

Charakteristisch für standardisierte schriftliche oder aber mündliche Befragungen ist es, den Befragten Antwortkategorien, aus denen sie wählen können, vorzugeben.[24] Zum Einen sind die in einer standardisierten Vorgehensweise zu beantwortenden Themenbereiche daher vorab klar zu definieren. Insofern besteht grundsätzlich die Möglichkeit, dass ggf. in der unternehmerischen Praxis vorhandene alternative Handlungsmöglichkeiten des Verkäufers, die weder in der managementorientierten noch in der aukti-

19 Vgl. Ulrich/Hill (1976), S. 305; Ulrich (2001), S. 56; Thommen (2004), S. 124.

20 Zur konkreten Vorgehensweise vgl. hierzu auch detaillierter Abschnitt 4.3 der vorliegenden Arbeit.

21 In der quantitativen Sozialforschung werden Leitfadeninterviews primär zur Erforschung explorativer Fragestellungen durchgeführt; vgl. Schnell/Hill/Esser (2005), S. 386.

22 Vgl. Scholl (2003), S. 67; Diekmann (2004), S. 445.

23 Vgl. Schnell/Hill/Esser (2005), S. 387; Diekmann (2004), S. 444. Vertreter der qualitativen Sozialforschung streben zusätzlich die Überprüfung von Theorien an; vgl. Diekmann (2004), S. 444.

24 Vgl. Atteslander/Kopp (1999), S. 156f.; zur Vorgabe von Antwortkategorien bei standardisierten mündlichen Befragungen vgl. Schnell/Hill/Esser (2005), S. 323.

onstheoretischen Literatur untersucht wurden, gar nicht erfasst werden. Denkbar sind hierbei z.B. Maßnahmen des Verkäufers, die er nach dem eigentlichen Auktionsbeginn ergreifen kann, um den Bieterwettbewerb zu fördern. Diese Option wird bspw. in der derzeitigen wissenschaftlichen Literatur nicht behandelt.

Auch wenn bisher zwar nicht in der Literatur adressierte, aber dennoch für den Untersuchungsgegenstand relevante Themenbereiche identifiziert werden können, würde sich die Formulierung geschlossener Fragestellungen als sehr schwierig erweisen. Vor diesem Hintergrund besteht zum Anderen die Gefahr, mitunter bedeutende Aspekte jenseits der vorgegebenen Antwortkategorien zu vernachlässigen.[25] Auch im Hinblick auf den im Rahmen der vorliegenden Arbeit vorzunehmenden Abgleich der Ergebnisse der Experteninterviews mit denen der wissenschaftlichen Literatur wäre die Verwendung geschlossener Fragen nicht adäquat. In Bezug auf die teilweise gegensätzlichen Erkenntnisse bzgl. der bei kontrollierten Auktionen optimalen Auktionsregel würde dies bedeuten, dass den Experten hierfür mögliche Gründe dargelegt würden, aus denen sie auswählen könnten. Insofern wäre das Forschungsergebnis durch den Forscher prädeterminiert, wohingegen offene Fragestellungen dem Befragten mehr Freiheitsgrade bei der Beantwortung einräumen. Das spezifische Wissen der Experten reicht zudem meist weit über vorgefertigte Kategorien hinaus.[26]

Ferner sollen im Rahmen der vorliegenden Arbeit Interdependenzen zwischen den einzelnen Entscheidungsvariablen des Verkäufers innerhalb der Phasen der Vorbereitung und Analyse, der Durchführung sowie der Verhandlungen und des Abschlusses aufgedeckt werden. Vor diesem Hintergrund sind eindimensionale, auf Skalen abgebildete Aussagen jedoch unzureichend, um komplexe Wirkungszusammenhänge zu erfassen.[27]

Trotz Verwendung sowohl geschlossener als auch offener Fragestellungen oder aber des Einsatzes sog. Hybridfragen, verbleibt zumindest im Rahmen einer schriftlichen Befragung die Unsicherheit, wer den Fragebogen tatsächlich beantwortet hat. Der Ex-

---

25 Vgl. Brüsemeister (2000), S. 374.

26 Vgl. hierzu auch Lamnek (1995b), S. 59.

27 Kleining (1995) empfiehlt eine qualitative Vorgehensweise, wenn „die Gegenstände und Themen, nach allgemeinem Wissensstand, nach Kenntnis des Forschers oder auch nur nach seiner Meinung, komplex, differenziert, wenig überschaubar, widersprüchlich sind oder wenn zu vermuten steht, daß sie nur als „einfach“ erscheinen, aber - vielleicht - Unbekanntes verbergen.“; Kleining (1995), S. 16.

pertenstatus kann somit nicht sichergestellt werden.[28] Weiterhin kann der Befragte einen schriftlichen Fragebogen vor der Beantwortung komplett durchlesen. Hierdurch werden vom Forscher eingesetzte Konstruktionen mit dem Ziel, Antwortverzerrungen zu vermeiden, wertlos.[29] Darüber hinaus stehen Eliten, zu denen die im Rahmen dieser Arbeit befragten Experten gehören, standardisierten Fragebögen mit eingeschränkten Antwortmöglichkeiten i.d.R. eher ablehnend gegenüber.[30]

Die Befragung wird persönlich vorgenommen, da die Nachteile der Alternative des telefonischen Interviews deren Vorteile überwiegen. Zwar werden Interviewereinflüsse auf die akkustische Dimension reduziert und die Gesprächssitutation wird von den Befragten als anonymer wahrgenommen. Allerdings besteht die Tendenz, dass sensitive Fragen seltener beantwortet werden, die Fragen insgesamt einfacher sein müssen und die Interviewdauer kürzer ist, so dass weniger detaillierte Informationen erhoben werden können. Dies steht dem Forschungsziel, zwecks einer ganzheitlichen Betrachtung umfassende Informationen über den Untersuchungsgegenstand zu gewinnen, entgegen. Auch sind die Begleitumstände der Interviewsituation wie z.B. ablenkende Reize, schwerer kontrollierbar.[31]

Abschließend geht die Wahl einer Untersuchungsstrategie mit einer bestimmten Logik einher, wie die Schlussfolgerungen über den Untersuchungsgegenstand gewonnen werden. Generell kann eine deduktive, eine induktive oder eine abduktive Vorgehensweise unterschieden werden. Die meisten Forschungsaktivitäten beinhalten Elemente aller oben genannten Strategien.[32] Die widersprüchlichen Erkenntnisse der Literatur legen eine stärker induktiv orientierte Vorgehensweise nahe. Die aus der Theorie abgeleiteten Ergebnisse werden allerdings bei der Entwicklung des Leitfadens berücksichtigt.[33]

---

28 Vgl. Schnell/Hill/Esser (2005), S. 359. Bei einer Hybridfrage werden ebenfalls geschlossene Antwortkategorien vorgegeben. Zusätzlich erhält der Befragte jedoch die Möglichkeit, alternative Antworten einzubringen; vgl. Schnell/Hill/Esser (2005), S. 333.

29 Schnell/Hill/Esser (2005), S. 360.

30 Vgl. Scholl (2003), S. 67. Der Begriff „Elite“ wird hier als Funktionselite und nicht als Positionselite verstanden, ausschlaggebend ist die Entscheidungskompetenz der Person; vgl. Meuser/Nagel (1994), S. 182.

31 Vgl. Bortz/Döring (2002), S. 242; Scholl (2003), S. 44f.; Atteslander (2003), S. 176.

32 Vgl. hierzu Bortz/Döring (2002), S. 299f.

33 Vgl. Brüsemeister (2000), S. 28f.

1.3 Einordnung der Themenstellung in die neoinstitutionalistische Theorie

1.3.1 Neoinstitutionalistische Theorie

Die neoinstitutionalistische Theorie modifiziert die Prämissen der Neoklassik in mehrfacher Hinsicht, so dass nicht mehr auf das reibungslose Funktionieren des Markts vertraut werden kann.[34] Sie basiert zwar ebenfalls auf den Annahmen des methodologischen Individualismus sowie der Nutzenmaximierung, allerdings wird der Begriff des methodologischen Individualismus neu interpretiert. Während in der Neoklassik ein Unternehmen als einheitliches Gebilde verstanden wird, das sich wie ein individueller Akteur verhält, liegt der Fokus der neoinstitutionalistischen Theorie auf den Handlungen der einzelnen Mitglieder des Unternehmens.[35]

Darüber hinaus hat die Annahme asymmetrisch verteilter Information[36] weitreichende Implikationen. In der neoinstitutionalistischen Theorie kann nicht mehr von einem vollkommen rationalen „homo oeconomicus" ausgegangen werden. Es liegt vielmehr eine eingeschränkte Rationalität vor.[37] Aufgrund der eingeschränkten Rationalität und der Tatsache, dass Unsicherheit bzgl. der Zukunft herrscht,[38] ist es wiederum unmöglich, vollständige Verträge abzuschließen. Die Alternative eines unvollständigen Vertrags ist jedoch stets mit einer höheren Unsicherheit behaftet, sofern die Möglichkeit besteht, dass sich die Vertragsparteien zur Verfolgung ihres Eigeninteresses opportu-

---

34 Die neoklassische Theorie geht davon aus, dass individuelle Akteure ihren Erwartungsnutzen maximieren („homo oeconomicus"), indem sie rationale Entscheidungen treffen (instrumentalisierte Rationalität). Das Untersuchungsobjekt der Analyse ist demnach stets das Individuum (methodologischer Individualismus). Der homo oeconomicus wählt dabei auf Grundlage seiner statischen, exogen gegebenen Präferenzstruktur, der ihm verfügbaren Informationen und externer Einschränkungen aus einer Menge an alternativen Handlungsmöglichkeiten. Bezüglich der ihm zur Verfügung stehenden Informationen wird perfekte und gleichverteilte Information, auch über die Wahrscheinlichkeitsverteilung stochastischer Prozesse, unterstellt. Unter diesen Voraussetzungen stellt der Marktmechanismus ein geeignetes Mittel dar, eine effiziente Allokation zu gewährleisten; vgl. Zinnbauer (2001), S. 5f.

35 Vgl. Furubotn/Richter (1991), S. 4f.

36 Informationsasymmetrien sind gegeben, sofern nicht alle Wirtschaftssubjekte dieselben Informationen bzgl. der für sie relevanten Variablen haben; vgl. Postlewaite (1987), S. 133.

37 Diese ist sowohl auf die Nichtexistenz kostenloser Informationen als auch auf Schwierigkeiten bei der Informationsverarbeitung zurückzuführen; vgl. Richter/Furubotn (2003), S. 4f.

38 Richter/Furubotn (2003) verwenden in diesem Zusammenhang auch den Begriff der „mangelnden Voraussicht"; vgl. Richter/Furubotn (2003), S. 100.

nistisch verhalten.[39] Institutionen dienen in diesem Modellrahmen dazu, individuelle Verhaltensweisen in eine bestimmte Richtung zu steuern. Sie vermindern durch ihre Wirkung die Unsicherheit menschlicher Beziehungen und erleichtern das Treffen von Entscheidungen, so dass die Koordinationskosten bestimmter Aktivitäten abnehmen.[40] Die Schaffung von Institutionen und deren Nutzung erfordert allerdings den Einsatz realer Ressourcen, wodurch Transaktionskosten verursacht werden.[41]

Einzelne Teilbereiche der neoinstitutionalistischen Theorie, die z.T. eng miteinander verbunden sind, beschäftigen sich daher zum Einen mit der Allokation und Ausgestaltung von Verfügungsrechten sowie deren Implikationen für die Anreize und das Verhalten von Individuen (Property-Rights-Theorie). Zum Anderen werden aus asymmetrischen Informationen resultierende Anreizprobleme sowie vertraglichen Lösungsmöglichkeiten analysiert (Prinzipal-Agent-Theorie). Ferner erfolgt eine Betrachtung der Auswirkungen von Transaktionskosten auf die Koordination wirtschaftlicher Leistungsbeziehungen (Transaktionskostentheorie).[42]

Die Theorie der Verfügungsrechte ist dabei grundlegend für die Prinzipal-Agent- und die Transaktionskostentheorie, da beide Theoriestränge die Allokation und Ausgestaltung der Verfügungsrechte als gegebene Größe unterstellen.[43] Dies gilt auch für die vorliegende Arbeit, weshalb in der weiteren Vorgehensweise die Prinzipal-Agent- sowie die Transaktionskostentheorie näher erläutert werden.[44]

---

39 Vgl. Williamson (1987), S. 49. Williamson (1987) versteht unter Opportunismus eigennütziges Verhalten unter der Zuhilfenahme von List; vgl. S. 47.

40 Vgl. Richter/Furubotn (2003), S. 7f. Picot/Dietl/Franck (2002) bezeichnen Institutionen auch als Surrogate für die eingeschränkte Rationalität der Handelnden; vgl. S. 40.

41 Vgl. Richter/Furubotn (2003), S. 12f.

42 Vgl. Richter/Furubotn (2003), S. 40-42. Die Prinzipal-Agent-Theorie (Vertretungstheorie) ist ein Teilgebiet der Ökonomischen Vertragstheorie. Letztere wiederum setzt sich zudem aus der Theorie relationaler Verträge sowie der Theorie sich selbst durchsetzender Verträge zusammen; vgl. Richter/Furubotn (2003), S. 41f und S. 171f. Die Theorien relationaler sowie sich selbst durchsetzender Verträge sind für diese Arbeit von untergeordneter Bedeutung und werden daher nicht weitergehend behandelt.

43 Vgl. Picot/Dietl/Franck (2002), S. 94. Williamson bemerkt in diesem Zusammenhang: „Both agency theory and transaction cost economics take the property rights, whatever these may be, as given and examine how the parties contract within the rules (institutional environment) of the game.“; Williamson (1990), S. 67.

44 Verfügungsrechte sind als Eigentum an sozial anerkannten Handlungsrechten zu sehen; vgl. Alchian/Demsetz (1973), S. 17. Bezogen auf eine Ressource, berechtigen die Handlungsrechte zur Nutzung (usus), zur Veränderung inkl. der Veräußerung (abusus) sowie zur Aneignung der Erträge aus der Nutzung (usus fructus); vgl. Erlei/Leschke/Sauerland (1999), S. 272. Über die von den Handlungsrechten ausgehende Anreizwirkung wird dabei das Verhalten von Entscheidungsträgern beeinflusst; vgl. Furubotn/Pejovich (1972), S. 1138f. Problematisch ist allerdings, dass sich bei Existenz positiver Transaktionkosten die Verfügungsrechte nicht vollständig spezifizieren, zuteilen, überwachen und durchsetzen lassen; vgl. Richter/Furubotn (2003), S. 89 und S. 105.

Der Fokus der Prinzipal-Agent-Theorie liegt auf Anreizproblemen vor oder nach Vertragsabschluss, die auf Informationsasymmetrien zurückzuführen sind sowie auf Lösungsmöglichkeiten derartiger Konflikte. Normative Ansätze der Prinzipal-Agent-Theorie orientieren sich an der Mikroökonomie, indem eine individuelle Nutzenfunktion unter Nebenbedingungen maximiert wird. Positive Ansätze der Prinzipal-Agent-Theorie sind nicht-mathematisch, empirisch ausgerichtet.[45]

Grundlegend für die Prinzipal-Agent-Theorie ist die vertragliche Beziehung zwischen dem Prinzipal als Auftraggeber und dem Agenten als Beauftragten.[46] Sie ist dadurch gekennzeichnet, dass der bzw. die Prinzipale Entscheidungsbefugnisse an den Agenten delegieren. Der Agent wiederum soll im Interesse des Prinzipals vertraglich spezifizierte Aufgaben wahrnehmen. Sind beide Vertragsparteien Nutzenmaximierer, stimmen deren Interessen nicht zwingend überein.[47] Der Prinzipal wird daher versuchen, diese Interessensdivergenz zu eliminieren, wobei allerdings sog. Agency-Kosten anfallen.[48]

Da der Fokus der Arbeit auf dem Veräußerungsmechanismus der kontrollierten Auktionen liegt, d.h. der Phase bis zum Vertragsabschluss, bleiben nach Vertragsabschluss auftretende Konflikte im Folgenden unberücksichtigt.[49] Sind bestimmte individuelle Ei-

45 Vgl. Richter/Furubotn (2003), S. 176. Die Unterscheidung geht zurück auf Jensen (1983), S. 334.

46 Vgl. zur Definition der Prinzipal-Agent-Beziehung auch Ross (1973), S. 134.

47 Vgl. Jensen/Meckling (1976), S. 308. Vertragsbeziehung in einem Unternehmen spezifizieren vor diesem Hintergrund insbesondere die Art der Residualrechte sowie die Allokation der einzelnen Phasen des Entscheidungsprozesses auf die verschiedenen Vertragspartner. Die Residualrechte stehen der Partei zu, die das Residualrisiko trägt, welches in der Differenz der stochastischen Zuflüsse aus dem Einsatz der unternehmerischen Ressourcen und den den weiteren Vertragsparteien zugesicherten Zahlungen entspricht. Der Entscheidungsprozess in einem Unternehmen kann generisch in die Kategorien Entscheidungsmanagement und Entscheidungskontrolle untergliedert werden; vgl. Fama/Jensen (1983b), S. 302-304 sowie Fama/Jensen (1983a), S. 328. Obliegt das Entscheidungsmanagement Personen, die nicht wesentlich am Residualrisiko partizipieren, liegt eine Interessensdivergenz zwischen dem Entscheidungsträger und den Inhabern der Residualrechte vor. Der Entscheidungsträger wird diese Situation umso mehr zu seinen Gunsten auszunutzen, je weniger effektiv die Kontrollsysteme ausgestaltet sind. Dieses Problem wird in der Literatur auch als Problem der „Trennung von Eigentum und Kontrolle“ bezeichnet. Vgl. Fama/Jensen (1983b), S. 304f., 307f. und 312.

48 Diese bestehen zum Einen in den Überwachungskosten (monitoring costs) des Prinzipals. Zum Anderen kann der Agent sog. Bindungskosten (bonding costs) aufwenden, um dem Prinzipal eine Art Garantie für ein mit dessen Interessen konformes Verhalten zu geben. Des Weiteren ist an dieser Stelle der Residualverlust (residual loss) zu nennen. Er kennzeichnet den Verlust, der nach Überwachungs- und Bindungskosten aufgrund der zu kostspieligen vollständigen Durchsetzung der Verträge und der damit einhergehenden nicht vollkommenen Interessensgleichheit auftritt; vgl. Jensen/Meckling (1976), S. 308.

49 Daher sei an dieser Stelle nur kurz auf denkbare Schwierigkeiten nach Vertragsabschluss verwiesen: Zum Einen existieren sog. „moralische Risiken“ (moral hazard). Oftmals kann der Prinzipal die Handlungen des Agenten nicht zu vernünftigen Kosten überwachen, oder aber ein direkter Rückschluss vom Ergebnis auf die Anstrengung des Agenten ist unmöglich, da das Resultat auch von exogenen Faktoren abhängt. Nutzt der Agent diesen Informationsvorsprung aus, liegt das Problem in der „versteckten Handlung“ (hidden action) des Agenten. Zum Anderen besteht die

genschaften des Agenten oder aber der von ihm zu erbringenden Leistung vorab nicht beobachtbar, liegen sog. „versteckte Eigenschaften" (hidden characteristics) vor. Die Ausnutzung eines derartigen Informationsvorsprungs, z.B. indem der Agent Schwächen verheimlicht bzw. sich besonders vorteilhaft darstellt, führt zu Problemen der Adversen Selektion, d.h. der Auswahl schlechter Vertragspartner.[50]

Lösungsmöglichkeiten dieses Konflikts setzen daher an der Reduktion der Informationsasymmetrien sowie der Auflösung der Zielkonflikte an.[51] Eine Reduktion der Informationsasymmetrie vor Vertragsabschluss kann sowohl vom Prinzipal als auch vom Agenten ausgehen. Sämtliche Aktivitäten der schlechter informierten Vertragspartei, d.h. des Prinzipals, die darauf gerichtet sind, seinen Informationsstand zu verbessern und das Risiko der Auswahl schlechter Vertragspartner zu reduzieren, werden als „Screening" bezeichnet.[52] Ergreift die besser informierte Vertragspartei, d.h. der Agent, die Initiative, kann dieser über die Vermittlung glaubwürdiger Signale das Informationsgefälle abbauen. Die Glaubwürdigkeit wird dadurch hergestellt, dass die Imitation des Signals für Nachahmer zu kostspielig ist.[53]

Eine weitere Alternative ist eine Ausgestaltung der Vertragsstruktur durch den Prinzipal dahingehend, dass es für die besser informierte Partei lohnenswert ist, einen Vertrag zu wählen, der seinem wahren Typus entspricht. Dieser Mechanismus wird auch als Selbstselektion (self-selection) bezeichnet.[54] Maßnahmen zur Minimierung des Zielkonflikts können auch vom Agenten initiiert werden.[55] Stellt der Agent eine Wohlstandspo-

---

Möglichkeit, dass der Prinzipal die Handlungen des Agenten zwar beobachten, aufgrund fehlender Informationen aber nicht beurteilen kann, ob die vom Agenten gewählte Handlung am besten geeignet ist, seine Interessen zu realisieren. Dieses Problem wird auch als Problem der „versteckten Information" (hidden information) bezeichnet; vgl. Arrow (1991), S. 39.

50 Vgl. Göbel (2002), S. 101. Im schlimmsten Fall, wie insbesondere von Akerlof (1970) anhand seiner Analyse des Gebrauchtwagenmarkts gezeigt, kann durch Probleme der Adversen Selektion ein totales Marktversagen folgen; vgl. Akerlof (1970), S. 489-491.

51 Vgl. Göbel (2002), S. 110.

52 Vgl. Stiglitz (1975), S. 283-287.

53 Vgl. Gibbons (1992), S. 174. Spence (1973) verdeutlicht das Prinzip des Signaling am Beispiel des Arbeitsmarkts. Unter der Annahme, dass Arbeitnehmer mit einer höheren Produktivität höhere Löhne beziehen, ist es für einen Bewerber mit einer hohen Produktivität u.U. vorteilhaft, dem potenziellen Arbeitgeber ein glaubwürdiges Signal bzgl. seiner Qualifikation zu übermitteln. Hierfür muss der Bewerber allerdings sog. Signaling-Kosten, z.B. durch eine Investition in seine Ausbildung, auf sich nehmen. Es wird demnach die Differenz zwischen dem angebotenen Gehalt und den Signaling-Kosten maximiert. Die Signaling-Kosten und die Produktivität sind wiederum negativ korreliert. Dies bedeutet, dass es für ein Individuum mit einer niedrigen Produktivität die Investition in die Ausbildung wesentlich kostspieliger ist als für ein Individuum mit hoher Produktivität; vgl. Spence (1973), S. 357-359.

54 Vgl. Rothschild/Stiglitz (1976), S. 632.

55 Vgl. Göbel (2002), S. 116f.

sition zur Verfügung, die zur Vollstreckung einer Strafe vernichtet werden kann, spricht man auch von einem Pfand. Dies gestattet im Vergleich zu Verträgen, die lediglich eine Gewinnbeteiligung vorsehen, den Abschluss neuer Kontraktformen.[56] Eine Form des Pfandes ist die Reputation des Agenten. Ihr kommt eine zweifache Wirkung zu: Zum Einen ruft deren potenzielle Zerstörung durch den Prinzipal eine stärkere Anstrengung des Agenten hervor. Zum Anderen wird Reputation nur durch bereits früher getätigte Anstrengungen aufgebaut und fördert somit eine bestimmte Erwartung.[57] Die Reputation wirkt hierbei als vorbeugende Maßnahme in dem Sinne, dass der Verlustfall für den Prinzipal vermieden werden soll. Freiwillige Garantien und Sicherheiten hingegen ermöglichen eine Verlustbegrenzung durch Kompensation des Prinzipals, sollte der Verlustfall unvermeidbar sein.[58]

Die Transaktionskostentheorie vergleicht anhand der Höhe der Kosten, die bei verschiedenen Transaktionen anfallen, die Effizienz unterschiedlicher institutioneller Arrangements bzw. Organisationsformen.[59] Der Begriff der Transaktionskosten wurde durch Coase (1937) geprägt, der in seiner Analyse die Entstehung von Unternehmen auf die Existenz sog. Markttransaktionskosten zurückführt.[60] Die Kosten für die Nutzung des Markts fallen vor und nach Vertragsabschluss an und setzen sich aus Informations- und Verhandlungskosten zusammen. Hierunter sind die Kosten für die Anbahnung von Verträgen (Such- und Informationskosten), die Kosten des Abschlusses von Verträgen (Verhandlungs- und Entscheidungskosten) sowie die Kosten der Überwachung und Durchsetzung der vertraglichen Pflichten (Überwachungs- und Durchsetzungskosten) zu subsummieren.[61]

[56] Das Pfand muss nicht zwingend von Wert für den Prinzipal sein. Die Strafandrohung ist glaubwürdig, sofern durch Vollstreckung der Strafe das Nutzenniveau des Agenten ausreichend reduziert wird, dass es in seinem Eigeninteresse liegt, sich entsprechend anzustrengen; vgl. Spremann (1988), S. 619. Diese Vorgehensweise wird auch als „bonding" bezeichnet, vgl. Göbel (2002), S. 116f; Milgrom/Roberts (1995) S. 189f.

[57] Vgl. Spremann (1988), S. 619f. Der Aufbau bzw. Rückgriff auf Reputation ist sinnvoll, sofern der Agent durch seine Anstrengung das Ergebnis entscheidend beeinflussen kann und der Prinzipal risikoavers ist; vgl. Spremann (1988), S. 620.

[58] Vgl. hierzu Spremann (1988), S. 620. Die Verwendung von Garantien und Sicherheiten ist sinnvoll, sofern der Agent im Gegensatz zum Prinzipal nicht stark risikoavers ist und der Agent durch seine Anstrengung zwar den Erwartungswert des Ergebnisses beeinflussen, nicht jedoch die Einwirkungen zufälliger Umweltzustände reduzieren kann; vgl. Spremann (1988), S. 620f.

[59] Vgl. Williamson (1990), S. 67f.

[60] Vgl. Coase (1937), S. 390-392.

[61] Vgl. Richter/Furubotn (2003), S. 58-61. Zusätzlich existieren Unternehmenstransaktionskosten und politische Transaktionskosten. Unternehmenstransaktionskosten untergliedern sich in Kosten der Einrichtung, Erhaltung oder Änderung der Organisationsstruktur und in Kosten des Betriebes einer Organisation. Politische Transaktionskosten fallen für die Bereitstellung institutioneller Rahmenbedingungen und den damit verbundenen öffentlichen Gütern an; vgl. Richter/Furubotn (2003), S. 61-65. Grundsätzlich können alle obig genannten Arten von Transaktionskosten in

Unternehmen spielen demnach eine bedeutende Rolle, wenn eine Transaktion innerhalb eines Unternehmens kostengünstiger abgewickelt werden kann, als wenn der Preismechanismus des Markts genutzt würde.[62] Die Entscheidung zwischen der Abwicklung einer Transaktion über den Markt oder aber der Durchführung im Unternehmen[63] sollte folgendermaßen getroffen werden: Ein Unternehmen wird solange expandieren bzw. zusätzliche Transaktionen selbst durchführen, bis die Durchführungskosten einer weiteren Transaktion den Kosten der Abwicklung dieser Transaktion über den Markt bzw. der Durchführung in einem anderen Unternehmen entsprechen.[64]

Die Höhe der Transaktionskosten beeinflusst demnach die Wahl der Koordinationsform. Hierbei stehen grundsätzlich drei Kategorien an denkbaren Koordinationsformen zur Verfügung: Marktliche Koordinationsformen (klassische Verträge), hybride Koordinationsformen (neoklassische Verträge) und hierarchische Koordinationsformen (relationale Verträge).[65] Williamson (1971) weist darauf hin, dass eine Internalisierung der Transaktionskosten durch Integration (Substitution marktlicher durch hierarchische Koordination) nur unter bestimmten Voraussetzungen vorteilhaft ist.[66]

Die Vorteile einer Internalisierung ergeben sich insbesondere beim Vorliegen einer hohen Unsicherheit, Häufigkeit und Spezifizität von Transaktionen. Eine hohe Unsicherheit und das Vorliegen eingeschränkter Rationalität resultieren meist im Abschluss unvollständiger Verträge, die bei Eintreten bestimmter Umweltsituationen Anpassungen erfordern. Diese Anpassungen geben den Vertragsparteien möglicherweise Anlass zu opportunistischem Verhalten. Dieses muss durch komplexe und kostenverursachende Beherrschungs- und Überwachungssysteme eingedämmt werden, deren Amortisationszeit sich nach der Häufigkeit von Transaktionen bestimmt. Ein opportunistisches Verhalten wird dabei umso wahrscheinlicher, je spezifischer die transaktionsbezogenen Investitionen sind. Spezifische Investitionen beinhalten sowohl Sach- als auch Human-

fixe (spezifische Investitionen zur Errichtung von Institutionen) und in variable Transaktionskosten (abhängig von Anzahl oder Umfang der Transaktionen) unterschieden werden; vgl. Richter/ Furubotn (2003), S. 58.

62 Vgl. Coase (1937), S. 392.

63 Eine zunehmende Anzahl an im Unternehmen organisierten Transaktionen impliziert hierbei eine steigende Unternehmensgröße; vgl. Coase (1937), S. 294f.

64 Vgl. Coase (1937), S. 395.

65 Vgl. Williamson (1991), S. 29-32.

66 Aufgrund des Vorliegens begrenzter Rationalität und einer großen Zuversicht in die Objektivität des Marktmechanismus sollte dieser bei Funktionsfähigkeit des betrachteten Markts präferiert werden. Ein Markt ist seiner Ansicht nach funktionstüchtig, wenn nicht-monopolistische Preise, die eine angemessene Risikoprämie enthalten und niedrige Transaktionskosten gewährleistet sind; vgl. Williamson (1971), S. 113.

kapital und sind durch eine eingeschränkte Marktfähigkeit gekennzeichnet. Eine alternative als die ursprünglich vorhergesehene Verwendungsmöglichkeit der spezifischen Investition resultiert in einem Wertverlust. Durch eine spezifische Investition sind beide Vertragsparteien an einer langfristigen Beziehung und somit großen Häufigkeit an Transaktionen interessiert. Denn auch der Käufer eines spezifischen Guts oder einer spezifischen Dienstleistung kann diese nicht einfach von einem anderen Zulieferer beziehen; Käufer und Zulieferer agieren in einem bilateralen Monopol.[67]

1.3.2 Einordnung der Themenstellung

Die vorliegende Arbeit ist in die neoinstitutionalistische Theorie einzuordnen, da M&A-Transaktionen im vorvertraglichen Stadium stets durch eine asymmetrische Informationsverteilung gekennzeichnet sind. Grundlegend ist hierbei das Informationsgefälle zwischen Verkäufer und den potenziellen Erwerbern. Zum Einen ist üblicherweise davon auszugehen, dass der Verkäufer am besten über die Eigenschaften bzw. die tatsächliche Qualität des Zielunternehmens informiert ist. Der Käufer hat ein starkes Interesse, das Informationsgefälle abzubauen, indem er wertrelevante Unternehmensdaten generiert. Der Verkäufer verfolgt oftmals das Ziel, einen möglichst hohen Kaufpreis zu erzielen, weshalb die vollständige Offenlegung, insbesondere von für den Verkaufsprozess unvorteilhaften Informationen, nicht zwingend in seinem Interesse liegt. Darüber hinaus muss er bei seiner Informationspolitik berücksichtigen, ob und in welchem Stadium des Prozesses er sensitive Unternehmensinformationen zur Verfügung stellt, die die Bieter im Zweifelsfall auch bei Nicht-Zuteilung der Auktion gegen ihn verwenden können. Zum Anderen hat der Verkäufer keine Informationen hinsichtlich der tatsächlichen Zahlungsbereitschaft der potenziellen Erwerber.[68]

Die Implikationen der asymmetrischen Informationsverteilung sind hierbei vielfältig und werden in den nachfolgenden Kapiteln der Arbeit an gegebener Stelle erörtert. Grundsätzlich haben sie den Verkaufsprozess dahingehend beeinflusst, dass stets bestimmte Maßnahmen der Prinzipal-Agent-Theorie, die dem Abbau der vorvertraglichen Informationsasymmetrien dienen, vorzufinden sind. Diese Maßnahmen können sowohl

---

[67] Vgl. hierzu Picot (1991), S. 147f.; Williamson (1979), S. 238-242 und 245-254.

[68] Vgl. Strasser (2000), S. 2 und S. 19. Weitere, für die Themenstellung unbedeutendere denkbare Informationsasymmetrien sind solche zwischen Verkäufer und dessen Berater sowie zwischen den einzelnen Bietern; vgl. hierzu auch Strasser (2000), S. 30.

käuferseitig als auch verkäuferseitig initiiert werden.[69] Eine Auflösung der Zielkonflikte kann in einer entsprechenden Ausgestaltung des Kaufvertrags erfolgen.[70]

Weiterhin kann die Kaufentscheidung eines Interessenten durch transaktionskostentheoretische Überlegungen motiviert werden.[71] Dies gilt ebenso für Maßnahmen des Verkäufers, die dieser zur Beseitigung des aus Perspektive der potenziellen Käufer ungünstigen vorvertraglichen Informationsgefälles ergreift.[72]

Die Unkenntnis des Verkäufers bzgl. der Wertschätzungen, die die Erwerbsinteressenten dem Zielunternehmen beilegen, begünstigt ferner den Einsatz von Auktionsmechanismen als Verkaufsverfahren. Dies ist der Fall, da durch die eingereichten Gebote Rückschlüsse auf die Zahlungsbereitschaft einzelner Marktteilnehmer gezogen werden können.[73] Im theoretischen Sinne kann eine Auktion auch per se als Institution verstanden werden, da die konkrete Ausgestaltung der Auktionsregeln das Verhalten der Bieter in eine bestimmte Richtung lenken soll und Koordinationskosten, wie sie z.B. bei Verhandlungen mit mehreren Parteien anfallen, reduziert werden.[74] Modelltheoretische Beiträge unterstellen in ihren Analysen hierbei explizit eine asymmetrische Informationsverteilung, wie sie zentral für die neoinstitutionalistische Theorie ist.

1.4 Gang der Untersuchung

Die vorliegende Arbeit gliedert sich in sechs Kapitel. Die auf die Einleitung folgenden Kapitel zwei und drei dienen hierbei der Schaffung des theoretischen Analyserahmens für die empirische Untersuchung, deren Methodik in Kapitel vier erläutert wird. Kapitel fünf stellt die Ergebnisse der empirischen Untersuchung dar.

Das sich unmittelbar an diesen Überblick anschließende zweite Kapitel erörtert die Erkenntnisse der managementorientierten Literatur, die sich vornehmlich auf die Ausgestaltung des Prozesses einer kontrollierten Auktion beziehen. Nach einführenden Begriffsbestimmungen wird zunächst der idealtypische Ablauf eines Verkaufsprozesses beschrieben. Dies geschieht unabhängig von dem gewählten Veräußerungsverfahren. In

[69] Vgl. hierzu insbesondere Kapitel 2.2.2 sowie Kapitel 2.4.1.3.
[70] Vgl. hierzu Kapitel 2.2.3.
[71] Vgl. hierzu Kapitel 2.4.1.1.1.
[72] Vgl. hierzu ebenso Kapitel 2.4.1.3.
[73] Vgl. Wolfstetter (1999), S. 182 und 184.
[74] Vgl. Kapitel 3.1.1.

einem nächsten Schritt wird die Zielhierarchie des Verkäufers untersucht und mit der Selektionsentscheidung für ein spezifisches Veräußerungsverfahren verknüpft. In einem weiteren Schritt wird unterstellt, dass sich der Verkäufer für das Veräußerungsverfahren einer kontrollierten Auktion entschieden hat. Vor diesem Hintergrund werden spezifische Handlungsoptionen des Verkäufers analysiert, die ihm im Rahmen von kontrollierten Auktionen zur Verfügung stehen. Die hieraus resultierenden Erkenntnisse werden letztlich gewürdigt und in den themenbezogenen Rahmen aufgenommen. Das Kapitel schließt mit einem Überblick über ausgewählte, bei kontrollierten Auktionen zu beachtende rechtliche Vorschriften.

Im dritten Kapitel werden die Erkenntnisse der Auktionstheorie erläutert. Im Anschluss an die Klärung der prinzipiellen Anwendbarkeit von Auktionsverfahren bei M&A-Transaktionen werden die für die Analyse grundlegenden Auktionsmodelle und -regeln eingeführt. Diese bilden die Basis für die darauffolgend betrachteten Modellerweiterungen, in denen die in den grundlegenden Beiträgen unterstellten Prämissen oder aber Auktionsregeln variiert und weitere Entscheidungsvariablen des Verkäufers, wie z.B. seine Informationspolitik, untersucht werden. Da diese „allgemeinen" auktionstheoretischen Beiträge keinen ausdrücklichen Bezug zu M&A-Transaktionen aufweisen, werden deren Erkenntnisse zunächst vor dem Hintergrund des Untersuchungsgegenstands diskutiert, bevor sie Eingang in den themenbezogenen Rahmen finden. Das Kapitel schließt mit der Würdigung der Ergebnisse mehrstufiger Auktionen, die sich explizit mit der Veräußerung von Unternehmen befassen.

In Kapitel vier wird der Forschungsansatz des Experteninterviews beschrieben. Hierbei wird sowohl eine Einführung in die Methodik als auch deren kritische Würdigung in Form einer Methodendiskussion vorgenommen. Abschließend wird die Vorgehensweise der vorliegenden Arbeit erläutert, wobei zum Einen auf die Auswahl und Beschreibung der befragten Gesprächspartner und zum Anderen auf die Datenanalyse und -auswertung eingegangen wird.

Die empirische Untersuchung kontrollierter Auktionen ist Gegenstand des fünften Kapitels. Die Ergebnisse der Expertengespräche werden zunächst resümiert, bevor ein sukzessiver Abgleich mit den in Kapitel zwei und drei dargelegten Erkenntnissen der wissenschaftlichen Literatur erfolgt. Strukturell orientiert sich die Vorgehensweise an den Phasen resp. den innerhalb der Phasen zu leistenden Prozessschritten einer kontrollierten Auktion. Das Kapitel schließt mit der Diskussion der aus den Ergebnissen der

Expertengespräche sowie dem Abgleich mit der wissenschaftlichen Literatur folgenden Implikationen.

Abgerundet wird die vorliegende Arbeit durch die Zusammenfassung der wesentlichen Ergebnisse, eine kritische Würdigung sowie einen Ausblick auf denkbare Ansatzpunkte für weitere Forschungsvorhaben im sechsten Kapitel.

2 Kontrollierte Auktionen in der managementorientierten Literatur

2.1 Private Verkaufstransaktionen: Einführende Begriffsbestimmungen

Zunächst erfolgt eine Abgrenzung der im Rahmen der vorliegenden Arbeit betrachteten Verkaufstransaktionen, bevor in einem nächsten Schritt auf den idealtypischen Ablauf eines Verkaufsprozesses eingegangen wird. Im Anschluss werden die besonderen Charakteristika kontrollierter Auktionen sowie die damit verbundenen Entscheidungsvariablen des Verkäufers, die Abweichungen vom idealtypischen Verkaufsprozess bedingen, dargestellt und gewürdigt. Die Würdigung bildet die Grundlage für den zu entwickelnden themenbezogenen Rahmen, der im dritten Kapitel durch die Erkenntnisse der auktionstheoretischen Literatur ergänzt wird und die Ausgangsbasis für die empirische Untersuchung im fünften Kapitel bildet.

Definitorisch ist der Verkauf eines Unternehmens dem weiter gefassten Terminus der „Mergers & Acquisitions" zuzuordnen. Letzterer stammt aus dem angelsächsischen Raum und bezieht sich auf „[...] den Kauf und Verkauf von Eigentumsrechten an Unternehmen oder Unternehmensteilen."[75] Im Gegensatz zu reinen Finanzinvestitionen steht dabei die Ausübung von Informations-, Einfluss- und Kontrollrechten im Vordergrund.[76] Häufig wird der Begriff „Merger" mit Fusion und der der „Acquisition" mit Übernahme, Erwerb, Unternehmenskauf oder einfach Akquisition übersetzt.[77] Wöhe/Döring (2002) verstehen unter dem Begriff „Mergers & Acquisitions" allgemein „Unternehmenszusammenschlüsse", die „[...] durch die Verbindung von bisher rechtlich und wirtschaftlich selbständigen Unternehmen zu größeren Wirtschaftseinheiten" entstehen.[78]

---

75 Achleitner/Dresig (2001), S. 1559.

76 Vgl. Achleitner/Dresig (2001), S. 1560; Dibelius/Hufnagel (2002), S. 487, Dufey/Hommel (2000), S. 963.

77 Vgl. Achleitner/Dresig (2001), S. 1559f., die Merger als Fusionen und Akquisitionen als den Kauf von Unternehmenseinheiten bezeichnen; Jansen (2001), S. 43, der zwischen Merger (Fusion) und Acquisition (Übernahme, Erwerb, Kauf als 100-prozentiger Erwerb der Anteile) unterscheidet sowie Picot (2002a), S. 19, der den Begriff mit „Unternehmenszusammenschlüsse und Unternehmensübernahmen" gleichsetzt.

78 Wöhe/Döring (2002), S. 302.

Eine weitergehende Klassifizierung anhand der Bindungsintensität nimmt Bezug auf die rechtliche und wirtschaftliche Selbständigkeit der zusammengeschlossenen Unternehmen. Kooperationen liegen vor, wenn die rechtliche Selbständigkeit der beteiligten Unternehmen erhalten bleibt. Die wirtschaftliche Selbständigkeit wird lediglich in den Bereichen der vertraglichen Zusammenarbeit eingeschränkt.[79]

Im Unterschied zur Kooperation wird bei einer Konzentration die wirtschaftliche Selbständigkeit der zusammengeschlossenen Unternehmen aufgegeben: Sämtliche Funktionen werden gemeinsam ausgeführt.[80] Wird gleichzeitig die rechtliche Selbständigkeit mindestens eines der beteiligten Unternehmen aufgegeben, liegt eine Fusion (Verschmelzung) vor.[81] Bei einer Akquisition hingegen muss die Zielgesellschaft nach Abschluss der Transaktion nicht zwingend ihre rechtliche Selbständigkeit aufgeben.[82] In der unternehmerischen Praxis spielt die begriffliche Abgrenzung von Fusionen und Akquisitionen allerdings nur eine untergeordnete Rolle.[83]

Für die vorliegende Arbeit ist ähnlich wie in der Praxis eine exakte Abgrenzung des Begriffes „Merger" zu dem der „Acquisition" von eingeschränkter Relevanz. Vielmehr steht die Konkurrenzbeziehung einzelner Bieter um die Zielgesellschaft im Vordergrund. Daher werden Kooperationen und Zusammenschlüsse, bei denen von vornherein eine Einigung zwischen den beteiligten Parteien besteht und somit keine weiteren potenziellen Käufer vorhanden sind, von der Analyse ausgeschlossen.[84]

Nach der Struktur der Eigentumsverhältnisse können ferner private und öffentliche Transaktionen differenziert werden. Öffentliche Transaktionen werden im Gegensatz zu privaten Transaktionen über den Kauf von Aktien, die direkt über eine Börse erworben

---

79 Vgl. Wöhe/Döring (2002), S. 303. Als Beispiele häufig in der Praxis vorkommender zwischenbetrieblicher Kooperationsformen lassen sich Strategische Allianzen und Joint Ventures anführen; vgl. hierzu ausführlicher Jansen (2001), S. 108-159 sowie Vogel (2002), S. 12-18.

80 Vgl. Wöhe/Döring (2002), S. 303.

81 Vgl. Wöhe/Döring (2002), S. 302f. Hierbei existieren zwei Varianten: Die Verschmelzung durch Aufnahme und die Verschmelzung durch Neugründung. Bei einer Verschmelzung durch Aufnahme transferiert der übertragende Rechtsträger sein Vermögen als Ganzes auf einen anderen, schon bestehenden Rechtsträger. Bei einer Verschmelzung durch Neugründung transferieren mindestens zwei übertragende Rechtsträger ihr Vermögen als Ganzes auf einen neu gegründeten Rechtsträger; vgl. Niewiarra (2002), S. 64. Als Rechtsträger eines Unternehmens wird die juristische Person bei Kapitalgesellschaften, eine Personengesellschaft oder aber ein Einzelunternehmen bezeichnet; vgl. Picot (2002b), S. 124f. Zum Ablauf einer Verschmelzung vgl. Temme (2003), S. 434-473.

82 Vgl. Vogel (2002), S. 9; Achleitner/Dresig (2001), S. 1560.

83 Vgl. Jansen (2001), S. 44. Achleitner (2001) unterscheidet vor diesem Hintergrund zwischen dem M&A-Begriff im engeren Sinne und dem M&A-Begriff im weiteren Sinne. Der M&A-Begriff im engeren Sinne umfasst dabei lediglich Konzentrationen. Im weiteren Sinne sind auch Kooperationen hierunter zu verstehen; vgl. Achleitner (2001) S. 141f.

84 Hierunter fallen üblicherweise auch Fusionen; vgl. Vogel (2002), S. 223.

werden, abgewickelt.[85] Richtet sich das Erwerbsangebot an die Aktionäre der Zielgesellschaft, wird dieses auch als sog. öffentliches Übernahmeangebot (Tender Offer) bezeichnet.[86] Die Ausgestaltung und der Prozessablauf eines öffentlichen Übernahmeangebotes sind oftmals entweder gesetzlich oder aber durch einen freiwilligen Verhaltenskodex reguliert.[87] Mit Inkrafttreten des Wertpapiererwerbs- und Übernahmegesetzes (WpÜG) am 01. Januar 2002 hat der Gesetzgeber in Deutschland Rahmenbedingungen für Unternehmensübernahmen geschaffen.[88]

Der Anwendungsbereich des Gesetzes ist laut §1 WpÜG auf „Angebote zum Erwerb von Wertpapieren, die von einer Zielgesellschaft ausgegeben wurden und zum Handel an einem organisierten Markt zugelassen sind“ gerichtet.[89] Angebote sind freiwillige Angebote, die auf den Erwerb der Wertpapiere der Zielgesellschaft gerichtet sind, Übernahmeangebote zum Erwerb der Kontrollrechte oder aber Pflichtangebote in Form öffentlicher Kauf- oder Tauschangebote.[90] Im Fall eines Übernahmeangebots ist der Bieter verpflichtet, das Erwerbsangebot sämtlichen Aktionären der Zielgesellschaft zu unterbreiten.[91] Wurde die Kontrolle über das Unternehmen bereits mittelbar oder unmittelbar erlangt, so ist ein Pflichtangebot zu tätigen, das sich ebenfalls an alle

---

85 Vgl. Killat (2002), S. 967.

86 Vgl. Hirshleifer (1992), S. 638. Wird dieses Übernahmeangebot entgegen der Zustimmung des Managements der Zielgesellschaft getätigt, liegt ein feindlicher Übernahmeversuch (hostile takeover) vor. Im Gegenzug dazu handelt es sich um eine freundliche Übernahme (friendly takeover), wenn die Transaktion im Einvernehmen mit dem Management der Zielgesellschaft durchgeführt wird; vgl. DePamphilis (2001), S. 7f. Einen kurzen Überblick über offensive Techniken und Ad-hoc-Maßnahmen zur Abwehr feindlicher Übernahmeversuche liefert Vogel (2002), S. 24-27. Für den Erwerber ist eine feindliche Transaktion üblicherweise mit höheren Risiken verbunden. Diese reichen von einer eingeschränkten Informationsverfügbarkeit vor der Durchführung der Transaktion bis zu Problemen bei der späteren Integration; vgl. Vogel (2002), S. 23 sowie Achleitner/ Dresig (2001), S. 1562.

87 Beispielhaft für ein nicht gesetzlich verankertes Regelwerk ist der City Code in Großbritannien zu nennen; vgl. Picot (2002b), S. 170f.

88 Der Gesetzgeber verfolgt hierbei verschiedene Zielsetzungen: Zum Einen sollen Leitlinien für ein faires Angebotsverfahren geschaffen werden. Zum Anderen soll durch das Gesetz die Information und Transparenz für betroffene Aktionäre und Arbeitnehmer verbessert werden. Des Weiteren zielt das Gesetz auf die Stärkung der rechtlichen Stellung von Minderheitsaktionären. Schließlich möchte man mit dem WpÜG eine Orientierung an international üblichen Standards erreichen; vgl. BT-Drucksache 14/7034, S. 28.

89 Vor diesem Hintergrund hat der Gesetzgeber in §2 WpÜG nähere Begriffsbestimmungen vorgenommen. Zielgesellschaften im Sinne des Gesetzes sind u.a. Aktiengesellschaften oder Kommanditgesellschaften auf Aktien mit Sitz im Inland; vgl. §2 Abs. 3 WpÜG. Als Wertpapiere der Zielgesellschaft werden u.a. Aktien, mit Aktien vergleichbare Wertpapiere sowie Zertifikate, die Aktien vertreten, bezeichnet; vgl. §2 Abs. 2 Nr. 1 WpÜG. Der Begriff der Aktie bezieht sich sowohl auf Stamm- als auch auf Vorzugsaktien. Mit Aktien vergleichbare Wertpapiere verbriefen ein Mitgliedschaftsrecht. Zertifikate, die Aktien vertreten, sollen z.B. die Handelbarkeit von Namensaktien ermöglichen; vgl. BT-Drucksache 14/7034, S. 34.

90 Vgl. §2 Abs. 1 WpÜG. Der Erwerb eigener Aktien unterliegt nicht den Vorschriften des WpÜG; vgl. Koch (2003), S. 64-70.

91 Vgl. §32 WpÜG.

Aktionäre des Unternehmens richtet.[92] Als kritische Grenze für das Vorliegen von „Kontrolle“ hat der Gesetzgeber das Halten von mindestens 30 Prozent der Stimmrechte an der Zielgesellschaft definiert.[93]

Prinzipiell können öffentliche Übernahmen auch in einem Bieterwettbewerb resultieren, sofern mehrere Erwerbsinteressenten existieren und eine Angebotsunterlage einreichen. Die Initiative des Eigentumswechsels an einem Unternehmen geht hierbei stets von einem oder mehreren potenziellen Käufern aus. Da in der vorliegenden Arbeit jedoch die Strukturierung des Verkaufsprozesses durch den Verkäufer resp. dessen Berater im Vordergrund steht, werden nachfolgend ausschließlich private Verkaufstransaktionen betrachtet. Hierunter fällt auch der außerbörsliche Erwerb von Aktienpaketen eines bisherigen Gesellschafters, der nicht dem WpÜG unterliegt.[94] Allerdings kann dadurch die Abgabe eines Pflichtangebots erforderlich werden. Die konkrete Ausgestaltung des Verkaufsprozesses ist zudem bei privaten Verkaufstransaktionen nicht gesetzlich reguliert. Daher ist deren Analyse von besonderem Interesse, da der Verkäufer Freiheitsgrade, z.B. hinsichtlich der Wahl des Verkaufsverfahrens, der Inhalte der Angebotsunterlagen oder aber der von den Bietern einzuhaltenden Fristen ausschöpfen kann.[95]

---

92 Vgl. §35 Abs. 1 und Abs. 2 WpÜG; §39 WpÜG sowie Faden (2008), S. 8; Berens/Mertes/Strauch (2005), S. 40. Ausgenommen hiervon ist der Kontrollerwerb durch ein Übernahmeangebot; vgl. hierzu §35 Abs. 3 WpÜG.

93 Vgl. §29 WpÜG; Vogel (2002), S. 24. Für die Berechnung der Kontrollschwelle sind Stimmrechte, über die der Bieter selbst verfügt sowie Stimmrechte, die dem Bieter nach §30 WpÜG zuzurechnen sind, maßgeblich. Grundsätzlich ist allerdings nicht auf Hauptversammlungspräsenzen der Zielgesellschaft, sondern auf die absolute Zahl der Stimmrechte abzustellen. Vgl. BT-Drucksache 14/7034, S. 53.

94 Zum außerbörslichen Erwerb von Aktien vgl. Hölters (2002), S. 9; Strasser (2000), S. 6. Bei Verhandlungen mit Paketinhabern ist i.d.R. ein Paketzuschlag zu zahlen. Grundsätzlich ist der Beteiligungserwerb gesetzlich im §21 Abs. 1 des Wertpapierhandelsgesetzes (WpHG) geregelt, der die Benachrichtigung der Zielgesellschaft vorschreibt, sofern bestimmte Beteiligungsgrenzen überschritten werden.

95 Zudem spielt der Anteil an Transaktionen, in denen ein nicht börsennotiertes Unternehmen oder aber ein nicht gelistetes Tochterunternehmen übernommen wird, im M&A-Markt eine bedeutende Rolle. In der der empirischen Studie von Moeller/Schlingemann/Stulz (2004) zugrunde liegenden Grundgesamtheit, die Übernahmetransaktionen im US-amerikanischen Raum von 1980 bis 2001 analysiert, sind 78% aller Übernahmeziele nicht börsennotiert oder aber ein Tochterunternehmen. Einschränkend ist anzumerken, dass lediglich Transaktionen einbezogen wurden, in denen der Erwerber börsennotiert ist und der Transaktionswert über einer Mio. USD liegt; vgl. Moeller/Schlingemann/Stulz (2004), S. 205 sowie S. 213f. Einen etwas niedrigeren Prozentsatz liefert die Grundgesamtheit von Officer (2007), die einen Zeitraum von 1979 bis 2003 abdeckt. Der Anteil von nicht börsennotierten Unternehmen sowie Tochtergesellschaften liegt hier bei nahezu zwei Dritteln der Grundgesamtheit. Allerdings werden lediglich Gebote berücksichtigt, die über USD 50 Mio. liegen; vgl. Officer (2007), S. 572 und S. 577.

2.2 Idealtypischer Ablauf eines Verkaufsprozesses

2.2.1 Phase der Vorbereitung und Analyse

2.2.1.1 Analyse der Ausgangssituation

Im folgenden Abschnitt wird zunächst unabhängig von dem gewählten Veräußerungsverfahren der idealtypische Ablauf eines Verkaufsprozesses, der sich prinzipiell in die drei Phasen der Vorbereitung und Analyse, der Durchführung sowie der Verhandlungen und des Abschlusses gliedert, dargestellt. Die bekanntesten alternativen Veräußerungsverfahren, die insbesondere in der Phase der Durchführung zum Tragen kommen, jedoch auch Auswirkungen auf die Phasen der Vorbereitung und Analyse sowie der Verhandlungen und des Abschlusses haben, sind das Exklusivverfahren, die offene Auktion sowie die kontrollierte Auktion. Die Wahl eines konkreten Veräußerungsverfahrens wird hierbei stets durch die im Rahmen der Transaktion vom Verkäufer verfolgten Zielsetzungen beeinflusst. Da die Zielhierarchie des Verkäufers neben der eigentlichen Selektion des konkreten Veräußerungsverfahrens für die weitere Strukturierung des Prozesses von zentraler Bedeutung ist, wird diese nicht im Rahmen der Phase der Vorbereitung und Analyse, sondern in einem sich an die Darstellung des idealtypischen Veräußerungsprozesses anschließenden, gesonderten Abschnitt eingehend analysiert. In einem weiteren Schritt erfolgt die Untersuchung des durch die Wahl eines spezifischen Veräußerungsverfahrens gewährleisteten Realisationsgrads dieser Ziele, der letztlich ausschlaggebend für die konkrete Durchführungsentscheidung ist.

Beginnend mit dem idealtypischen Ablauf einer Verkaufstransaktion, stellt Abbildung 2.1 die Dreiteilung der Phasen der Vorbereitung und Analyse, der Durchführung sowie der Verhandlungen und des Abschlusses veranschaulichend dar. Grundsätzlich gilt es zu beachten, dass die Unterphasen nicht immer klar voneinander abzugrenzen sind, da zwischen den einzelnen Abschnitten zahlreiche Interdependenzen bestehen.[96] Wird eine Investmentbank in der Phase der Vorbereitung und Analyse mit dem Verkauf eines Unternehmens beauftragt, sucht diese unter Wahrung der Diskretionsbedürfnisse des Verkäufers nach potenziellen Käufern.[97] Im Rahmen der Analyse der Ausgangssituation

[96] Vgl. Müller-Stewens/Spickers/Deiss (1999), S. 39.

[97] An dieser Stelle wird die Execution-Phase, in der die eigentliche Abwicklung der Transaktion erfolgt, näher betrachtet. Die sog. Origination-Phase, in der die Investmentbank ein Mandat akquiriert, wird vernachlässigt, da sie für die weitere Analyse nicht relevant ist. Eine Beschrei-

Abb. 2.1 Idealtypischer Ablauf einer Verkaufstransaktion

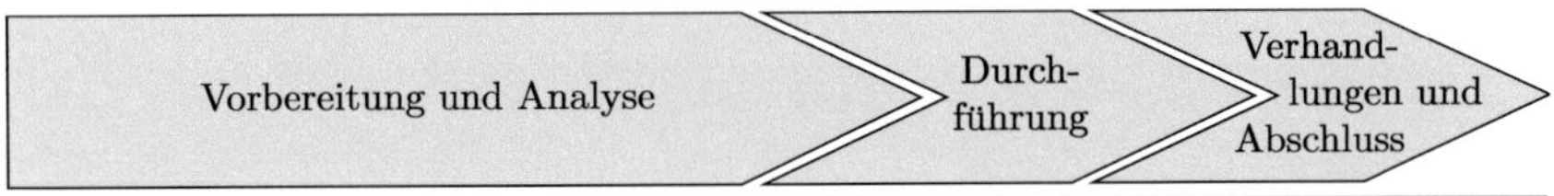

Analyse der Ausgangs-situation	Dokumentation des Verkaufs-objekts	Selektion/An-sprache poten-zieller Käufer	Verkaufsprozess mit Interessenten	Verkaufsver-handlung mit Vertrags-abschluss
• Zielsetzung der Partnersuche • Selektion der Erwerbsform • Entwurf des Verkaufskon-zepts	• Datenaufbe-reitung • Internal Due Diligence • Eventuell Un-ternehmens-bewertung • Erstellung detailliertes Verkaufsme-morandum	• Identifikation potenzieller Käufer/ Investoren • Eingrenzung des Käufer-kreises • Einschätzung des Käufer-interesses	• Weiterleitung Verkaufs-memorandum gegen eine Vertraulich-keitserklärung • Due Diligence • Letter of Intent • Bewertung	• Festlegung Verhand-lungsstrategie • Finanzielle, steuerliche und rechtliche Struk-turierung • Definitive Partnerbeur-teilung und Vertragsab-schluss

Quelle: In Anlehnung an Achleitner (2001), S. 153.

werden zunächst die vom Verkäufer im Rahmen des Verkaufsprozesses verfolgten Ziele bestimmt und eine Zielhierarchie erstellt. Unter Berücksichtigung der Zielhierarchie des Verkäufers nimmt dessen Berater weiterhin eine Durchführbarkeitsanalyse vor, die sich auf für die Transaktion relevante Rahmenbedingungen bezieht und die Realisierbarkeit der Vorstellungen und Anforderungen des Mandanten untersucht.[98]

Die Ziele des Verkäufers müssen sich jedoch nicht zwingend mit denen des Managements des zu veräußernden Unternehmens decken. Interessenkonflikte zwischen Management und derzeitigem Eigentümer können im Rahmen eines Verkaufsprozesses z. B. auftreten, wenn das Management befürchtet, aufgrund überzogener Renditeerwartungen des neuen Eigentümers einem erhöhten Leistungsdruck ausgesetzt zu sein, Kompetenzbeschränkungen hinnehmen zu müssen oder aber den Arbeitsplatz zu verlieren. Der Verkäufer muss sich daher frühzeitig mit der Ausgestaltung entsprechender Anreize oder aber Sanktionsmaßnahmen auseinandersetzen, um ein eigennütziges Verhalten des Ma-

bung beider Phasen findet sich in Müller-Stewens/Spickers/Deiss (1999), S. 36-44. Alternativ zu M&A-Transaktionen kann ein Going Public bei nicht börsennotierten Gesellschaften in Erwägung gezogen werden. Vgl. Achleitner (2001), S. 205f.

98 Vgl. Achleitner (2001), S. 204f.

nagements, das dem Verkaufsprozess abträglich ist, zu vermeiden. Letzteres kann sich darin äußern, dass das Management für den Berater und die Interessenten relevante Daten nicht zur Verfügung stellt oder aber während des Verkaufsprozesses unerwartet Anpassungen der Unternehmensplanung vornimmt. Zudem kann es die Planung zu konservativ darstellen, um sich die Möglichkeit einer positiven Planabweichung zu schaffen. Dies beeinflusst den Kaufpreis jedoch in negativer Art und Weise. Ferner ist im Rahmen der in der Phase der Durchführung üblicherweise anberaumten Management-Präsentationen der direkte Kontakt mit den potenziellen Erwerbern gegeben.[99]

Weiterhin muss der Verkäufer bereits in dieser Phase eine Entscheidung über die von ihm präferierte Erwerbsform treffen.[100] Dies liegt darin begründet, dass die Erwerbsform nicht nur für die endgültige Strukturierung des Kaufvertrags, sondern bereits für die Klärung der Erwerbsabsicht des resp. der potenziellen Interessenten von hoher Relevanz ist. In Abhängigkeit der Stärke seiner Verhandlungsmacht kann der Verkäufer ferner die Realisierung seiner Interessen durch die Vorgabe der Erwerbsform beeinflussen. Grundsätzlich ist ein Erwerb über einen Share Deal oder einen Asset Deal denkbar.[101] Der Unterschied beider Erwerbswege hat zivilrechtliche, steuerliche sowie finanzierungstechnische Implikationen.[102]

Kaufgegenstand bei einem Share Deal sind in Abhängigkeit der Rechtsform des Zielunternehmens Geschäftsanteile oder Aktien resp. Beteiligungen.[103] Bei einem Asset Deal werden die Sachen und Rechte des Unternehmens erworben, so dass eine Übertragung einzelner oder der gesamten Wirtschaftsgüter des Zielunternehmens stattfindet. [104] Die Durchführung eines Share Deals ist immer möglich, sofern der Rechtsträger des Unternehmens eine Gesellschaft ist. Ein Asset Deal kann nur getätigt werden, falls die Anteile nicht über die Börse erworben werden oder kein öffentliches Übernahmeangebot unterbreitet wird.[105] Hinsichtlich des Mängel- und Haftungsrechts gelten für beide

---

99 Zu diesen und weiteren möglichen Interessenkonflikten vgl. auch Weihe (2003), S. 109-115 sowie S. 118-122. Zu Instrumenten zwecks Angleichung der Interessen von Verkäufer und Management vgl. Weihe (2003), S. 147-153.

100 Vgl. Picot (2004), S. 25.

101 Vgl. Picot (2002b), S. 129.

102 Vgl. Berens/Mertes/Strauch (2005), S. 27.

103 Vgl. Semler (2002), S. 523f. Daher handelt es sich um einen Rechtskauf gemäß §453 Abs. 1 des Bürgerlichen Gesetzbuchs (BGB); vgl. Berens/Mertes/Strauch (2005), S. 27.

104 Hierbei handelt es sich um einen Sach- und Rechtskauf nach §§433 sowie 453 BGB; vgl. Picot (2005), S. 323 und S. 325.

105 Vgl. Berens/Mertes/Strauch (2005), S. 33.

Erwerbswege mit Inkrafttreten des Schuldrechtsmodernisierungsgesetzes seit dem 01. Januar 2002 die gleichen Regelungen.[106]

Der Asset Deal erfordert im Gegensatz zum Share Deal eine genaue Beschreibung des zugrunde liegenden Unternehmens und ist daher von zivilrechtlicher Seite her komplizierter.[107] Jeder einzelne zu übertragende Vermögensgegenstand resp. jede Verbindlichkeit sowie sämtliche zu übertragenden Vertragsbeziehungen müssen im Kaufvertrag konkret festgelegt werden.[108] Zudem ist der Übergang von Verträgen an die Zustimmung der fremden Vertragspartei gebunden.[109] Dies ermöglicht allerdings auch den Ausschluss bestimmter Wirtschaftsgüter vom Kaufvertrag.[110] Bei einem Share Deal kann die Haftung für existierende und zukünftige Verbindlichkeiten nicht ausgeschlossen werden. Daher kommen den vom Verkäufer gewährleisteten Zusicherungen und Garantien sowie dem Schuldrecht große Bedeutung zu.[111]

Im Hinblick auf die steuerliche Strukturierung kann diese insbesondere bei einem Asset Deal vorteilhaft für den Erwerber vorgenommen werden. Im Rahmen der Bilanzierung der erworbenen Wirtschaftsgüter nach Handelsgesetzbuch (HGB) bei dem neuen Eigentümer können Buchwertaufstockungen resultieren, die in den Folgeperioden zu erhöhten Abschreibungsvolumina führen.[112] Diese mindern zum Einen die Steuerbe-

---

106 Zuvor wurde der Asset Deal unter haftungsrechtlichen Gesichtspunkten als Sachkauf mit Anwendung der Sachmängelhaftung behandelt. Für den Share Deal als Rechtskauf kam nur unter bestimmten Voraussetzungen eine Sachmängelhaftung in Betracht. Seither sind allerdings auch beim Rechtskauf die Vorschriften über den Kauf von Sachen anzuwenden. Diese betreffen die aus dem Kaufvertrag resultierende Verpflichtung des Verkäufers, dem Erwerber die Sache sowie das Eigentum an der Sache zu verschaffen. Die Sache muss hierbei frei von Sach- und Rechtsmängeln sein; vgl. Picot (2005), S. 325. Eine prägnante Darstellung des gesetzlichen Gewährleistungssystems sowie individuell vertraglich geregelter Garantien bietet Picot (2002b), S. 144-157.

107 Vgl. Berens/Mertes/Strauch (2005), S. 30. Eine Übertragung der einzelnen Wirtschaftsgüter ist bei einem Share Deal nicht erforderlich, da der Unternehmensträger die Gesellschaft bleibt; vgl. Berens/Mertes/Strauch (2005), S. 27.

108 Ausgenommen hiervon sind Verträge mit den Arbeitnehmern. Bei einem Share Deal sind im Zusammenhang mit Vertragsbeziehungen mit externen Dritten lediglich evtl. „Change of Control"-Klauseln zu beachten, die ein Kündigungsrecht vorsehen, falls der Inhaber des Unternehmens, mit dem der Vertrag geschlossen wurde, wechselt; vgl. Picot (2002b), S. 127.

109 Vgl. hierzu Beck/Klar (2007), S. 2820f.

110 Vgl. Berens/Mertes/Strauch (2005), S. 30. Damit ein Unternehmenskauf vorliegt, muss das Unternehmen als Sachgesamtheit, mindestens jedoch mit sämtlichen wesentlichen Bestandteilen veräußert werden; vgl. Picot (2004), S. 33.

111 Vgl. Berens/Mertes/Strauch (2005), S. 27f. Eine Ausnahme ist gegeben, wenn die von der Transaktion auszunehmenden Wirtschaftsgüter vor dem Verkauf aus dem Zielunternehmen herausgelöst werden, z.B. durch eine Veräußerung an den Verkäufer des Unternehmens; vgl. Beck/Klar (2007), S. 2820.

112 Dies ist insbesondere durch das Wahlrecht zur Aktivierung des im Rahmen der Transaktion entstandenden Geschäfts- oder Firmenwerts und der damit verbundenen planmäßigen Abschreibung im Einzelabschluss gegeben. Der Einzelabschluss ist wiederum maßgeblich für die Steuerbilanz. Gemäß der International Financial Reporting Standards (IFRS) ist eine planmäßige Abschrei-

messungsgrundlage. Zum Anderen erhöht sich der Cashflow, weshalb positive Effekte auf die Finanzierung der Transaktion aus dem Zielunternehmen heraus gegeben sind. Ferner können die gekauften Vermögensgegenstände auch unmittelbar zur Besicherung der Fremdkapitalaufnahme dienen. Einschränkend ist anzumerken, dass bisher im Zielunternehmen existierende Verlustvorträge bei einem Asset Deal nicht von einem neuen Eigentümer genutzt werden können.[113] Bei einem Share Deal stehen dem Käufer diese Optionen üblicherweise nicht zur Verfügung, wenn er Anteile an einer Kapitalgesellschaft in das Betriebsvermögen erwirbt. Planmäßige Abschreibungen entfallen, da für Anteile an Kapitalgesellschaften eine unbegrenzte Nutzungsdauer unterstellt wird.[114] Zwecks Besicherung der Fremdfinanzierung können die Anteile zwar verpfändet werden. Sie sind in der Gläubigerhierarchie im Vergleich zu den bisherigen Gläubigern des Zielunternehmens jedoch nachrangig.[115]

Aus Verkäufersicht ergibt sich jedoch eine gegensätzliche Interessenslage. Handelt es sich beim Veräußerer um eine natürliche Person, unterliegen Gewinne aus dem Verkauf von Anteilen an einer Kapitalgesellschaft nicht der vollen Einkommenssteuer, wohingegen bei einem Asset Deal der volle Einkommenssteuersatz zur Anwendung gelangt. Ist der Verkäufer eine Kapitalgesellschaft, sind Veräußerungsgewinne bei Vorliegen eines Share Deals weitgehend von der Steuer befreit, so dass die einstige steuerrechtliche Privilegierung des Asset Deals faktisch nicht mehr gegeben ist.[116]

Die mit dem Verkäufer abgestimmten, im Rahmen der Transaktion verfolgten Ziele, die Ergebnisse der Durchführbarkeitsanalyse sowie die gewählte Erwerbsform bilden die Grundlage für das abschließend vom Berater des Verkäufers zu entwerfende Verkaufskonzept. Letzteres dient der Vermarktung des Zielunternehmens.

---

bung des Geschäfts- oder Firmenwerts unzulässig. Der Geschäfts- oder Firmenwert ist jedoch jährlich auf eine evtl. gegebene Wertminderung hin zu überprüfen und ggf. außerplanmäßig abzuschreiben; vgl. Beck/Klar (2007), S. 2823.

113 Dies liegt darin begründet, dass steuerliche Verlustvorträge an die Zielgesellschaft geknüpft sind, die bei einem Asset Deal nicht auf den Erwerber übergehen; vgl. Beck/Klar (2007), S. 2824; Berens/Mertes/Strauch (2005), S. 31f.

114 Vgl. Beck/Klar (2007), S. 2823.

115 Vgl. Holzapfel/Pöllath (2005), S. 282.

116 Vgl. Schreiber/Mai (2008), S. 2f. sowie für eine detailliertere Darstellung, die auch die steuerrechtlichen Implikationen von durch den Verkauf von Einzelunternehmen oder Personengesellschaften resultierenden Veräußerungsgewinnen behandelt, Beck/Klar (2007), S. 2824f.

2.2.1.2 Erstellung der notwendigen Dokumentationen

In einem nächsten Schritt erfolgt die Vorbereitung der Dokumentation des Verkaufsobjekts, indem das Zielunternehmen zunächst einer detaillierten Analyse unterzogen wird. Die Ergebnisse dieser „Internal Due Diligence" sind die Grundlage für das Informationsmemorandum, das potenziellen Interessenten einen Überblick über das zu verkaufende Unternehmen liefern soll.[117] Der Begriff „Due Diligence" bedeutet wörtlich übersetzt „mit gebührender oder angemessener Sorgfalt" und meint eine umfassende Prüfung des Zielunternehmens, insbesondere im Hinblick auf dessen Ertragskraft.[118] Der Berater des Verkäufers muss vor diesem Hintergrund v.a. die vom Verkäufer bereitgestellten Plandaten von Bilanz, Gewinn- und Verlustrechnung sowie der Cashflowberechnungen einer Plausibilitätsüberprüfung unterziehen. Diese Vorgehensweise dient der Absicherung, dass alle getroffenen Annahmen der Realität entsprechen und für sachverständige Dritte nachvollziehbar sind.[119] Anhand der erhobenen und aufbereiteten Daten wird oftmals auch eine erste, indikative Bewertung des Unternehmens vorgenommen. Zwecks Erstansprache der potenziellen Interessenten wird zudem ein anonymisiertes Kurzexposee, der sog. Teaser, angefertigt.[120]

2.2.1.3 Selektion und Ansprache der potenziellen Käufer

In der darauffolgenden Phase der Käuferidentifikation wird auf die Research-Kapazitäten der Investmentbank zurückgegriffen. Dem Berater des Verkäufers stehen dabei zahlreiche Informationsquellen zur Verfügung. Beispielhaft lassen sich kommerzielle Wirtschaftsdatenbanken, Branchenpublikationen und -verzeichnisse, Auskunfteien sowie Research-Berichte von Banken anführen. Nach einer Vorauswahl potenzieller Kandidaten werden von diesen Unternehmen weitergehende Informationen wie Geschäftsberichte, Unternehmensporträts oder aber Produktbroschüren eingeholt.[121]

Investoren, die zunächst aufgrund ihres Profils als interessant erscheinen, werden vom M&A-Berater in einer sog. „Long List" zusammengestellt.[122] Bei der Selektion der Käufer werden gezielt potenzielle Synergieeffekte im Produktbereich (horizontale Di-

[117] Vgl. Müller-Stewens/Spickers/Deiss (1999), S. 42.
[118] Vgl. Pack (2002), S. 270. Hörmann (2008), S. 135f.
[119] Vgl. Dufey/Hommel (2000), S. 973.
[120] Vgl. Hockmann/Thießen (2002), S. 175.
[121] Vgl. detaillierter Dufey/Hommel (2000), S. 974.
[122] Vgl. Dufey/Hommel (2000), S. 974.

versifikation), die Notwendigkeit zur geographischen Expansion oder aber eine Ergänzung des Produktbereichs (vertikale Diversifikation), das Verhalten bei vergangenen Transaktionen sowie die Finanzkraft der Käufer analysiert.[123] In Abstimmung mit dem Mandanten werden die aussichtsreichsten Interessenten aus der Grundgesamtheit aller in Frage kommenden potenziellen Käufer selektiert, so dass eine sog. „Short List" resultiert.[124] Zu diesem Zeitpunkt muss bereits das Verkaufsverfahren gewählt und strukturiert werden, da hiervon die Anzahl der bei der Kontaktaufnahme mit dem/den Käufer(n) angesprochenen Personen abhängt.[125]

Üblicherweise geht den Kandidaten der Short List unabhängig vom gewählten Verkaufsverfahren das anonymisierte Kurzexposee sowie eine Vertraulichkeits- und Geheimhaltungsvereinbarung (Confidentiality Agreement/Statement of Non-disclosure) zu, um das generelle Kaufinteresse zu klären. Vertraulichkeits- und Geheimhaltungsvereinbarungen dienen dazu, dass die im Rahmen des Verkaufsprozesses gewonnenen Informationen nicht zum Schaden des Verkäufers verwendet oder weitergegeben werden.[126] Gegen Unterzeichnung dieser Dokumente erhalten weiterhin interessierte Parteien das detailliertere Verkaufsmemorandum, auf dessen Basis eine Entscheidung über die Fortführung oder den Abbruch des Prozesses gefällt wird.

123 Vgl. Illenberger/Berlage (1991); S. 444.

124 Vgl. Hockmann/Thießen (2002), S. 176; Dufey/Hommel (2000), S. 974.

125 Der nachfolgend dargestellte weitere Ablauf des Prozesses lässt sich hierbei sowohl auf Situationen, in denen nur ein potenzieller Käufer angesprochen wird, als auch auf Verfahren, in denen mehrere Erwerbsinteressenten involviert sind, übertragen. Daher wird auf den expliziten Hinweis, dass beide Fälle zutreffen können, verzichtet.

126 Vgl. Picot (2002b), S. 120. Dies ist bedeutsam, da die potenziellen Käufer Einblick in Unternehmensinterna gewinnen und die Verkaufsabsicht i.d.R. nicht an die Öffentlichkeit gelangen soll. Allerdings ist die Erbringung des Nachweises, dass eine Verletzung der Vertraulichkeits- und Geheimhaltungsvereinbarung vorliegt, üblicherweise mit Schwierigkeiten verbunden. Weitaus größere Probleme bereitet zudem die Erbringung des Nachweises, dass und in welcher Höhe durch die Pflichtverletzung ein Schaden für den Veräußerer resultiert. Alternativ kann ein von Berufs wegen zur Verschwiegenheit verpflichteter Sachverständiger, wie z.B. ein Wirtschaftsprüfer, mit der Sichtung und Analyse vertraulicher Informationen beauftragt werden. Der Sachverständige teilt dem Erwerbsinteressenten lediglich die Ergebnisse seiner Arbeit mit; vgl. Semler (2002), S. 527f. Zu Beispielen einer Vertraulichkeitserklärung vgl. Borghese/Borgese (2002), S. 143-146.

2.2.2 Phase der Durchführung

Parteien, die weiterhin am Verkaufsprozess teilnehmen möchten, wird in einem nächsten Schritt Zugang zu umfangreicheren wertbeeinflussenden Daten gewährt. Vor diesem Kontext müssen die potenziellen Käufer üblicherweise einen Letter of Intent unterzeichnen, in den oft nochmals Vertraulichkeits- und Geheimhaltungsvereinbarung aufgenommen werden.[127] Der Letter of Intent entspricht einer Bekundung des Kaufinteresses unter gewissen Vorbehalten, da wesentliche für die Kaufentscheidung relevante Informationen erst in dieser Phase des Prozesses generiert werden.[128]

Die umfassende Prüfung des Zielunternehmens wird auch als käuferseitig angeregte Due Diligence bezeichnet und dient dem Abbau vorvertraglicher Informationsasymmetrien.[129] Hierbei ergreift die schlechter informierte Vertragspartei die Initiative, ihren Informationsstand zu verbessern. Screening-Aktivitäten umfassen neben der eingehenden Analyse der vom Verkäufer zur Verfügung gestellten Daten auch die Teilnahme an Management-Präsentationen sowie die Zusendung eines Fragekatalogs an den Verkäufer resp. dessen Berater, durch den verbleibende offene Themengebiete adressiert werden. Die Chancen und Risiken einer Transaktion können somit besser eingeschätzt werden. Letztlich soll hierdurch das Risiko der Auswahl schlechter Vertragspartner im Sinne der adversen Selektion minimiert werden.[130]

Organisatorisch wird vom Verkäufer resp. dessen Berater zwecks Durchführung der Due Diligence ein sog. Data-Room mit den erforderlichen Informationen eingerichtet.[131] Die Prüfungsbereiche einer Due Diligence sind vielfältig. Prinzipiell untersuchen

---

[127] Vgl. Achleitner (2001), S. 182; Jansen (2001); S. 184.

[128] Der Letter of Intent ist eine Erklärung oder Vereinbarung, die die Absicht dokumentiert, auf Grundlage bereits erzielter Verhandlungsergebnisse eine bestimmte Transaktion ggf. unter einzeln festgelegten Vorbehalten abschließen und durchführen zu wollen; vgl. Schlitt (2001), S. 208. Er fixiert die wesentlichen Eckdaten der Transaktion und regelt die weitere Vorgehensweise; vgl. Berens/Mertes/Strauch (2005), S. 56f. Hierdurch wird das Vertrauen in die Ernsthaftigkeit der Verhandlungsbereitschaft bekräftigt, da einmal anerkannte Verhandlungsergebnisse schwer zu modifizieren sind. Es kommt ihm daher trotz fehlender rechtlicher Bindung eine faktische Bindung und somit eine verhandlungspsychologische Bedeutung zu; vgl. Schlitt (2001), S. 208; Picot (1998), S. 31; Holzapfel/Pöllath (2005), S. 9f.

[129] Diese Problematik sollte bei Management-Buyout-Transaktionen oder aber für den Fall, dass der potenzielle Erwerber bereits hinreichend Anteile am Zielunternehmen besitzt, um gewisse Auskunftsrechte geltend zu machen, weniger schwer wiegen.

[130] Vgl. Strasser (2000); S. 19 und S. 23.

[131] Vgl. Hockmann/Thießen (2002), S. 174. Eine Alternative zu einem physischen Datenraum bietet bei kontrollierten Auktionen ein sog. „virtueller Datenraum“, der in Abschnitt 2.4.2.2 näher betrachtet wird. Eine weitere Besonderheit bei der Due Diligence kontrollierter Auktionen ist die Vendor Due Diligence, die sich in bestimmten Transaktionssituationen empfiehlt. Diese wird eingehend in Abschnitt 2.4.1.3 betrachtet.

die Kaufinteressenten die historische Entwicklung sowie die gegenwärtige Situation des Zielunternehmens und seiner Führungskräfte. Vor diesem Hintergrund werden die Jahresabschlüsse, die Unternehmensplanung sowie die Umsatz- und Auftragslage analysiert.[132] Darüber hinausgehende Teilprüfungen können nach funktionalen Bereichen oder Querschnittsfunktionen kategorisiert werden.

Denkbar sind Prüfungen der finanziellen Verhältnisse (Financial Due Diligence), der rechtlichen sowie der steuerlichen Situation (Legal resp. Tax Due Diligence), von evtl. bestehenden Umweltrisiken (Environmental Due Diligence) sowie der Qualifikation der Mitarbeiter und des Managements (Human Resources Due Diligence). Weiterhin kann eine derartige Prüfung auch eine Machbarkeitsstudie in dem Sinne umfassen, dass interne Unternehmensinformationen mit den Anforderungen der Markts hinsichtlich der Bedürfnisse der Kunden sowie der Aktivitäten der Wettbewerber abgeglichen werden (Market Due Diligence). Ferner besteht die Möglichkeit, einzelne Funktionsbereiche des Unternehmens im Rahmen einer Due Diligence zu untersuchen (z.B. die Durchführung einer Technical Due Diligence).[133]

Die Auswahl der in der Due Diligence offengelegten Informationen ist für den Verkäufer aus mehreren Gründen von strategischer Bedeutung. Zum Einen wird das Zurückhalten entscheidungsrelevanter Informationen von den Erwerbsinteressenten als negatives Signal gedeutet, was in einem Abschlag des Kaufpreises resultieren kann. Zum Anderen muss der Verkäufer darauf achten, dass wettbewerbsrelevante Daten nicht an direkte Konkurrenten des Zielunternehmens gelangen, die nach der Due Diligence den Verkaufsprozess nicht weiterverfolgen.[134]

Ferner haben die in der Due Diligence zur Verfügung gestellten Informationen auch haftungsrechtliche Implikationen. Da Transaktionen des Kaufs und Verkaufs von Unternehmen keiner eigenständigen gesetzlichen Regelung unterliegen, gelten für deren zivilrechtliche Behandlung die Vorschriften des Bürgerlichen Rechts. Demnach resultiert eine Offenlegungspflicht des Verkäufers von Informationen, deren Verschweigen gegen Treu und Glauben verstoßen würde. Hierunter fallen Sachverhalte, die den Vertragszweck gefährden könnten oder wesentlich für die Kaufentscheidung sind. Legt der Verkäufer negative Umstände offen, kann er hierdurch Gewährleistungsansprüche

[132] Vgl. Berens/Strauch (2005), S. 14.

[133] Vgl. hierzu Berens/Strauch (2005), S. 14; Pack (2002), S. 275-295; Sebastian/Niederdrenk/Tesch (2005); S. 491f.

[134] Vgl. Dufey/Hommel (2000), S. 975.

des Käufers verhindern. Dies ist der Fall, da der Verkäufer keine Mängel zu vertreten hat, die der Käufer bei Vertragsabschluss kannte.[135] Damit in der Phase der Vertragsverhandlungen Konflikte hinsichtlich der rechtlichen Ausgestaltung der Transaktion vermieden werden, sollte den Bietern spätestens zu diesem Zeitpunkt auch ein erster Vorentwurf des Unternehmenskaufvertrags übermittelt werden.[136]

2.2.3 Phase der Verhandlungen und des Abschlusses

In einem letzten Schritt erfolgen Verkaufsverhandlungen und Vertragsabschluss. Zu diesem Zweck muss seitens der Käufer auch ein nach ihren Präferenzen modifizierter Entwurf des Kaufvertrags eingereicht werden. Sind in dieser Phase noch mehrere Interessenten involviert, wird dem aussichtsreichsten potenziellen Erwerber oftmals befristet Exklusivität garantiert. Dies bedeutet, dass der Verkäufer die Verhandlungen mit den anderen Mitbietern einstellt. Hält sich der Verkäufer nicht an die Exklusivitätsvereinbarung, muss er eine Strafzahlung (sog. Break-up Fee) leisten. Hat ein potenzieller Bieter Exklusivität erlangt, erfolgt eine weitere Due-Diligence-Prüfung (oftmals auch als Confirmatory Due Diligence bezeichnet). Zu diesem Zeitpunkt werden dem Bieter i.d.R. sämtliche entscheidungsrelevanten Informationen zur Verfügung gestellt, so z.B. auch Kunden- und Lieferantenverträge. Neben diesen neuen Daten prüfen die Berater des Käufers, zu denen meist Wirtschaftsprüfer und Rechtsanwälte gehören, die Werthaltigkeit der vorgelegten Unternehmenszahlen sowie ob Sachverhalte vorliegen, die auf eine Veränderung der wirtschaftlichen Situation des Zielunternehmens seit der ersten Due Diligence schließen lassen.[137]

Abschließend wird die Transaktion in finanzieller, steuerlicher und rechtlicher Hinsicht strukturiert. Festgelegt werden müssen insbesondere der Vertragsgegenstand, der Kaufpreis und die Gegenleistung, der Übergangszeitpunkt, die zu übertragenden Forderungen und Rechtsverhältnisse sowie Haftung, Gewährleistung und Garantien.[138] Vorvertragliche Informationsasymmetrien können an dieser Stelle durch den in der neoinstitutionalistischen Theorie analysierten Mechanismus der Selbstselektion reduziert werden. Dies ist gegeben, sofern der Verkäufer der Forderung eines potenziellen Inter-

[135] Vgl. Berens/Schmitting/Strauch (2005), S. 78. Eine detaillierte Darstellung der Gewährleistungen beim Unternehmenskauf befindet sich bei Berens/Schmitting/Strauch (2005), S. 105-108.

[136] Vgl. Picot (2002a), S. 25.

[137] Vgl. Dufey/Hommel (2000), S. 975f.

[138] Vgl. Picot (2002a), S. 26.

essenten nach einem variabel ausgestalteten Kaufpreis oder aber einem an bestimmte Bedingungen geknüpften Rücktrittsrecht des Käufers nachkommt.[139]

Die Vereinbarung einer Earn-Out-Klausel führt vor diesem Kontext zu einer Minderung oder Erhöhung des Kaufpreises, falls Abweichungen von den geplanten und im Kaufvertrag festgelegten Werten auftreten.[140] Durch eine im Kaufvertrag definierte MAC-Klausel, die sich i.d.R. auf die Zeitspanne zwischen Vertragsabschluss und Vollzug bezieht, wird dem Käufer ein Rücktrittsrecht eingeräumt, sofern sich erhebliche nachteilige Veränderungen der Vermögens-, Finanz- und Ertragslage nach Vertragsabschluss materialisieren. Das Akronym „MAC“ steht dabei für „Material Adverse Change“.[141] In der unternehmerischen Praxis wird jedoch häufig versucht, den Kaufpreis zunächst erneut zu verhandeln.[142] Gesteht der Verkäufer dem potenziellen Erwerber Garantien und Sicherheiten zu, handelt es sich gemäß der neoinstitutionalistischen Theorie um ein Pfand der besser informierten Vertragspartei. Eine derartige Verhaltensweise lässt Folgerungen hinsichtlich der Güte bewertungsrelevanter Unternehmensdaten zu.[143]

---

139 Vgl. Strasser (2000), S. 24.

140 Vgl. Küting/Wirth (2006), S. 145. Der Kaufpreis kann bspw. als Prozentsatz des geplanten Umsatzes oder Ertrags ausgedrückt werden. Denkbar ist auch eine stufenweise Steigerung bei Erreichung zuvor bestimmter Schwellenwerte. Der Verkäufer muss sich allerdings darüber bewusst sein, dass die Entwicklung derartiger Größen nach Eigentumsübergang im Einwirkungsbereich des Käufers liegt und von diesem manipuliert werden kann. Die Kriterien, von denen der zu zahlende Kaufpreis abhängen soll, sind demnach eindeutig zu regeln; vgl. Semler (2002), S. 573. Aus einer empirischen Studie, in der von 1990 bis 1997 insgesamt 38.069 abgeschlossene Transaktionen in 157 Ländern untersucht werden, geht hervor, dass sog. Earn-Out-Klauseln häufiger zur Anwendung gelangen, wenn es sich bei der Zielgesellschaft um ein nicht börsennotiertes Unternehmen handelt. Dies stützt die Vermutung, dass Earn-Out-Klauseln zur Beseitigung von Informationsasymmetrien eingesetzt werden, da letztere bei nicht börsennotierten Unternehmen für potenzielle Investoren i.d.R. höher sind; vgl. Datar/Frankel/Wolfson (2001), S. 213, S. 209f. und S. 217f.

141 Der Anlass für wesentliche nachteilige Veränderungen kann durch das Unternehmen selbst, durch Kapitalmarktentwicklungen oder aber durch externe, nicht wirtschaftliche Ereignisse, wie z.B. Kriege oder Terrorattentate, bedingt sein; vgl. Holzapfel/Pöllath (2005), S. 35f.

142 Vgl. Schmittner (2005), S. 322f. Generell ist im Zeitablauf aber ein Anstieg in der Verwendung von MAC-Klauseln zu beobachten: Die entsprechenden Prozentsätze für Akquisitionen mit MAC-Klauseln betragen für eine zufällig selektierte Grundgesamtheit an Transaktionen im Jahr 1993 18,3%, im Jahr 1995 31,7% und im Jahr 2000 83,0%; vgl. Gilson/Schwartz (2005), S. 349-351.

143 Vgl. Strasser (2000), S. 31. Eine Zurückziehung der Zusage durch den Verkäufer ist aus zwei Gründen unwahrscheinlich. Zum Einen wird über Garantien und Sicherheiten erst in einer späten Phase des Verkaufsprozesses verhandelt. Er muss daher damit rechnen, dass der potenzielle Erwerber in diesem Fall den Kaufvertrag nicht unterschreibt, weshalb der Verkäufer das Risiko trägt, dass die Transaktion nicht abgeschlossen wird. Zum Anderen spielt gerade bei Existenz vorvertraglicher Informationsasymmetrien die Reputation des Verkäufers eine bedeutende Rolle; vgl. hierzu Strasser (2000), S. 32. Weicht der Verkäufer von zuvor getroffenen Vereinbarungen ab, hat dies generell negative Rückwirkungen auf zukünftige Verkaufstransaktionen sowie das erneute Angebot der Zielgesellschaft am Markt.

Der Vertragsgegenstand schließlich variiert je nachdem, ob die Gesellschaftsanteile des Unternehmens (Share Deal) oder aber die einzelnen Wirtschaftsgüter bzw. Sachen und Rechte des Unternehmens (Asset Deal) erworben werden.[144]

2.3 Selektion des Veräußerungsverfahrens unter Berücksichtigung der Zielhierarchie des Verkäufers

2.3.1 Zielhierarchie des Verkäufers

Unabhängig von der mit der Veräußerung per se angestrebten Zielsetzung resp. dem Veräußerungsmotiv kann ein Verkäufer innerhalb eines Verkaufsprozesses unterschiedliche Zielsetzungen verfolgen.[145] Da diese z.T. konfliktär sind, erarbeiten der Verkäufer und dessen Berater daher in der Phase der Vorbereitung und Analyse gemeinsam eine individuelle Zielhierarchie. Die Zielhierarchie ist wiederum ausschlaggebend für die Auswahl eines konkreten Veräußerungsverfahrens. Dieser Zusammenhang wird im sich anschließenden Abschnitt analysiert. Durch die Festlegung auf ein spezifisches Veräußerungsverfahren wird zudem die Strukturierung des gesamten Veräußerungsprozesses beeinflusst. Somit können sich Modifikationen des idealtypischen Verkaufsprozesses ergeben. Da der Untersuchungsgegenstand der vorliegenden Arbeit das Veräußerungsverfahren der kontrollierten Auktion ist, werden in einem weiteren Schritt deren Besonderheiten sowie damit für den Verkäufer verbundene Entscheidungsvariablen erarbeitet.

In den meisten Fällen ist der Veräußerer neben dem erfolgreichen Abschluss der Transaktion *(Transaktionssicherheit)* an der Realisierung eines möglichst hohen Kaufpreises[146] *(Kaufpreismaximierung)* interessiert. Dem ökonomischen Ziel der Kaufpreisma-

[144] Vgl. Niewiarra (2002), S. 57.

[145] Prinzipiell besteht die Möglichkeit, dass eine Gruppe mehrerer Personen einen Verkaufsprozess initiiert. Konfliktäre Interessenslagen und damit einhergehende Entscheidungsprobleme werden im Rahmen dieser Arbeit nicht näher analysiert. Vielmehr wird von einer Interessensgleichheit ausgegangen, so dass nachfolgend der Begriff „Verkäufer" sowohl für eine einzelne Person als auch eine Gruppe an Personen verwendet wird.

[146] Neben den monetären Faktoren sind ferner zur Bestimmung des Kaufpreises auch preisrelevante Kaufvertragskonditionen heranzuziehen. In diesem Zusammenhang sind insbesondere Garantien und Gewährleistungen sowie Wettbewerbsverbote zu nennen; vgl. Weihe (2003), S. 89. Darüber hinaus ist davon auszugehen, dass der Verkäufer bestimmte Präferenzen hinsichtlich der Zahlungsmodalitäten hat. Prinzipiell kann der Erwerb der Unternehmensanteile bar oder aber mit Anteilen an der Gesellschaft des Käufers oder aber einer dritten Gesellschaft beglichen werden.

ximierung stehen hierbei abhängig vom Auftraggeber unterschiedliche Arten von Nebenbedingungen resp. Unterzielen entgegen. Diese können sich wie folgt äußern:[147]

- Der Verkäufer wünscht ein besonders hohes Maß an Geheimhaltung *(Wahrung der Vertraulichkeit)*,
- die Zeitdauer bis zum Abschluss des Prozesses soll möglichst kurz gehalten werden *(Transaktionsgeschwindigkeit)*,
- der Verkäufer möchte die Transaktion unter steuerlichen Gesichtspunkten für ihn ideal gestalten *(Steueroptimierung)*,
- die Öffentlichkeitswirkung der Transaktion sowie deren Implikationen für die *Reputation des Verkäufers*[148] spielt für den Verkäufer eine bedeutende Rolle,
- oder aber *emotionale Faktoren* sind von Relevanz,[149] weshalb z.B. bestimmte potenzielle Käufer von vornherein vom Verfahren ausgeschlossen werden.

Die relevanten Nebenbedingungen müssen in der Zielhierarchie Eingang finden, sollten jedoch vor dem Hintergrund eines angemessenen Verkaufserlöses nicht zu stark gewichtet werden.[150] Konfliktär zum Ziel der Maximierung des Kaufpreises sowie der Gewährleistung der Transaktionssicherheit ist insbesondere das Ziel der Wahrung der Vertraulichkeit, da vor diesem Hintergrund nicht sämtliche potenziellen Interessenten des Käuferuniversums zum Verkaufsprozess eingeladen werden. Folglich besteht das Risiko, dass der am besten geeignetste Kandidat mit der wahrscheinlich höchsten Zahlungsbereitschaft im Rahmen einer Vorauswahl eliminiert wird. Der Aspekt der Vertraulichkeit ist in nahezu allen privaten Verkaufsverfahren zu berücksichtigen.[151] Dies liegt zum Einen darin begründet, dass das Bekanntwerden der Veräußerungsabsicht im

---

Oftmals wird der Verkäufer jedoch eine Barzahlung bevorzugen, da die Wertentwicklung der erhaltenen Anteile mit Unsicherheit behaftet ist; vgl. Achleitner (2001), S. 186.

147 Vgl. Müller-Stewens/Spickers/Deiss (1999), S. 3f.

148 Hierunter fällt nicht das unbeabsichtigte Bekanntwerden der Veräußerungsabsicht im Markt. Vielmehr sind z.B. Bemühungen des Verkäufers anzuführen, eine für seine bisherigen Mitarbeiter sozialverträgliche Lösung zu finden. Weiterhin ist denkbar, dass der Verkäufer eine negative Berichterstattung in der Presse fürchtet. Dies ist z.B. bei der Veräußerung an einen Finanzinvestor denkbar.

149 An dieser Stelle ist z.B. die ablehnende Haltung eines Unternehmers zu nennen, an seinen direkten Wettbewerber zu verkaufen.

150 Vgl. Achleitner (2001), S. 203f.

151 Handelt es sich bei dem Verkäufer um die öffentliche Hand, ist die Situation anders gelagert. Im Rahmen von Privatisierung können haushalts-, vergabe- oder wettbewerbsrechtliche Vorschriften zur Anwendung gelangen, die letztlich ein spezifisches Verkaufsverfahren verordnen; vgl. Weihe (2004), S. 45.

Markt zu einer Verunsicherung der Angestellten sowie des Managements der Zielgesellschaft führen und somit den Verlauf des operativen Geschäfts bis zum Abschluss der Transaktion beeinträchtigen kann. Denkbar sind in diesem Zusammenhang auch Handlungen des Managements, die sich negativ auf den Verkaufsprozess auswirken oder aber gänzlich darauf zielen, diesen zu verhindern sowie der Verlust von für das Unternehmen bedeutenden Schlüsselpersonen.[152] Zum Anderen ist es prinzipiell nicht im Interesse des Verkäufers, unternehmensinterne und wettbewerbsrelevante Daten einem breiten Personenkreis zugänglich zu machen. Diese könnten nach Abschluss oder schlimmstenfalls auch Abbruch des Verkaufs gegen den neuen resp. den alten Eigentümer verwendet werden. Daher sind Implikationen für die Teilnahmebereitschaft der Interessenten nicht auszuschließen.[153]

Im Gegenzug zur Wahrung einer angemessenen Vertraulichkeit sind die Reputation des Verkäufers nach Abschluss des Verkaufs sowie emotionale Faktoren lediglich in bestimmten Transaktionen von Relevanz. Allerdings resultieren diese ebenfalls in einer für den erwarteten Verkaufserlös nachteiligen Limitierung des Bieterkreises. Derartige Rückwirkungen sind auch bei einer starken Fokussierung des Prozesses auf die Transaktionsgeschwindigkeit gegeben. Ein vergleichsweise zügiger Abschluss des Verkaufs kann insbesondere gewährleistet werden, sofern in den Verkaufsprozess nur wenige oder gar nur ein Bieter eingebunden sind.

Eine Steueroptimierung ist insofern als impliziter Bestandteil der Kaufpreismaximierung zu verstehen, da der Verkäufer bei der Kalkulation des durch die Transaktion erzielbaren Gewinns eine Nachsteuerbetrachtung anstellen sollte.[154] Einschränkend ist anzumerken, dass durch die steueroptimale Strukturierung des Verkaufs auch den Käufern Zugeständnisse abverlangt werden. Sind diese dazu nicht bereit, folgt hieraus ebenfalls eine Begrenzung der Anzahl erwerbswilliger Interessenten. Vor diesem Hintergrund ist v.a. auf die unterschiedlichen steuerlichen Implikationen des Erwerbs über einen Asset oder aber einen Share Deal für den Käufer zu verweisen.[155]

Abschließend bleibt festzuhalten, dass Auktionen grundsätzlich als Verkaufsverfahren in Betracht kommen, sofern ökonomische Ziele in der Zielhierarchie des Verkäufers stark gewichtet werden. Im nachfolgenden Abschnitt wird eine Abgrenzung der gän-

[152] Vgl. Niewiarra (2002), S. 35.
[153] Vgl. Weihe (2004), S. 43.
[154] Vgl. Weihe (2003), S. 89.
[155] Vgl. hierzu auch S. 28 der vorliegenden Arbeit.

gigsten alternativen Veräußerungsverfahren, d.h. des Exklusivverfahrens, der offenen Auktion sowie der kontrollierten Auktion, vorgenommen. Diese Veräußerungsverfahren entsprechen den oben genannten, vom Verkäufer verfolgten Zielsetzungen unterschiedlich gut. Sie unterscheiden sich im Ergebnis hinsichtlich der Transaktionssicherheit, des Vertraulichkeitsgrads und der Wahrscheinlichkeit, den maximalen Kaufpreis zu realisieren.[156] Bezüglich der Strukturierung des Prozesses variieren die Verkaufsverfahren insbesondere in der Anzahl der angesprochenen und zum Veräußerungsverfahren zugelassenen Bieter. Darüber hinaus fallen aus Verkäuferperspektive abhängig von der gewählten Verkaufsform unterschiedlich hohe Kosten an. Daher erfolgt im sich anschließenden Abschnitt nicht nur eine Abgrenzung der alternativen Veräußerungsverfahren, sondern auch eine Betrachtung der konkret zu treffenden Selektionsentscheidung unter Berücksichtigung der erarbeiteten Zielhierarchie des Verkäufers.

2.3.2 Realisationsgrad der Zielhierarchie bei alternativen Veräußerungsverfahren

2.3.2.1 Exklusivverfahren

Beim Exklusivverfahren wird nach Unterzeichnung einer Vertraulichkeits- und Geheimhaltungserklärung zeitlich begrenzt ausschließlich mit dem am geeignetsten erscheinenden Käufer verhandelt. Nach Unterzeichnung des Letter of Intent darf der potenzielle Erwerber eine Due Diligence vornehmen, um zu einer adäquaten Entscheidungsgrundlage bzgl. seiner Kaufabsicht zu gelangen.[157]

Im Hinblick auf die zuvor definierten Ziele des Verkäufers erlaubt die Vorgehensweise des Exklusivverfahrens ein Höchstmaß an Vertraulichkeit, da nur ein potenzieller Erwerber in den Prozess involviert wird. Dies trifft ebenfalls auf die optimale Realisierung des Ziels der Transaktionsgeschwindigkeit zu. Allerdings erfordert ein etwaiges Scheitern der Transaktion den Eintritt in neue Verhandlungen, wodurch ein nicht unerheblicher Zeitverlust resultiert.[158] Diese Tatsache läuft auch dem Ziel der Transaktionssicherheit zuwider. Ferner sind Einschränkungen bzgl. des Ziels der Kaufpreisma-

---

[156] Vgl. Müller-Stewens/Spickers/Deiss (1999), S. 42.
[157] Vgl. Illenberger/Berlage (1991), S. 442.
[158] Vgl. Achleitner (2001), S. 207.

ximierung gegeben, da evtl. attraktive Käufer von vornherein unberücksichtigt bleiben und kein Wettbewerb zwischen mehreren Interessenten herrscht.[159]

Exklusivverfahren werden demnach gewählt, sofern der Verkäufer ein besonders hohes Maß an Vertraulichkeit wünscht, er einen speziellen Investor für den Kauf präferiert oder aber die Anzahl an potenziellen Interessenten eher begrenzt ist.[160]

2.3.2.2 Offene Auktion

Das andere Extrem zum Exklusivverfahren ist das einer offenen Auktion. Hierbei wird das Verkaufsvorhaben öffentlich bekannt gegeben, wodurch ein sehr breiter potenzieller Investorenkreis angesprochen und der Bieterwettbewerb verstärkt wird. Bei glaubhafter Darstellung des Kaufinteresses sowie nach Unterschrift der Vertraulichkeitserklärung werden den Interessenten Informationen über die Zielgesellschaft übermittelt mit der Aufforderung, ein erstes unverbindliches Angebot zu unterbreiten. Ferner muss der Berater des Verkäufers im Rahmen der Anfertigung der erforderlichen Dokumentationen einen sog. Prozessbrief (Process Letter) erstellen. Dieser erläutert den Kaufinteressenten den Ablauf und die Regeln des Bieterverfahrens.[161] Es erfolgt eine vorläufige Selektion der weiterhin zum Prozess zugelassenen Bieter. Die verbleibenden Interessenten dürfen wie beim Exklusivverfahren eine Due Diligence vornehmen, nachdem sie einen Letter of Intent unterschrieben haben. Auf Basis der durch diese Prüfungshandlungen resultierenden umfangreichen Informationsbasis werden die potenziellen Erwerber zur Abgabe verbindlicher Gebote aufgefordert. Nach Sichten der verbindlichen Gebote und den ggf. in den Vorentwurf des Kaufvertrags aufgenommenen Änderungswünschen der Bieter wählt der Verkäufer seine bevorzugten Verhandlungspartner aus.[162]

Die im Rahmen eines Exklusivverfahrens dargelegte Argumentation hinsichtlich der Ziele der Kaufpreismaximierung sowie der Wahrung der Vertraulichkeit gilt invers für

[159] Vgl. Müller-Stewens/Spickers/Deiss (1999), S. 42. Allerdings besteht auch im Rahmen von Exklusivverhandlungen die Möglichkeit, dass allein die Existenz potenzieller weiterer Bieter dazu führt, dass auch im Rahmen von Exklusivverhandlungen höhere Akquisitionsprämien erzielt werden. Die Option, bei Scheitern der Exklusivverhandlungen eine Auktion durchzuführen, birgt ein gewisses Drohpotenzial und kann bereits ex ante (d.h. vor tatsächlicher Durchführung einer Auktion) ein stärkeres wettbewerbliches Verhalten des Verhandlungspartners bewirken. Die empirische Studie von Aktas/de Bodt/Roll (2009), in der 591 Transaktionen im Zeitraum von 1994 bis 2006 untersucht werden, stützt diese Hypothese; vgl. Aktas/de Bodt/Roll (2009), S. 28-33 und S. 36f.

[160] Vgl. Weihe (2004); S. 43.

[161] Vgl. Niewerth (2004), S. 8.

[162] Vgl. Illenberger/Berlage (1991), S. 442f. Picot (2002a), S. 25-27; Müller-Stewens/Spickers/Deiss (1999), S. 42f.

den Realisationsgrad bei einer offenen Auktion. Durch die hohe Anzahl an Interessenten und den daraus resultierenden Bieterwettbewerb ist die Maximierung des Kaufpreises sehr wahrscheinlich. Sollten zudem die Verhandlungen mit einem potenziellen Erwerber abgebrochen werden, gestaltet sich die Gesprächsaufnahme resp. Vertiefung der Gespräche mit einem anderen potenziellen Erwerber sehr viel einfacher als bei einem Exklusivverfahren.[163] Vor diesem Hintergrund ist allerdings anzuführen, dass die Publizität der Verkaufsabsicht und somit die hohe Öffentlichkeitswirkung wie im vorhergehenden Abschnitt dargelegt den Geschäftsablauf oder aber den Verkaufsprozess per se negativ beeinträchtigen können.[164]

Scheitert die Transaktion, ist zudem eine unternehmensexterne Öffentlichkeitswirkung dahingehend gegeben, dass sich das Zielunternehmen bei einem erneuten Angebot am Markt ggf. nur noch schwierig veräußern lässt.[165] Bei Auktionsverfahren ist das Ziel der Wahrung der Vertraulichkeit um die zusätzliche Dimension der Vertraulichkeit im Hinblick auf den Verkaufsprozess per se resp. dessen konkreten Verlauf zu erweitern. Es liegt im Interesse des Verkäufers, die Anzahl der Bieter sowie die Höhe ihrer Gebote geheim zu halten. Derartige Informationsasymmetrien resultieren in einer stärkeren Verhandlungsmacht des Veräußerers. Ferner kann die Offenlegung der Identität der in den Prozess involvierten potenziellen Käufer die Formierung von Bieterabsprachen unterstützen. Diese dienen dem Ziel, den durch das Auktionsverfahren erzeugten Wettbewerbsdruck zu reduzieren.[166]

Die Auswirkungen der Durchführung eines Auktionsverfahrens bzgl. der Transaktionsgeschwindigkeit sind vorab nicht eindeutig bestimmbar.[167] Durch eine straffe Strukturierung des Prozesses ist dessen zügige Abwicklung prinzipiell denkbar. Allerdings können Situationen auftreten, in denen es einem potenziellen Investor nicht möglich ist, sich an die strengen Zeitvorgaben des Verkäufers zu halten. Dies ist z.B. der Fall, wenn der Interessent zeitgleich eine Börseneinführung des eigenen Unternehmens beabsichtigt oder aber interne Restrukturierungsmaßnahmen implementiert. Handelt es

---

163 Vgl. Weihe (2004); S. 42.

164 Auch für den Erwerber ist es unter Umständen unvorteilhaft, falls seine Erwerbsabsicht öffentlich bekannt wird, da sich Wettbewerber auf die Transaktion einstellen und mitunter Einfluss zu nehmen versuchen; vgl. Niewiarra (2002), S. 36.

165 Vgl. Weihe (2004), S. 43.

166 Vgl. Dufey/Hommel (2000), S. 975; Weihe (2004), S. 43.

167 Die folgenden Ausführungen gelten sowohl für die offene als auch für die kontrollierte Auktion, die im nachfolgenden Abschnitt eingehender betrachtet wird.

sich hierbei um einen aus Sicht des Verkäufers geeigneten Kandidaten und wird Verlängerungsanfragen entsprochen, sind zeitliche Verzögerungen nahezu unvermeidbar.[168]

Unabhängig vom Zielerreichungsrad des Verkäufers fallen bei diesem im Vergleich zum Exklusivverfahren höhere Opportunitäts- und Sachkosten an. Dies ist gegeben, da die Kontaktpflege, die Präsentation des Zielunternehmens, die Beantwortung von Bieteranfragen sowie die Vertragsverhandlungen mehrfach erfolgen. Hierdurch erhöht sich erstens der Aufwand des Beraters, den bei einem vertraglich vereinbarten Zeithonorar letztlich der Verkäufer trägt.[169] Zweitens werden durch den Einbezug des Managements des Zielunternehmens personelle Ressourcen gebunden.[170]

Da die Käufer in einer Konkurrenzbeziehung zueinander stehen und somit deren Wahrscheinlichkeit, einen Unternehmenserwerb erfolgreich abzuschließen, im Vergleich zu einem Exklusivverfahren sinkt, ist zusätzlich deren Perspektive in die Analyse einzubeziehen. Die aufgrund der mehreren Bietrunden hohe Kostenintensität eines Auktionsverfahrens kann die Teilnahmebereitschaft einzelner Investoren einschränken. Selbst für den Fall einer hohen Zuteilungswahrscheinlichkeit stehen Investoren einem Auktionsverfahren mitunter ablehnend gegenüber, da wegen der geringeren Vertraulichkeit andere Bieter Einblick in wettbewerbsrelevante Daten erlangen können.[171] Der Einfluss des gewählten Verkaufsverfahrens auf die Teilnahmebereitschaft potenzieller Erwerber wird bei Vorliegen eines Verkäufermarkts resp. bei einem besonders attraktiven Zielunternehmen jedoch vermutlich geringer ausfallen.

Die Durchführung einer offenen Auktion ist in Situationen sinnvoll, in denen das Käuferuniversum nicht hinreichend bekannt ist und der Verkäufer nur geringe Vertraulichkeitsbedürfnisse hat.[172] Die offene Auktion ist jedoch nicht Gegenstand der Untersuchung und wird daher nachfolgend nicht eingehender betrachtet.

---

168 Vgl. Weihe (2004), S. 42f.

169 Zur Honorarstruktur bei im Rahmen eines Verkaufsmandats vgl. Weihe (2003), S. 85-87 sowie Holzapfel/Pöllath (2005), S. 5f.

170 Vgl. Weihe (2004), S. 43.

171 Vgl. Weihe (2004), S. 43.

172 Vgl. Weihe (2005), S. 45.

2.3.2.3 Kontrollierte Auktion

Die kontrollierte Auktion nimmt eine mittlere Position zwischen diesen beiden Extremformen des Verkaufs ein. Grundsätzlich wird ein begrenzter Personenkreis angeschrieben, dem das Bietungsverfahren sowie die vorgesehene Erwerbsform (Asset Deal oder Share Deal)[173] erläutert wird. Der Begriff „kontrolliert" bezieht sich hierbei auf die Limitierung des Bieterkreises durch den Verkäufer.[174] Eine einheitliche Verwendung des Terminus „kontrollierte Auktion" sowie eine genaue Angabe der Stärke der Limitierung existiert in der managementorientierten Literatur jedoch nicht.[175]

So ist der Begriff „limitierte Auktion" vorzufinden, der vom Autor mit einer Anzahl von ein bis drei Dutzend angesprochenen potenziellen Investoren in Verbindung gebracht wird.[176] In einem anderen Beitrag wird ferner eine Unterscheidung in die „kontrollierte Auktion", in der eine relativ hohe Zahl an Erwerbsinteressenten angesprochen wird sowie in die „begrenzte Auktion", in der verhältnismäßig weniger Interessenten angesprochen werden, vorgenommen. Beispielhaft wird eine Bandbreite von acht bis 50 Bietern in der kontrollierten und von zwei bis sieben, meist jedoch weniger als fünf Bietern in der begrenzten Auktion angegeben.[177] Ein weiterer Autor, der das Verfahren als „kontrollierte Auktion" bezeichnet, macht zwar keine konkrete Angabe hinsichtlich der zu kontaktierenden Personen, verweist aber auf eine Anzahl von fünf bis sechs Erwerbsinteressenten, die nach Abgabe eines ersten, unverbindlichen Gebots in die Phase der Durchführung involviert sind.[178]

Im Rahmen der vorliegenden Arbeit wird ausschließlich der Begriff „kontrollierte" Auktion verwendet, da in sämtlichen Fällen der durch die Ausgestaltung des Verkaufsmechanismus hervorgerufene Wettbewerb unter den Kaufinteressenten sowie eine Beschränkung des Zugangs zum Verkaufsprozess gegeben ist. Die Anzahl der zum Prozess zugelassenen Interessenten stellt lediglich eine Steuerungsvariable des Verkäufers bzgl. der Stärke des Bieterwettbewerbs dar. Der weitere Ablauf bei einer kontrollierten Auktion unterscheidet sich mit Ausnahme der Begrenzung der Teilnehmerzahl nicht

[173] Vgl. hierzu auch S. 27 der vorliegenden Arbeit.
[174] Vgl. Illenberger/Berlage (1991), S. 444; Berens/Mertes/Strauch (2005), S. 35; Weihe (2004), S. 44; Achleitner (2001), S. 207f.
[175] Die kontrollierte Auktion wird in der unternehmerischen Praxis z.T. auch als „Parallelverfahren" bezeichnet. Dieser Begriff wird von Weihe (2004) jedoch abgelehnt, da sich auch bei einer Auktion mehrere Bieter parallel für das Zielunternehmen interessieren; vgl. Weihe (2004), S. 44.
[176] Vgl. Drill (2008), S. 72.
[177] Vgl. Weihe (2004), S. 44.
[178] Vgl. Hölters (2002), S. 54.

wesentlich von dem der offenen Auktion. Nachfolgend wird daher direkt auf den Realisierungsgrad der Zielhierarchie des Verkäufers eingegangen.

Im Hinblick auf die Zielhierarchie des Verkäufers ermöglicht das Verfahren der kontrollierten Auktion einerseits, dass im Unterschied zu einer offenen Auktion die Verkaufsabsicht nicht an die breite Öffentlichkeit gelangt. Andererseits sind im Vergleich zum Exklusivverfahren sowohl ein wettbewerbliches Verhalten zwischen den zugelassenen Bietern als auch eine erhöhte Transaktionssicherheit gewährleistet.[179] Die Transaktionsgeschwindigkeit kann über die Anzahl der zum Prozess zugelassenen Bieter variiert werden, wobei eine starke Gewichtung dieses Ziels eine stärkere Limitierung des Teilnehmerkreises impliziert. Die konkrete Bestimmung dieser Anzahl wird auch durch das Risiko determiniert, dass potenziell für den Verkäufer interessante Investoren bei der Selektion nicht erfasst werden.[180] Grundlegendes Kriterium für die Durchführung einer kontrollierten Auktion ist jedoch die ausreichende Anzahl an offensichtlichen Erwerbsinteressenten, die zudem über eine hinreichende Finanzkraft verfügen. Allerdings kann ebenso wie bei offenen Auktionen nicht ausgeschlossen werden, dass angesprochene Kandidaten die Teilnahme verweigern.[181] Abbildung 2.2 stellt den Zusammenhang zwischen den verschiedenen Veräußerungsverfahren und der Zielhierarchie des Verkäufers abschließend zusammenfassend dar.

Abb. 2.2 Veräußerungsverfahren und Zielerreichung des Verkäufers

	Exklusiv-verfahren	Kontrollierte Auktion	Offene Auktion
Kaufpreismaximierung	○	◑	●
Transaktions-sicherheit	○	◑	●
Transaktions-geschwindigkeit	●	◑	○
Vertraulichkeit	●	◑	○

● Hohe Zielerreichung ◑ Mittlere Zielerreichung ○ Niedrige Zielerreichung

Eigene Darstellung.

[179] Vgl. Müller-Stewens/Spickers/Deiss (1999), S. 43f.
[180] Vgl. Weihe (2004), S. 45.
[181] Vgl. Weihe (2004), S. 45.

Einige wenige empirische Studien geben Aufschluss darüber, inwiefern die tatsächliche Auswahlentscheidung zugunsten von Auktions- oder aber Exklusivverfahren getroffen wird. In der empirischen Studie von Boone/Mulherin (2007), die 400 angekündigte Übernahmen US-amerikanischer Unternehmen in der Zeitperiode von 1989 bis 1999 untersucht, wurde in 51% (49%) der betrachteten Fälle ein kontrolliertes Auktionsverfahren (Exklusivverfahren) gewählt.[182] Die Studie von Aktas/de Bodt/Roll (2009) beschäftigt sich ferner mit der Frage, inwiefern ein Zusammenhang zwischen dem gewählten Verkaufsverfahren sowie der Initiierung der Transaktion durch den Verkäufer oder aber den potenziellen Erwerber besteht. Die Untersuchung analysiert 591 Transaktionen im Zeitraum von 1994 bis 2006, wobei in 52% der Fälle eine Auktion und in 48% der Fälle Exklusivverhandlungen durchgeführt wurden. Im Ergebnis sind 61% der vom Veräußerer veranlassten Transaktionen Auktionsverfahren, wohingegen ein potenzieller Käufer zu 77% Exklusivverhandlungen führt. Das Resultat ist konsistent mit der Vermutung, dass potenzielle Käufer eher an der Vermeidung eines Bieterwettbewerbs interessiert sind, wohingegen der Verkäufer diesen zu stimulieren versucht.[183]

Nachfolgend wird unterstellt, dass sich der Verkäufer für die Durchführung einer kontrollierten Auktion entschieden hat. Dementsprechend werden aus dieser Entscheidung resultierende Abweichungen vom idealtypischen Verkaufsprozess in den einzelnen Phasen der Transaktion eingehend untersucht. Modifikationen dienen einer Verbesserung der Zielerreichung des Verkäufers, die bei einer kontrollierten Auktion wie oben erarbeitet v.a. in der Maximierung des Kaufpreises bei gleichzeitig hinreichender Gewährleistung der Vertraulichkeit sowie der Transaktionssicherheit besteht. Die Ergebnisse bzgl. konkreter Entscheidungsvariablen des Verkäufers bei kontrollierten Auktionen werden dabei abschließend gewürdigt und in den zu entwickelnden themenbezogenen Rahmen aufgenommen. In Anlehnung an den idealtypischen Verkaufsprozess wird mit der Phase der Vorbereitung und Analyse begonnen. In dieser Phase sind bei kontrollierten Auktionen insbesondere Handlungsoptionen des Verkäufers von Relevanz, die die Bie-

---

[182] Vgl. Boone/Mulherin (2007), S. 850f. Allerdings bezeichnen Boone/Mulherin (2007) den Veräußerungsprozess nicht als kontrollierte Auktion sondern als „private takeover process". Dessen Beschreibung entspricht allerdings der einer kontrollierten Auktion; vgl. hierzu Boone/Mulherin (2007), S. 848f.

[183] Vgl. Aktas/de Bodt/Roll (2009), S. 24f. sowie Tabelle 3 auf S. 57. Einschränkend ist anzumerken, dass innerhalb der Studie keine explizite Unterscheidung zwischen offenen und kontrollierten Auktionen vorgenommen wird. Empirisch kann ferner gezeigt werden, dass die Entscheidung für ein bestimmtes Verkaufsverfahren auch durch spezifische Charakteristika des Zielunternehmens, der Transaktion per se sowie der potenziellen Bieter beeinflusst wird; vgl. Boone/Mulherin (2008), S. 10-12.

terselektion unter Berücksichtigung verschiedener Käufertypen sowie den Einsatz von die Zielerreichung unterstützenden Produkten betreffen. Beispielhaft für unterstützende Produkte lassen sich Stapled-Finance-Angebote oder aber Vendor-Due-Diligence-Berichte anführen.

2.4 Spezifische Entscheidungsvariablen des Verkäufers bei kontrollierten Auktionen

2.4.1 Entscheidungsvariablen des Verkäufers in der Phase der Vorbereitung und Analyse

2.4.1.1 Bieterselektion und Käufertypen

2.4.1.1.1 *Strategische Investoren*

Im Rahmen einer kontrollierten Auktion kommt der Selektion der Käufer eine bedeutende Rolle zu. Dies resultiert wie im vorhergehenden Abschnitt dargestellt aus der Tatsache, dass für die Funktionsfähigkeit des Bieterwettbewerbs eine ausreichende Anzahl an Interessenten erforderlich ist. Eine stärkere Limitierung des Bieterkreises in quantitativer Hinsicht wirkt sich hierbei nachteilig auf die Intensität des Bieterwettbewerbs, jedoch vorteilhaft auf das Ziel der Wahrung der Vertraulichkeit aus.

Die Funktionsfähigkeit des Bieterwettbewerbs beinhaltet aber auch eine qualitative Komponente, durch die die quantitative Eingrenzung des Teilnehmerkreises zumindest z.T. kompensiert werden kann. Durch die bewusste Auswahl von Interessenten, von denen sich der Verkäufer besonders hohe Gebote erwartet, kann der Bieterwettbewerb positiv beeinflusst werden. Prinzipiell kommen als Grundgesamtheit für die Selektion der Bieter strategische Investoren oder aber Finanzinvestoren in Frage.[184] Beide Käufertypen differieren v.a. hinsichtlich ihrer Erwerbsmotive, ihres Informationsbedürfnisses sowie der Finanzierungsstrukturen, derer sie sich für den Kauf des Akquisitionsobjekts

[184] Darüber hinaus kommen der Staat oder aber auch private Investoren als potenzielle Käufer in Betracht; vgl. Strasser (2000), S. 41. Handelt es sich bei den privaten Investoren um das bisherige Management des Zielunternehmens oder aber ein unternehmensexternes Managementteam, wird die Transaktion auch als Management Buyout (MBO) resp. als Management Buyin (MBI) bezeichnet; vgl. Jansen (2001), S. 54. Für die nachfolgende Analyse werden der Staat oder aber private Investoren als Käufertypen nicht weiter berücksichtigt.

bedienen. Daher werden zunächst Unterschiede beider Käufertypen in qualitativer Hinsicht, die sich aufgrund ihrer charakteristischen Merkmale ergeben, erörtert. In einem weiteren Schritt erfolgt die Analyse von deren Auswirkungen auf den Realisationsgrad der Zielhierarchie des Verkäufers und somit dessen Selektionsentscheidung.

Entsprechend dem Begriff „strategischer Investor" verfolgt dieser mit dem Erwerb eines Unternehmens vornehmlich strategische Zielsetzungen. Diese differieren in Abhängigkeit davon, ob es sich bei dem Zielunternehmen um ein Unternehmen der gleichen Wirtschaftsstufe (horizontale Übernahme), einer vor- oder nachgelagerten Wirtschaftsstufe (vertikale Übernahme) oder aber keinem der beiden zuvor genannten Fälle handelt (konglomerate Übernahme).[185] Nachfolgend werden lediglich Erwerbsmotive betrachtet, die einer Steigerung des Shareholder Values dienen, welcher ein anderer Ausdruck für den Wert des Eigenkapitals des Unternehmens ist.[186]

Horizontale Akquisitionen dienen der Markterweiterung. Erworben werden Unternehmen, die gleichartige Produkte oder Dienstleistungen für räumlich getrennte Märkte (market extension) oder aber unterschiedliche Produkte oder Dienstleistungen für räumlich einheitliche oder aber sich überschneidende Märkte (product extension) anbieten.[187] Sie sind primär darauf ausgerichtet, güterwirtschaftliche Synergieeffekte zu realisieren. Der Terminus „Synergieeffekt" bedeutet, dass der Gesamtwert beider Unternehmen von dem durch Addition der Einzelunternehmenswerte resultierenden Wert in positiver Hinsicht differiert.[188] Güterwirtschaftliche Synergieeffekte sind Größen-

---

185 Vgl. Achleitner (2001), S. 142; Wöhe/Döring (2002), S. 303.

186 Vgl. Rappaport (1986), S. 50f. Ferner können Unternehmenskäufe aber auch durch ein eigennütziges oder irrationales Verhalten des Managements motiviert sein. Ein eigennütziges Verhalten liegt gemäß der Free-Cashflow-Hypothese vor, wenn das Management eines Unternehmens mit hohen frei verfügbaren Cashflows eine Investition in Projekte mit einem negativen Netto-Barwert präferiert, als diese an die Aktionäre auszuschütten. Dies liegt darin begründet, dass mit einer Ausschüttung die Ressourcen, die direkt vom Management kontrolliert werden, abnehmen; vgl. Jensen (1986), S. 324. Nach der Empire-building-Theorie maximieren die Manager nicht den Shareholder Value, sondern die Unternehmensgröße, da in deren Zielfunktion neben pekuniären Elementen auch Aspekte wie Macht oder Prestige einfließen. Hieraus resultiert ein niedrigerer Diskontsatz, als er von den Anteilseignern angesetzt worden wäre; vgl. Mueller (1969), S. 644 und 648. Konglomerate Transaktionen können durch Risikoreduktionsbemühungen seitens des Managements erklärt werden. Das Gehalt des Managements hängt wesentlich vom Unternehmensrisiko ab. Da ihr Humankapital ein nicht-handelbarer Vermögensgegenstand und somit schlecht diversifizierbar ist, haben risikoaverse Manager einen Anreiz, ihr eigenes „Einkommensrisiko" und somit auch das Unternehmensrisiko zu minimieren; vgl. Amihud/Lev (1981), S. 605-607. Wird die Gültigkeit der strengen Form der Markteffizienz unterstellt, liegt ein irrationales Verhalten der Manager nach der Hybris-Hypothese vor, sofern diese ihre Beurteilungsfähigkeit des Zielobjekts höher bewerten als die des Markts; vgl. Roll (1986); S. 199f.

187 Vgl. Schmidt (2001), S. 141.

188 Vgl. Sirower (1997), S. 47; Ansoff (1966), S. 97. Es liegt demnach eine multiplikative Verknüpfung der einzelnen Unternehmenswerte vor. Potenziell vorhandene Synergieeffekte müssen aber nicht

oder Verbundvorteile. Größenvorteile (Economies of Scale) treten auf, wenn bei gegebener Produktionstechnologie die Stückkosten mit steigender Ausbringungsmenge sinken.[189] Verbundvorteile (Economies of Scope) resultieren aus einer Steigerung der Produktvielfalt. Hierbei findet eine gemeinsame, aber nicht rivalisierende Nutzung von Potenzialen statt.[190] Die formale Beziehung der Gesamtkostenfunktion der Akquisitionspartner zu denen der Einzelunternehmen ist subadditiv.[191] Voraussetzung hierfür ist, dass bestimmte Produktionsfaktoren zur Herstellung mehrerer Güter verwendet werden können, ohne dabei zusätzliche Kosten zu verursachen.[192]

Darüber hinaus ist mit einem horizontalen Zusammenschluss häufig eine höhere Marktmacht verbunden. Im engen Oligopol erleichtern horizontale Konzentrationstendenzen die Verhaltenskoordination der Unternehmen, wodurch der Preiswettbewerb beschränkt wird.[193] Dies kann in überhöhten Preisen und Gewinnen sowie einer Verlagerung des Wettbewerbs auf den Nicht-Preiswettbewerb resultieren. Auch gegenüber Lieferanten ist eine Ausnutzung von Marktmacht denkbar. Durch ein höheres Einkaufsvolumen können günstigere Konditionen bei der Beschaffung durchgesetzt werden.[194] Diese Strategie kann auch dazu dienen, unliebsame Wettbewerber aufzukaufen und das erworbene Unternehmen im Anschluss zu liquidieren.[195]

Vertikale Akquisitionen betreffen Unternehmen der gleichen Branche, aber einer anderen Wertschöpfungsstufe, die zueinander in einer Käufer-Verkäufer-Beziehung stehen. Gründe hierfür sind z.B. in einer Verbesserung des Informationsflusses in einem gemeinsamen Unternehmen, einer effizienteren Abstimmung der Wertschöpfungskette sowie der Sicherstellung der Bezugs- und Absatzwege zu sehen. Beurteilt an den Kri-

---

zwangsläufig freigesetzt werden. Insbesondere die Integrationsstragie und deren Implementierung im Rahmen des Post-Merger-Managements spielt bei deren Realisierung eine wichtige Rolle. Einen Überblick über den Zusammenhang zwischen angestrebten Synergieeffekten und erforderlichen Integrationsmaßnahmen liefert Perin (1996), S. 25-33.

189 Vgl. Silvestre (1987), S. 80.

190 Vgl. Corsten (1995), S. 206.

191 Vgl. Baumol/Panzar/Willig (1982), S. 71-73.

192 Vgl. Oberender (1987), S. 428. Diese gemeinsamen Produktionsfaktoren sind primär unteilbare Kapitalgüter, Humankapital und Institutionen; vgl. Fleck (1995), S. 109f.

193 Vgl. Schulz (2003), S. 60. Je weniger Unternehmen innerhalb einer Industrie, desto einfacher ist das Verhalten der einzelnen Unternehmen beobachtbar. Die Wahrscheinlichkeit, von der getroffenen Absprache abweichendes Verhalten festzustellen, steigt; vgl. Eckbo (1983), S. 243. Allerdings ist die Bildung von Kartellen bis auf wenige Ausnahmen gesetzlich verboten; vgl. hierzu Wöhe/Döring (2002), S. 313f.

194 Vgl. Wöhe/Döring (2002), S. 306.

195 Vgl. Achleitner (2001), S. 143.

terien der Transaktionskostentheorie können durch eine vertikale Integration zudem Ausgaben für die Nutzung des Marktmechanismus eingespart werden.[196]

Konglomerate Akquisitionen lassen sich negativ abgrenzen als Zusammenschlüsse, die weder in die Kategorie einer horizontalen noch einer vertikalen Akquisition einzuordnen sind.[197] Konglomerate Zusammenschlüsse sind meist motiviert durch die Realisierung von Verbundvorteilen sowie durch das Ausnutzen von Risikoreduktionseffekten, die sich positiv auf die Kapitalkosten auswirken.[198] Der zweite Zusammenhang wird häufig auch als finanzwirtschaftlicher Synergieeffekt bezeichnet[199]

Im Rahmen der Trade-off-Theorie wird die Beziehung zwischen der Kapitalstruktur und den Kapitalkosten eines Unternehmens analysiert, wobei die Existenz einer optimalen Kapitalstruktur gezeigt wird. Eine durch M&A-Transaktionen hervorgerufene Veränderung der Kapitalstruktur kann hierbei zu einer Senkung der Kapitalkosten führen und die Transaktion somit letztlich motivieren.[200] Demgegenüber negiert die auf Myers/ Majluf (1984) zurückgehende Theorie der Pecking Order, die in einem weiteren Schritt untersucht wird, die Existenz einer optimalen Kapitalstruktur.[201] M&A-Transaktionen können im Modell von Myers/Majluf (1984) durch unterschiedliche Präferenzen eines Unternehmens hinsichtlich der Finanzierung von Investitionen resp. Projekten mit positivem Barwert begründet werden.

Prinzipiell setzen sich die gesamten Kapitalkosten eines Unternehmens aus den gewichteten Kosten für die Aufnahme von Eigen- sowie von Fremdkapital zusammen (Weighted Average Cost of Capital, kurz WACC).[202] Für die Gewichtungsfaktoren der Eigen- und Fremdkapitalkosten sind Eigen- und Fremdkapitalanteile mit Marktwerten anzusetzen.[203] Bei Nichtexistenz von Illiquiditätsrisiken, sicheren Steuervorteilen

---

196 Vgl. Weston/Siu/Johnson (2001), S. 7.

197 Vgl. Narver (1967), S. 3. Konglomerate Akquisitionen betreffen Unternehmen, deren bisherige Geschäftstätigkeit in keiner Beziehung zueinander steht; vgl. Schmidt (2001), S. 142.

198 Vgl. Schmidt (2001) S. 140.

199 Vgl. Lewellen (1971), S. 521; Coenenberg/Sautter (1988), S. 698f.

200 Neben der durch den Zusammenschluss zweier Unternehmen per se resultierenden Modifikation der Kapitalstruktur muss ferner die konkrete Finanzierungsstruktur der Transaktion berücksichtigt werden. Beide Effekte nehmen Einfluss auf die Kapitalkosten des Unternehmens; vgl. Scharlemann (1996), S. 109.

201 Der Begriff der „Pecking-Order“ ist allerdings Myers (1984) zuzuschreiben.

202 Vgl. Drukarczyk (2003), S. 190.

203 Vgl. Copeland/Koller/Murrin (2000), S. 309. In der unternehmerischen Praxis wird zur Bestimmung der Eigenkapitalkosten eines Unternehmens i.d.R. das Capital Asset Pricing Model (CAPM) herangezogen, das auf Sharpe (1964), Lintner (1965) und Mossin (1966) zurückgeht. Zu den Annahmen des CAPM, die der neoklassischen Theorie entstammen und aufgrund ihrer Realitätsferne auch die Basis für dessen Kritiker liefern, vgl. Elton et al. (2003), S. 292f. Die

und einer einfachen Gewinnbesteuerung sinken diese mit steigendem Verschuldungsgrad des Unternehmens.[204] Dies ist der Fall, da die Zinszahlungen für Fremdkapital von der steuerlichen Bemessungsgrundlage abzugsfähig sind.[205] Allerdings gilt es zu berücksichtigen, dass mit zunehmender Fremdkapitalaufnahme auch die erwarteten, mit finanziell angespannten Situationen einhergehenden Kosten (costs of financial distress) steigen.[206] Dies impliziert, dass eine optimale Kapitalstruktur existiert, bei der die marginalen Gewinne aus den Steuervorteilen des Fremdkapitals eben diesen marginalen Kosten entsprechen.[207]

Nach der Trade-Off-Theorie kann eine M&A-Transaktion, die die Cashflows des Unternehmens verstetigt, folglich hilfreich sein. Die Gläubiger akzeptieren eine höhere aggregierte Verschuldung, die die Summe der Verschuldungskapazitäten der einzelnen Unternehmen übersteigt, so dass der Steuereffekt des Fremdkapitals optimal ausgenutzt wird.[208] Das konsolidierte Unternehmen profitiert von einem Versicherungseffekt (Coinsurance-Effekt), da aufgrund der nicht vollkommen synchronen Cashflow-

---

Eigenkapitalkosten, die über die CAPM-Gleichung (auch Wertpapierlinie) ermittelt werden, sind hierbei eine mit zunehmendem Risiko linear steigende Funktion. Sie setzen sich aus dem risikolosen Zinssatz zzgl. einer Risikoprämie für das durch die Gesamtmarktentwicklung beeinflusste, systematische Risiko zusammen, da das auf unternehmensspezifische Einflussfaktoren zurückzuführende, unsystematische Risiko vollständig diversifiziert werden kann; vgl. Drukarczyk (1993), S. 246 sowie zur mathematischen Herleitung Elton et al. (2003), S. 294-302. In einem Portfolio ist eine Reduktion des unsystematischen Risikos stets dann gegeben, falls Wertpapiere kombiniert werden, deren Renditen nicht perfekt positiv korreliert sind; vgl. Markowitz (1991), S. 86-94. Die Korrelation wird über die Kovarianz oder aber den Korrelationskoeffizienten gemessen, der Stärke und Richtung des Zusammenhangs zweier Zufallsvariablen angibt; vgl. hierzu Ross/Westerfield/Jaffe (2002), S. 245-247. In der CAPM-Gleichung wird der Risikobeitrag eines einzelnen Wertpapiers über den β-Faktor erfasst, der die Kovarianz des Wertpapiers mit dem Marktportfolio beschreibt; vgl. Kruschwitz (1999), S. 173. Je höher die Kovarianz resp. der β-Faktor, desto höher die Kompensation, die die Eigenkapitalgeber für das systematische Risiko verlangen; vgl. Perridon/Steiner (2003), S. 290f.

204 Die entsprechende Formel lautet: $\text{WACC} = i_{FK} \cdot (1 - s) \cdot \frac{FK}{V^F} + k_s^F \cdot \frac{EK^F}{V^F}$. Hierbei steht i_{FK} für den Fremdkapitalzinssatz, s für den Steuersatz bei einfacher Gewinnbesteuerung, FK und EK^F für die Fremd- und Eigenkapitalanteile, V^F für den Unternehmenswert und k_s^F für die von den Eigentümern geforderte Rendite. Der Buchstabe F kennzeichnet, dass eine Mischfinanzierung vorliegt; vgl. hierzu Drukarczyk (2003), S. 190. Diese Formel kann modifiziert werden zu: $\text{WACC} = k_s \cdot (1 - s \cdot \frac{FK}{V^F})$, wodurch die Relation von Verschuldungsgrad und durchschnittlichen Kapitalkosten deutlich wird. Zur Umformung vgl. Drukarczyk (2003), S. 190f. k_s steht für die geforderte Rendite der Eigenkapitalgeber bei reiner Eigenfinanzierung.

205 Vgl. Perridon/Steiner (2003), S. 506.

206 Die erwarteten „costs of financial distress“ bemessen sich nach der Wahrscheinlichkeit, mit der derartige Situationen auftreten und der Höhe der dann anfallenden Kosten; vgl. Brealey/Myers (2000), S. 510.

207 Vgl. Copeland/Weston (1992), S. 499. Ist der optimale Verschuldungsgrad erreicht, wird der Gesamtunternehmenswert maximiert; vgl. Perridon/Steiner (2003), S. 496f.

208 Vgl. Lewellen (1971), S. 525. Die Bereitschaft der Gläubiger, Fremdkapital bereitzustellen, ist hierbei eine Funktion der Wahrscheinlichkeitserwartung, dass die Cashflows des Unternehmens nicht ausreichen, den Fremdkapitalverpflichtungen nachzukommen; vgl. Lewellen (1971), S. 526.

Entwicklung die Bedienung der Fremdkapitalverbindlichkeiten wahrscheinlicher wird.[209] Es liegt eine Diversifikation auf Unternehmensebene vor.[210] Diese ist z.B. denkbar, falls die an einer M&A-Transaktion beteiligten Unternehmen unterschiedliche Umsatz- und Gewinnentwicklungen aufweisen und gesamtwirtschaftliche Schwankungen verschiedene Auswirkungen auf die jeweilige Rendite haben.[211]

In der Pecking-Order-Theorie wird von einer asymmetrischen Informationsverteilung sowie einem jedoch ansonsten friktionslosen Markt ausgegangen.[212] In diesem Modellrahmen verfügt ein Unternehmen grundsätzlich über drei verschiedene Finanzierungsalternativen zur Realisierung von Investitionsmöglichkeiten oder aber Projekten mit positivem Barwert: Eine Innenfinanzierung über Bargeldbestände resp. veräußerungsfähige Wertpapiere (dieses Innenfinanzierungspotenzial bezeichnen Myers/Majluf (1984) auch als „financial slack"), eine Finanzierung über Fremdkapital oder aber eine Finanzierung über Eigenkapital.[213]

Ist das Innenfinanzierungspotenzial ausgeschöpft, muss auf externe Finanzierungsmittel zurückgegriffen werden. Eine Eigenkapitalemission wird im Modell nur durchgeführt, sofern der Anteil der Altaktionäre am inkrementellen Firmenwert höher ist als der Anteil der neuen Aktionäre an den bestehenden Vermögensgegenständen und dem Innenfinanzierungspotenzial.[214] Ist dies nicht der Fall, wird auf eine Emission und so-

---

209 Lewellen (1971), S. 530f.

210 In effizienten Märkten könnten die Anleger diese selbst vornehmen, weshalb für die Transaktion keine Prämie gezahlt werden sollte. Sind die Kapitalmärkte allerdings nicht effizient und liegen Informations- und Transaktionskosten vor, ist eine kostengünstige Diversifikation nicht immer möglich; vgl. Lewellen (1971), S. 523.

211 Eine nicht perfekt positive Korrelation der Cashflows, die z.T. auch bei anderen Transaktionen gegeben sein dürfte, ist allerdings ausreichend; vgl. Scharlemann (1996); S. 40f.

212 Das Management verfügt dabei über einen Informationsvorsprung bzgl. der Vermögenswerte des Unternehmens sowie der Vorteilhaftigkeit zukünftiger Investitionen. Da die Übermittlung von Informationen nicht kostenlos ist, kann das Informationsgefälle nicht einfach abgebaut werden. Es ist z.B. denkbar, dass das Management über Informationen verfügt, deren Offenlegung aus wettbewerblichen Gründen nicht wünschenswert ist oder die Informationen des Managements nicht oder nur zu sehr hohen Kosten verifizierbar sind. Darüber hinaus besteht die Möglichkeit, dass das Management aufgrund seines „organisatorischen Wissens" die Informationen besser verwerten kann als die Aktionäre; vgl. hierzu Myers/Majluf (1984), S. 195f. Zu den grundlegenden Annahmen des Modells im Detail vgl. Myers/Majluf (1984), S. 189-191.

213 Vgl. Myers/Majluf (1984), S. 187f.

214 Vgl. Myers/Majluf (1984), S. 198f. Hierbei wird unterstellt, dass das Management im Interesse der passiven Altaktionäre handelt. Die Passivität der Altaktionäre impliziert, dass diese auf die Ankündigung einer Emission nicht reagieren. Das neu emittierte Kapital wird vollständig von anderen Investoren bereitgestellt; vgl. Myers/Majluf (1984), S. 191. Eine Eigenkapitalemission setzt in diesem Modell stets ein negatives Signal, weshalb der Aktienkurs des Unternehmens sinkt. Wird nicht emittiert, signalisiert dies, dass der wahre Wert des Innenfinanzierungspotenzials und der Vermögensgegenstände, der dem Preis der alten Aktien ohne Emission entspricht, den Preis alter Aktien im Fall einer Emission übersteigt. Die Investoren interpretieren die Entscheidung,

mit die Durchführung eines Projekts mit positivem Barwert verzichtet, obwohl sich hierdurch der gesamte Unternehmenswert erhöhen würde. Auch für die Emission von risikobehaftetem Fremdkapital muss gewährleistet sein, dass der Barwert des Projekts den Kapitalgewinn der Fremdkapitalgeber übersteigt. Die Optionspreistheorie besagt, dass der absolute Wert des Kapitalgewinns der Fremdkapitalgeber stets geringer ist als der von Eigenkapitalgebern. Daher wird häufiger Fremdkapital aufgenommen als Eigenkapital, wodurch mehr Projekte mit positivem Barwert realisiert und der Unternehmenswert gesteigert wird.[215]

Es resultiert die sog. „Pecking Order“ der Finanzierung: Unternehmen präferieren interne Mittel gegenüber externen Finanzierungsmaßnahmen und bei letzteren Fremdkapital gegenüber Aktien.[216] Ist das Innenfinanzierungspotenzial zur Finanzierung sämtlicher Projekte mit positivem Barwert ausreichend, kann die Investitionsentscheidung unabhängig vom Interessenkonflikt der Altaktionäre mit den neuen Investoren getroffen werden. Eine Möglichkeit, das Innenfinanzierungspotenzial zu erhöhen, besteht in der Durchführung von M&A-Transaktionen mit einem Unternehmen, das mit seinem „financial slack“ einen Mangel an Innenfinanzierungspotenzial vollständig ausgleichen kann.[217] Abbildung 2.3 fasst die Erwerbsmotive eines strategischen Investors, die einer Steigerung des Shareholder Values dienen, abschließend zusammen.

Abb. 2.3 Erwerbsmotive eines strategischen Investors

Horizontale Akquisition	Vertikale Akquisition	Konglomerate Akquisition
• Güterwirtschaftliche Synergieeffekte - Größenvorteile - Verbundvorteile • Steigerung der Marktmacht	• Verbesserung des Informationsflusses • Effizientere Abstimmung der Wertschöpfungskette • Sicherstellung der Bezugs- und Absatzwege • Einsparung von Markttransaktionskosten	• Realisierung von Verbundvorteilen • Reduktion der Kapitalkosten

Eigene Darstellung.

auf eine Emission zu verzichten, als positives Signal über den wahren Unternehmenswert; vgl. hierzu Myers/Majluf (1984), S. 203-205.

215 Vgl. Myers/Majluf (1984), S. 207-210.

216 Vgl. Myers (1984), S. 581.

217 Vgl. Myers/Majluf (1984), S. 217. Allerdings kommt es nur zum Abschluss einer Transaktion, sofern die im Rahmen des Mergers offerierte Gegenleistung höher ist als der Marktwert der Aktien der Alteigentümer der Zielgesellschaft bei einer Aktienemission; vgl. Myers/Majluf (1984), S. 218.

Zur Finanzierung der Transaktion greifen strategische Investoren üblicherweise auf Mittel der Innenfinanzierung oder aber Eigenkapital zurück. Gezahlt wird entweder mit Aktien oder Barmitteln.[218] Im Rahmen einer empirischen Studie, die im Zeitraum von 1981 bis 1992 insgesamt 281 Übernahmetransaktionen nicht börsennotierter Unternehmen untersucht, gelangt Chang (1998) zu dem Ergebnis, dass der Erwerber keine Überrenditen bei einer Bezahlung mit Barmitteln, jedoch positive Überrenditen durch eine Aktienofferte erzielt. Dies lässt sich damit begründen, dass im letzten Fall der Verkäufer mit einem nicht zu vernachlässigenden Anteil Aktionär an der erwerbenden Gesellschaft und somit ein wirksames Kontrollinstrument für deren Management geschaffen wird. Ferner signalisiert die Bereitschaft des Verkäufers, sich in Aktien vergüten zu lassen, positive Informationen über das Unternehmen.[219] Zu einem ähnlichen Ergebnis gelangen die jüngeren Studien von Fuller/Netter/Stegemoller (2002) und Moeller/Schlingemann/Stulz (2004), die Übernahmen nicht börsennotierter Unternehmen im Zeitraum von 1990 bis 2000 resp. von 1980 bis 2001 analysieren.[220] In allen drei angeführten Studien können beim Erwerb von börsennotierten Unternehmen jedoch keine signifikanten Überrenditen erzielt werden.[221]

Officer (2007) setzt an diesem Punkt an und untersucht anhand von Preisofferten für börsennotierte und nicht börsennotierte Unternehmen im Zeitraum von 1979 bis 2003, inwiefern Preisabschläge für nicht börsennotierte Unternehmen existieren. Officer (2007) gelangt zu dem Ergebnis, dass nicht börsennotierte Unternehmen verglichen mit ähnlichen Transaktionen börsennotierter Unternehmen im Durchschnitt mit einem Abschlag von 15% bis zu 30% veräußert werden. Dieses Resultat ist erstens auf einen höheren Grad an Informationsasymmetrien für nicht börsennotierte Unternehmen zu-

---

218 Ein Ausnahmebeispiel stellt Ecker (2008) kurz dar; vgl. S. 30f.

219 Vgl. Chang (1998), S. 775-781. Zudem können Charakteristika des Zielunternehmens, die Einfluss auf die Komplexität von dessen Bewertung nehmen, eine Rolle spielen. In der Studie von Officer/Poulsen/Stegemoller (2008) werden das Entwicklungsstadium des Zielunternehmens sowie der Anteil an immateriellen Vermögenswerten als Indikator für vergleichsweise schwieriger zu bewertende Unternehmen herangezogen. Im Ergebnis erzielen Käufer, die ein vergleichsweise schwieriger zu bewertendes Zielunternehmen über einen Aktientausch erwerben, höhere Renditen als diejenigen, die Barmittel offerieren. Dies ist darauf zurückzuführen, dass das aus der Bewertungsunsicherheit resultierende Risiko für den Käufer im Falle eines Aktientauschs wieder teilweise auf den ehemaligen Eigentümer übertragen wird; vgl. Officer/Poulsen/Stegemoller (2008), S. 11-14.

220 Vgl. Fuller/Netter/Stegemoller (2002), S. 1770f. und S. 1775f. sowie Moeller/Schlingemann/Stulz (2004), S. 205 und S. 212f.

221 Vgl. Moeller/Schlingemann/Stulz (2004), S. 212f; Fuller/Netter/Stegemoller (2002), S. 1775f. sowie Chang (1998), S. 777f.

rückzuführen.[222] Für eine Teilstichprobe, die den Verkauf von konzerneigenen Tochtergesellschaften analysiert, kann zweitens gezeigt werden, dass die finanzielle Situation der Muttergesellschaft von Relevanz ist. Eine angespannte Liquiditätssituation verringert deren Verhandlungsmacht im Veräußerungsprozess, wodurch sich die Abschläge in den Geboten erklären lassen. Letztere sind umso stärker ausgeprägt, je schwieriger sich die Ausschöpfung alternativer Finanzierungsquellen, z.B. eine Fremdkapitalaufnahme, gestaltet. Für nicht börsennotierte konzernunabhängige Unternehmen ist der Abschlag und somit die potenziell realisierbare Rendite des Erwerbers höher, wenn der Käufer die Transaktion mit Barmitteln begleicht.[223]

Dieses Ergebnis widerspricht den von Chang (1998), Fuller/Netter/Stegemoller (2002) und Moeller/Schlingemann/Stulz (2004) ermittelten Resultaten, dass der Erwerber positive Überrenditen nur im Falle einer Bezahlung mit Aktienanteilen realisiert. Eine denkbare Erklärung besteht darin, dass der Verkäufer eine starke Präferenz für den unmittelbaren Liquiditätszugang hat und daher bereit ist, die optimale „Vertragsform" des Aktientauschs durch einen niedrigeren Verkaufserlös, der ihm jedoch unverzüglich zur Verfügung steht, zu substituieren.[224]

---

222 Dieses Ergebnis wird auch durch die Studie von Mantecon (2008) gestützt, die Übernahmen sowohl börsennotierter als auch nicht börsennotierter Unternehmen im Zeitraum von 1996 bis 2003 betrachtet. Im Ergebnis sind aus Perspektive des Käufers die zu realisierenden Gewinne aus der Transaktion höher, wenn ein nicht börsennotiertes anstelle eines börsennotierten Unternehmens erworben wird. Ein Grund hierfür liegt in den mit nicht börsennotierten Unternehmen verbundenen stärkeren Informationsasymmetrien, die die Verhandlungsposition des Verkäufers schwächen. Da die Informationskosten für den potenziellen Erwerber in diesem Fall steigen, resultiert ein geringerer Bieterwettbewerb; vgl. Mantecon (2008), S. 895f. und S. 899f. Ähnlich argumentieren Capron/Shen (2007), die in ihrer Studie zu dem Ergebnis gelangen, dass sich auch die Käufer an die Informationssituation anpassen. Nicht börsennotierte Unternehmen werden demnach vorwiegend erworben, sofern das Zielunternehmen eine gewisse Nähe zum Kerngeschäft des Erwerbers oder aber der Erwerber bereits Akquisitionserfahrung in der jeweiligen Industrie aufweist; vgl. Capron/Shen (2007), S. 893f. und S. 901f. In einer weiteren Studie von Moeller/Schlingemann/Stulz (2007) wird gezeigt, dass kein signifikanter Unterschied zwischen den vom Erwerber erzielbaren Überrenditen beim Kauf börsennotierter und nicht börsennotierter Unternehmen besteht, sofern für unterschiedliche Grade asymmetrischer Informationen nach Unternehmenstyp kontrolliert wird; vgl. Moeller/Schlingemann/Stulz (2007), S. 2074.

223 Vgl. Officer (2007), S. 578-584 und S. 587-596.

224 Vgl. Officer (2007), S. 593. Eine empirische Studie von Transaktionen im Zeitraum von 1997 bis 2000 mit europäischer Beteiligung auf der Käuferseite gelangt zu dem Ergebnis, dass die Erwerber von nicht börsennotierten Unternehmen resp. von Tochtergesellschaften signifikant öfter mit Barmitteln zahlen. Neben den Liquiditätspräferenzen des Verkäufers wird hierbei auch darauf verwiesen, dass hierdurch eine Verwässerung der Stimmrechte eines Großaktionärs des erwerbenden Unternehmens vermieden werden kann; vgl. Faccio/Masulis (2005), S. 1353f. und S. 1360-1363. Der festgestellte Zusammenhang zwischen einem potenziellen Kontrollverlust und der Präferenz für Barmittel stützt die Ergebnisse der früheren Studien von Amihud/Lev/Travlos (1990) und Martin (1996); vgl. Amihud/Lev/Travlos (1990), S. 607-611; Martin (1996), S. 1233 und S. 1239f.

2.4.1.1.2 *Finanzinvestoren*

Nachdem die charakteristischen Merkmale von strategischen Investoren im vorhergehenden Abschnitt erarbeitet wurden, erfolgt an dieser Stelle die Analyse der kennzeichnenden Eigenschaften von Finanzinvestoren. Somit sind die Voraussetzungen gegeben, in einem letzten Schritt den Zusammenhang zwischen Käufertyp und Realisationsgrad der Zielhierarchie des Veräußerers würdigen zu können, der letztlich für die Selektion der in den Prozess einzubeziehenden Bieter ausschlaggebend ist.

Finanzinvestoren verfolgen mit einem Unternehmenskauf primär finanzielle Motive, weshalb ihr Engagement i.d.R. zeitlich befristet ist.[225] Grundsätzlich sind hierunter institutionelle Investoren, wie z.B. Banken, Versicherungen sowie Investment- und Pensionsfonds zu subsummieren. Ferner gehören zu dieser Investorengruppe Hedge-Fonds und Private-Equity-Gesellschaften, denen Investitionsmittel von institutionellen Investoren, vermögenden Privatpersonen oder Stiftungen zur Verfügung gestellt werden.[226]

Wirtschaftlich betrachtet handelt es sich bei Hedge-Fonds um Investoren, die kurzfristig in liquide Anlageformen investieren. Anlageklassen beinhalten Eigen- und Fremdkapitaltitel sowie derivative Instrumente, die zum Handel an organisierten Kapitalmärkten zugelassen sind. Hierdurch sollen Fehlbewertungen ausgenutzt und somit Überrenditen realisiert werden.[227] Private-Equity-Gesellschaften investieren in Eigenkapitaltitel oder eigenkapitalähnliche Titel von Unternehmen.[228] Die Realisierung des Renditeziels wird hierbei nicht durch die Ausnutzung von Fehlbewertungen oder aber über die wiederkehrenden Erträge aus dem operativen Geschäft, die für die Investitionsentscheidung eines strategischen Investors von Relevanz sind, erreicht. Vielmehr wird auf den generierten Wertzuwachs, der dem Finanzinvestor mit dem Ausstieg aus dem Unternehmen (Exit) zugeht, abgestellt.[229]

---

225 Vgl. Achleitner (2001), S. 144f.

226 Vgl. Kaserer et al. (2007), S. 13.

227 Vgl. Kaserer et al. (2007), S. 13.

228 Vgl. Kaserer/Diller (2007), S. 32. Investitionsobjekte sind überwiegend nicht börsennotierte Unternehmen, wobei in den vergangenen Jahren auch Investitionen in börsennotierte Unternehmen zu beobachten waren; vgl. Kaserer et al. (2007), S. 14.

229 Vgl. Natusch (2005), S. 787. Der Finanzinvestor hat hierbei prinzipiell drei Exit-Möglichkeiten: Den Börsengang (Initial Public Offering), den Verkauf an einen strategischen Investor (Trade Sale) oder aber den Verkauf an einen weiteren Finanzinvestor (Secondary Buyout); vgl. Georgieff/ Biagosch (2005), S. 175. Die empirische Studie von Strömberg (2007), die neben oben genannten Exit-Alternativen noch die Möglichkeit des Konkurses sowie des Verkaufs an das Management berücksichtigt, gelangt zu dem Ergebnis, dass im Zeitraum von 1970 bis 2007 der Exit von Private-Equity-Gesellschaften in 38% der Fälle über einen Trade Sale, in 24% der Fälle über einen Secondary Buyout und lediglich in 14% der Fälle über einen Börsengang erfolgt ist. Der

Gemäß oben vorgenommener Klassifikation von Finanzinvestoren sind im Rahmen der Käuferansprache bei kontrollierten Auktionen für den Veräußerer ausschließlich Private-Equity-Gesellschaften von erhöhtem Interesse. Im weiteren Verlauf der Arbeit wird daher lediglich diese Investorengruppe berücksichtigt, wobei der Begriff „Finanzinvestor" synonym mit „Private-Equity-Gesellschaft" verwendet wird.

Private-Equity-Gesellschaften richten sich beim Kauf von Unternehmen nach einer bestimmten Investmentstrategie.[230] Diese legt die Anlagegrundsätze der Beteiligungsgesellschaft fest. Hierzu gehören z.B. der Branchenfokus der Beteiligungsgesellschaft sowie deren geographische Ausrichtung. Die Spezialisierung ist darauf zurückzuführen, dass die Risiken und Chancen der Transaktion, v.a. die Wahrscheinlichkeit der tatsächlichen Umsetzung des Wertsteigerungspotenzials, abgeschätzt werden müssen. Daher haben viele Finanzinvestoren Expertenwissen in bestimmten Sektoren aufgebaut.[231]

Ferner ist das Entwicklungsstadium des Unternehmens resp. der Phasenschwerpunkt der Beteiligungsgesellschaft für die Investitionsentscheidung von Bedeutung.[232] Während Finanzinvestoren in den frühen Phasen der Gesellschaft primär eine Finanzierungsfunktion durch eine Minderheitsbeteiligung übernehmen, werden in der vorliegenden Arbeit lediglich Investitionen in etablierte Unternehmen betrachtet, die i.d.R. mit einer Mehrheitsbeteiligung einhergehen.[233]

Die zulässige Beteiligungshöhe sowie erforderliche Beteiligungsquoten werden in der Investmentstrategie definiert. Wie bereits angedeutet, kann hierbei grundsätzlich zwischen einer reinen Finanzbeteiligung, einer wesentlichen Minderheitsbeteiligung sowie einer Mehrheitsbeteiligung unterschieden werden.[234] Die im Rahmen der Untersuchung

---

Anteil von Börsengängen ist hierbei im Zeitverlauf stark gesunken. Während im Zeitraum von 1970 bis 1984 noch 28% der übernommenen Unternehmen über einen Börsengang veräußert wurden, betrug dieser Anteil im Zeitraum von 2003 bis 2005 nur noch 11% und von 2006 bis 2007 sogar lediglich 1%; vgl. Strömberg (2007), S. 13 sowie Tabelle 4 des Anhangs.

230 Im Rahmen einer empirischen Untersuchung, die insgesamt 870 Transaktionen im Zeitraum von 2003 bis 2007 analysiert, wurde ein Anstieg des Anteils an Finanzinvestoren von 6% in 2003 auf 30% in 2007 festgestellt; vgl. Boone/Mulherin (2009), S. 1f. und S. 42. Während ein Großteil an Transaktionen mit Beteiligung von Finanzinvestoren in den Jahren von 2005 bis 2007 vollzogen wurde, hat sich diese Entwicklung in den Folgejahren vor dem Hintergrund der Kreditkrise jedoch deutlich abgekühlt; vgl. Kaplan/Strömberg (2008), S. 8f.

231 Vgl. Meinecke/Meinecke (2005), S. 123 und 125.

232 Vgl. Natusch (2005), S. 787.

233 Eine Investition in der Seed-, Start-up- oder Entwicklungsphase eines jungen Unternehmens, die mit einem hohen Risiko aber auch einem hohen Wachstumspotenzial verbunden ist, wird auch als Venture Capital bezeichnet und somit von Private Equity im engeren Sinne abgegrenzt; vgl. hierzu Kaserer et al. (2007), S. 15.

234 Vgl. Meinecke/Meinecke (2005), S. 127f.

getroffene Annahme, dass eine Mehrheitsbeteiligung angestrebt wird, kann auch durch einen Zusammenschluss mehrerer Finanzinvestoren erreicht werden. Dies geschieht z.B., wenn einzelne Private-Equity-Gesellschaften hinsichtlich ihrer finanziellen Kapazitäten Beschränkungen unterliegen.[235] Darüber hinaus ist auch die Unternehmensgröße von Bedeutung. Dieses Kriterium ist vor dem Hintergrund des zu zahlenden Kaufpreises zu sehen.[236] Zudem kann die durchschnittliche Haltedauer einer Beteiligung resp. der optimale Zeitpunkt zum Exit angegeben werden.[237]

Da ein Finanzinvestor üblicherweise für die Fortführung des operativen Geschäfts des Unternehmens auf das bereits bestehende Management zurückgreift, ist dessen Qualität ein nicht zu vernachlässigendes Kriterium bei der Kaufentscheidung.[238] Vor diesem Hintergrund bieten Finanzinvestoren dem Management üblicherweise attraktive Anreize, um dessen Verbleib im Zielunternehmen zu sichern.[239]

Synergiepotenziale sind im Vergleich zu strategischen Investoren in abgeschwächter Form vorhanden. Sie bestehen im Hinblick auf das bereits existierende Portfolio. Denk-

---

235 In diesem Fall erfolgt eine sog. Syndizierung; vgl. Kaserer et al. (2007), S. 15. Die empirische Studie von Officer/Poulsen/Stegemoller (2008) gelangt zu dem Ergebnis, dass die Syndizierung von Finanzinvestoren (auch sog. „Club Deals“) negative Auswirkungen auf die Eigentümer der Zielgesellschaft hat. Hierbei ist jedoch eine Differenzierung im Hinblick auf die Eigentümerstruktur des erworbenen Unternehmens vorzunehmen. Während institutionelle Investoren in den Preisverhandlungen mit einem Syndikat relativ effizient verhandeln, ist dies im Falle von passiven, breit gestreuten Anteilsinhabern nicht der Fall. Allerdings kann kein statistisch signifikanter Zusammenhang zwischen der Teilnahme eines Syndikats am Verkaufsprozess und der Stärke des Bieterwettbewerbs hergestellt werden; vgl. Officer/Poulsen/Stegemoller (2008), S. 7-14 sowie S. 21f. Gemäß der Studie von Boone/Mulherin (2009) resultiert hingegen kein Einkommensnachteil durch die Bildung von Private-Equity-Konsortien für die Anteilseigner der Zielgesellschaft. Ebenso wird die Hypothese, dass Syndikate zu einem geringeren Bieterwettbewerb führen, nicht gestützt. Dieses Ergebnis legt nahe, dass Finanzinvestoren Konsortien nicht zwecks Reduktion des Bieterwettbewerbs eingehen, sondern aufgrund von alternativen Überlegungen, wie z.B. Finanzierungsbeschränkungen, der Zusammenlegung von Ressourcen oder aber komplementären Fähigkeiten; vgl. Boone/Mulherin (2009), S. 2f., S. 15f. sowie S. 27f. Ähnlich gelangen Guo/Hotchkiss/Song (2009) in ihrer empirischen Untersuchung zu dem Ergebnis, dass das Transaktionsvolumen bei Private-Equity-Konsortien eine bedeutende Rolle spielt; vgl. Guo/Hotchkiss/Song (2009), S. 25f.

236 Vgl. Meinecke/Meinecke (2005), S. 131.

237 Vgl. Meinecke/Meinecke (2005), S. 123.

238 Vgl. Meinecke/Meinecke (2005), S. 129.

239 Vgl. Drill (2008), S. 73. Dies geschieht z.B. über optionsartige Erfolgsbeteiligungen des Managements; vgl. Kaserer et al. (2007), S. 23. Eine empirische Studie zum Corporate-Governance-Modell von Private-Equity-Gesellschaften in Großbritannien gelangt zu dem Ergebnis, dass das Top-Management einer von einem Finanzinvestor übernommenen Gesellschaft üblicherweise ca. 15% des Eigenkapitals erhält, wodurch zudem eine Angleichung der mitunter konfliktären Interessen von Management und Eigentümern resultiert; vgl. Acharya/Hahn/Kehoe (2009), S. 30f. sowie S. 54. Dies deckt sich mit den Ergebnissen von Kaplan/Strömberg (2008), die für den US-amerikanischen Markt eine Eigenkapitalbeteiligung des Managements von 16% ermitteln; vgl. Kaplan/Strömberg (2008), S. 13.

bar sind z.B. Einkaufsallianzen oder aber der Transfer von branchenspezifischem Know-how. Wegen der Fokussierung auf bestimmte Branchen und Märkte ist aber auch auf eine ausreichende Diversifikation des Gesamtportfolios zu achten.[240]

Für die Finanzierung der Transaktion greifen Finanzinvestoren i.d.R. auf Fremdkapital zurück. Transaktionen, die über einen hohen Anteil an Fremdkapital finanziert werden, werden auch als Leveraged Buyout (LBO) bezeichnet.[241] Die Festlegung der optimal auf das Zielunternehmen zugeschnittenen Kapitalstruktur gehört hierbei zu den Kernaufgaben eines Finanzinvestors.[242] Empirisch kann gezeigt werden, dass die im Markt für Fremdkapital erhältlichen Konditionen die Strukturierung der Finanzierung stark beeinflussen. Die Ergebnisse implizieren einen stärkeren Rückgriff auf Eigenkapital bei vergleichsweise hohen Fremdkapitalzinsen.[243] Im Gegenzug dazu profitieren Finanzinvestoren in einem Umfeld niedriger Zinsniveaus vom Leverage-Effekt, weshalb höhere Kaufpreise möglich sind.[244]

Alternativ zur Optimierung der Finanzierungsstruktur können in einem schwierigen Finanzmarktumfeld aber auch operative Wertsteigerungsstrategien zur Anwendung gelangen (sog. Buy-and-Build-Konzepte). Derartige Transaktionen von Finanzinvestoren

---

240 Vgl. Meinecke/Meinecke (2005), S. 130.

241 Üblicherweise beträgt der Fremdkapitalanteil zwischen 60% und 90%, wobei die übrigen 40% resp. 10% von den Investoren der Private-Equity-Gesellschaft in Form von Eigenkapital aufgebracht werden; vgl. Kaplan/Strömberg (2008), S. 6f. Zur genaueren Begriffsbestimmung, speziellen Anforderungen an die Zielgesellschaft und den Motiven eines LBOs vgl. insbesondere Achleitner (2001), S. 199-202; Brealey/Myers (2000), S. 977-982 und Copeland/Weston (1992), S. 661-665. Auf zur Verfügung stehende Finanzierungsquellen im Rahmen eines LBO geht Jansen (2001), S. 59, ein.

242 Vgl. Georgieff/Biagosch (2005), S. 172.

243 Vgl. Axelson et al. (2008), S. 24f. und S. 48f. Die Studie von Ljungqvist/Richardson/Wolfenzon (2007) verweist ferner darauf, dass die Verteuerung von Fremdkapital zu einer niedrigeren Investitionsrate führt; vgl. Ljungqvist/Richardson/Wolfenzon (2007), S. 16-20 sowie S. 37.

244 Die empirische Studie von Bargeron et al. (2008), in der im Zeitraum von 1980 bis 2005 insgesamt 1.667 Transaktionen auf dem US-amerikanischen Markt untersucht werden, gelangt zu dem Ergebnis, dass Finanzinvestoren jedoch generell niedrigere Akquisitionsprämien zahlen als strategische Investoren. Im Durchschnitt offerieren Finanzinvestoren Akquisitionsprämien in Höhe von 28,5%, wohingegen börsennotierte strategische Investoren durchschnittlich eine Prämie von 46,5% entrichten. Neben der Realisierung von Synergiepotenzialen durch strategische Investoren liegt eine denkbare Begründung in deren Eigentümerstruktur. Private-Equity-Gesellschaften sind i.d.R. als Partnerschaften oder aber Gesellschaften mit beschränkter Haftung organisiert, weshalb die Eigentümerschaft konzentriert ist; vgl. hierzu Kaplan/Strömberg (2008), S. 4. Über geeignete Anreizsysteme können zudem die Interessen des Managements mit denen der Investoren resp. Kapitalgeber angeglichen werden. Ein Vergleich von Private-Equity-Gesellschaften mit börsennotierten Unternehmen, an denen das Management einen vergleichsweise hohen Anteil hält, ergibt, dass sich die Differenz in den vom jeweiligen Käufertyp gezahlten Akquisitionsprämien reduziert. In diesem Fall ist das Management des Bieters, das zugleich Eigentum an der erwerbenden Gesellschaft hält, stärker an deren Wertmaximierung interessiert; vgl. Bargeron et al. (2008), S. 377-380 sowie S. 385-388.

sind v.a. in Branchen mit einem hohen Konsolidierungsdruck vorzufinden. Zentral ist die Selektion einer geeigneten Plattform innerhalb einer bestimmten Branche, die zusammen mit weiteren Zukäufen einem zuvor definierten Gesamtkonzept genügt. Das Gesamtkonzept legt strategische, operative, finanzielle sowie geographische Ziele fest. Durch den Kauf mehrerer Unternehmen der gleichen Branche können Finanzinvestoren ebenso wie strategische Investoren stärker von Synergiepotenzialen im güterwirtschaftlichen Bereich profitieren. Zudem besteht ebenso wie bei einem strategischen Investor die Notwendigkeit zur Integration des zusätzlich erworbenen Zielunternehmens in die bereits bestehenden Strukturen. Insofern findet eine Angleichung der Charakteristika beider Käufertypen statt. Einschränkend ist anzumerken, dass ein Finanzinvestor auch bei einer operativen Wertsteigerungsstrategie von Beginn an den Exit plant.[245]

2.4.1.1.3 *Selektionskriterien*

Wie in Abschnitt 2.3.2.3 angeführt, wählen Verkäufer das Verfahren einer kontrollierten Auktion, wenn sie einerseits einen hohen Kaufpreis realisieren und andererseits eine hinreichende Vertraulichkeit und Transaktionssicherheit gewährleisten möchten. Vor diesem Kontext wird eine Eingrenzung des Teilnehmerkreises in quantitativer und in qualitativer Hinsicht vorgenommen. In quantitativer Hinsicht ist dabei bspw. die Fokussierung von Finanzinvestoren auf bestimmte Branchen oder aber Transaktionsvolumina von Relevanz. Anhand dieser Kriterien lassen sich einige Finanzinvestoren in einer spezifischen Veräußerungssituation im Vorhinein von der Ansprache ausgrenzen. In qualitativer Hinsicht spielt insbesondere die Zahlungsbereitschaft unter Berücksichtigung der relevanten Unterziele des Verkäufers eine Rolle. Diese wird bei strategischen Käufern und Finanzinvestoren von unterschiedlichen Faktoren determiniert, die durch die in den beiden vorherigen Abschnitten analysierten charakteristischen Eigenschaften beider Käufertypen bedingt sind.

Sind strategische Investoren bereit, v.a. für Synergiepotenziale im güterwirtschaftlichen Bereich eine strategische Prämie zu zahlen, wirkt sich dies positiv auf das Ziel der *Kaufpreismaximierung* aus. In abgeschwächter Form ist dieses Argument auch für Finanzinvestoren zutreffend, die eine Buy-and-Build-Strategie verfolgen. Ansonsten wird die Zahlungsbereitschaft von Finanzinvestoren primär über die Finanzierungsstruktur der Transaktion bestimmt. Die Maximierung des Fremdkapitalanteils eröffnet ihnen

---

[245] Vgl. Wildberger (2008), S. 32f.; Hammermann (2008), S. 34f.

die Möglichkeit, höhere Bewertungen vorzunehmen und somit letztlich ihren Kaufpreis nach oben anzupassen.[246] Allerdings sind sie dabei auf die generelle Finanzierungsbereitschaft der Banken sowie deren Konditionengestaltung angewiesen. Vor diesem Kontext ist auch die zum Zeitpunkt der Transaktion gegebene Verfassung der Finanzmärkte ein nicht zu vernachlässigender Aspekt.

Der *Wahrung der Vertraulichkeit* im Sinne des Umgangs mit sensitiven Unternehmensinformationen kann durch die Ansprache von strategischen Investoren und Finanzinvestoren unterschiedlich gut entsprochen werden. Finanzinvestoren, die keine Buy-and-Build-Strategie verfolgen, ziehen aus den im Rahmen des Verkaufsprozesses offengelegten Informationen deutlich geringeren Nutzen als ein strategischer Investor, insbesondere wenn es sich bei diesem um einen direkten Wettbewerber handelt.

Die Geheimhaltung der Veräußerungsabsicht per se kann über die Stärke der Limitierung der anzusprechenden Bieteranzahl variiert werden. Betrachtet man diesen Aspekt isoliert, ergeben sich keine Unterschiede zwischen Finanzinvestoren und strategischen Käufern. Jedoch können Unterschiede im Hinblick auf das tatsächliche Erwerbsinteresse und somit eine grundlegende Voraussetzung für die Implementierung einer kontrollierten Auktion, der ausreichenden Anzahl an potenziellen Käufern, existieren. Vor diesem Hintergrund spielen auch die Eigenschaften des Zielunternehmens eine Rolle.[247] Beispielhaft lassen sich Unternehmen nennen, die sich aufgrund ihrer Branche oder aber ihrer Marktposition besonders für den Verkauf an einen strategischen Investoren eignen. Im Gegensatz dazu besteht die Möglichkeit, dass für das Zielunternehmen kein logischer strategischer Käufer in Frage kommt, z.B. bei einem Unternehmen, dass in einer Marktnische positioniert ist. Weist das Unternehmen ein relativ stabiles Cashflow-Profil auf, kann es jedoch durchaus für einen Finanzinvestor von Interesse sein.[248]

Die Einschätzung des tatsächlichen Erwerbsinteresses durch den Verkäufer resp. seiner Berater ist aber auch für spätere Phasen der Transaktion von Bedeutung. In den Phasen der Durchführung sowie der Verhandlungen und des Abschlusses muss die Funktionsfähigkeit des Bieterwettbewerbs durch die Teilnahme mehrerer Konkurrenten aufrecht erhalten werden. Ferner kann bei Vorliegen eines stark ausgeprägten Erwerbsinteresses auf eine erhöhte Transaktionssicherheit geschlossen werden.

---

246 Vgl. Ecker (2008), S. 30.
247 Vgl. Hölters (2002), S. 54.
248 Vgl. Drill (2008), S. 72.

Durch die Anzahl der zugelassenen Bieter sind darüber hinaus Auswirkungen auf die Zügigkeit des Abschlusses und somit das Ziel der *Transaktionsgeschwindigkeit* gegeben. In qualitativer Hinsicht sei an dieser Stelle auf differierende Informationsbedürfnisse beider Käufertypen verwiesen. Diese Tatsache muss der Verkäufer auch bei der Selektion und Aufbereitung der Daten für die Due Diligence berücksichtigen, so dass keine Zeitverzögerungen resultieren.[249]

Trotz des Branchenfokus ist das Informationsbedürfnis bei Finanzinvestoren höher ausgeprägt als bei strategischen Investoren. Daher kann ein Verkauf an einen strategischen Investor oftmals zügiger realisiert werden.[250] Neben der umfassenden Analyse des Zielunternehmens muss ein Finanzinvestor zudem die Qualitätseigenschaften des Managements detailliert untersuchen. Allerdings verfügen Finanzinvestoren bereits über umfangreiche Transaktionserfahrung. Folglich sind sie mit den Anforderungen des Verkaufsprozesses der kontrollierten Auktion vertraut, wodurch sich wiederum positive Auswirkungen auf die Transaktionsgeschwindigkeit ergeben können.[251]

Das Ziel der *Transaktionssicherheit* ist zum Zeitpunkt der Erstansprache im Vergleich zu einem Exklusivverfahren von untergeordneter Bedeutung, da mehrere Bieter zum Prozess eingeladen werden, von denen sich der Verkäufer einen Vertragsabschluss verspricht. Bei der Einengung des Bieterkreises muss der Verkäufer diesen Aspekt bei seiner Selektionsentscheidung jedoch berücksichtigen. Die Einengung des Bieterkreises erfolgt auf Basis der von den Bietern eingereichten Gebote und fällt in die spätere Phase der Durchführung.[252] Um den Themenkomplex des Einflusses unterschiedlicher Käufertypen auf die Realisierung der Zielhierarchie des Verkäufers und somit seine Auswahl der Bieter im Gesamtzusammenhang zu erläutern, wird das Ziel der Transaktionssicherheit jedoch bereits an dieser Stelle behandelt.

Vor diesem Hintergrund sind die von den potenziellen Investoren gewählten Finanzierungsstrukturen sowie zu beachtende wettbewerbsrechtliche Vorschriften von Relevanz. Während strategische Investoren meist auf die Innenfinanzierungskraft des eigenen Unternehmens zurückgreifen, finanzieren Finanzinvestoren die Transaktion i.d.R. über Fremdkapital. Daher muss der Verkäufer bei einem Finanzinvestor sicherstellen, dass

[249] Vgl. Berens/Strauch (2005), S. 14.

[250] Eine Ausnahme kann bspw. gegeben sein, wenn ein strategischer Investor eine vertikale Akquisition anstrebt.

[251] Vgl. Drill (2008), S. 73.

[252] Zu diesem Zweck fordert der Verkäufer in den Geboten für seine Selektionsentscheidung relevante Informationen von den Bietern ein; vgl. hierzu auch Abschnitt 2.4.2.1.

letzterer über eine verbindliche Finanzierungszusage einer Bank verfügt. Alternativ zu einer vom potenziellen Käufer initiierten Ansprache finanzierender Banken hat sich bei kontrollierten Auktionen daher in der unternehmerischen Praxis das Produkt des Stapled Finance herausgebildet, das im nächsten Abschnitt detailliert dargestellt wird.

Hinsichtlich wettbewerbsrechtlicher Vorschriften ergeben sich v.a. bei strategischen Investoren zu klärende Sachverhalte. Die Transaktion muss von den zuständigen Kartellbehörden genehmigt werden, da von den kombinierten Unternehmen die Gefahr eines wettbewerbsbeschränkenden Verhaltens ausgehen kann.[253] Die Transaktion wird folglich ggf. nur unter bestimmten Auflagen und Bedingungen zugelassen oder aber erst nach Abschluss des Hauptprüfverfahrens freigegeben. Hierdurch resultieren evtl. auch Konfliktpunkte bzgl. des Ziels der Zügigkeit des Abschlusses. Im ungünstigsten Fall wird der Erwerb untersagt, weshalb die kartellrechtliche Zustimmung bei einem strategischen Investor ein unüberwindbares Hindernis sein kann.[254]

Abschließend ist festzuhalten, dass beide Käufertypen bzgl. der einzelnen Ziele des Verkäufers Vor- und Nachteile aufweisen. Abbildung 2.4 fasst die bedeutendsten Charakteristika zusammen. Deren Zuordnung zu den Zielen ist zwecks Einfachheit der Darstellung eindeutig vorgenommen worden. Es sei darauf verwiesen, dass die Zuordnung wie oben beschrieben in der Realität mehrdimensional sein kann.

[253] Die Ausnutzung einer durch eine M&A-Transaktion erlangten stärkeren Marktmachtposition kann sowohl durch horizontale, vertikale als auch durch konglomerate Transaktionen bedingt sein. Im engen Oligopol erleichtern horizontale Konzentrationstendenzen die Verhaltenskoordination der Unternehmen, wodurch der Preiswettbewerb beschränkt wird; vgl. Schulz (2003), S. 60. Auch gegenüber Lieferanten ist eine Ausnutzung von Marktmacht denkbar. Durch ein höheres Einkaufsvolumen können günstigere Konditionen bei der Beschaffung durchgesetzt werden; vgl. Wöhe/Döring (2002), S. 306. Im Extremfall ist eine Marktmonopolisierung möglich. Vertikale Zusammenschlüsse können der Verdrängung von Konkurrenten (Marktschließung) bzw. dem Errichten von Marktzutrittsschranken dienen; vgl. Schmidt (2001), S. 140; Comanor (1967), S. 254. Konglomerate Transaktionen können bspw. in Gegenseitigkeitsgeschäften (reciprocal dealings) resultieren. Das übernommene Unternehmen steht hierbei in einer Kunden- resp. Lieferantenbeziehung zu den Kunden resp. Lieferanten der übernehmenden Gesellschaft; vgl. Schmidt (2001), S. 142. Voraussetzung für eine Benachteiligung von Konkurrenten ist es, dass die erwerbende Gesellschaft auf ihrem ursprünglichen Markt eine starke Marktposition innehat; vgl. Steiner (1975), S. 220f.

[254] Vgl. Dietrich/Hartmann-Rüppel (2008), S. 83f.

Abb. 2.4 Charakteristika von strategischen Investoren und Finanzinvestoren

		Strategische Investoren	Finanzinvestoren
Maxi-mierung Kaufpreis	Erwerbs-interesse	–Langfristige, strategische Überlegungen	–Kurz- bis mittelfristige Renditeanforderungen –Mögliche Exit-Optionen können bereits Investitions-entscheidung beeinflussen
	Zahlungsbe-reitschaft	–Aufgrund erwarteter Reali-sierung von Synergiepo-tenzialen oftmals in der Lage, einen strategischen Kaufpreis zu offerieren	–Zahlungsbereitschaft wesent-lich determiniert durch die Höhe des Fremdkapitalan-teils in der Finanzierungs-struktur
Wahrung Vertrau-lichkeit	Umgang Verkäufer mit sensi-tiven Infor-mationen	–Offenlegung sensitiver Informationen bei unmittel-barer Wettbewerbssituation meist problematisch	–Offenlegung sensitiver Informationen im Vergleich zum strategischen Investor weniger bedenklich
Transak-tionsge-schwin-digkeit	Informa-tionsbedarf	–Zügige Prüfung des Zielunternehmens wg. detaillierter Marktkenntnis (Ausnahme bei vertikaler Akquisitionsrichtung)	–Im Vergleich zu strategischen Investoren höherer Informa-tionsbedarf; daraus resultiert Notwendigkeit einer umfang-reichen Prüfung des Ziel-unternehmens, häufig unter Einbezug externer Berater
Trans-aktions-sicherheit	Finan-zierung	–Abschluss der Transaktion lediglich in Ausnahmefällen abhängig von Finanzierungs-zusage Fremdkapitalgeber	–Meist starke Abhängigkeit von Fremdkapitalgebern, die auch eine eingehende Prüfung des Investitionsprojekts fordern
	Wettbe-werbsrecht-liche Aspekte	–Kartellrechtliche Risiken sind gegeben	–Kartellrechtliche Risiken sind üblicherweise von unterge-ordneter Relevanz

■ Ziele Verkäufer □ Charakteristika Käufertyp

Eigene Darstellung.

2.4.1.2 Stapled Finance

Die Zielerreichung des Verkäufers kann bei einer kontrollierten Auktion in der Phase der Vorbereitung und Analyse jedoch nicht nur durch die gezielte Auswahl der zum Prozess zuzulassenden Bieter positiv beeinflusst werden. Ferner besteht die Möglichkeit, die Realisierung der Ziele durch den Einsatz von Produkten wie Stapled Finance oder aber einer Vendor Due Diligence zu fördern. Beide Produkte werden daher nachfolgend eingehend untersucht. In einem nächsten Schritt werden die Ergebnisse der Phase der Vorbereitung und Analyse mit denen der Phase der Durchführung erweitert.

Unter Stapled Finance wird ein Fremdfinanzierungsangebot des Beraters des Verkäufers resp. einer von ihm beauftragten Bank an die potenziellen Käufer verstanden. Das Angebot wird im Gegensatz zur traditionellen Akquisitionsfinanzierung vom Verkäufer initiiert und geht den Interessenten i.d.R. mit dem Informationsmemorandum zu. Der Begriff Stapled Finance resultiert aus der Tatsache, dass das Angebot an das Informationsmemorandum resp. das Verkaufsobjekt angeheftet wird. Stapled Finance ist ein Produkt für Leveraged-Buyout-Transaktionen. Es wird v.a. in Situationen angeboten, in denen die Ansprache von mehreren Finanzinvestoren beabsichtigt ist, da diese einen Unternehmenskauf üblicherweise zu einem hohen Anteil mit Fremdkapital finanzieren.[255] Die Hauptvorteile eines vorgefertigten Fremdfinanzierungsangebots betreffen die Aspekte der *Transaktionssicherheit*, der Signalisierung einer Bewertungsuntergrenze und somit der *Maximierung des Kaufpreises* sowie der *Transaktionsgeschwindigkeit*.

Hinsichtlich der *Transaktionssicherheit* ist anzumerken, dass der Verkäufer frühzeitig das Risiko des Scheiterns der Transaktion wegen unzureichender Fremdkapitalmittel minimiert. Dies gilt insbesondere in einem Marktumfeld, in dem sich die Beschaffung einer Fremdmittelfinanzierung als problematisch erweist. Weiterhin besteht die Finanzierung bei Leveraged-Buyout-Transaktionen im Allgemeinen aus einem marktüblichen Anteil an Eigenkapital, der niedriger ausfällt als der Anteil an Fremdkapital. Wird der Fremdkapitalanteil durch das Stapled-Finance-Angebot determiniert, kann der potenzielle Erwerber durch Addition des marktüblichen Eigenkapitalanteils auf den vom Verkäufer erwarteten Verkaufspreis schließen.[256] Häufig werden an der kontrollierten Auktion teilnehmenden strategischen Investoren die Finanzierungskonditionen des Stapled-Finance-Angebots jedoch nicht offengelegt, um diese über die Finanzierungskapazität ihrer Konkurrenten im Unklaren zu lassen.[257]

Aus Verkäuferperspektive lassen sich demnach das Finanzierungsinteresse der Banken sowie die voraussichtliche Höhe des erzielbaren Kaufpreises im Vorfeld der kontrollierten Auktion besser abschätzen. Stimmen die Ergebnisse nicht mit den vom Verkäufer erwarteten Resultaten überein, besteht für diesen die Möglichkeit, den Verkaufsprozess abzubrechen, ohne dass negative Reputationseffekte auftreten.[258]

---

[255] Vgl. Vater (2005); S. 1921; Weihe (2005), S. 693 und S. 697.

[256] Vgl. Magnus (2008), S. 117f.; Povel/Singh (2009), S. 5. Zum Teil wird den Bietern aber auch bereits im Rahmen der Erstansprache kommuniziert, welcher Mindestanteil an Eigenkapital im Rahmen des Gebots erwartet wird; vgl. Hogan (2006), S. 225.

[257] Vgl. Miller (2006), S. 1.

[258] Vgl. Weihe (2005), S. 694.

Wegen der oftmals aggressiven Strukturierung von Stapled-Finance-Angeboten und der Tatsache, dass das Angebot als Qualitätssignal eines externen Dritten zu verstehen ist, ist eine positive Auswirkung auf den Bieterwettbewerb und somit das Ziel der *Maximierung des Kaufpreises* wahrscheinlich.[259] Zudem besteht i.d.R. kein Zwang für die potenziellen Erwerber, das Stapled-Finance-Angebot anzunehmen. Holen diese attraktivere Vergleichsangebote ein, kann auch der Verkäufer von einem höheren Kaufpreis profitieren.[260] Die neutrale Position der finanzierenden Bank und somit die Verlässlichkeit des Qualitätssignals ist aber zu hinterfragen, sofern diese identisch mit der vom Verkäufer beauftragten Bank zur Abwicklung des M&A-Prozesses ist. Zudem können zu aggressive Finanzierungsstrukturen Interessenten von der weiteren Teilnahme am Verfahren abschrecken, da sie die im Stapled-Finance-Angebot übermittelte Preisvorstellung des Verkäufers als zu hoch empfinden.[261]

Im Hinblick auf die *Transaktionsgeschwindigkeit* erlaubt Stapled Finance einen kürzeren Prozess in der Vermarktungsphase des Unternehmens, d.h. von der Ansprache der Investoren bis hin zum Abschluss. Ein weiterer Vorzug ist daher darin zu sehen, dass das Zielunternehmen resp. dort beschäftigte Personen, die in den Verkaufsprozess eingebunden sind, entlastet werden.[262] Allerdings gestaltet sich die Vorbereitungsphase aufgrund der vorgezogenen Kreditprüfung und -genehmigung zeitintensiver. Für den Verkäufer können auch Kosten in Form von Bereitstellungsgebühren anfallen, sollte das Finanzierungsangebot nicht von dem tatsächlichen Erwerber angenommen werden.[263]

Andererseits besteht auch die Möglichkeit, dass sich ein Interessenkonflikt bei der beratenden Bank für den Verkäufer als nachteilig erweist. Dies ist gegeben, da die Bank sowohl im Rahmen der M&A-Transaktion als auch durch die Bereitstellung der Finanzierung Einnahmen generieren möchte und demnach Bieter präferiert, die das Stapled-Finance-Angebot annehmen.[264] Einschränkend ist anzumerken, dass sich in diesem Fall evtl. negative Reputationseffekte einstellen und es i.d.R. dem Verkäufer obliegt,

---

[259] Vgl. Povel/Singh (2009), S. 5.

[260] Vgl. Hogan (2006), S. 226.

[261] Vgl. Weihe (2005), S.694.

[262] Vgl. Magnus (2008), S. 119. Das Management des Zielunternehmens kann aber bereits in der Phase der Vorbereitung im Rahmen einer Kreditwürdigkeitsprüfung der finanzierenden Bank zur Präsentation des Unternehmens sowie der Erläuterung der der mittelfristigen Unternehmensplanung zugrunde liegenden Annahmen herangezogen werden; vgl. Magnus (2008), S. 120.

[263] Vgl. Weihe (2005), S. 694.

[264] Vgl. Magnus (2008), S. 123; ähnlich Miller (2006), S. 1. Die Einnahmen im Finanzierungsbereich sind hierbei i.d.R. höher als die des M&A-Bereichs; vgl. Vater (2005), S. 1922f. Informationsökonomisch betrachtet handelt es sich hierbei um den Sachverhalt „moralischer Risiken“ zwischen dem Käufer und seinem Berater; vgl. Strasser (2000), S. 109f.

in sämtlichen Phasen des Prozesses die Selektion der Bieter vorzunehmen.[265] Zudem können potenzielle Interessenkonflikte durch entsprechende schriftliche Vereinbarungen mit der finanzierenden Bank reduziert werden.[266]

Hinsichtlich des Bieterwettbewerbs erscheinen daher eine Auskunftspflicht der beratenden Bank über die Entwicklung der Geschäftsbeziehungen zu den potenziellen Interessenten sowie das explizite Verbot einer Ungleichbehandlung von Bietern aufgrund der Tatsache, dass diese das Stapled-Finance-Angebot voraussichtlich nicht in Anspruch nehmen werden, sinnvoll. Weiterhin sollte sich der Verkäufer ein Zustimmungsrecht vorbehalten, bevor der Berater einem Bieter Exklusivverhandlungen gewährt. Damit eine bessere Vergleichbarkeit evtl. konkurrierender Angebote sowie die Transaktionssicherheit gewährleistet sind, ist auch auf den Grad an Verbindlichkeit der Finanzierungszusage zu achten. Je verbindlicher das Angebot, desto inflexibler kann allerdings auch die später im Prozess i.d.R. stattfindende Anpassung der Konditionen an die Bedürfnisse eines spezifischen Investors werden.[267]

Wird eine kontrollierte Auktion unter Rückgriff auf ein Stapled-Finance-Angebot durchgeführt, resultiert eine Modifikation des in Abschnitt 2.2 beschriebenen idealtypischen Prozessablaufs in folgender Art und Weise: In der Phase der Vorbereitung und Analyse nimmt die finanzierende Bank eine Kreditwürdigkeitsprüfung vor. Fällt diese positiv aus und die Kreditzusage wird erteilt, bereitet die Bank ein Finanzierungsangebot vor, dessen wichtigste Konditionen in einem Term Sheet festgehalten werden. Anschließend finden Verhandlungen zwischen dem Verkäufer und der Bank über die konkrete Strukturierung des Angebots statt, so dass letztlich der Kreditvertrag entworfen werden

[265] Vgl. Weihe (2005), S. 696 sowie Miller (2006), S. 2.

[266] Denkbar ist bspw. der Ausschluss von Klauseln, die es dem Stapled-Finance-Anbieter erlauben, den potenziellen Bietern das Einholen von Vergleichsangeboten zu verbieten (sog. „No-Shop-Clauses"). Weiterhin können Vertragsstrafen für den Fall vereinbart werden, dass der Stapled-Finance-Anbieter sein Angebot in einer späten Phase des Verkaufsprozesses zurückzieht. Eine weitere Alternative des Verkäufers, sich vor potenziellen Interessenkonflikten zu schützen, besteht in der Einholung mindestens zweier Stapled-Finance-Angebote. Diese Vorgehensweise kann auf der einen Seite sowohl in einem attraktiveren Angebot aufgrund des Wettbewerbs zwischen den Banken als auch in einer Absicherung des Verkäufers für den Fall, dass eine der beiden Banken ihr Angebot zurückzieht, resultieren. Einschränkend sei angemerkt, dass auf der anderen Seite hierdurch jedoch auch Mehrkosten für den Verkäufer entstehen können, sollten die finanzierenden Banken eine Bereitstellungsgebühr verlangen; vgl. Weihe (2005), S. 697. Weitere Konfliktpunkte in Form divergierender Interessenslagen des Finanzierungsbereichs der Bank sowie des Verkäufers können auftreten, sofern eine Earn-Out- oder aber eine MAC-Klausel vereinbart wurde. Die Frage, ob z.B. eine erhebliche nachteilige Veränderung der Vermögens-, Finanz- und Ertragslage eingetreten ist, wird von den beiden Parteien vermutlich unterschiedlich beantwortet; vgl. Miller (2006), S. 1.

[267] Vgl. Weihe (2005), S. 697.

kann. Dies geschieht parallel zur Vorbereitung des Informationsmemorandums durch den M&A-Berater resp. den M&A-Bereich. Nach Ansprache der Bieter erhalten diese in der Phase der Durchführung neben dem Informationsmemorandum Informationen bzgl. des Stapled-Finance-Angebots.[268]

Der Konkretisierungsgrad kann hierbei unterschiedlich ausfallen. In der unternehmerischen Praxis sind sämtliche Formen von mündlichen Zusagen über die Nennung von Eckdaten oder aber einem indikativen Angebot bis hin zu verbindlichen schriftlichen Zusagen vorzufinden.[269] Im Fall weniger konkreter Daten enthält das Informationsmemorandum zusätzlich die Angabe, auf welchem Weg der potenzielle Erwerber Informationen hinsichtlich der Konditionen erhalten kann.[270]

Oftmals erhalten die Bieter während der Phase der Due Diligence das vollständige Stapled-Finance-Angebot. Zu diesem Zeitpunkt werden auch mehrere Finanzierungsteams seitens der Bank zur Verfügung gestellt, um Details der Finanzierungsstruktur und der Kreditvertragsdokumentation zu diskutieren.[271] Die finalen Konditionen der zunächst für sämtliche potenziellen Erwerber einheitlichen Finanzierungsstruktur können in der späten Phase des Prozesses an spezifische Käufer angepasst werden.[272] Unter der Voraussetzung, dass der Bieter, der die Zuteilung erhält, auch das Stapled-Finance-Angebot in Anspruch nimmt, findet die Kreditauszahlung mit der Kaufpreiszahlung im Rahmen des Closing der Transaktion statt.[273]

[268] Vgl. Magnus (2008), S. 119. Im Rahmen der Kreditwürdigkeitsprüfung nimmt die Bank eine Analyse der historischen Entwicklung auf Grundlage testierter Jahresabschlüsse vor. Darüber hinaus wird ein Finanzierungsmodell aufgesetzt, in das die mittelfristige Unternehmensplanung einfließt. Zum besseren Verständnis der in der Planung getroffenen Annahmen sowie der Unternehmensstrategie werden Gespräche mit dem Management des Zielunternehmens geführt. Weiterhin werden externe Berater mit der Durchführung einer meist vollumfänglichen Due Diligence beauftragt. Die Kreditzusage beinhaltet Bedingungen, die vom Käufer und ggf. auch vom Verkäufer erfüllt sein müssen, bevor eine Ausreichung der Kredite erfolgt. Vom Verkäufer kann bspw. die Ansprache eines zuvor spezifizierten Käuferkreises verlangt werden. Anforderungen an die Käufer betreffen bspw. den zu erbringenden Mindestanteil an Eigenkapital, das von ihm verfolgte Geschäftsmodell sowie seine Strategie und die Ergebnisse der von ihm vorgenommenen Due Diligence. Unter Umständen wird auch eine Eigenkapitalbeteiligung des Managements gefordert, um dieses zu incentivieren und konfligierende Interessen zwischen Management und neuem Eigentümer zu vermeiden; vgl. Magnus (2008), S. 120f.

[269] Vgl. Weihe (2005), S. 693.

[270] Vgl. Miller (2006), S. 1.

[271] Vgl. Magnus (2008), S. 120.

[272] Vgl. Miller (2006), S. 1.

[273] Vgl. Magnus (2008), S. 120.

2.4.1.3 Vendor Due Diligence

Ein weiteres Produkt, das in der Phase der Vorbereitung und Analyse einer kontrollierten Auktion eingesetzt werden kann, ist die sog. „Vendor Due Diligence“. Bei einer Vendor Due Diligence gibt der Verkäufer im Vorfeld der Investorenansprache eine detaillierte Analyse des zu veräußernden Unternehmens bei einer unabhängigen dritten Partei in Auftrag.[274] Die Ergebnisse der Vendor Due Diligence werden in einem sog. Vendor-Due-Diligence-Bericht festgehalten und dienen der zielorientierten Informationsversorgung der potenziellen Erwerber.[275] Die besondere Eignung einer Vendor Due Diligence im Rahmen von Auktionsprozessen ergibt sich aufgrund der Tatsache, dass ob des gewählten Verkaufsverfahrens den Informationsbedürfnissen zahlreicher Kaufinteressenten entsprochen werden muss.[276]

Übliche Mindestbestandteile einer Vendor Due Diligence sind eine finanzwirtschaftliche Analyse, die um steuerliche und rechtliche Fragestellungen erweitert wird. Zudem werden häufig eine grundlegende Untersuchung des Markt- und Wettbewerbsumfelds des Zielunternehmens sowie eine Beurteilung der Managementkapazitäten vorgenommen. Im Hinblick auf die Vertraulichkeitsanforderungen einer spezifischen Transaktion werden in der Vendor Due Diligence jedoch nicht sämtliche verfügbaren Informationen vollumfänglich offengelegt. An dieser Stelle muss der Verkäufer zwischen der Gefahr des Informationsmissbrauchs seitens der potenziellen Erwerber sowie deren verbleibender Unsicherheit wegen der Zurückhaltung von Informationen und demzufolge evtl. vom Kaufpreis vorgenommenen Risikoabschlägen abwägen.[277]

Eine Vendor Due Diligence ist jedoch auch bei einer kontrollierten Auktion nicht in jeder Veräußerungssituation sinnvoll. Für die erfolgreiche Vermarktung des Zielunternehmens ist es essenziell, dass der Verkäufer einen detaillierten Überblick über selbiges

---

274 Üblicherweise werden Wirtschaftsprüfungsgesellschaften als Gutachter herangezogen, da diese gemäß dem Gesetz über eine Berufsordnung der Wirtschaftsprüfer (Wirtschaftsprüferordnung) zur Unabhängigkeit verpflichtet sind; vgl. Friese/Mittendorf/von der Schulenburg (2005), S. 548 sowie S. 550.

275 Vgl. Weiser (2003), S. 593f.; Friese/Mittendorf/von der Schulenburg (2005), S. 548. Die Vendor Due Diligence ist insofern von der sog. „Pre-Sale Due Diligence“ abzugrenzen, als dass die Pre-Sale Due Diligence darauf gerichtet ist, gezielt Schwachstellen des Zielunternehmens offenzulegen, um diese zu eliminieren oder aber eine adäquate Verkaufsstrategie zu determinieren. Im Gegensatz zu einem Vendor-Due-Diligence-Bericht gehen die Resultate einer Pre-Sale Due Diligence ausschließlich dem Verkäufer zu; vgl. Nawe/Nagel (2005), S. 760f. Einschränkend ist anzumerken, dass im Rahmen einer Vendor Due Diligence identifizierte Problembereiche ebenfalls in der Verkaufsstrategie adressiert werden können.

276 Vgl. Nawe/Nagel (2005), S. 763.

277 Vgl. Friese/Mittendorf/von der Schulenburg (2005), S. 550.

besitzt, auch um eine Risikoeinschätzung vornehmen zu können. Oftmals ist diese Erfordernis in der unternehmerischen Praxis nicht erfüllt, weshalb sich der Einsatz einer Vendor Due Diligence empfiehlt. Beispielhaft lässt sich der Erwerb eines Mischkonzerns durch einen Finanzinvestor anführen, der beabsichtigt, lediglich die Kerngeschäftsfelder zu behalten. Wurde die Due Diligence im Rahmen des Unternehmenserwerbs aufgrund zeitlicher Restriktionen oder aus Kostengründen primär auf die Kerngeschäftsfelder ausgerichtet, ist zu vermuten, dass er in seiner Rolle als Veräußerer nur eingeschränkte Kenntnisse über die restlichen Unternehmensbereiche erlangt hat.[278] Auch beim Verkauf mittelständischer Unternehmen, die eher eine geringe Transaktionserfahrung und z.T. Informationssysteme aufweisen, die den Datenerfordernissen einer Due Diligence nur bedingt genügen, ist eine Vendor Due Diligence mitunter ratsam.[279]

Weist das Geschäftsfeld des Zielunternehmens oder aber das Zielunternehmen selbst einen hohen Komplexitätsgrad auf, kann eine Vendor Due Diligence zielführend sein, da hierdurch die Grundlage für ein besseres Verständnis bei den Investoren geschaffen wird und somit wahrscheinlich ein höheres Interesse im Markt resultiert. Generell ist zu vermuten, dass eine Vendor Due Diligence die Teilnahmebereitschaft potenzieller Käufer erhöht und somit auch dazu dienen kann, die Grundvoraussetzung für die Durchführung einer kontrollierten Auktion, nämlich eine ausreichende Anzahl an Erwerbsinteressenten, zu schaffen.[280] Dies ist auch darauf zurückzuführen, dass i.d.R. der Verkäufer die Kosten der Vendor Due Diligence trägt und die Bieter ihren finanziellen Aufwand zunächst begrenzen können.[281]

Hinsichtlich des bei kontrollierten Auktionen bedeutenden Ziels der *Kaufpreismaximierung* ist anzumerken, dass eine Vendor Due Diligence die Identifikation möglicher Schwachstellen oder aber von Deal Breakern in einem Stadium des Prozesses erlaubt, der eine Beseitigung oder aber eine entsprechende Abänderung der Verkaufsstrategie erlaubt. Insofern wird das Risiko des Verkäufers minimiert, dass ein Bieter nach Durchführung seiner eigenen Due Diligence sein zuvor abgegebenes Gebot in einer späten Phase der Transaktion nach unten korrigiert.[282] Ferner wird bei einer von einem Bieter

---

278 Vgl. Stoecker (2004), S. 676.

279 Vgl. Nawe/Nagel (2005), S. 764.

280 Vgl. Weiser (2003), S. 596 und S. 599.

281 Vgl. Friese/Mittendorf/von der Schulenburg (2005), S. 551. Die durch die Beauftragung einer unabhängigen Partei entstehenden Kosten können prinzipiell aber auch auf die Käufer umgelegt werden; vgl. Weiser (2003), S. 598.

282 Vgl. Nawe/Nagel (2005), S. 765. In einer empirischen Studie unter deutschen Käuferunternehmen, die zwischen 1997 und 2000 mindestens eine M&A-Transaktion erfolgreich zum Abschluss gebracht haben, wurde ermittelt, dass sich der Kaufpreis nach Durchführung der Due Diligence

initiierten Due Diligence oftmals der Fokus auf preismindernde Sachverhalte gelegt. Im Vendor-Due-Diligence-Bericht hingegen werden aufgrund der unparteiischen Funktion des Gutachters Risiken und Potenziale gleichermaßen berücksichtigt.[283] Da zwischen dem Verkäufer und dem Gutachter ein Auftragsverhältnis besteht, kann die Gefahr eines opportunistischen Verhaltens seitens des Gutachters zu Ungunsten der Bieter nicht gänzlich ausgeschlossen werden.[284] Einschränkend sei vor diesem Hintergrund aber auf geltende Haftungsregelungen sowie negative Reputationseffekte verwiesen.

Darüber hinaus ist eine Steigerung der *Transaktionsgeschwindigkeit* denkbar, da die Bieter die ihnen im Vendor-Due-Diligence-Bericht zugegangenen und für alle Erwerbsinteressenten identischen Informationen als Ausgangsbasis für ihre eigenen Untersuchungen nutzen können. Ferner wird mit einer beschleunigten Vermarktungsphase des Zielunternehmens ein unbeabsichtigtes Bekanntwerden der Veräußerungsabsicht weniger wahrscheinlich.[285] Zudem wird ein evtl. bestehendes Informationsgefälle zwischen den Bietern zügig abgebaut, so dass aussagekräftige und somit auch für den Verkäufer resp. dessen Berater besser vergleichbare Gebote resultieren.[286]

Die Durchführung einer Vendor Due Diligence lässt sich auch mittels der Prinzipal-Agent- sowie der Transaktionskostentheorie begründen. Informationsökonomisch betrachtet handelt es sich bei der Vendor Due Diligence um einen Signaling-Mechanismus. Aufgrund der vorvertraglichen asymmetrischen Informationsverteilung sowie der Tatsache, dass der Käufer wegen seiner externen Stellung keinen Zugang zu wertrelevanten Daten hat, besteht für ihn die Gefahr, den falschen Vertragspartner zu wählen.[287] Durch den Vendor-Due-Diligence-Bericht signalisiert der Verkäufer glaubwürdig Informationen über die Qualitätseigenschaften des Zielunternehmens. Die Glaubwürdigkeit wird zum Einen durch die Tatsache begünstigt, dass der Bericht durch einen unparteiischen

---

in 67,4% der Fälle reduziert hat. In 24,1% der Akquisitionen wurde ein starker Rückgang des Kaufpreises beobachtet; vgl. Berens/Strauch (2002); S. 522.

283 Vor dem Hintergrund der Identifikation von Potenzialen ist die kritische Überprüfung der Planungsrechnung in Situationen essenziell, in denen die Geschäftsführung historisch betrachtet konservative Planungsrechnungen erstellt hat, um die Erwartungen später überzuerfüllen; vgl. Nawe/Nagel (2005), S. 765.

284 Vgl. Friese/Mittendorf/von der Schulenburg (2005), S. 550f.

285 Vgl. Friese/Mittendorf/von der Schulenburg (2005), S. 549f.

286 Vgl. Weiser (2003), S. 599. Da die Gutachter im Rahmen einer Vendor Due Diligence die wesentlichen Dokumente und Informationen über das Zielunternehmen systematisch analysieren, können diese bereits eine Vorauswahl insbesondere im Hinblick auf als zu vertraulich behandelnde Informationen für den später einzurichtenden Datenraum der Bieter vornehmen; vgl. Stoecker (2004), S. 678. Insofern wird ein Teil der auch in einem Transaktionsprozess ohne Vendor Due Diligence anfallenden Tätigkeiten zeitlich vorgezogen.

287 Vgl. Strasser (2000), S. 21.

Gutachter angefertigt wird.[288] Zum Anderen wird diese dadurch hergestellt, dass eine Vendor Due Diligence für den Verkäufer mit Kosten verbunden ist, die er nur auf sich nehmen wird, sofern er sich hierdurch einen Nutzen verspricht. Da die Informationen im Vendor-Due-Diligence-Bericht verifizierbar sind, sollte der Nutzen bei Täuschung der Bieter jedoch gering ausfallen. Eine andere für den Verkäufer positive Auswirkung kann zudem gegeben sein, wenn sich die den von unabhängigen Dritten erstellten Informationen anhaftende Glaubwürdigkeit auch auf weitere, vom Berater des Verkäufers erstellte Dokumente transferiert.[289]

Werden die Kriterien der Transaktionskostentheorie angelegt, lässt sich die Durchführung einer Vendor Due Diligence wie folgt erklären: Bei einem Unternehmensverkauf sind die Transaktionsdimensionen der Häufigkeit sowie der Spezifität von untergeordneter Relevanz, da die Transaktion in einer bestimmten Verkäufer-Käufer-Konstellation i.d.R. nur einmalig stattfindet. Allerdings kann die dem Verkaufsprozess inhärente Unsicherheit durch eine Vendor Due Diligence resp. der Offenlegung von Qualitätseigenschaften des Zielunternehmens reduziert werden. Bezüglich der in Abschnitt 1.3.1 dargelegten Arten an Markttransaktionskosten werden in der Vorbereitungsphase die Vertragsanbahnungs- und Kontrollkosten der Käufer reduziert. Die Ausgaben für die Erstellung des Vendor-Due-Diligence-Berichts werden häufig vom Verkäufer getragen, weshalb sie nicht mehr bei jedem Bieter einzeln anfallen. Im Unterschied zu einer käuferseitig initiierten Due Diligence wird ggf. durch die Bestätigung der sachlichen Richtigkeit und der materiellen Vollständigkeit der im Bericht dargestellten Informationen durch die Geschäftsführung eine Analyse seitens der potenziellen Käufer hinfällig bzw. weniger intensiv vorgenommen.[290] Allerdings sei an dieser Stelle darauf verwiesen, dass die zeitliche Diskrepanz zwischen Zugang des Berichts und Abschluss der Transaktion

[288] Vgl. Friese/Mittendorf/von der Schulenburg (2005), S. 549. Oftmals erfragen die Bieter auch beim Gutachter, welche Einschränkungen, z.B. in Form von verfügbaren Informationen, bei der Erstellung des Berichts gegeben waren. Sind die erteilten Auskünfte für den Interessenten unbefriedigend, steht es ihm offen, aus dem Verkaufsprozess auszuscheiden oder aber eine eigene Due-Diligence-Prüfung vorzunehmen; vgl. Nawe/Nagel (2005), S. 767f.

[289] Vgl. Weiser (2003), S. 599.

[290] Die Bestätigung bezieht sich allerdings nicht auf im Vendor Due-Diligence-Bericht enthaltene Interpretationen und Empfehlungen; vgl. Nawe/Nagel (2005), S. 780; Friese/Mittendorf/von der Schulenburg (2005); S. 551f. und S. 553. Durch die Beauftragung eines neutralen externen Gutachters kann der Verkäufer auch das Haftungsrisiko auf selbige transferieren; vgl. Stoecker (2004), S. 675. Wird ein Wirtschaftsprüfer mit der Durchführung der Vendor Due Diligence beauftragt, haftet er zunächst dem Verkäufer für Fehler in der Auftragsausführung. Zwischen den Käufern und dem Wirtschaftsprüfer besteht mit Übergang des Berichts ein sog. konkludenter Auskunftsvertrag, sofern ein Auskunftsvertrag nicht explizit abgeschlossen wurde. Daher haftet der Wirtschaftsprüfer dem Interessenten sowie evtl. dessen Fremdkapitalgebern für Schäden, die auf einen unkorrekten Due-Diligence-Bericht zurückzuführen sind; vgl. Nawe/Nagel (2005), S. 781f.

eine erneute Prüfung der Käufer dahingehend erforderlich macht, inwiefern sich eine Änderung bedeutender Parameter ergeben hat oder aber gänzlich neuartige Informationen zu berücksichtigen sind.[291]

Aus Verkäufersicht kann eine Vendor Due Diligence die Identifikation geeigneter Käufer erleichtern. Durch den Vendor-Due-Diligence-Bericht erlangt er, sofern noch nicht vorhanden, detaillierte Kenntnisse über das Zielunternehmen. Diese Vorgehensweise ermöglicht es, sowohl Ansprache als auch Vermarktung konsequent auf besonders „passende" potenzielle Vertragspartner auszurichten. Folglich können in der Durchführungsphase Verhandlungs- und Entscheidungskosten eingespart werden. Dies ist zudem der Fall, da sich die weitere Selektion der Interessenten, mit denen Vertragsverhandlungen aufgenommen werden sollen, aufgrund der bereits oben angeführten besseren Vergleichbarkeit der eingereichten Gebote beschleunigen lässt.[292] Aufgrund der umfassenden im Vendor-Due-Diligence-Bericht bereitgestellten Informationen lassen sich in der Phase der Verhandlungen zudem vertragliche Garantien auf bestimmte Risiken beschränken. Dem steht ein erhöhter Verhandlungsaufwand bei inhaltlich und zeitlich weit gefassten Vertragsgarantien gegenüber.[293]

2.4.1.4 Würdigung der Erkenntnisse der managementorientierten Literatur

Die *Bieterselektion* ist für den erfolgreichen Abschluss einer kontrollierten Auktion von zentraler Bedeutung. Grundsätzlich kann der Verkäufer hierbei auf strategische Investoren und Finanzinvestoren zurückgreifen. Bei einer kontrollierten Auktion wird dabei der Teilnehmerkreis in quantitativer Hinsicht limitiert, um im Vergleich zu einer offenen Auktion eine gewisse Vertraulichkeit zu wahren. Dies geschieht bspw. bei Finanzinvestoren anhand ihrer üblicherweise im Markt bekannten Präferenzen für bestimmte Branchen und Transaktionsvolumina. Die Kompensation des hierdurch resultierenden schwächeren Bieterwettbewerbs wird über die bewusste Auswahl der aussichtsreichsten Kandidaten erwirkt. Vor diesem Kontext sind die spezifischen Charakteristika beider Käufertypen zu evaluieren, da diese Einfluss auf den Realisationsgrad der Zielhierarchie des Verkäufers nehmen.

---

291 Vgl. ähnlich Nawe/Nagel (2005), S. 769.
292 Vgl. Friese/Mittendorf/von der Schulenburg (2005), S. 552.
293 Vgl. Nawe/Nagel (2005), S. 766.

Eine Kaufpreismaximierung sowie eine hohe Transaktionsgeschwindigkeit sind i.d.R. über den Einbezug strategischer Bieter zu erreichen, da diese aufgrund von Synergiepotenzialen und ihrer Marktkenntnis in der Lage sind, hohe Gebote zu offerieren und eine zügige Prüfung des Zielunternehmens vorzunehmen. Demgegenüber ist die Offenlegung sensitiver Daten des Unternehmens bei Finanzinvestoren weniger bedenklich. Hinsichtlich der Transaktionssicherheit bestehen sowohl bei strategischen als auch bei Finanzinvestoren Unsicherheiten. Während bei strategischen Investoren kartellrechtliche Risiken existieren, ist die Finanzierung der Transaktion bei Finanzinvestoren meist abhängig von einer externen Finanzierungszusage.

Für die konkrete Selektionsentscheidung ist folglich die Gewichtung der Ziele des Verkäufers von zentraler Bedeutung, da unterschiedliche Käufertypen den Zielen unterschiedlich gut genügen. Daher ist davon auszugehen, dass auch in der unternehmerischen Praxis die tatsächliche Erstauswahl der Bieter sowie die weitere Einengung des Teilnehmerkreises unter Berücksichtigung käufertypischer Charakteristika erfolgt. Da die Zielhierarchie mit der Person des Verkäufers variiert, ist ferner zu vermuten, dass keine verallgemeinerbaren Selektionskriterien existieren, sondern die Auswahlentscheidung vor dem individuellen Hintergrund einer jeden Transaktion neu getroffen wird.

Neben der bewussten Selektion der Bieter kann die Zielerreichung des Verkäufers auch durch den Einsatz von *Stapled Finance* gefördert werden. Vorteile ergeben sich erstens im Hinblick auf die Transaktionssicherheit, da das Finanzierungsrisiko minimiert wird. Zweitens kann das Ziel der Kaufpreismaximierung durch die Signalisierung einer Bewertungsuntergrenze unterstützt werden. Drittens sind positive Auswirkungen auf die Transaktionsgeschwindigkeit denkbar, da die Vermarktungsphase verkürzt wird.

Die Vorteile sind allerdings gegen die Nachteile eines Stapled-Finance-Angebots abzuwägen. Letztere bestehen insbesondere in einem erhöhten Aufwand der Vorbereitungsphase, der neben zeitlichen Aspekten auch finanzielle Komponenten, wie z.B. Kosten in Form von Bereitstellungsgebühren, beinhalten kann. Daher sollte der damit verbundene Aufwand in Relation zum erhofften Verkaufspreis stehen.[294] Zudem können sich

[294] Weihe (2005) erachtet einen Transaktionswert von mindestens EUR 150 Mio. als untere Grenze; vgl. Weihe (2005), S. 697. Magnus (2008) gibt an, dass Stapled Finance ursprünglich ab Kreditvolumina von mehr als EUR 1 Mrd. eingesetzt wurde, zunehmend aber auch bei mittelgroßen Leveraged-Buyout-Transaktionen angewandt wird. Vgl. hierzu Magnus (2008); S. 122 sowie die in Abbildung 4 exemplarisch dargestellten Transaktionen.

potenzielle Interessenkonflikte zwischen der Bank und dem Verkäufer negativ auf die Realisierung von dessen Zielhierarchie auswirken.

Insofern ist für die unternehmerische Praxis anzunehmen, dass der Einsatz von Stapled Finance in Abhängigkeit von der spezifischen Veräußerungssituation erfolgt. Weiterhin legen die Erkenntnisse der managementorientierten Literatur nahe, dass die Vorteilhaftigkeit von Stapled Finance v.a. zum Tragen kommt, wenn Finanzinvestoren in den Prozess involviert sind. Folglich ist zu vermuten, dass dieses Produkt auch in der unternehmerischen Praxis primär bei deren gezielter Ansprache zur Anwendung gelangt.

Ein weiteres Produkt, das die Zielerreichung des Verkäufers fördern kann, ist die *Vendor Due Diligence*. Hierdurch lässt sich zum Einen das generelle Erwerbsinteresse auch für Zielunternehmen, deren Geschäftsmodell hohe Anforderungen an das Verständnis der potenziellen Investoren stellt, erhöhen. Dieser Zusammenhang wird zusätzlich dadurch gefördert, dass der Verkäufer i.d.R. die Kosten einer Vendor Due Diligence übernimmt. Somit resultieren wiederum positive Effekte für den Bieterwettbewerb und letztlich das Ziel der Kaufpreismaximierung. An dieser Stelle sei angemerkt, dass die Kostenübernahme durch den Verkäufer vermutlich insbesondere für Finanzinvestoren von Relevanz ist. Dies ist darauf zurückzuführen, dass Finanzinvestoren von der Teilnahme an einem Veräußerungsprozess üblicherweise nur profitieren, wenn sie auch die Zuteilung erhalten. Dem entgegenstehend können für einen strategischen Investor bereits die im Prozess offengelegten Informationen über das Zielunternehmen von Nutzen sein. Folglich ist letzterer eher bereit, trotz der Unsicherheit bzgl. der Zuteilungswahrscheinlichkeit Kosten für die Gewinnung dieser Informationen auf sich zu nehmen.

Zum Anderen ermöglicht eine Vendor Due Diligence die frühzeitige Identifikation von Transaktionsrisiken. Durch deren adäquate Adressierung lassen sich für den Verkäufer unvorteilhafte Gebotskorrekturen in späteren Phasen des Prozesses vermeiden. Insofern ist eine Unterstützung des Ziels der Kaufpreismaximierung denkbar. Die Relevanz dieses Sachverhalts ist dabei voraussichtlich umso höher, je eingeschränkter der Überblick des Verkäufers über das Zielunternehmen ist.

Schließlich ist eine kürzere Phase der Durchführung denkbar. Erstens bietet eine Vendor Due Diligence einen geeigneten Aufsatzpunkt für die von den Bietern selbst vorzunehmende Prüfung des Zielunternehmens. Zweitens kann ein evtl. vorhandenes Informationsgefälle zwischen den Bietern zügig reduziert und eine bessere Vergleichbarkeit der eingereichten Gebote erzielt werden. Für die unternehmerische Praxis ist davon auszugehen, dass unterschiedliche Informationsstände insbesondere bzgl. der beiden Käufertypen der strategischen Käufer und der Finanzinvestoren gegeben sind. Dies liegt in der üblicherweise detaillierteren Marktkenntnis von strategischen Investoren begründet. Abbildung 2.5 fasst die Würdigung zentraler Erkenntnisse der managementorientierten Literatur in der Phase der Vorbereitung und Analyse abschließend zusammen.

Abb. 2.5 Würdigung zentraler Erkenntnisse der managementorientierten Literatur in der Phase der Vorbereitung und Analyse

Entscheidungs-variable	Erkenntnis	Würdigung
Bieterselektion		
Käufertypen	–Prinzipiell Rückgriff auf strategische Investoren und Finanzinvestoren möglich –Quantitative Eingrenzung des Käuferuniversums wird z.B. anhand des Fokus von Finanzinvestoren auf bestimmte Branchen und Transaktionsvolumina vorgenommen –Qualitative Eingrenzung des Käuferuniversums erfolgt anhand des Abgleichs der Vor- und Nachteile des jeweiligen Käufertyps mit der Zielhierarchie des Verkäufers –Kaufpreismaximierung und hohe Transaktionsgeschwindigkeit tendenziell eher durch Selektion strategischer, Wahrung der Vertraulichkeit eher durch Einbezug von Finanzinvestoren gegeben –Unsicherheit bzgl. Transaktionssicherheit sowohl bei strategischen Investoren (kartellrechtliche Risiken) als auch Finanzinvestoren (Abhängigkeit von externer Finanzierungszusage) vorhanden	–Unterschiedliche Käufertypen in unternehmerischer Praxis existent –Selektion der Bieter anhand von im Markt bekannten Transaktionspräferenzen der Bieter sowie der Evaluierung der Ausprägung käufertypischer Charakteristika vor dem Kontext der Zielhierarchie des Verkäufers zu vermuten –Aufgrund der Abhängigkeit der Zielhierarchie von der Person des Verkäufers ist davon auszugehen, dass die Selektionskriterien nicht verallgemeinerbar sind, sondern für jede spezifische Veräußerungssituation neu definiert werden müssen

Fortsetzung Abb. 2.5 auf der nachfolgenden Seite.

Abb. 2.5 (fortges.) Würdigung zentraler Erkenntnisse der managementorientierten Literatur in der Phase der Vorbereitung und Analyse

Entscheidungs-variable	Erkenntnis	Würdigung
Einsatz unterstützender Produkte		
Stapled Finance	– Positive Auswirkungen auf Transaktionssicherheit (Reduktion Finanzierungsrisiko), Kaufpreismaximierung (Signalisierung Bewertungsuntergrenze/Einholen von Vergleichsangeboten durch die Bieter) und Transaktionsgeschwindigkeit (Verkürzung Vermarktungsphase) möglich – Allerdings erhöhter Aufwand in Vorbereitungsphase, ggf. zudem Kosten in Form von Bereitstellungsgebühren sowie Interessenkonflikte zwischen Bank und Verkäufer	– Die Vorteilhaftigkeit eines vorgefertigten Fremdfinanzierungsangebots ist insbesondere bei Beteiligung von Finanzinvestoren gegeben. Daher ist zu vermuten, dass das Produkt eher zum Einsatz gelangt, sofern bei der Bieterselektion Finanzinvestoren berücksichtigt wurden – Aufgrund der längeren Vorbereitungsphase zugunsten einer kürzeren Vermarktungsphase sowie ggf. beim Verkäufer anfallenden Kosten ist ferner davon auszugehen, dass in jeder spezifischen Veräußerungssituation eine Abwägung der Vor- und Nachteile erfolgt
Vendor Due Diligence	– Positive Auswirkung auf generelles Erwerbsinteresse, z.B. bei sehr komplexen Zielunternehmen; zudem oftmals Kostenübernahme der Vendor Due Diligence durch Verkäufer – Ferner Unterstützung des Ziels der Kaufpreismaximierung durch die frühzeitige Identifikation von Transaktionsrisiken – Erhöhung der Transaktionsgeschwindigkeit durch Verkürzung der Due Diligence seitens der Bieter sowie Abbau eines etwaigen Informationsgefälles zwischen den Interessenten	– Bedeutung der Kostenübernahme in der unternehmerischen Praxis vornehmlich für Finanzinvestoren zu vermuten – Hohes Informationsgefälle insbesondere zwischen verschiedenen Käufertypen (strategische Investoren/Finanzinvestoren) anzunehmen

Eigene Darstellung.

2.4.2 Entscheidungsvariablen des Verkäufers in der Phase der Durchführung

2.4.2.1 Ausgestaltung Auktionsprozess und -regel

Während in Abschnitt 2.4.1 Entscheidungsvariablen des Verkäufers bei kontrollierten Auktionen in der Phase der Vorbereitung und Analyse betrachtet wurden, erfolgt an dieser Stelle die Untersuchung seiner Handlungsoptionen in der Phase der Durchführung. Hierbei wird wie im vorhergehenden Abschnitt wiederum Bezug auf die Zielhierarchie des Veräußerers genommen. Neben der konkreten Ausgestaltung des Auktionsprozesses und der Auktionsregel kann vor dem Hintergrund der Zielhierarchie des Veräußerers das Produkt des virtuellen Datenraums unterstützend eingesetzt werden.

Hinsichtlich der Ausgestaltung des *Auktionsprozesses* wird die Selektion der endgültigen Verhandlungspartei(en) bei kontrollierten Auktionen über mehrere Stufen, die sog. Bietrunden, vorgenommen. In der unternehmerischen Praxis sind hierbei gemäß Angaben der Literatur zwei bis vier Bietrunden üblich.[295] Die Anzahl der Bieter sowie die Höhe der Gebote entwickeln sich i.d.R. mit Fortschreiten des Transaktionsprozesses gegenläufig. Dies bedeutet, dass der ursprünglich auf Basis der Short List angesprochene Personenkreis immer weiter eingeengt wird, wohingegen die Offerten der Bieter zunehmen.[296] Mit jeder Bietrunde wird den Interessenten ferner Zugang zu umfangreicheren Informationen über das Zielunternehmen gewährt. Diese Vorgehensweise der sukzessiven Informationsfreigabe dient dem Ziel der *Wahrung der Vertraulichkeit*, so dass besonders sensitive Informationen erst in der letzten Phase des Bietprozesses offengelegt werden.[297] Abbildung 2.6 stellt diesen Zusammenhang veranschaulichend dar.

Abb. 2.6 Entwicklung von Bieteranzahl, Gebotshöhe und Informationsangebot in Abhängigkeit des Transaktionsfortschritts

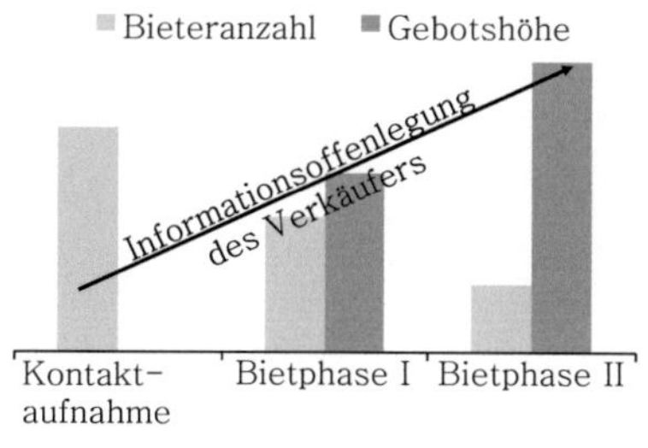

Quelle: In Anlehnung an Weihe (2004), S. 42.

295 Im Sonderfall einer einstufig kontrollierten Auktion wird den potenziellen Käufern bereits vor der Abgabe eines Gebots Zugang zu wertrelevanten Unternehmensdaten gewährt; vgl. Müller-Stewens/Spickers/Deiss (1999), S. 44.

296 Vgl. Weihe (2004); S. 41.

297 Vgl. Weihe (2004); S. 43.

Nachfolgend wird eine zweistufige kontrollierte Auktion betrachtet. Die eigentliche Bietphase beginnt, nachdem die potenziellen Erwerber das Verkaufsmemorandum erhalten und ausgewertet haben. Zu diesem Zeitpunkt gehen den Interessenten auch Anweisungen für den Ablauf des Bieterverfahrens zu.[298] Das Verkaufsmemorandum ist für die Entscheidung über die Fortführung oder den Abbruch des Prozesses elementar und bildet ferner die Grundlage für die von den Bietern einzureichenden indikativen Gebote. Diese sind dadurch gekennzeichnet, dass sie keine rechtsverbindliche Wirkung haben. Der vorläufige Charakter ist damit zu begründen, dass den potenziellen Erwerbern wegen der gestuften Datenfreigabe in dieser Phase des Prozesses noch Informationen fehlen, die für die endgültige Kaufentscheidung sowie die Ausgestaltung eines finalen Gebots notwendig sind.[299]

Anhand der durchgesehenen indikativen Gebote werden die zur nächsten Phase zuzulassenden Bieter selektiert. Letzteren wird die Durchführung einer Due Diligence sowie die Teilnahme an Management-Präsentationen ermöglicht. Spätestens zu diesem Zeitpunkt sollte den Interessenten auch ein Entwurf des Kaufvertrags zugehen. Auf Grundlage dieses verbesserten Informationsstands müssen die Bieter in einem nächsten Schritt bindende Gebote einreichen.[300] Einschränkend ist anzumerken, dass der Begriff „bindendes Gebot" den Sachverhalt nur unzureichend beschreibt, da dessen Abgabe keine rechtliche Verbindlichkeit nach sich zieht. Dies ist darauf zurückzuführen, dass das zu diesem Zeitpunkt eingereichte Gebot noch nicht alle wesentlichen Vertragsbestandteile beinhaltet oder aber zur Herstellung der rechtlichen Verbindlichkeit weitere Formerfordernisse, wie z.B. eine notarielle Beurkundung, notwendig wären.[301] Die nach dieser Phase verbleibenden präferierten Bieter werden schließlich zu den endgültigen Vertragsverhandlungen eingeladen.

Im Hinblick auf die durchschnittliche Anzahl an Bietern in Abhängigkeit des Fortschritts des Verkaufsprozesses kann auf empirische Ergebnisse zurückgegriffen werden. Boone/Mulherin (2007) untersuchen im Rahmen ihrer Studie 400 angekündigte Übernahmen US-amerikanischer Unternehmen in der Zeitperiode von 1989 bis 1999. Sie gelangen zu dem Ergebnis, dass bei einem Auktionsverfahren 20,67 potenzielle Erwerber kontaktiert werden. Davon unterschreiben 6,83 Bieter eine Vertraulichkeitserklä-

[298] Vgl. Picot (2002a), S. 26.
[299] Vgl. Picot (2004), S. 27.
[300] Vgl. Picot (2002a), S. 23
[301] Vgl. Hölters (2002), S. 55.

rung und 1,57 Bieter geben ein nicht öffentliches, schriftliches Gebot ab.[302] Eine weitere Analyse von Boone/Mulherin (2009), die sich von 2003 bis 2007 mit 870 angekündigten Transaktionen im US-amerikanischen Raum befasst, resultiert in folgenden Ergebnissen: Im Durchschnitt werden 13,7 Bieter kontaktiert, von denen 5,9 Interessenten eine Vertraulichkeitserklärung unterschreiben, 2,5 potenzielle Käufer ein indikatives und 1,3 Bieter ein nicht öffentliches, bindendes Gebot abgeben.[303]

Neben der Strukturierung des Auktionsprozesses spielt die konkrete Ausgestaltung der *Auktionsregel* für die Zielerreichung des Verkäufers eine bedeutende Rolle. Vor diesem Hintergrund ist zum Einen die Fragestellung von Interesse, ob die Gebote offen, d.h. für sämtliche Mitwettbewerber ersichtlich, oder aber in verdeckter Form eingeholt werden. Zum Anderen sind für die Zuteilung maßgebliche Kriterien zu analysieren, die mit den in den Geboten angefragten Informationsinhalten korrespondieren. Im Hinblick auf die Art der Gebote werden diese üblicherweise schriftlich und in verdeckter Form abgegeben.[304] Folglich können einzelne Bieter nicht auf die Attraktivität ihres eigenen Gebots im Vergleich zu denen der Konkurrenten schließen. Darüber hinaus ist die Anzahl der am Verkaufsprozess beteiligten Personen den potenziellen Erwerbern i.d.R. unbekannt, da hierdurch ein gewisser Wettbewerbsdruck resultiert. Die vorliegende Informationsasymmetrie hinsichtlich des Prozessverlaufs wird daher vom Verkäufer in den meisten Fällen nicht abgebaut.[305] Teilweise wird den Bietern auf Anfrage jedoch mitgeteilt, wie sich ihr Gebot in Relation zu denen der Mitwettbewerber verhält.[306] Die Verdecktheit der Gebote bietet dem Verkäufer ferner einen gewissen Schutz vor Bieterkartellen. Letztere formieren sich mit dem Ziel, den Kaufpreis gering zu halten und beeinträchtigen somit den Bieterwettbewerb in negativer Art und Weise.[307]

[302] Im Gegenzug werden bei Exklusivverhandlungen lediglich 1,02 potenzielle Erwerber kontaktiert, von denen jeweils ein Bieter eine Vertraulichkeitserklärung sowie ein nicht öffentliches, schriftliches Gebot abgibt; vgl. Boone/Mulherin (2007), S. 850-852. Die Anzahl der kontaktierten Erwerbsinteressenten im Rahmen eines Exklusivverfahrens entspricht nicht exakt einem Wert von eins, da ggf. nach Scheitern der Verhandlungen mit dem ursprünglich angesprochenen Kandidaten weitere potenzielle Käufer in den Prozess involviert wurden; vgl. Boone/Mulherin (2007), S. 852.

[303] Vgl. Boone/Mulherin (2009), S. 6f., S. 11f. sowie Tabelle 4 auf S. 45 des Anhangs. Einschränkend ist anzumerken, dass keine explizite Differenzierung der Grundgesamtheit nach Transaktionen, die als Auktionsverfahren ausgestaltet sind, erfolgt.

[304] Dies gilt auch für die indikativen Gebote.

[305] Vgl. Dufey/Hommel (2000), S. 975.

[306] Vgl. Weihe (2003); S. 35.

[307] In einer späten Phase der Transaktion, in der der Bieterkreis bereits stark eingeschränkt ist, entwickeln die verbliebenen Interessenten allerdings häufig eine Einschätzung hinsichtlich der weiteren involvierten Personen; vgl. hierzu Weihe (2004); S. 43.

Basis für die stufenweise Einengung des Bieterkreises sowie die Auswahl des präferierten Erwerbers bilden die bereits oben kurz dargestellten indikativen resp. bindenden Gebote. Die vor diesem Kontext angefragten Informationen sollen einen Abgleich mit der Zielhierarchie des Verkäufers ermöglichen. Pflichtbestandteil eines indikativen Gebots ist die Höhe des Kaufpreises, wodurch folglich eine Abstimmung mit dem Ziel der *Maximierung des Kaufpreises* durchführbar ist. Vor dem Hintergrund der Ziele der *Transaktionssicherheit* sowie der *Wahrung der Vertraulichkeit* werden Indikatoren für die Ernsthaftigkeit und Seriosität des Kaufinteresses, die beabsichtigte Kaufpreisfinanzierung sowie Informationen bzgl. des gesamten strategischen Konzepts eingefordert. Im Hinblick auf *Transaktionssicherheit und -geschwindigkeit* ist zudem eine Begründung sinnvoll, weshalb der Interessent einen zügigen und komplikationsfreien Abschluss der Transaktion erwartet und welche Gremienvorbehalte ausgeräumt werden müssen.[308] Zu diesem Zeitpunkt, spätestens aber mit Abgabe der bindenden Gebote, sind auch Angaben zu fusionskontrollrechtlichen Fragestellungen einzuholen.[309] Die bindenden Gebote der zweiten Bietrunde beinhalten eine Konkretisierung der im Rahmen der indikativen Gebote getätigten Angaben. Darüber hinaus wird üblicherweise eine überarbeitete Version des Kaufvertragsentwurfs mit Änderungswünschen der Bieter angefragt.[310]

2.4.2.2 Virtuelle Datenräume

Damit die Bieter in der Lage sind aussagekräftige und vergleichbare Gebote einzureichen, wird ihnen wie bereits im Rahmen des idealtypischen Ablaufs eines Verkaufsprozesses beschrieben die Möglichkeit eröffnet, eine Due-Diligence-Prüfung vorzunehmen. Alternativ zur Einrichtung eines physischen Datenraums kann der Verkäufer bei einer kontrollierten Auktion einen virtuellen Datenraum bereitstellen. Hierdurch lassen sich die durch die Strukturierung der kontrollierten Auktion zu erreichenden Zielsetzungen des Verkäufers zusätzlich unterstützen, wobei durch virtuelle Datenräume v.a. die Ziele der *Kaufpreismaximierung* sowie der *Transaktionsgeschwindigkeit* adressiert werden.

Bei einem virtuellen resp. digitalen Datenraum stellt der Verkäufer die Informationen nicht in Papierform, sondern webbasiert zur Verfügung.[311] Im Unterschied zu einem

---

308 Vgl. Picot (2002a), S. 23; Puhl (1997), S. 32f.

309 In der unternehmerischen Praxis werden hierbei von den potenziellen Erwerbern vor der eigentlichen Anmeldung informelle Vorgespräche mit den Behörden geführt, so dass die Bieter eine Einschätzung bzgl. kartellrechtlicher Risiken erhalten; vgl. Dietrich/Hartmann-Rüppel (2008), S. 84f.

310 Vgl. Picot (2002a), S. 23.

311 Vgl. Boettcher (2006), S. 45.

physischen Datenraum werden die relevanten Dokumente eingescannt und in einer Ordnerstruktur abgelegt.[312] Die Einrichtung des virtuellen Datenraums wird oftmals von externen Anbietern übernommen, die aufgrund ihrer technologischen Expertise einen hohen Sicherheitsstandard garantieren können.[313] Hierdurch anfallende Kosten setzen sich üblicherweise aus einer einmaligen Einrichtungsgebühr sowie einem Entgelt pro eingestellter Seite zusammen.[314]

Während ein physischer Datenraum permanent vom Berater des Verkäufers beaufsichtigt wird, erfolgt die Kontrolle im virtuellen Datenraum über die Vergabe der individuellen Benutzerrechte. Diese definieren zum Einen, welche Personen Zugang zu welchen Dokumenten erhalten. Zum Anderen wird in diesem Zusammenhang festgelegt, ob die Dokumente nur eingesehen, heruntergeladen oder gar gedruckt werden dürfen und ob ggf. eine Befristung dieser Rechte gelten soll.[315] Erforderliche Ergänzungen der bisher offengelegten Informationen können den Bietern problemlos über die Einstellung in den virtuellen Datenraum zugänglich gemacht werden.[316]

Die Variante eines virtuellen Datenraums bietet sich an, wenn im Rahmen eines Auktionsverfahrens eine hohe Anzahl an potenziellen Erwerbern angesprochen werden soll oder aber ausländische Kaufinteressenten am Veräußerungsprozess teilnehmen.[317] Aufgrund der dezentralen Zugangsmöglichkeiten kann eine Vielzahl an Interessenten zeitgleich durch die Due Diligence geführt werden. Hierdurch wird der Einbezug eines breiten Bieterkreises in den Verkaufsprozess und somit eine Förderung des Bieterwettbewerbs resp. des Ziels der *Maximierung des Kaufpreises* ermöglicht.

Darüber hinausgehend sind positive Auswirkungen auf die *Transaktionsgeschwindigkeit* gegeben, da der Zugriff auf die Informationen keinen zeitlichen Restriktionen unterliegt, sondern an allen Tagen der Woche über 24 Stunden hinweg möglich ist. Dies ist bei einem physischen Datenraum üblicherweise nicht der Fall. Eine Ausnahme besteht darin, dass der Verkäufer resp. dessen Berater mehrere Datenräume einrichtet und eine ausreichende Anzahl an Aufsichtspersonen bereitstellt, damit die Öffnungszeiten entsprechend ausgeweitet werden können. Diese Vorgehensweise geht allerdings mit einem erhöhten organisatorischen Aufwand einher. Mit einem virtuellen Datenraum kann zu-

---

312 Vgl. Middelhoff (2007), S. 280; Boettcher (2006), S. 46.
313 Vgl. Boettcher (2006), S. 45.
314 Vgl. Grandin/Brose (2005), S. 64.
315 Vgl. Grandin/Brose (2005), S. 62f.; Boettcher (2006), S. 46.
316 Vgl. Boettcher (2006), S. 45 und S. 47.
317 Vgl. Grandin/Brose (2005), S. 62.

dem auf einfache Art und Weise sichergestellt werden, dass sich die Beraterteams der einzelnen Bieter nicht zufällig im Datenraum treffen, was ggf. Rückschlüsse über die Stärke des Bieterwettbewerbs zulässt.[318]

Prinzipiell kann der Verkäufer auch die Nutzungsdauer sowie die Art der aufgerufenen Dokumente auswerten und somit auf die Ernsthaftigkeit und Seriosität des Kaufinteresses folgern.[319] Im Rahmen einer kontrollierten Auktion ist ferner die Anzahl an Fragen seitens der Bieter, die an den Verkäufer, das Management des Zielunternehmens oder aber den Berater des Verkäufers addressiert werden, aufgrund der hohen Teilnehmerzahl nicht zu vernachlässigen. Die Beantwortung kann ebenfalls im virtuellen Datenraum für alle Erwerbsinteressenten zugänglich gemacht werden, so dass bei gleichartigen Anfragen der Mehrfachkontakt entfällt und somit der Aufwand für den Verkäufer reduziert wird.[320]

Ferner besteht die Möglichkeit, alle im virtuellen Datenraum verfügbaren Dokumente auf einen Datenträger zu brennen und dem Kaufvertrag als Anlage anzufügen. Diese Vorgehensweise erleichtert die Beweisführung für den Fall, dass Gewährleistungsansprüche von der „Kenntnisnahme der Käufer" abhängen. In diesem Zusammenhang werden auch Lagerkosten, die aus der bei einem physischen Datenraum vorhandenen Aufbewahrungspflicht der Vertragsdokumente resultieren, redundant.[321]

Probleme ergeben sich hinsichtlich des Datenschutzes, da die Interessenten die Informationen nicht unter Aufsicht des Verkäufers bzw. von ihm beauftragten Personen abrufen. Trotz Einschränkung der Nutzerrechte dahingehend, dass das Herunterladen oder gar Ausdrucken der Dokumente nicht möglich ist, kann ein Abfotografieren des Bildschirms nicht gänzlich ausgeschlossen werden.[322]

[318] Vgl. Boettcher (2006), S. 46f.
[319] Vgl. Boettcher (2006), S. 47.
[320] Vgl. Boettcher (2006), S. 47.
[321] Vgl. Grandin/Brose (2005), S. 63; Boettcher (2006), S. 46.
[322] Vgl. Boettcher (2006), S. 47.

2.4.2.3 Würdigung der Erkenntnisse der managementorientierten Literatur

Hinsichtlich der *Ausgestaltung des Auktionsprozesses* werden bei einer kontrollierten Auktion mehrere Bietrunden durchgeführt. Dies geschieht zwecks Wahrung der Vertraulichkeit, so dass besonders wertrelevante Informationen des Verkäufers nur sukzessive freigegeben werden. Insofern kann der Verkäufer in einer kontrollierten Auktion die „Kontrolle" nicht nur durch eine grundsätzliche Limitierung des Teilnehmerkreises, sondern auch durch die Anzahl der Bietrunden und die innerhalb der Bietrunden offengelegten Daten ausüben. Da die Wahrung der Vertraulichkeit sensibler Unternehmensinformationen auch in der unternehmerischen Praxis eine bedeutende Rolle spielt, ist auch hier von der Durchführung mehrerer Bietrunden auszugehen. Die sukzessive Informationsfreigabe bedingt ferner, dass die Bieter erst in einem späteren Zeitpunkt des Prozesse über eine ausreichende Entscheidungsgrundlage verfügen, um ein verbindliches Gebot abgeben zu können. Folglich ist auch in der unternehmerischen Praxis zu vermuten, dass die Selektion der Bieter im frühen Stadium des Veräußerungsprozesses anhand von indikativen Geboten erfolgt.

Hinsichtlich der *Auktionsregel* implizieren die Ergebnisse der managementorientierten Literatur, dass der Verkäufer durch deren Ausgestaltung eine Intransparenz des Prozessverlaufs für die Bieter zu realisieren sucht. Daher werden die Gebote schriftlich und in verdeckter Form eingeholt. Hierdurch resultiert ein stärkerer Bieterwettbewerb, wobei einzelnen Interessenten ggf. mitgeteilt wird, wie sich ihr Gebot in Relation zu denen der Mitwettbewerber verhält. Dies legt nahe, dass ein einmal abgegebenes Gebot u.U. noch nachgebessert werden kann. Zudem bietet die Verdecktheit der Gebote einen gewissen Schutz vor Bieterabsprachen, da sich die potenziellen Interessenten ihrer gegenseitigen Teilnahme am Verkaufsprozess nicht bewusst sind. Da die Vorgehensweise verdeckter Gebote gemäß den Erkenntnissen der managementorientierten Literatur prinzipiell positive Auswirkungen auf das Ziel der Maximierung des Kaufpreise hat, ist deren verbreitete Anwendung auch in der unternehmerische Praxis zu vermuten.

Dies gilt eingeschränkt für eine Nachbesserung der Gebote, sofern der spezifische Bieter anderen Zielen des Verkäufers als dem der Kaufpreismaximierung besonders gut entspricht. Eine grundsätzliche Nachbesserungsoption läuft den Interessen des Verkäufers zuwider. Die Möglichkeit zur Gebotsanpassung würde von den potenziellen Käufern in ihrer Bietstrategie berücksichtigt, weshalb diese nicht zwingend ein Gebot abgegeben, dass ihre tatsächliche Zahlungsbereitschaft reflektiert. Somit verfügt der Verkäufer über keine verlässliche Entscheidungsgrundlage bzgl. der weiteren Selektion der Interessenten. Daher ist für die unternehmerische Praxis davon auszugehen, dass die Modifikation eines einmal abgegegebenen Gebots nur in Ausnahmesituationen möglich ist.

Grundsätzlich erfolgt die Einengung des Bieterkreises sowie die finale Zuteilung anhand der indikativen resp. bindenden Gebote. Die vom Verkäufer angefragten Gebotsinhalte orientieren sich dabei an dessen Zielhierarchie. Bestandteile eines indikativen Gebots sind neben dem Kaufpreis i.d.R. Indikatoren bzgl. der Ernsthaftigkeit des Kaufinteresses, das strategische Konzept, die beabsichtigte Finanzierung, etwaig bestehende Gremienvorbehalte sowie ggf. bereits Angaben zu evtl. vorhandenen kartellrechtlichen Konfliktbereichen. Im Rahmen der bindenden Gebote wird eine Konkretisierung der indikativen Gebote erwartet. Darüber hinaus sind in jedem Fall Angaben zu kartellrechtlichen Bedenken sowie die Einreichung einer überarbeiteten Version des Kaufvertragsentwurfs erforderlich. Abschließend legen die im Rahmen der indikativen resp. bindenden Gebote angefragten Informationen nahe, dass für die Zuteilung nicht ausschließlich das Kriterium des Kaufpreises von Relevanz ist. Vielmehr gehen in Abhängigkeit von der Zielhierarchie des Verkäufers weitere Faktoren in seine Selektionsentscheidung ein.

Neben der Ausgestaltung des Auktionsprozesses sowie der Auktionsregel lässt sich die Zielerreichung des Verkäufers durch die Einrichtung eines *virtuellen Datenraums* unterstützen. Dessen Vorteil ist insbesondere darin zu sehen, dass durch die dezentralen Zugangsmöglichkeiten eine Vielzahl an Interessenten simultan durch die Due Diligence geführt werden kann. Sollte ein Verkäufer sich für eine kontrollierte Auktion entschieden haben, ist ein virtueller Datenraum folglich eine valide Option, um trotz der im Vergleich zum Exklusivverfahren höheren Anzahl an potenziellen Erwerbern eine zufriedenstellende Transaktionsgeschwindigkeit zu erzielen. Zudem ist die Möglichkeit ausgeschlossen, dass sich die Bieter zufällig im Datenraum begegnen und somit gegenseitig Kenntnis von ihrer Teilnahme erlangen. Aus Perspektive des Verkäufers sind aber ggf. Rückschlüsse auf das Erwerbsinteresse der Bieter möglich, indem eine Auswertung der Art der aufgerufenen Dokumente sowie deren Nutzungsdauer vorgenommen wird. Üblicherweise erfolgt die Einrichtung des virtuellen Datenraums über spezialisierte externe Anbieter, deren Kosten der Verkäufer trägt. Insofern ist für die unternehmerische Praxis anzunehmen, dass ein Abgleich mit dem im Rahmen eines physischen Datenraums anfallenden Aufwand sowie dem zusätzlich generierten Nutzen in Form eines zügigeren Veräußerungsprozesses vorgenommen wird. Letzterer ist voraussichtlich höher, wenn relativ viele Bieter oder aber ausländische Interessenten in die Transaktion involviert sind. Abschließend ist daher zu vermuten, dass die Entscheidung für oder wider einen virtuellen Datenraum vor dem jeweiligen transaktionsspezifischen Kontext getroffen wird. Abbildung 2.7 fasst die Würdigung zentraler Erkenntnisse der managementorientierten Literatur in der Phase der Durchführung zusammen.

Abb. 2.7 Würdigung zentraler Erkenntnisse der managementorientierten Literatur in der Phase der Durchführung

Entscheidungs-variable	Erkenntnis	Würdigung
Ausgestaltung des/der Auktionsprozesses/-regel		
Auktionsprozess	–Mehrere Bietrunden mit Einengung des Bieterkreises und sukzessiver Informationsfreigabe zwecks Wahrung der Vertraulichkeit	–Vertraulichkeit sensitiver Unternehmensdaten auch in der Praxis von Relevanz, daher ist auch hier die Durchführung mehrerer Bietrunden mit einer Einengung des Bieterkreises anzunehmen
Auktionsregel	–Auktionsregel beruht i.d.R. auf schriftlichen, verdeckten Geboten zwecks Aufrechterhaltung der Intransparenz des Prozesses für die Bieter und Schutz vor Bieterabsprachen –Bieterselektion auf Grundlage von Geboten, die mit Fortschreiten des Prozesses zunehmend verbindlicheren Charakter aufweisen –Mitunter wird einzelnen Interessenten auf Anfrage mitgeteilt, wie sich ihr Gebot in Relation zu denen der Konkurrenten verhält	–Schriftliche, verdeckte Gebote bedingen eine verkäuferseitig wünschenswerte Intransparenz bzgl. des Prozessverlaufs. Zudem bieten sie einen gewissen Schutz vor Bieterabsprachen. Hierdurch resultieren positive Auswirkungen auf das Ziel der Kaufpreismaximierung, weshalb eine verbreitete Anwendung dieser Vorgehensweise in der unternehmerischen Praxis zu vermuten ist –Eine grundsätzliche Nachbesserung der Gebote ist vermutlich nicht im Interesse des Verkäufers, da er ggf. Gebote erhalten würde, die nicht die tatsächliche Zahlungsbereitschaft der Bieter widerspiegeln. Insofern ist keine verlässliche Entscheidungsgrundlage für die weitere Bieterselektion gegeben, weshalb eine Nachbesserung in der Praxis nur in Ausnahmefällen anzunehmen ist

Fortsetzung Abb. 2.7 auf der nachfolgenden Seite.

Abb. 2.7 (fortges.) Würdigung zentraler Erkenntnisse der managementorientierten Literatur in der Phase der Durchführung

Entscheidungs-variable	Erkenntnis	Würdigung
Ausgestaltung des/der Auktionsprozesses/-regel		
Gebotsinhalte	–*Indikative Gebote:* Angebotshöhe, Indikatoren bzgl. der Ernsthaftigkeit des Kaufinteresses, strategisches Konzept, beabsichtigte Finanzierung, etwaige Gremienvorbehalte, evtl. kartellrechtliche Situation –*Bindende Gebote:* Präzisierung der Inhalte der indikativen Gebots, in jedem Fall Angaben zur kartellrechtlichen Situation sowie Überarbeitung des Kaufvertragsentwurfs	–Die einzelnen inhaltlichen Komponenten der Gebote legen nahe, dass die Selektionsentscheidung nicht ausschließlich auf Basis des offerierten Kaufpreises getroffen wird
Einsatz unterstützender Produkte		
Virtuelle Datenräume	–Dezentrale Zugangsmöglichkeiten erlauben eine simultane und somit zügige Durchführung zahlreicher potenzieller Bieter –Keine Rückschlüsse der Interessenten auf die Stärke des Bieterwettbewerbs möglich, da sich die potenziellen Käufer nicht zufällig begegnen können. Allerdings Rückschlüsse des Verkäufers bzgl. des Kaufinteresses durch Analyse der Art der aufgerufenen Dokumente und deren Nutzungsdauer denkbar –I.d.R. fallen Kosten für Einrichtung des virtuellen Datenraums durch externen Anbieter an, die der Verkäufer trägt	–Der Zusatznutzen eines virtuellen Datenraums ist v.a. zu vermuten, sofern relativ viele oder aber ausländische Bieter in den Prozess involviert sind –Für die unternehmerische Praxis ist anzunehmen, dass die Entscheidung bzgl. eines virtuellen Datenraums vor dem jeweiligen transaktionsspezifischen Kontext getroffen wird. Dies ist darauf zurückzuführen, dass die Einrichtung des virtuellen Datenraums verkäuferseitig mit Kosten verbunden ist, die denen eines physischen Datenraums sowie dem Zusatznutzen (zügigerer Veräußerungsprozess) gegenübergestellt werden

Eigene Darstellung.

2.4.3 Entscheidungsvariablen des Verkäufers in der Phase der Verhandlungen und des Abschlusses

Nachdem in den Abschnitten 2.4.1 und 2.4.2 die Handlungsoptionen des Verkäufers bei kontrollierten Auktionen in den Phasen der Vorbereitung und Analyse sowie der Durchführung untersucht wurden, erfolgt abschließend deren Analyse für die Phase der Verhandlungen und des Abschlusses. Sie liegen insbesondere in der Art der Verhandlungsführung begründet, die von der bei einem Exklusivverfahren differiert, da üblicherweise auch in dieser Phase des Prozesses noch mehrere Bieter am Transaktionsprozess beteiligt sind. Da sich dieser Themenbereich relativ kurz behandeln lässt, erfolgt die Erörterung der Erkenntnisse der managementorientierten Literatur sowie deren Würdigung abweichend zur vorherigen Verfahrensweise in einem Abschnitt.

Nach Abgabe der bindenden Gebote sind in der Phase der Verhandlungen und des Abschlusses üblicherweise noch maximal drei präferierte Bieter involviert.[323] Die Verhandlungsführung mit den Bietern kann sequenziell oder parallel erfolgen. Eine sequenzielle Vorgehensweise ist gegeben, wenn der Verkäufer dem von ihm bevorzugten Bieter zeitlich begrenzt Exklusivität zugesteht.[324] Hierdurch sind positive Rückwirkungen auf das Ziel der *Transaktionsgeschwindigkeit* denkbar, sollte der Verkäufer mit dem exklusiven Bieter zum Abschluss kommen. Eine parallele Verhandlungsführung dient der Aufrechterhaltung des Wettbewerbsdrucks und ist somit dem Ziel der *Kaufpreismaximierung* förderlich. Hierdurch soll den Bietern in Erinnerung gerufen werden, dass bei ihrem Austritt aus dem Prozess die Verhandlungen unverzüglich mit einem alternativen Interessenten weiter vorangetrieben werden können. Insofern lassen sich aus Perspektive des Verkäufers auch zeitliche Verluste minimieren, sollte ein potenzieller Erwerber von der weiteren Teilnahme an der kontrollierten Auktion Abstand nehmen.[325]

Allerdings muss im Fall paralleler Verhandlungen auch sämtlichen noch beteiligten Parteien die Möglichkeit gegeben werden, die Confirmatory Due Diligence durchzuführen, wodurch ein erhöhter organisatorischer Aufwand resultiert. Weiterhin steigen die Verhandlungskosten. Dies ist v.a. aufgrund der erforderlichen Einbindung von Rechtsanwälten gegeben, da diese üblicherweise ein Zeithonorar verlangen. Ferner besteht für den Verkäufer das Risiko, dass einzelne Bieter Haftungsansprüche geltend machen. Eine

[323] Vgl. Middelmann/Helmes (2005), S. 514; Hölters (2002), S. 55.
[324] Vgl. hierzu auch Abschnitt 2.2.3.
[325] Vgl. Niewerth (2004), S. 8.

Grundlage hierfür ist vorhanden, sollte der Verkäufer Verhandlungen mit einer Partei führen, obwohl er bereits sicher ist, dass er mit dieser nicht abschließen möchte.[326]

Insofern ist davon auszugehen, dass die Nachteile einer parallelen Verhandlungsführung in der unternehmerischen Praxis situationsspezifisch gegen den Vorteil einer stärkeren Verhandlungsmacht des Verkäufers und somit einer höheren Wahrscheinlichkeit eines besseren Verhandlungsergebnisses abgewogen werden. Die Würdigung zentraler Erkenntnisse der managementorientierten Literatur in der Phase der Verhandlungen und des Abschlusses ist in Abbildung 2.8 veranschaulichend dargestellt.

Abb. 2.8 Würdigung zentraler Erkenntnisse der managementorientierten Literatur in der Phase der Verhandlungen und des Abschlusses

Entscheidungs-variable	Erkenntnis	Würdigung
Verhandlungs-führung		
Sequenzielle/parallele Verhandlungs-führung	- Bei sequenzieller Verhandlungsführung wird dem präferierten Bieter zeitlich begrenzt Exklusivität eingeräumt - Eine parallele Verhandlungsführung erhöht den Wettbewerbsdruck, sie ist daher dem Ziel der Kaufpreismaximierung förderlich. Nachteilig ist jedoch ein höherer organisatorischer Aufwand, da alle Bieter eine Confirmatory Due Diligence durchführen. Ferner sind die Verhandlungskosten im Vergleich zur sequenziellen Vorgehensweise höher	- Eine sequenzielle Verhandlungsführung kann sich positiv auf die Transaktionsgeschwindigkeit auswirken, da nur ein Bieter involviert ist. Allerdings sind negative Rückwirkungen bzgl. der Wettbewerbsintensität gegeben - In der Praxis werden die der der parallelen Verhandlungsführung inhärenten Vorteile (stärkere Verhandlungsmacht Verkäufer) vermutlich situationsspezifisch gegen deren Nachteile (höherer organisatorischer und zeitlicher Aufwand, höhere Verhandlungskosten) abgewogen

Eigene Darstellung.

[326] Vgl. Niewerth (2004), S. 8. Zu den Haftungsrisiken des Verkäufers vgl. auch S. 92 der vorliegenden Arbeit.

2.5 Ausgewählte rechtliche Aspekte kontrollierter Auktionen

2.5.1 Offenlegungspflichten des Verkäufers hinsichtlich des Vertragsgegenstands

Das Kapitel der managementorientierten Literatur zu kontrollierten Auktionen abschließend, werden ausgewählte rechtliche Aspekte dieses Veräußerungsmechanismus diskutiert. Einschränkend sei angemerkt, dass die Ergebnisse keinen Eingang in den themenbezogenen Rahmen finden. Dies ist insbesondere dem Sachverhalt geschuldet, dass der Fokus der vorliegenden Arbeit auf der konkreten Ausgestaltung kontrollierter Auktionen vor dem Hintergrund der Zielhierarchie des Veräußerers liegt und nach diesem Kriterium auch die Experten ausgewählt wurden. Daher sowie aufgrund der begrenzten zur Verfügung stehenden Gesprächszeit mit den Interviewpartnern wurde auf eine explizite Behandlung rechtlicher Themenbereiche verzichtet. Damit aber ein vollständiges Bild hinsichtlich des Veräußerungsverfahrens der kontrollierten Auktion gegeben ist, werden damit verbundene Offenlegungspflichten des Verkäufers bzgl. des Vertragsgegenstands sowie des Prozessverlaufs nachfolgend dargelegt.

Das deutsche Recht sieht keine Spezialvorschriften für den Unternehmenskauf vor, weshalb bei Verkaufstransaktionen die Regelungen des BGB zur Anwendung gelangen. Ein etwaiges Schuldverhältnis kann gemäß §311 Abs. 2 BGB nicht nur aus einem Vertragsabschluss, sondern bereits aus der Anbahnung eines Vertrags, Vertragsverhandlungen oder aber ähnlichen geschäftlichen Kontakten resultieren.[327] Für den Verkäufer relevante juristische Fragestellungen ergeben sich daher nicht nur in Bezug auf die rechtliche Strukturierung des Kaufvertrags, sondern bereits vor Vertragsabschluss hinsichtlich der Offenlegung von Informationen, die die Kaufabsicht der potenziellen Erwerber wesentlich beeinflussen.[328] Vor diesem Kontext gilt es unabhängig vom gewählten Verkaufsmechanismus zu klären, inwiefern der Käufer eine Anspruchsgrundlage gegen den Veräußerer aufgrund der Angabe falscher oder aber unzureichender Daten über das Zielunternehmen geltend machen kann.

[327] Vgl. Picot (2005), S. 316f.
[328] Vgl. Berens/Schmitting/Strauch (2005), S. 78.

In Bezug auf die Informationsoffenlegung über den Vertragsgegenstand kann eine Pflichtverletzung des Verkäufers zum Einen aus der schuldhaften Angabe unrichtiger Informationen resultieren.[329] Ein Anspruch auf Schadensersatz kann seitens des Käufers sowohl aufgrund von fehlerhaften oder unvollständigen Unterlagen im Rahmen der Due Diligence als auch aufgrund von vorsätzlich falschen Informationen des Verkäufers geltend gemacht werden.[330] Zum Anderen besteht die Möglichkeit, dass der Verkäufer seine Aufklärungspflichten verletzt, indem er kaufrelevante Tatsachen verschweigt. Eine generelle Aufklärungspflicht des Verkäufers vor Vertragsabschluss existiert jedoch nicht.[331] Es obliegt dem potenziellen Erwerber, sich selbst einen Überblick über das Zielunternehmen zu verschaffen und seinen weiteren Informationsbedarf zu ermitteln.[332]

Grundsätzlich gilt aber auch bei Unternehmensverkäufen der allgemeine kaufrechtliche Grundsatz, dass der Verkäufer den oder die potenziellen Erwerber auch ungefragt über Gegebenheiten aufzuklären hat, die den Vertragszweck zunichte machen könnten und somit für die Kaufentscheidung „wesentlich" sind. Bei einem Unternehmensverkauf obliegen dem Veräußerer jedoch über diesen allgemeinen kaufrechtlichen Grundsatz hinausgehend strengere Aufklärungspflichten, da eine verlässliche Bewertung des Kaufobjekts vorwiegend auf Grundlage der Informationen des Verkäufers, insbesondere zur Umsatz- und Ertragslage des Unternehmens, möglich ist. Die Qualität der Kaufentscheidung hängt daher neben der Vollständigkeit auch von der Richtigkeit der

---

329 Ein Haftungsanspruch der potenziellen Erwerber ergibt sich nach §311 Abs. 2 BGB i.V. mit §241 Abs. 2 BGB.

330 Vgl. Picot (2005), S. 318.

331 Einschränkend ist auch anzumerken, dass der Informationsbefugnis des Veräußerers Grenzen gesetzt sind. Aktienrechtlich unterliegen die Vorstandsmitglieder einer Aktiengesellschaft einer gesetzlichen Schweigepflicht. Nach §93 Abs. 1 Satz 2 AktG müssen sie über Geheimnisse der Gesellschaft und vertrauliche Angaben Stillschweigen bewahren; vgl. Fleischer/Körber (2005), S. 293. Die Verschwiegenheitsverpflichtung kann hierbei durch ein höheres unternehmerisches Interesse außer Kraft gesetzt werden. So kann es bspw. im Interesse der Gesellschaft sein, dass die Aktien des Zielunternehmens zu einem angemessenen Preis veräußert werden, weshalb eine Offenlegung der kaufrelevanten Informationen erforderlich und auch zulässig ist; vgl. hierzu sowie zu weiteren Beispielen der Abwägung Hörmann (2008), S. 150f. Kapitalmarktrechtlich ist nach §14 Abs. 1 Nr. 2 des WpHG das Verbot der unbefugten Weitergabe von Insiderinformationen zu berücksichtigen. Eine Weitergabe von Informationen im Rahmen einer Due Diligence zwecks Vorbereitung des Unternehmensverkaufs ist i.d.R. als befugt anzusehen und daher zulässig; vgl. Fleischer/Körber (2005), S. 294f. Bei einer Gesellschaft mit beschränkter Haftung (GmbH) kann ein Gesellschafter grundsätzlich die Herausgabe der für eine Due Diligence notwendigen Unterlagen von der Geschäftsführung verlangen. Die Geschäftsführung darf diese nur verweigern, sofern der Gesellschafter die erhaltenen Daten zu gesellschaftsfremden Zwecken verwenden würde, so dass der Gesellschaft ein nicht unerheblicher Nachteil entstünde. Prinzipiell unterliegt aber auch der Gesellschafter mitgliedschaftlichen Treuepflichten, die eine Verschwiegenheitspflicht implizieren. Ähnlich wie bei Aktiengesellschaften ist daher eine Abwägung der verschiedenen Interessen vorzunehmen; vgl. Hörmann (2008), S. 155f.

332 Vgl. Picot (2005), S. 318.

vom Verkäufer oder seinem Berater übermittelten Daten ab.[333] Eine Aufklärungspflicht ist ferner auch dann zu vermuten, wenn das Verschweigen von Tatsachen gegen den Grundsatz von Treu und Glauben verstößt und der potenzielle Vertragspartner nach der Verkehrsauffassung eine ungefragte Aufklärung erwarten darf. Prinzipiell findet an dieser Stelle eine Interessenabwägung hinsichtlich der Darlegungs-, Hinweis- und Aufklärungspflicht statt, die den Besonderheiten eines jeden Einzelfalls Rechnung trägt.[334]

Ein Anhaltspunkt für eine gesteigerte Aufklärungspflicht des Verkäufers ist bspw. in der geringen Sachkunde resp. Erfahrung des Erwerbers mit Kauftransaktionen sowie seines Verzichts auf Beauftragung fachkundiger Berater zu sehen. Ferner ist auch der Wert, den der Käufer bestimmten Informationen in einer für den Verkäufer erkennbaren Art und Weise beimisst, von Relevanz. Je wichtiger dem Käufer bestimmte Angaben sind und er diese einfordert, desto umfangreicher, detaillierter und sorgfältiger muss der Veräußerer die entsprechenden Informationen weitergeben.[335]

Bei Auktionsverfahren spielt zudem die Fragestellung eine Rolle, wie verschiedene Bieter bei der Informationsversorgung zu behandeln sind. Mangels gesetzlicher Grundlage besteht keine Verpflichtung zu einer Gleichbehandlung, sofern einem Bieter Daten offengelegt wurden, die über von für die Kaufentscheidung „wesentliche Informationen“ hinausgehen. Vor diesem Kontext ist auch der in der Praxis für den Verkäufer durch eine Gleichbehandlung resultierende hohe Aufwand zu berücksichtigen.[336]

2.5.2 Offenlegungspflichten des Verkäufers hinsichtlich des Prozessverlaufs

Bei kontrollierten Auktionen besteht ferner die Möglichkeit, dass der Ablauf der kontrollierten Auktion sowie die vom Verkäufer resp. seinem Berater hierzu getätigten Aussagen die Höhe des offerierten Kaufpreises beeinflusst. Denkbar ist z.B. die Unkenntnis der Anzahl der Konkurrenten, die die Einschätzung der Interessenten bzgl.

[333] Vgl. Wagner (2002), S. 962.
[334] Vgl. Picot (2005), S. 318f.
[335] Weitere Kriterien, die bei der Abwägung herangezogen werden, sind die Intensität der Vertragsverhandlungen, die Irrtumserregung vor Vertragsverhandlungen, die Geschäftsgewandheit des Käufers, das Vorliegen eines Risikogeschäfts, das Bestehen von Geheimhaltungspflichten sowie das Vorliegen einer Selbstbezichtigung; vgl. hierzu detaillierter Stengel/Scholderer (1994), S. 162-163 sowie die dort angegebenen Quellen.
[336] Vgl. Louven/Böckmann (2004), S. 452.

der Stärke des Bieterwettbewerbs und somit letztlich des Kaufpreises beeinflusst. Daher sind bei einer kontrollierten Auktion weitere Anforderungen zu beachten.

Bei einer Täuschung über die Anzahl der Mitbieter steht einem Bieter die Anfechtung des Kaufvertrags offen.[337] Die Täuschung betrifft in diesem Fall zwar nicht direkt das Kaufobjekt. Jedoch wird im juristischen Sinne hierunter „jedes Verhalten, das dazu dient, bei einem anderen einen Irrtum zu erregen, zu bestärken oder aber aufrechtzuerhalten, um ihn dadurch zur Abgabe einer Willenserklärung zu veranlassen“ verstanden.[338] Problematisch ist die faktische Führung des Nachweises, dass ein „getäuschter“ Erwerber bei Kenntnis wahrheitsgemäßer Informationen den Kaufvertrag entweder gar nicht oder aber zu anderen Konditionen abgeschlossen hätte. Ein täuschendes Verhalten ist sowohl seitens des Verkäufers als auch der ihn beratenden Investmentbank juristisch fragwürdig und gilt auch für die Situation, dass die Täuschung durch konkludentes Verhalten zustande kommt. Hierunter wird z.B. die Einrichtung mehrerer Datenräume, die die tatsächliche Anzahl der Bieter übersteigt, verstanden.[339]

Der Verkäufer resp. dessen Berater ist hingegen nicht dazu verpflichtet, einem Bieter unaufgefordert mitzuteilen, dass er der einzige im Prozess verbliebene Interessent ist. Seiner Pflicht zur vollständigen und wahrheitsgemäßen Information kann auf Anfrage des Bieters aber durch eine ausweichende Antwort genügt werden, wohingegen falsche Aussagen unzulässig sind. Die Situation ist anders gelagert, sofern ein Bieter lediglich im Prozess gehalten wird, um den Bieterwettberb aufrechtzuerhalten, der Verkäufer aber zu einem Vertragsabschluss mit eben diesem Bieter nicht bereit ist.[340] In diesem Fall kann der geschädigte Bieter den Verkäufer haftbar machen und eine finanzielle Kompensation für die Aufwendungen, die ihm durch den weiteren Verbleib im Prozess entstanden sind, einfordern.[341]

Ferner ist für die Bieter die Verlässlichkeit der Regeln des Verkaufsprozesses von zentralem Interesse. Üblicherweise geht den Interessenten vor Beginn der eigentlichen Auktionsphase ein sog. „process letter“ zu, in dem der Ablauf des Prozesses sowie die einzuhaltenden Termine für die Abgabe der Gebote niedergeschrieben werden. Allerdings behält sich der Verkäufer meist vor, diese Regeln in Abhängigkeit der Entwicklung des

[337] Vgl. Holzapfel/Pöllath (2005), S. 65.
[338] Louven/Böckmann (2004), S. 448.
[339] Vgl. Louven/Böckmann (2004), S. 448.
[340] Vgl. Holzapfel/Pöllath (2005), S. 66.
[341] Vgl. Louven/Böckmann (2004), S. 449f.

Prozesses zu modifizieren. An dieser Stelle sind bspw. Abänderungen gesetzter Fristen, die Aufnahme weiterer Bieter, der Ausschluss eines Bieters oder aber die Intensivierung der Verhandlungen mit einem Bieter ohne Angabe von Gründen zu nennen.[342]

Werden Kriterien des Vergaberechts bei der Überlegung, ob ein derartiges Verhalten seitens des Verkäufers als juristisch bedenklich einzustufen ist, herangezogen, so ist diese zu bejahen. Dies liegt insbesondere darin begründet, dass der Käufer bei der Entscheidung für die eine oder die andere Handlungsalternative auf die Verlässlichkeit der zuvor determinierten Regeln des Verfahrens vertrauen können muss. In der M&A-Praxis ist dieser Aspekt jedoch als von untergeordneter Bedeutung anzusehen, da die Reputation des Beraters des Verkäufers durch zu häufige und willkürliche Modifikationen des Verfahren Schaden nimmt. Allerdings sollten hier im Unterschied zur Informationspolitik des Verkäufers sämtliche Bieter gleich behandelt werden, so dass sämtlichen noch am Prozess beteiligten Interessenten Regeländerungen zeitnah mitgeteilt werden.[343]

2.6 Zwischenfazit

Idealtypisch kann ein Verkaufsprozess in die Phasen der Vorbereitung und Analyse, der Durchführung sowie der Vertragsverhandlungen und des Abschlusses untergliedert werden. In Abhängigkeit des gewählten Verkaufsverfahrens resultiert eine Modifikation des Prozesses. Da der Fokus der vorliegenden Arbeit auf dem Verfahren der kontrollierten Auktion liegt, werden nachfolgend die in diesem Zusammenhang abgeleiteteten Ergebnisse der managementorientierten Literatur resümiert.

Der Einsatz einer kontrollierten Auktion eignet sich für den Verkäufer insbesondere dann, sofern in seiner Zielhierarchie die Maximierung des Verkaufserlöses sowie die Wahrung der Vertraulichkeit stark gewichtet werden. Grundlegendes Kriterium für die Durchführung einer kontrollierten Auktion ist einerseits die ausreichende Anzahl an offensichtlichen Erwerbsinteressenten, die zugleich über die für die Transaktion erforderlichen Finanzierungskapazitäten verfügen. Hierdurch soll der Bieterwettbewerb zwischen den Interessenten gewährleistet werden.

[342] Vgl. Louven/Böckmann (2004), S. 450.
[343] Vgl. Louven/Böckmann (2004), S. 450f. und S. 452.

Auf der anderen Seite erfolgt aufgrund der zu wahrenden Vertraulichkeit sowie im Hinblick auf die Schnelligkeit des Abschlusses eine Limitierung des Bieterkreises. Die Limitierung des Bieterkreises kann auch als Zugangskontrolle zum Verkaufsprozess verstanden werden und ist das zentrale Abgrenzungskriterium im Vergleich zu einer offenen Auktion. In Abhängigkeit der Stärke der Limitierung werden in der managementorientierten Literatur unterschiedliche Termini abgeleitet, weshalb keine allgemeingültige Begriffsdefinition existiert. Folglich kann auch keine verallgemeinerbare Aussage bzgl. einer anzustrebenden minimalen oder maximalen Teilnehmerzahl getroffen werden.

Neben der kontrollierten Auktion sind daher in der Literatur die Bezeichnungen „limitierte“ sowie „begrenzte“ Auktion vorzufinden. Da der Begriff der kontrollierten Auktion den Zweck der Zugangskontrolle am bezeichnendsten widerspiegelt und die tatsächliche Anzahl der zum Verkaufsprozess zugelassenen Interessenten lediglich eine Steuerungsvariable des Verkäufers hinsichtlich der Gewichtung einzelner Ziele seiner Zielhierarchie darstellt, wird dieser in der vorliegenden Arbeit verwendet.

Modifikationen des idealtypischen Ablaufs eines Verkaufsprozesses aufgrund der Entscheidung, eine kontrollierte Auktion durchzuführen, finden sich in sämtlichen Phasen des Prozesses. Der Phase der Vorbereitung und Analyse kommt eine besondere Bedeutung zu, da sie grundlegend für die Funktionsfähigkeit des Bieterwettbewerbs in den nachfolgenden Phasen ist. Vor diesem Hintergrund ist besondere Aufmerksamkeit auf die Selektion der anzusprechenden Interessenten zu legen. Als Käufertypen kommen prinzipiell Finanzinvestoren und strategische Investoren in Betracht. Im Hinblick auf die Zielhierarchie des Veräußerers genügen diese den Ansprüchen des Verkäufers in unterschiedlicher Art und Weise. Vor- und Nachteile beider Käufertypen sind daher situationsspezifisch abzuwägen.

Finanzinvestoren weisen im Vergleich zu strategischen Investoren üblicherweise einen höheren Informationsbedarf auf, weshalb mit einer geringeren Transaktionsgeschwindigkeit zu rechnen ist. Dem kann durch eine Vendor Due Diligence entsprochen werden, die der Verkäufer im Vorfeld der eigentlichen Investorenansprache in Auftrag gibt. Während die Zahlungsbereitschaft strategischer Investoren durch die erwartete Realisierung von Synergiepotenzialen determiniert wird, wird der von Finanzinvestoren offerierte Kaufpreis vorwiegend von der Höhe des Fremdkapitalanteils in der Finanzierungsstruktur beeinflusst. Dies impliziert zugleich eine stärkere Abhängigkeit von etwaigen Fremdkapitalgebern und muss bei der Einschätzung der Transaktionssicherheit berücksichtigt werden. Eine Möglichkeit des Verkäufers, dieses Risiko für ihn zu reduzieren sowie zugleich eine Unterschwelle für den erwarteten Verkaufspreis zu setzen, besteht in einem Stapled-Finance-Angebot an interessierte Finanzinvestoren. Einschränkend ist anzumerken, dass sowohl eine Vendor Due Diligence als auch ein Stapled-Finance-Angebot für den Verkäufer mit zusätzlichen Kosten verbunden sind, sollte er diese nicht auf die Bieter umlegen können.

Bei strategischen Investoren gestaltet sich die Offenlegung sensitiver Informationen problematisch, was dem Ziel der Wahrung der Vertraulichkeit abträglich sein kann. Ferner besteht die Möglichkeit, dass andere Erwerbsinteressenten, die bei einer Zuteilung mit dem in der Auktion unterlegenen strategischen Investor in einer direkten Konkurrenzbeziehung stünden, einer Offenlegung kritisch gegenüber stehen oder gänzlich von einer Teilnahme am Verkaufsprozess Abstand nehmen. In einer kontrollierten Auktion wird dieser Thematik durch eine gestufte Informationsfreigabe in der Phase der Durchführung sowie in Form einer Confirmatory Due Diligence in der Phase der Vertragsverhandlungen begegnet. Weiterhin ist im Hinblick auf die Transaktionssicherheit bei strategischen Investoren ein kartellrechtliches Risiko gegeben.

Während in der Phase der Vorbereitung und Analyse neben der Erstellung der notwendigen Verkaufsdokumentation insbesondere die Selektion der Teilnehmer im Vordergrund steht, liegt der Fokus in der Phase der Durchführung einer kontrollierten Auktion auf dem Mechanismus, mittels dessen die finale(n) Verhandlungspartei(en) selektiert werden. Hierzu werden mehrere Bietrunden durchgeführt, in denen die potenziellen Erwerber schriftliche Gebote in verdeckter Form abgeben. Die Verdecktheit der Gebote impliziert erstens, dass die Interessenten keine Kenntnis über die Anzahl der Mitwettbewerber haben. Zweitens ist kein Rückschluss auf die Attraktivität der eigenen Offerte im Vergleich zu denen der Konkurrenten möglich. Beide Sachverhalte wirken sich positiv auf den Bieterwettbewerb aus.

Inhaltliche Anforderungen an den Informationsgehalt der Gebote werden vom Verkäufer festgelegt und den Interessenten kommuniziert. Sie beziehen sich nicht ausschließlich auf die Zahlungsbereitschaft, sondern auch auf nicht-monetäre Aspekte, die für den Verkäufer resp. die Realisierung seiner Zielhierarchie von Bedeutung sind. Mit zunehmender Offenlegung von Informationen seitens des Verkäufers, die die endgültige Kaufentscheidung beeinflussen, nehmen die Gebote auch eine zunehmend konkretere und verbindlichere Form an.

Der Zugang der potenziellen Käufer zu entscheidungsrelevanten Daten erfolgt im Rahmen der Due Diligence, deren Planung bereits in der Phase der Vorbereitung und Analyse vorgenommen wird. Bei einer kontrollierten Auktion kann es für den Verkäufer ggf. von Vorteil sein, die hierfür erforderlichen Daten nicht in einen physischen, sondern in einen virtuellen Datenraum einzustellen. Dies ist insbesondere gegeben, wenn in der Phase der Durchführung noch eine hohe Anzahl an Interessenten involviert ist oder aber ausländische Bieter am Verkaufsprozess teilnehmen.

In der Phase der Vertragsverhandlungen und des Abschlusses sind im Idealfall noch drei präferierte Bieter vorhanden, die auf Grundlage ihrer abgegebenen Gebote selektiert werden. Grundsätzlich verfügt der Verkäufer über die beiden Optionen, mit diesen Bietern sequenziell oder aber parallel zu verhandeln. Eine sequenzielle Vorgehensweise ist dabei mit geringeren Verhandlungskosten verbunden, reduziert aber auch den Wettbewerbsdruck zwischen den verbliebenen potenziellen Vertragsparteien. Beide Optionen müssen daher situationsspezifisch abgewogen werden.

Aus juristischer Perspektive ergeben sich bei kontrollierten Auktionen insbesondere Fragestellungen, die sich mit der Gleichbehandlung der Bieter bei der Informationsversorgung sowie Aufklärungspflichten des Verkäufers bzgl. des Prozessverlaufs beschäftigen. Sofern es sich um die Übermittlung von Daten handelt, die über für die Kaufentscheidung „wesentliche Informationen" hinausgehen, besteht seitens der Bieter keine Anspruchsgrundlage. Im Hinblick auf eine nachträgliche Abänderung der Auktionsregeln sollte der Verkäufer hingegen sämtliche Bieter gleich behandeln und ihnen diese unverzüglich mitteilen. Für die potenziellen Erwerber ist zudem die Transparenz der Stärke des Bieterwettbewerbs von besonderem Interesse. Dies gilt v.a. sofern nur noch ein Interessent an dem Verkaufsprozess teilnimmt. Der Verkäufer ist allerdings nicht verpflichtet, dem einzigen Bieter diesen Sachverhalt unaufgefordert mitzuteilen. Auf Anfrage darf er jedoch keine falschen Aussagen treffen. Strebt ein Verkäufer mit einem bestimmten Bieter jedoch einen Vertragsabschluss nicht an und behält diesen lediglich im Prozess, um den Druck auf die anderen Mitwettbewerber aufrechtzuerhalten, handelt er rechtlich unzulässig und kann haftbar gemacht werden.

Während der Fokus der managementorientierte Literatur insbesondere auf den Phasen und den innerhalb der Phasen erfolgenden Prozessschritten einer kontrollierten Auktion liegt, analysiert die Auktionstheorie vornehmlich die Ausgestaltung des Auktionsdesigns und deren Implikation für den erwarteten Verkaufserlös resp. die Effizienz der Allokation des veräußerten Guts. Vor diesem Hintergrund ist das Bieterverhalten sowie der hieraus resultierende Bieterwettbewerb von gesondertem Interesse, der auch in einer kontrollierten Auktion eine zentrale Bedeutung einnimmt. Die Ergebnisse der Auktionstheorie werden in dem sich anschließendenen Kapitel detailliert dargelegt. Hierbei erfolgt zunächst die Erörterung grundlegender Erkenntnisse der Auktionstheorie, bevor in einem nächsten Schritt Modellerweiterungen betrachtet werden, die explizit die Veräußerung von Unternehmen untersuchen.

3 Auktionstheorie

3.1 Einführung in die Auktionstheorie

3.1.1 Charakteristika von sowie Voraussetzungen für die Anwendung von Auktionen

Die Ergebnisse auktionstheoretischer Untersuchungen liefern einem Verkäufer wichtige Anhaltspunkte dafür, wie in der Phase der Durchführung der eigentliche Veräußerungsmechanismus selektiert resp. die Auktionsregel im Hinblick auf seine Zielhierarchie optimal ausgestaltet werden kann. Vor diesem Kontext verfügt der Veräußerer über zahlreiche Optionen, wobei der Fokus der Auktionstheorie auf deren Implikationen für das Ziel der Maximierung des Kaufpreises liegt. Dieser Zusammenhang ist zentraler Bestandteil des vorliegenden Kapitels und wird nachfolgend eingehend analysiert. Hierbei werden sowohl allgemeine auktionstheoretische Untersuchungen als auch spezifische Modelle, die explizit die Veräußerung von Unternehmen zum Gegenstand haben, einbezogen. Analog zur Vorgehensweise im vorhergehenden Kapitel werden die erarbeiteten zentralen Erkenntnisse gewürdigt und in den themenbezogenen Rahmen aufgenommen. Dem ist eine grundlegende Einführung in die Auktionstheorie vorangestellt, die neben der Begriffsbestimmung des Terminus „Auktion“ deren Anwendbarkeit im Rahmen von M&A-Transaktionen überprüft, die prinzipielle modellierungstechnische Vorgehensweise darlegt sowie die vier bedeutendsten in den modelltheoretischen Analysen verwendeten Auktionsregeln vorstellt.

Eine Auktion legt die Zuteilung des zu veräußernden Guts und dessen Preis anhand zuvor definierter Regeln sowie auf Grundlage der Gebote der Bieter fest.[344] Charakteristisch für Auktionen ist, dass mindestens zwei Teilnehmer in den Verkaufsprozess involviert und dass sie universal und anonym sind. Da durch die Gebote Informationen hinsichtlich der Zahlungsbereitschaft der Bieter offengelegt werden und zugleich

[344] Vgl. Dasgupta/Maskin (2000), S. 345; McAfee/McMillan (1987a), S. 701. Etymologisch stammt das Wort „Auktion“ vom lateinischen „augere“ ab, was „erhöhen“, „steigern“ bedeutet; vgl. McAfee/McMillan (1987a), S. 702. Nicht sämtliche Auktionsregeln basieren auf ansteigenden Preisen, weshalb der Terminus missverständlich ist; vgl. hierzu Cassady (1967), S. 7 sowie die Ausführungen zur Holländischen Auktion in Abschnitt 3.1.4.4 der vorliegenden Arbeit.

geklärt ist, wer das Gut erhält, bedeutet dies erstens, dass prinzipiell jedes Gut über eine Auktion veräußert werden kann. Hierbei ist die Auktionsregel unabhängig von den spezifischen Eigenschaften des zu veräußernden Guts. Zweitens sind Auktionen dahingehend anonym, dass die Person des potenziellen Käufers für die Zuteilung und die Bestimmung des Preises keine Rolle spielt.[345]

Die Anwendung einer Auktion bietet sich immer dann an, wenn der Verkäufer eines Objekts lediglich unvollständige Informationen[346] über die Wertschätzung potenzieller Käufer besitzt. Verfügte der Verkäufer über vollständige Informationen, könnte er das Gut zu einem nicht weiter verhandelbaren Preis, der marginal unter der höchsten Zahlungsbereitschaft liegt, veräußern. Aufgrund von Informationsasymmetrien ist eine derartige Vorgehensweise in der Realität nicht möglich.[347] Folglich kann der Verkäufer nicht den gesamten Verhandlungsgewinn für sich beanspruchen.[348] Zudem eignet sich eine Auktion zum Verkauf von Gütern, die keinen standardisierten Wert besitzen. Die Nicht-Existenz eines standardisierten Wertes impliziert, dass für jedes Gut ein individueller Preis bestimmt werden muss.[349] Dieser bestimmt sich i.d.R. durch Angebot und Nachfrage zu einem bestimmten Zeitpunkt sowie durch zukünftig erwartete Marktentwicklungen.[350]

Darüber hinaus gilt das Vorliegen einer Marktstruktur, in der nur eine Marktseite durch wettbewerbliches Verhalten gekennzeichnet ist, als Charakteristikum einer Auktionssituation.[351] Eine derartige Marktstruktur ist nach dem morphologischen Marktformenschema[352] sowohl im Monopol mit einem großen Anbieter und vielen kleinen Nachfragern, als auch im Monopson, in dem einem großen Nachfrager mehrere kleine Anbieter gegenüberstehen, gegeben. Auktionen, die in einem Monopson zur Anwendung kommen, werden auch als Beschaffungsauktionen bezeichnet.[353]

---

345 Vgl. Krishna (2002), S. 7.

346 Spieltheoretisch betrachtet bedeutet der Begriff der unvollständigen Information, dass mindestens einer der Spieler die Auszahlungsfunktion eines anderen Spielers nicht mit Sicherheit kennt; vgl. hierzu Gibbons (1992), S. 143.

347 Vgl. Wolfstetter (1999), S. 182-184; McAfee/McMillan (1996), S. 264.

348 Vgl. McAfee/McMillan (1987a), S. 704.

349 Vgl. Milgrom (1987), S. 2; Milgrom (1989), S. 19.

350 Vgl. Cassady (1967), S. 20.

351 Vgl. Riley/Samuelson (1981), S. 381.

352 Vgl. hierzu Feess (1997), S. 253-255.

353 Beschaffungsauktionen (Procurement Auctions) unterscheiden sich von den allgemein bekannten Auktionen dadurch, dass der Nachfrager (Auktionator) möglichst geringe Kosten zu realisieren sucht und somit ceteris paribus das niedrigste Gebot favorisiert; vgl. McAfee/McMillan (1987a), S. 701.

Hat der Anbieter des zu verkaufenden Guts eine Monopolstellung inne und herrscht zwischen vielzähligen kleinen Nachfragern vollkommener Wettbewerb, wird generell davon ausgegangen, dass der Verkäufer die gesamte Verhandlungsmacht besitzt und somit die Verhandlungsgewinne komplett realisiert. Im realistischeren Fall des beschränkten Monopols, in dem statt einer Vielzahl an Bietern nur wenige potenzielle Käufer einem monopolistischen Verkäufer gegenüberstehen, ist das Resultat der Interaktion uneindeutig. Es existiert ein sehr breites Spektrum an denkbaren Verhandlungsergebnissen bzgl. der Gewinnaufteilung zwischen Käufer und Verkäufer.[354]

In der Auktionstheorie werden solche Verhandlungsprobleme umgangen, indem angenommen wird, dass der Verkäufer sich im Vorhinein glaubhaft an die von ihm bestimmten Regeln bindet. Eine Neuverhandlung nach Ablauf der Auktion ist demnach ausgeschlossen. Der Vorteil dieser glaubhaften Selbstbindung ist insbesondere darin zu sehen, dass die Bieter veranlasst werden, auf für den Verkäufer wünschenswerte Art und Weise zu bieten.[355] Darüber hinaus ist es im Selbstinteresse des Verkäufers, keine Nachverhandlungen zu führen. Nachverhandlungen einer bestehenden Vereinbarung können der Glaubwürdigkeit und Reputation und somit der Verhandlungsposition des Verkäufers in zukünftigen Transaktionen abträglich sein.[356]

Weiterhin ist die durch eine Auktion erzielte Schnelligkeit des Verkaufs nicht zu vernachlässigen. Zudem können Auktionen aufgrund ihrer klaren Regeln als faire Verfahren betrachtet werden, durch die illegitime Handlungen zwischen potenziellen Käufern und dem Auktionator als Agenten des Verkäufers verhindert werden. Ein derartiges Problem wäre z.B. in einer Verhandlungssituation denkbar, falls der Agent das Gut dem Interessenten zuspräche, der das höchste Bestechungsgeld zahlt.[357]

Die Leistungsfähigkeit alternativer Auktionsregeln wird anhand zweier unterschiedlicher Kriterien beurteilt. Aus Verkäuferperspektive ist das realisierte Einkommen von Bedeutung. Aus Perspektive der Gesellschaft stellt sich die Frage, ob durch die Auk-

---

354 Vgl. McAfee/McMillan (1987a), S. 703.

355 Die Gebote der Bieter bestimmen sich über eine Bietfunktion mit der unabhängigen Variable „Wertschätzung des betrachteten Bieters". Unter Gültigkeit bestimmter Annahmen lassen sich Rückschlüsse von den abgegebenen Geboten auf die Wertschätzungen einzelner Bieter ziehen. Der Auktionator könnte prinzipiell versucht sein, nach Beobachtung der Gebote Rückverhandlungen zu führen, in denen er die vorher geltenden Regeln außer Kraft setzt und anstatt des höchsten Gebots einen Preis fordert, der infinitesimal unterhalb der höchsten Wertschätzung liegt. Die Bieter wiederum würden ein derartiges Verhalten allerdings antizipieren und anders bieten, als vom Verkäufer angenommen; vgl. McAfee/McMillan (1987a), S. 703.

356 Vgl. McAfee/McMillan (1987a), S. 704.

357 Vgl. Wolfstetter (1996), S. 369.

tion eine effiziente Allokation in dem Sinne gewährleistet ist, dass der Bieter mit der höchsten Wertschätzung das Objekt erhält.[358] Die Auktionstheorie befasst sich daher mit den Auswirkungen unterschiedlicher Auktionsregeln auf die Preisbildung sowie auf die Allokationseffizienz.

3.1.2 Anwendbarkeit von Auktionsverfahren im Rahmen von M&A-Transaktionen

Anhand der oben dargestellten Voraussetzungen für den Einsatz eines Auktionsverfahrens soll an dieser Stelle deren Anwendbarkeit im Rahmen von M&A-Transaktionen überprüft werden. Wie bereits erwähnt, kann über ein Auktionsverfahren theoretisch jedes Gut veräußert werden. Ein Kriterium für den Einsatz von Auktionen ist die Existenz unvollständiger Information. Diese Situation ist auch für M&A-Transaktionen charakteristisch, da dem Verkäufer die Zahlungsbereitschaft der potenziellen Käufer nicht bekannt ist. Der Verkäufer wiederum verfügt über Unternehmensinformationen, die die Bieter nicht besitzen.[359]

Darüber hinaus existieren für Unternehmen keine einheitlichen Preise. Sie sind heterogene Objekte, deren Preis sich daher primär nach Angebot und Nachfrage bestimmt. Allerdings spielen vor diesem Hintergrund auch zukünftige Entwicklungen eine Rolle. Diese äußern sich nicht nur in der Zahlungsbereitschaft, sondern werden unter Umständen auch in einem Unternehmenskaufvertrag, z.B. in Form von Earn-Out-Klauseln oder MAC-Klauseln, Berücksichtigung finden.[360]

Die Einzigartigkeit des Unternehmens verschafft dem Verkäufer eine starke Verhandlungsposition, was ebenfalls ein Kriterium für den Einsatz von Auktionsverfahren ist. Einschränkend ist anzumerken, dass eine Auktion jedoch nur zustande kommen kann, wenn auf der Käuferseite ein ausreichendes Interesse an dem Unternehmen vorhanden ist. Daher ist davon auszugehen, dass die Eigenschaften des Unternehmens vor dem Hintergrund eines lebhaften Bieterwettbewerbs von Relevanz sind.

Bezüglich der Zügigkeit des Abschlusses einer Transaktion ist eine eindeutige Aussage, ob Auktionen im Vergleich zu einem erfolgreichen Exklusivverfahren schneller zum

[358] Vgl. Krishna (2002), S. 5f.

[359] Einen guten Überblick über Informationsasymmetrien bei Unternehmensakquisitionen bietet Strasser (2000), S. 20-34.

[360] Vgl. hierzu auch S. 35 der vorliegenden Arbeit.

Ziel führen, nicht möglich. Allerdings besteht beim Exklusivverfahren das Problem, dass aufgrund des mangelnden Wettbewerbs evtl. nicht der maximale Verkaufspreis realisiert wird. Weiterhin kann im Fall des Scheiterns der Verhandlungen nicht mehr auf alternative Mitbieter zurückgegriffen werden, was wiederum zu Verzögerungen bei der Durchführung der Transaktion führt. Werden für den Unternehmensverkauf klare und transparente Auktionsregeln definiert, sollte eine Auktion auch im M&A-Bereich ein faires Verfahren für alle Beteiligten gewährleisten.

Abschließend ist festzuhalten, dass die Voraussetzungen für den Einsatz von Auktionen bei M&A-Transaktionen erfüllt sind. Die Leistungsfähigkeit alternativer Auktionsregeln ist im Rahmen von Veräußerungsprozessen aus Verkäuferperspektive aber eher an dem realisierten Verkaufspreis als an der Allokationseffizienz zu messen.[361]

3.1.3 Prinzipielle modellierungstechnische Vorgehensweise

Im vorhergehenden Abschnitt wurde gezeigt, dass die Anwendbarkeit von Auktionsverfahren im Rahmen von M&A-Transaktionen gegeben ist. In einem nächsten Schritt erfolgt daher die Analyse grundsätzlich zu treffender Annahmen bzgl. des Modellrahmens. Das Problem der Modellierung der „Unsicherheit" ist hierbei eine der zentralen Fragestellungen auktionstheoretischer Untersuchungen. Vor diesem Kontext gilt es, mehrere Aspekte zu berücksichtigen:[362]

Zunächst ist zu bestimmen, wie die einzelnen Akteure einer Auktion der „Unsicherheit" begegnen. Modelltheoretisch geschieht dies, indem eine Annahme bzgl. der **Risikopräferenz** der Käufer und des Verkäufers getroffen wird. Die Risikopräferenzen der Beteiligten werden in Form ihrer von Neumann-Morgenstern-Nutzenfunktionen ausgedrückt. Eine konkave Nutzenfunktion steht für *Risikoaversion*, eine lineare Nutzenfunktion für *Risikoneutralität* und eine konvexe Nutzenfunktion für *Risikofreude*.

[361] Eine Ausnahme bei Unternehmensverkäufen ist bei Privatisierungen denkbar. In diesem Kontext wird in der modelltheoretischen Analyse häufig angenommen, dass die Regierung als Verkäufer auch eine effiziente Allokation der Verfügungsrechte sicherstellen möchte; vgl. Maskin (2000), S. 669f.; Dasgupta/Maskin (2000), S. 341f.; Maskin (1992), S. 117-119; ; Schnitzer/Schmidt (1997), S. 97f. Theoretisch könnte eine nach der Auktion resultierende ineffiziente Allokation durch einen erneuten Verkauf korrigiert werden. Allerdings sind hiermit erhebliche Transaktionskosten verbunden. Ferner wird angenommen, dass nach der Auktion nur noch eine geringe Anzahl an interessierten Käufern im Markt vorhanden ist. Daher wird ein weiterer Verkauf vermutlich aufgrund von Verhandlungen vollzogen. Ein effizientes Verhandlungsergebnis unter unvollständiger Information erscheint jedoch zweifelhaft; vgl. Krishna (2002), S. 54-58.

[362] Vgl. McAfee/McMillan (1987a), S. 704-707; Das/Sundaram (1997), S. 6.

Ferner beeinflussen **Unterschiede in der Wertschätzung** einzelner Käufer den Ausgang einer Auktion. Insbesondere ist es von Relevanz, ob die Wertschätzungen der Bieter als unabhängige oder als korrelierte Zufallsvariablen betrachtet werden sollen. Die Auktionstheorie unterscheidet hierbei zwei antagonistische Modelle: Das Modell unabhängiger, privater Wertschätzungen (Independent-Private-Values Model) sowie das Modell übereinstimmender Wertschätzung (Common-Value Model).

Im *Modell unabhängiger, privater Wertschätzungen* wird davon ausgegangen, dass jeder Bieter ein privates Signal erhält, welches ihm seine Wertschätzung offenbart. Unterschiedliche Wertschätzungen lassen sich hierbei durch unterschiedliche Vorlieben erklären. Aus diesem Grund können die Wertschätzungen der einzelnen Bieter auch als voneinander unabhängig unterstellt werden. Myerson (1981) hat in diesem Zusammenhang den Begriff der „Präferenzunsicherheit" geprägt.[363]

Das *Modell übereinstimmender Wertschätzung* hingegen unterstellt, dass der Verkaufsgegenstand für alle Bieter denselben Wert besitzt, dieser ex ante jedoch nicht genau bestimmbar ist. Unterschiedliche Informationen der einzelnen Bieter führen deshalb zu unterschiedlichen Wertschätzungen. Myerson (1981) interpretiert diese Art von Informationsdefizit als „Qualitätsunsicherheit".[364]

Eine Generalisierung, die die beiden oben dargestellten Grundmodelle als Spezialfälle beinhaltet, ist das *Modell affiliierter Wertschätzungen* (Affiliated-Values Model oder auch General Model) von Milgrom/Weber (1982a). Im Modell affiliierter Wertschätzungen erhält jeder Bieter private Informationen. Zusätzlich ist die Wertschätzung eines jeden Bieters eine Funktion der Signale der anderen Bieter und der tatsächlichen Qualität des Objekts, die der betrachtete Bieter aufgrund mangelnder Beobachtbarkeit nicht mit Sicherheit kennt.[365] In diesem verallgemeinerten Modell lassen sich demnach verschiedene Kombinationen von Präferenz- und Qualitätsunsicherheit abbilden.

Zudem ist die **Bieterstruktur** von Interesse: Handelt es sich um *symmetrische Bieter*, ist es ausreichend, nur eine Verteilungsfunktion für die Wertschätzungen der Bieter anzunehmen. Handelt es sich hingegen um *asymmetrische Bieter*, müssen unterschiedliche Verteilungsfunktionen herangezogen werden.[366] Eine asymmetrische Bieterstruk-

---

[363] Vgl. Myerson (1981), S. 60.
[364] Vgl. Myerson (1981), S. 60.
[365] Vgl. Milgrom/Weber (1982a), S. 1097-1100; Krishna (2002), S. 86f.
[366] Eine Zufallsvariable wird eindeutig durch die Werte, die sie annehmen kann, sowie die dazugehörigen Wahrscheinlichkeiten, mit denen ein bestimmter Wert realisiert wird, beschrieben. Die

tur kann bspw. vorliegen, wenn ausländische und inländische Unternehmen um eine Ausschreibung konkurrieren und aufgrund von Wechselkursen systematische Kostenunterschiede aufweisen. Die Berücksichtigung asymmetrischer Bieterstrukturen erschwert zwar die Analyse, jedoch können viele Situationen realistischer abgebildet werden.[367]

Letztlich ist zu bestimmen, ob der zu zahlende Preis ausschließlich vom gewinnenden Gebot oder auch von anderen Variablen, die sowohl vom Verkäufer als auch den potenziellen Erwerbern beobachtbar sind, abhängen soll. Die letztgenannte Möglichkeit bietet sich an, falls die beobachtbaren Variablen mit dem „wahren Wert“ des Verkaufsobjekts korrelieren. Beispielhaft lassen sich Mineralölauktionen anführen, in denen sich die Zahlung auch nach der Menge des geförderten Öls bemisst.[368]

3.1.4 Standard-Auktionsregeln

3.1.4.1 Vickrey-Auktion

Die im vorherigen Abschnitt dargelegten Spezifikationen des Modellrahmens bilden in Kombination mit einer bestimmten Auktionsregel die Basis modelltheoretischer Analysen, weshalb in einem weiteren Schritt die in den grundlegenden auktionstheoretischen Modellen verwendeten Standard-Auktionsregeln betrachtet werden. Grundsätzlich können Auktionsregeln mit verdeckten und mit offenen Geboten unterschieden werden. Bei verdeckten Geboten kennt der Bieter nur sein eigenes Gebot. Unter diese Kategorie von Auktionsregeln werden die Vickrey- und die Höchstpreis-Auktion subsummiert. Bei offenen Geboten erhält jeder Bieter durch fortlaufende Bekanntgabe der eingegangenen Gebote Informationen über die Wertschätzung seiner Konkurrenten. Dies eröffnet dem Bieter die Möglichkeit, die neu gewonnenen Informationen in die eigene Strategie mit einzubeziehen. Zur zweiten Kategorie gehören die Englische und die Holländische Auktion.[369] Allerdings ist zu berücksichtigen, dass sich mit der angewandten Auktionsregel auch das Bieterverhalten verändert.[370]

Verteilungsfunktion einer stetigen Zufallsvariablen gibt die kumulierte Wahrscheinlichkeit dafür an, dass die Realisation der Zufallsvariablen unterhalb eines bestimmten Wertes liegt. Die Verteilungsfunktion ist schwach monoton wachsend und kann Werte zwischen Null und Eins annehmen; vgl. Toutenburg (2000), S. 37f.

367 Vgl. McAfee/McMillan (1987a), S. 716.

368 Vgl. McAfee/McMillan (1987a), S. 716f.

369 Vgl. Wolfstetter (1998), S. 2.

370 Dies hat im Modell privater, unabhängiger Wertschätzungen allerdings keine Auswirkungen auf den erwarteten Erlös des Verkäufers; vgl. hierzu Abschnitt 3.2.1.4 der vorliegenden Arbeit.

Bei einer Vickrey-Auktion (häufig auch als Second-Price Auction bezeichnet) darf jeder Bieter innerhalb eines vom Auktionator festgelegten Abgabezeitraums ein einziges, verdecktes Gebot einreichen. Der Bieter, der das höchste Gebot abgegeben hat, erhält den Zuschlag. Er muss aber nur den Preis des zweithöchsten Gebots zahlen.[371]

Abbildung 3.1 verdeutlicht die Funktionsweise der Vickrey-Auktion. Beispielhaft sind mehrere Kaufinteressenten (*A* bis *G*) dargestellt. Die Gebote der Bieter *A*, *B*, *C*, *D* und

Abb. 3.1 Auktionsregel Vickrey-Auktion

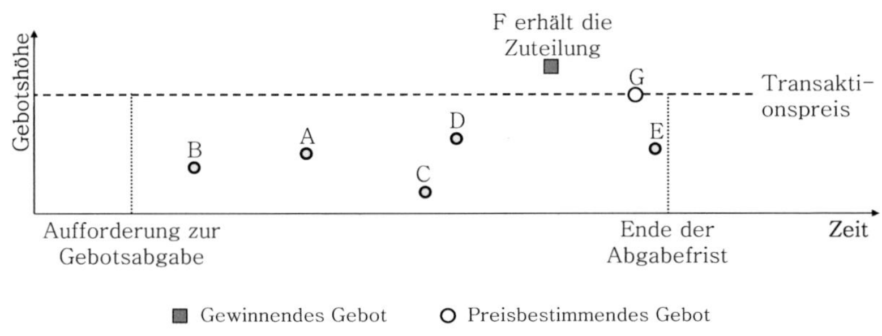

Eigene Darstellung.

E spielen sowohl für die Zuteilung als auch die Preisbestimmung keine Rolle. In einer Vickrey-Auktion erhält Bieter *F* die Zuteilung, da er das höchste Gebot abgegeben hat. Der Transaktionspreis bestimmt sich allerdings nach dem zweithöchsten Gebot, welches von Bieter *G* stammt.

Es sei darauf verwiesen, dass Vickrey-Auktionen mehr von theoretischer denn von praktischer Relevanz sind. Rothkopf/Teisberg/Kahn (1990) führen vor diesem Kontext insbesondere die Furcht der Bieter an, durch fingierte Gebote seitens des Verkäufers geschädigt zu werden.[372] Generell kann vor dem Hintergrund, dass im Anschluss an eine Zuteilung meist weitere Verhandlungen zu führen sind, eine Offenbarung der wahren Zahlungsbereitschaft kontraproduktiv sein. Diese Verhandlungen können sich bspw. auf

---

[371] Vgl. Vickrey (1961), S. 20.

[372] Vgl. Rothkopf/Teisberg/Kahn (1990); S. 102. Diese Gefahr besteht in einer Auktion mit offenen Geboten zwar auch, allerdings steht es jedem Bieter offen, in diesem Fall noch aus der Auktion auszuscheiden. Eine modelltheoretische Analyse, die die Reputation des Verkäufers bei wiederholten Vickrey-Auktionen berücksichtigt, findet sich in Rothkopf/Harstadt (1995), S. 259-261.

die Finanzierung oder den Abschluss von Arbeitsverträgen beziehen. Wurde durch das Gebot eine hohe Zahlungsbereitschaft signalisiert, berücksichtigen potenzielle Vertragspartner diese Information bei ihren Verhandlungen. Dieser Konflikt lässt sich durch die Geheimhaltung der Höhe der abgegebenen Gebote, v.a. der des gewinnenden Gebots, beheben. Allerdings kann somit auch seitens der Verlierer die Ehrlichkeit und Fairness des Prozesses in Frage gestellt werden. Bieten die Interessenten in einem solchen Fall nicht mehr gemäß ihrer wahren Wertschätzung, resultiert die Ineffizienz der Auktion.[373]

Vickrey-Auktionen werden seit dem 19. Jahrhundert bei Auktionen von Briefmarken, in denen die Gebote postalisch eingehen, eingesetzt.[374] In Ausnahmefällen werden auch Finanzierungsinstrumente über Vickrey-Auktionen veräußert.[375] Anwendungsformen der neueren Zeit sind insbesondere Internetauktionen, wie z.B. Ebay.[376]

3.1.4.2 Höchstpreis-Auktion

In einer *Höchstpreis-Auktion* (auch First-Price Sealed Bid Auction genannt) geben alle Bieter innerhalb des vom Auktionator vorgeschriebenen Abgabezeitraums verdeckt ihre Gebote ab. Jeder Bieter darf nur ein Gebot tätigen. Derjenige Bieter mit dem höchsten Gebot erhält den Zuschlag zu dem von ihm gebotenen Preis.[377]

Die Darstellung der Höchstpreis-Auktion in Abbildung 3.2 unterscheidet sich daher primär durch den Transaktionspreis von der Vickrey-Auktion. Bieter F gewinnt die Auktion, muss allerdings auch einen Preis in Höhe seines eigenen Gebots entrichten. Höchstpreis-Auktionen werden häufig bei der öffentlichen Ausschreibung von Großprojekten des Staates oder privatwirtschaftlicher Unternehmen eingesetzt.[378]

---

373 Vgl. Rothkopf/Teisberg/Kahn (1990), S. 102f. Eine modelltheoretische Analyse dieses Problems bei Vickrey-Auktionen liefern Engelbrecht-Wiggans/Kahn (1991); S. 244-248.

374 Vgl. Lucking-Reiley (2000b), S. 186-188.

375 Vgl. Rothkopf/Harstadt (1995), S. 258.

376 Vgl. Roth/Ockenfels (2002), S. 1093f. Allerdings besteht bei Ebay im Unterschied zu einer reinen Vickrey-Auktion die Möglichkeit, im Verlauf der Auktion mehrere Gebote abzugeben. Die Abgabe mehrerer Gebote anstelle der einmaligen Angabe der tatsächlichen Zahlungsbereitschaft wird auf ein irrationales Verhalten seitens der Bieter zurückgeführt; vgl. hierzu Ockenfels/Roth (2006), S. 297f. Einen umfassenden Überblick über die in Internetauktionen verwendeten Auktionsregeln bietet Lucking-Reiley (2000a), S. 237-243.

377 Vgl. Wolfstetter (1998), S. 140f.

378 Vgl. Klemperer (1999), S. 266, Endnote 14.

Abb. 3.2 Auktionsregel Höchstpreis-Auktion

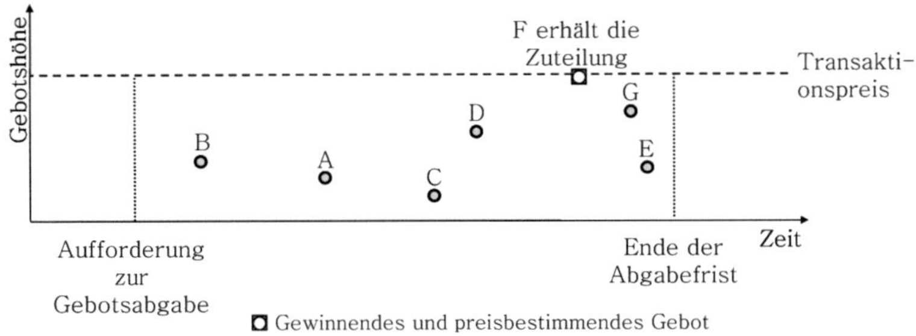

Eigene Darstellung.

3.1.4.3 Englische Auktion

In einer Englischen Auktion (auch als Ascending-Bid, Open oder Oral Auction bekannt) erhöhen die Bieter ihre Gebote sukzessiv, bis letztlich nur noch ein Bieter übrig bleibt. Die einzelnen Gebote sind hierbei durch die Mitbieter beobachtbar. Der Bieter, der die Zuteilung erhält, muss den von ihm gebotenen Preis entrichten.[379] In Abbildung

Abb. 3.3 Auktionsregel Englische Auktion

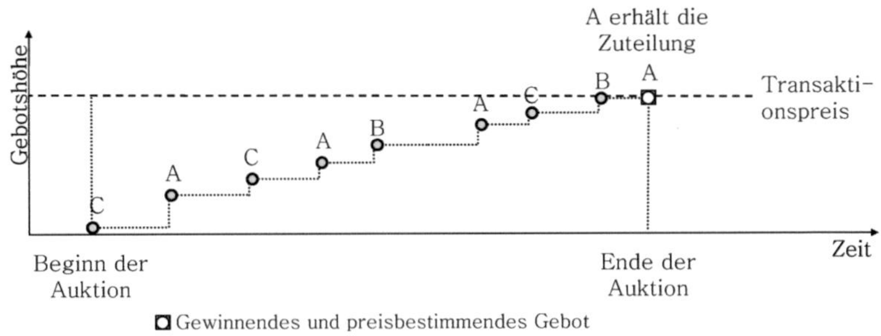

Quelle: In Anlehnung an Cassady (1967), S. 58.

3.3 sind drei Interessenten (*A*, *B* und *C*) dargestellt, die sich gegenseitig überbieten.

[379] Vgl. McAfee/McMillan (1987a), S. 702.

Im Unterschied zur Vickrey- und zur Höchstpreis-Auktion darf ein Bieter hier mehrere Gebote abgeben, indem er sein zuvor abgegebenes Gebot nach oben revidiert. Der Auktionator beendet die Versteigerung, sobald keine höheren Gebote mehr eingehen. Im vorliegenden Beispiel erhält Bieter *A* den Zuschlag, der Transaktionspreis entspricht seinem Gebot. Typische Anwendungsbereiche für die Englische Auktion sind Versteigerungen von Antiquitäten und Kunstgegenständen sowie Hausverkäufe.[380]

3.1.4.4 Holländische Auktion

Eine Holländische Auktion (auch als Dutch oder als Descending-Bid Auction geläufig) funktioniert nach folgendem Prinzip: Der Auktionator beginnt die Auktion mit einem sehr hohen Preis und senkt diesen kontinuierlich. Derjenige Bieter, der zuerst ein Gebot abgibt und somit den zu diesem Zeitpunkt gültigen Preis akzeptiert, gewinnt die Zuteilung zu eben diesem Preis.[381] Wie in Abbildung 3.4 ersichtlich, beendet bereits das erste Gebot die Auktion. Aus diesem Grund ist ein mehrfaches und langwieriges Überbieten wie in der Englischen Auktion ausgeschlossen. Holländische Auktionen werden daher insbesondere dann eingesetzt, wenn ein rascher Verkaufsabschluss erwünscht ist.

Abb. 3.4 Auktionsregel Holländische Auktion

Quelle: In Anlehnung an Cassady (1967), S. 61.

[380] Vgl. Klemperer (1999), S. 266, Endnote 12.
[381] Vgl. Smith (1992), S. 85.

In Holland werden mittels dieser Auktionsregel Blumen versteigert; daher auch die Namensgebung der Holländischen Auktion. Des Weiteren wird dieser Verkaufsmechanismus auch zum Verkauf von Fisch in Israel oder von Tabak in Kanada herangezogen.[382]

Abbildung 3.5 fasst die einzelnen Besonderheiten der verschiedenen Standard-Auktionsregeln hinsichtlich der möglichen Anzahl und Richtung der Gebote, der Dauer der Auktion, des Zuteilungkriteriums sowie des Transaktionspreises zusammen.

Abb. 3.5 Zusammenfassende Darstellung Standard-Auktionsregeln

Auktionsregel / Eigenschaften	*Verdeckte Gebote (sealed-bid)*		*Offene Gebote (open-bid)*	
	Vickrey-Auktion	Höchstpreis-Auktion	Englische Auktion	Holländische Auktion
Mögliche Anzahl Gebote	Nur ein Gebot möglich	Nur ein Gebot möglich	Mehrere Gebote möglich	Eine Offerte kann angenommen werden
Richtung der Gebote	-/-	-/-	Aufsteigend	Absteigend
Dauer der Auktion	Festgelegter Abgabezeitraum	Festgelegter Abgabezeitraum	Auktion beendet, sobald keine höheren Gebote mehr eingehen	Auktion beendet, sobald die Offerte des Auktionators angenommen wird
Zuteilungs-kriterium	Höchstes Gebot	Höchstes Gebot	Höchstes Gebot	Höchstes Gebot
Transaktions-preis	Zweithöchstes Gebot	Höchstes Gebot	Höchstes Gebot	Höchstes Gebot

Eigene Darstellung.

Im weiteren Verlauf dieses Kapitels werden Entscheidungsvariablen des Veräußerers analysiert, die direkte Implikationen für den von ihm zu erzielenden Kaufpreis haben. Die theoretische Ableitung der Ergebnisse erfordert jedoch wie bereits erwähnt die Spezifikation eines Modellrahmens. Maßgeblich für den Modellrahmen sind hierbei vor allem die Annahmen, die unter der Berücksichtigung asymmetrischer Informationen bzgl. der Wertschätzungen der Bieter unterstellt werden. Diese Annahmen finden Eingang in das sog. Auktionsmodell.[383] Das Auktionsmodell legt demnach die Rahmenbe-

[382] Vgl. Klemperer (1999), S. 266, Endnote 13
[383] Vgl. Krishna (2002), S. 3f.

dingungen fest, innerhalb derer verschiedene Auktionsregeln zur Anwendung gelangen können.

Wie in Abschnitt 3.1.3 angeführt, lassen sich das Auktionsmodell *unabhängiger, privater Wertschätzungen*, das Auktionsmodell *übereinstimmender Wertschätzung* sowie das Auktionsmodell *affiliierter Wertschätzungen* differenzieren, wobei diese Reihenfolge auch den steigenden Komplexitätsgrad der Analyse widerspiegelt. Das Auktionsmodell affiliierter Wertschätzungen ist von den Annahmen her am wenigsten restriktiv und wird der Realität folglich am besten gerecht. Da das Modell unabhängiger, privater Wertschätzungen sowie das Modell übereinstimmender Wertschätzung als Extremfälle des Modells affiliierter Wertschätzungen zu verstehen sind, sind in den beiden erstgenannten Auktionsmodellen abgeleitete Ergebnisse in ihrer Tendenz auch für die am realistischste Situation affiliierter Wertschätzungen übertragbar.

Ausgehend von diesen drei Auktionsmodellen werden in einem ersten Schritt zunächst die elementaren Annahmen des jeweiligen Grundmodells und daraus resultierende etwaige Präferenzen des Verkäufers bzgl. einzelner Standard-Auktionsregeln dargelegt. In einem zweiten Schritt werden Modellerweiterungen berücksichtigt. Diese beziehen sich zum Einen auf Änderungen der zentralen Prämissen des jeweiligen Grundmodells und der Standard-Auktionsregeln. Derartige Modifikationen können zu einer Verschiebung der im Grundmodell abgeleiteten Präferenzen führen und somit letztlich die Auswahlentscheidung zur Durchführung einer spezifischen Auktionsregel beeinflussen. Zum Anderen verfügt der Verkäufer über die Option, den Bietern Informationen bzgl. wertbeeinflussender Merkmale des Veräußerungsobjekts oder aber dem Auktionsprozess per se (z.B. die Teilnehmeranzahl) offenzulegen oder geheim zu halten. Ferner liegt es im Entscheidungsbereich des Veräußerers, den Zugang zum Auktionsprozess zu einzuschränken oder auf eine Limitierung zu verzichten.

Diese Handlungsalternativen werden daher im Hinblick auf den jeweils mit ihnen verbundenen erwarteten Veräußerungserlös evaluiert.[384] Einschränkend ist anzumerken, dass die Veräußerung von Unternehmen nicht explizit Gegenstand allgemeiner auktionstheoretischer Modelle ist. Daher werden im jeweiligen Auktionsmodell grundlegende Erkenntnisse bzgl. der Entscheidungsvariablen des Verkäufers abschließend vor dem Kontext von M&A-Transaktionen gewürdigt, bevor sie Eingang in den themenbezoge-

[384] Allerdings existieren nicht für sämtliche dargestellten Handlungsalternativen in jedem der drei Auktionsmodelle entsprechende modelltheoretische Analysen.

nen Rahmen finden. Neben den allgemeinen auktionstheoretischen Modellen existieren ferner Modelle, die ausdrücklich Unternehmensverkäufe betrachten. Da diese *mehrstufigen Auktionsmodelle* im Hinblick auf den Untersuchungsgegenstand der vorliegenden Arbeit von zentraler Bedeutung sind und z.T. auf unterschiedliche Auktionsmodelle zurückgegriffen wird, ist diesem Teil im Anschluss an die allgemeinen auktionstheoretischen Untersuchungen ein separater Abschnitt gewidmet.

3.2 Modelltheoretische Erkenntnisse bei unabhängigen, privaten Wertschätzungen

3.2.1 Grundmodell

3.2.1.1 Unterstellte Annahmen im Grundmodell

Im Grundmodell unabhängiger, privater Wertschätzungen (Independent-Private-Values Model) wird bzgl. der Informationsasymmetrien Folgendes unterstellt:[385] Der Verkäufer, der ein einziges, unteilbares Objekt[386] an einen von mehreren potenziellen Käufern veräußern möchte, besitzt keinerlei Kenntnis über deren Wertschätzungen. Aus diesem Grund betrachtet er deren Wertschätzungen als Zufallsvariablen. Die potenziellen Käufer wiederum kennen das Verkaufsobjekt gut genug, um ihre persönliche Wertschät-

[385] Vgl. Klemperer (1999), S. 248; Wolfstetter (1999), S. 182 und S. 186. Eine zusammenfassende formalere Darstellung der grundlegenden Annahmen dieses Modellrahmens findet sich in Anhang A der vorliegenden Arbeit.

[386] In diesem Fall handelt es sich um eine sog. Single-Unit Auction. Im Gegensatz dazu existieren auch auktionstheoretische Modelle zur Versteigerung von mehreren Gütern (Multi-Unit Auction). Die Güter können dabei simultan oder aber sequenziell versteigert werden. Zur simultanen Versteigerung mehrerer Güter vgl. Wilson (1979); Palfrey (1980); Harris/Raviv (1981b); Harris/Raviv (1981a); Palfrey (1983); Hansen (1988); Anton/Yao (1989); Anton/Yao (1992); Back/Zender (1993); Bikhchandani (1999). Zur sequenziellen Versteigerung mehrerer Güter vgl. Engelbrecht-Wiggans/Weber (1979); Engelbrecht-Wiggans/Weber (1983); Hausch (1986); Maskin/Riley (1989); Bulow/Klemperer (1994); Benoît/Krishna (2001). Weitere Ansätze beschäftigen sich mit sog. kombinatorischen Auktionen (Combinatorial Auctions oder auch Package Auctions). Hierbei werden neben der Ausgestaltung der Auktionsregel auch die Entscheidungen, wie die Güter geteilt und ggf. wieder neu miteinander kombiniert werden, in die Analyse einbezogen; vgl. Bernheim/Whinston (1986); Ausubel/Milgrom (2002b); Ausubel/Milgrom (2002a); Bikhchandani/Ostroy (2002). Im Hinblick auf Unternehmensverkäufe sind kombinatorische Auktionen z.B. bei insolventen Unternehmen, bei denen die einzelnen Vermögensgegenstände veräußert werden oder aber bei Unternehmen, bei denen separate Geschäftsbereiche in einer Transaktion verkauft werden sollen, denkbar. Da derartige Fälle nicht Bestandteil der vorliegenden Arbeit sind, wird im weiteren Verlauf angenommen, dass der Verkäufer das Unternehmen oder aber einen Geschäftsbereich als Ganzes veräußert und somit nur ein Käufer zum Zuge kommt.

zung, die sich in ihrer Zahlungsbereitschaft widerspiegelt, zu bestimmen. Ihnen liegen jedoch keine Informationen über die Wertschätzung ihrer Mitbieter vor, weshalb jeder Bieter ebenfalls alle Wertschätzungen ausgenommen seiner eigenen als Zufallsvariable betrachtet. Da die Wertschätzung eines einzelnen Bieters ausschließlich ihm selbst bekannt ist, werden die Wertschätzungen auch als „private Wertschätzungen“ (Private Values) bezeichnet. Hinsichtlich der Eigenschaften der unbekannten Wertschätzungen wird angenommen, dass diese als stetige Zufallsvariablen modelliert werden können, die stochastisch unabhängig[387] sind und alle derselben Verteilungsfunktion folgen.[388] Die Anzahl der potenziellen Bieter ist allen Beteiligten bekannt.[389] Des Weiteren wird im Grundmodell von symmetrischen Bietern ausgegangen, die ebenso wie der Verkäufer risikoneutral sind.[390]

Beispielhaft für private Wertschätzungen sind Konsumgüter, die nicht zum Wiederverkauf bestimmt sind sowie die Vergabe von Regierungsaufträgen, bei denen jeder Bieter seine ihm entstehenden Produktionskosten im Fall eines erfolgreichen Gebots kennt, anzuführen.[391] Im Rahmen von M&A-Transaktionen kann das Modell unabhängiger, privater Wertschätzungen zur Anwendung kommen, sofern käuferspezifische Faktoren die Zahlungsbereitschaft der Bieter beeinflussen. Dies ist denkbar, wenn Wertsteigerungpotenziale existieren, die jeweils nur durch spezifische Erwerber realisiert werden können (z.B. echte Synergien strategischer Käufer).

---

387 Stochastische Unabhängigkeit zweier zufälliger Ereignisse bedeutet, dass das Eintreten des einen Ereignisses keinen Einfluss auf das Eintreten des anderen Ergeignisses hat. Die Wahrscheinlichkeit für das gleichzeitige Eintreten beider Ereignisse entspricht dem Produkt der beiden Einzelwahrscheinlichkeiten; vgl. hierzu näher Toutenburg (2000), S. 47 und S. 60f.

388 Gemäß dieser symmetrischen Informationsstruktur haben zwei Bieter stets dieselbe Erwartung darüber, wie die Wertschätzung eines dritten Bieters verteilt ist. Darüber hinaus erwartet jeder Bieter, dass die Wertschätzung irgendeines Paars der anderen Bieter identisch verteilt ist; vgl. Matthews (1995), S. 3.

389 Vgl. Matthews (1995), S. 2.

390 Dies bedeutet, dass die Bieter sich lediglich hinsichtlich ihrer individuellen Wertschätzungen unterscheiden. Besitzen zwei Bieter identische Wertschätzungen, weisen sie folglich auch ein identisches Bietverhalten auf. Die Annahme der Risikoneutralität impliziert, dass sowohl die Bieter als auch der Verkäufer ihren erwarteten Gewinn maximieren. Wäre ein Bieter nicht risikoneutral, müsste er statt des erwarteten Gewinns seinen erwarteten Nutzen aus der Teilnahme der Auktion maximieren.

391 Vgl. Feldman/Mehra (1993), S. 490; McAfee/McMillan (1987a), S. 705.

3.2.1.2 Äquivalenz von Vickrey-Auktion und Englischer Auktion

Zentrale Erkenntnis im Grundmodell unabhängiger, privater Wertschätzungen ist das Einkommens-Äquivalenz-Theorem. Das Einkommens-Äquivalenz-Theorem besagt, dass alle vier vorgestellten Standard-Auktionsregeln zum gleichen ewarteten Kaufpreis für den Veräußerer führen. Dieses Ergebnis wird in den nachfolgenden Abschnitten abgeleitet, wobei zunächst die Äquivalenz von Vickrey- und Englischer Auktion, im Anschluss die Äquivalenz von Höchstpreis- und Holländischer Auktion und letztlich die Äquivalenz sämtlicher Standard-Auktionsregeln gezeigt wird.

Da Auktionen explizit „Spielregeln" definieren, nach denen die Zuteilung und die Bestimmung des Preises erfolgt, bieten sie ein geeignetes Analyseobjekt für das Instrumentarium der nicht-kooperativen Spieltheorie.[392] Diese Vorgehensweise erlaubt es, die strategische Interdependenz zwischen den Handlungen der Auktionsteilnehmer zu berücksichtigen. Charakteristisch für Entscheidungssituationen mit strategischer Interdependenz ist die Tatsache, dass das Ergebnis eine Funktion der Entscheidungen mehrerer Entscheidungsträger ist, was wiederum der Einzelne bei seiner Entscheidungsfindung berücksichtigen muss. Neben der Notwendigkeit, dass sich der einzelne Entscheidungsträger selbst der Interdependenz bewusst ist, unterstellt er dieses Wissen ebenfalls für seine Mitspieler. Es herrscht folglich ein gegenseitiges Bewusstsein über das Vorliegen und die Implikationen strategischer Interdependenz.[393]

Im Fall von Vickrey-Auktionen oder Englischen Auktionen verfügen die Bieter hierbei über eine schwach dominante Strategie.[394] Es kann gezeigt werden, dass ein rationaler Bieter sowohl bei Vickrey-Auktionen als auch bei Englischen Auktionen stets ein Gebot in Höhe seiner wahren Wertschätzung abgibt.[395]

---

[392] Nicht-kooperative Spiele analysieren die Entstehung von Kooperationen basierend auf der Annahme rationalen Verhaltens, wenn bindende Verträge nicht möglich sind; vgl. Mas-Colell/Whinston/Green (1995), S. 218.

[393] Vgl. Dixit/Skeath (1999), S. 16-18.

[394] Vgl. Wolfstetter (1998), S. 143. Unter einer Strategie ist vereinfacht ein vollständiger Handlungsplan zu verstehen. Der Handlungsplan gibt dem Spieler für jede im Spielverlauf evtl. eintretende Entscheidungssituation vor, wie er sich zu verhalten hat und könnte daher auch von einer anderen Person im Sinne des betrachteten Spielers ausgeführt werden; vgl. Friedman (1986), S. 12. Eine Strategie wird als strikt dominant bezeichnet, falls sie unabhängig davon, welche Strategie die anderen Spieler wählen, dem Spieler einen höheren Nutzen garantiert als jede andere Strategie. Eine Strategie wird als schwach dominant bezeichnet, wenn sie unabhängig von den Strategien der Gegenspieler zu einem mindestens gleich hohen oder aber besseren Ergebnis führt als jede andere Strategie; vgl. hierzu Kreps (1990), S. 394f. und S. 397f.

[395] Vgl. zur mathematischen Herleitung Matthews (1995), S. 9-11 und S. 15f. sowie Krishna (2002), S. 15f.

Bei einer Vickrey-Auktion bemisst sich der Nettonutzen eines Bieters aus der Differenz seiner wirklichen Wertschätzung resp. Zahlungsbereitschaft und der zu leistenden Zahlung. Die zu leistende Zahlung entspricht der Höhe des zweithöchsten Gebots. Der Bieter kann durch sein Gebot demnach lediglich die Wahrscheinlichkeit beeinflussen, die Auktion zu gewinnen, nicht jedoch den Preis.[396] Durch Abweichen von der schwach dominanten Strategie können keine Verbesserungsmöglichkeiten realisiert werden. Allerdings besteht die Gefahr, dass sich der Bieter in bestimmten Situationen verschlechtert: Gibt der Bieter ein höheres Gebot als seine wahre Wertschätzung ab und das zweithöchste Gebot liegt unter seinem Gebot aber über seiner wahren Wertschätzung, so gewinnt er die Auktion. Es resultiert ein negativer Nettonutzen. Unterbietet der Bieter das zweithöchste Gebot, hätte aber tatsächlich eine Wertschätzung, die oberhalb des zweithöchsten Gebots liegt, verliert er die Auktion. Sein Nettonutzen beträgt in diesem Fall Null.[397]

Die Existenz einer schwach dominanten Strategie in einer Englischen Auktion und deren Äquivalenz mit der Vickrey-Auktion kann anhand einer spieltheoretisch einfacher zu analysierenden Version der Englischen Auktion, der sog. Japanischen Auktion, verdeutlicht werden. Bei der Japanischen Auktion steigt der Preis für das Verkaufsobjekt kontinuierlich. Nach und nach verlassen einzelne Bieter die Auktion; ein Ausstieg ist nicht mehr rückgängig zu machen. Dies kann bspw. geschehen, indem jeder Bieter, während der Preis ansteigt, einen Knopf gedrückt hält. Übersteigt der Preis die Zahlungsbereitschaft eines Bieters, lässt dieser den Knopf los und scheidet aus. Zuletzt bleibt nur ein Bieter übrig, der den Zuschlag erhält und einen Preis in Höhe des Gebots bezahlt, bei dem der letzte Bieter ausgestiegen ist.[398]

Hat der Preis die eigene Wertschätzung noch nicht erreicht, so gibt ein Bieter mit dem Ausscheiden aus der Auktion Gewinnchancen auf: Der zu zahlende Preis liegt noch unterhalb seiner Wertschätzung. Daher wird ein rationaler Bieter stets weiter bieten und den Knopf gedrückt halten, so lange seine tatsächliche Zahlungsbereitschaft noch über dem zuletzt abgegebenen Gebot liegt. Übersteigt der Preis hingegen bereits seine Wertschätzung und der Bieter nimmt weiterhin an der Versteigerung teil, kann er die

---

[396] Vgl. McAfee/McMillan (1987a), S. 708.

[397] Vgl. Feess (1997), S. 711-713; Vickrey (1961), S. 20f. Dieses Ergebnis gilt unbhängig davon, ob der Bieter die Ausprägung der Zufallsvariable „maximale Wertschätzung der Mitbieter" kennt; vgl. zu diesem Aspekt Matthews (1995), S. 10f. Eine formale Darstellung der Bietstrategien in der Vickrey-Auktion befindet sich in Anhang B der vorliegenden Arbeit.

[398] Vgl. Klemperer (1999), S. 229; Matthews (1995), S. 14f.

Zuteilung erhalten. Der Bieter realisiert bei Zuteilung des Guts allerdings einen Verlust. Dies impliziert, dass auch bei der Englischen Auktion eine Strategie, in der der Bieter gemäß seiner wahren Wertschätzung bietet, schwach dominant ist. Das Verkaufsobjekt wird dem Bieter mit der höchsten Wertschätzung zugesprochen. Der Gewinner der Auktion bezahlt einen Preis, der dem Preisniveau entspricht, zu dem der letzte Bieter ausgeschieden ist. Dies ist der Bieter mit der zweithöchsten Zahlungsbereitschaft.[399]

Der in einer Englischen Auktion realisierte Kaufpreis entspricht folglich der zweithöchsten Zahlungsbereitschaft. Da dies exakt dem in einer Vickrey-Auktion erzielten Kaufpreis entspricht, müssen auch die Erwartungswerte beider Preise übereinstimmen. Somit ist die Äquivalenz von Englischer und Vickrey-Auktion hergestellt.[400] Vor diesem Kontext ist anzumerken, dass die Äquivalenz beider Auktionsregeln nur gilt, wenn „private Wertschätzungen" vorliegen oder lediglich zwei Bieter an der Auktion teilnehmen. In einem Modell übereinstimmender Wertschätzung und mehr als zwei Bietern können die Bieter durch das Verhalten ihrer Mitspieler lernen. So läßt z.B. das Ausscheiden eines Mitbieters Rückschlüsse auf dessen Informationen zu, die wiederum die Wertschätzungen der noch verbliebenen Bieter beeinflussen und eine Strategieanpassung wahrscheinlich machen.[401] Eine weitere Voraussetzung für die Übereinstimmung des Gleichgewichtsergebnisses ist, dass die anderen Spieler keine schwach dominierten Strategien spielen.[402]

---

399 Vgl. Feess (1997), S. 714f.

400 Vgl. Wolfstetter (1996), S. 371f. Die beiden Auktionsregeln sind allerdings nicht „strategisch äquivalent". Zwei Spiele heißen „strategisch äquivalent", wenn die Strategiemengen eines Spielers in beiden Spielen und somit auch die Auszahlungsfunktionen dieselben sind; vgl. Rasmusen (2001), S. 329. In einer offenen Englischen Auktion kann jedoch noch auf die Gebote der Mitspieler reagiert werden, was in einer verdeckten Vickrey-Auktion nicht möglich ist. Im Modell privater, unabhängiger Wertschätzung sind die Informationen der Mitspieler für die eigene Bietstrategie allerdings nicht von Relevanz. Beide Auktionsregeln zeichnen sich dadurch aus, dass der zu zahlende Preis ausschließlich von den Geboten der Mitspieler abhängt. Die Bieter sind daher Preisnehmer, die einen positiven Gewinn realisieren, bis der Preis ihrer Wertschätzung entspricht; vgl. Wolfstetter (1999), S. 187; Krishna (2002), S. 5.

401 Vgl. Klemperer (1999), S. 230.

402 Vgl. Wolfstetter (1999), S. 187 und S. 189; Kreps (1990), S. 397f.

3.2.1.3 Äquivalenz von Höchstpreis-Auktion und Holländischer Auktion

Im Unterschied zur Vickrey- und zur Englischen Auktion steht einem Bieter bei einer Höchstpreis-Auktion keine schwach dominante Strategie zur Verfügung. Dies ist insbesondere auf den Sachverhalt zurückzuführen, dass die Bieter bei Zuteilung des zu auktionierenden Guts einen Preis in Höhe des eigenen Gebots zu entrichten haben. Die Strategie eines Bieters hängt vielmehr von seiner Einschätzung darüber ab, wie die anderen Bieter sich verhalten werden. Für ihn besteht ein Anreiz, ein niedrigeres Gebot als seine wahre Wertschätzung abzugeben, da sein Nettonutzen ansonsten Null wäre. Andererseits darf er aber auch nicht zu stark unterbieten, da durch ein niedrigeres Gebot seine Gewinnwahrscheinlichkeit vermindert wird.[403]

Das optimale Gebot eines jeden Bieters wird unter Berücksichtigung dieses Trade-offs ermittelt.[404] Es entspricht dem Erwartungswert der höchsten Wertschätzung der Mitbieter unter der Bedingung, dass dieser Wert kleiner als die eigene Wertschätzung ist. Das Gebot fällt aufgrund der Tatsache, dass ein Preis in Höhe des eigenen Gebots zu entrichten ist, geringer aus als in einer Vickrey- oder einer Englischen Auktion. Mit zunehmender Bieteranzahl und somit stärkerem Wettbewerb nähert es sich allerdings an die wahre Wertschätzung an.[405]

In der Höchstpreis-Auktion gilt es daher für den Bieter herauszufinden, wieviel er maximal bieten möchte. In der Holländischen Auktion muss der Bieter abschätzen, bei welcher Offerte des Auktionators er die Auktion beenden würde. Da beide Auktionsregeln nur ein Gebot zulassen, ist die Entscheidungssituation gleich gelagert. Der Strategieraum und die Auszahlungsfunktion eines Bieters sind folglich bei beiden Regeln identisch, weshalb auch ein identisches Gleichgewichtsergebnis resultiert.[406]

---

[403] Vgl. Matthews (1995) S. 16f.

[404] Spieltheoretisch wird das Lösungskonzept des Bayes-Nash-Gleichgewichts angewandt; vgl. hierzu detailliert Holler/Illing (2000), S. 46-51 und S. 77-85; Gibbons (1992), S. 146-152.

[405] Vgl. Matthews (1995), S. 18f. Eine formale Darstellung der Bietstrategien in der Höchstpreis-Auktion befindet sich in Anhang C der vorliegenden Arbeit.

[406] Vgl. Wolfstetter (1999), S. 187, Milgrom/Weber (1982a), S. 1090f. Da die Normalform beider Spiele identisch ist, können die Holländische und die Höchstpreis-Auktion als „strategisch äquivalente" Auktionsregeln angesehen werden; vgl. Milgrom (1989), S. 7. Die Normalform eines Spiels wird durch eine Liste an Spielern, eine Menge an Strategien für jeden Spieler sowie durch eine Auszahlungsfunktion für jede Kombination der gewählten Strategien der Teilnehmer beschrieben. Spiele der extensiven Form weisen eine sequenzielle Struktur auf und werden in Form eines Spielbaums dargestellt. Daher ist ferner eine Beschreibung sämtlicher denkbaren Spielverläufe inklusive der zeitlichen Struktur der einzelnen Züge eines jeden Mitspielers sowie seines Informationsstandes zu jedem Zeitpunkt erforderlich; vgl. Kreps (1991), S. 10-21; Holler/Illing (2000), S. 12-17.

3.2.1.4 Einkommens-Äquivalenz-Theorem

In den vorangehenden Ausführungen wurde die Äquivalenz von Vickrey- und Englischer Auktion sowie von Höchstpreis- und Holländischer Auktion dargelegt. Im Modell unabhängiger, privater Wertschätzungen kann darüber hinaus die Einkommens-Äquivalenz aller vier Auktionsregeln gezeigt werden.[407] Der Begriff der „Einkommens-Äquivalenz" bezieht sich hierbei auf die *erwarteten* Auszahlungen des Verkäufers und der Käufer.[408] Liegt jedoch eine Verletzung der grundlegenden Annahmen des Modells unabhängiger, privater Wertschätzungen vor, so lassen sich die verschiedenen Auktionsregeln gemäß ihrer dann unterschiedlichen Erlöse in eine Rangordnung bringen.[409] Präzise ausgedrückt, besagt das Einkommens-Äquivalenz-Theorem Folgendes: Alle Auktionsregeln, die das zu versteigernde Objekt demjenigen Bieter mit der höchsten Wertschätzung zuteilen und bei denen der erwartete Gewinn des Bieters mit der niedrigsten Wertschätzung identisch ist, resultieren in denselben Auszahlungen.[410]

Dies bedeutet, dass im Modell unabhängiger, privater Wertschätzungen nicht nur die vier beschriebenen Standard-Auktionsregeln äquivalent sind. Jede Auktion, bei der die Zuteilung allein aufgrund der Gebote erfolgt, der Höchstbietende die Zuteilung erhält und ein Bieter mit einer Wertschätzung von Null eine erwartete Zahlung von Null leistet, ist in diesem Auktionsmodell äquivalent.[411] Das Einkommens-Äquivalenz-Theorem besitzt daher weitreichende Anwendungsmöglichkeiten, die insbesondere darin bestehen, gleichgewichtige Bietstrategien für alternative Auktionsregeln zu ermitteln.[412]

---

[407] Da die Äquivalenz von Vickrey- und Englischer Auktion sowie von Höchstpreis- und Holländischer Auktion in den Abschnitten 3.2.1.2 und 3.2.1.3 dieser Arbeit gezeigt wurde, muss nur die Äquivalenz von Vickrey- und Höchstpreis-Auktion gezeigt werden; vgl. zur mathematischen Herleitung Krishna (2002), S. 20-22. Die Vickrey-Auktion wird im Vergleich zur Englischen Auktion öfter bei modelltheoretischen Analysen verwendet. In der Praxis ist die Englische Auktion neben der Höchstpreis-Auktion die zumeist angewandte Auktionsregel; vgl. Klemperer (2004), S. 48.

[408] Wie bereits in Abschnitt 3.2.1.3 erläutert, können die dem Erwartungswert zugrunde liegenden Zufallsvariablen unterschiedlich verteilt sein, weshalb die Äquivalenz nur unter der Annahme der Risikoneutralität hergestellt werden kann; vgl. Matthews (1995), S. 32.

[409] Vgl. Klemperer (2002a), S. 4. Zu den Annahmen des Modells unabhängiger, privater Wertschätzungen vgl. Abschnitt 3.2 der vorliegenden Arbeit. Eine zusammenfassende formalere Darstellung der grundlegenden Annahmen dieses Modellrahmens findet sich in Anhang A.

[410] Vgl. Klemperer (1999), S. 250; Wolfstetter (1999), S. 198; Riley/Samuelson (1981), S. 382-385; Myerson (1981), S. 65f.; sowie formaler Matthews (1995), S. 32-39; Klemperer (1999), S. 248-250.

[411] Vgl. Krishna (2002), S. 29f.

[412] Vgl. Krishna (2002), S. 31. Krishna (2002) zeigt dies für sog. All-Pay Auctions und Third-Price Auctions. In All-Pay Auctions leistet jeder Bieter eine Zahlung in Höhe seines Gebots, obwohl nur das höchste Gebot gewinnt. Als Beispiel einer All-Pay Auction kann Lobbyismus angeführt werden. Eine Third-Price Auction ist der Vickrey-Auktion vergleichbar mit dem Unterschied, dass der Gewinner einen Preis in Höhe des dritthöchsten Gebots zu entrichten hat. Sie ist allerdings nur von theoretischer Relevanz. Darüber hinaus können Gleichgewichte für Auktionen mit einer nicht bekannten Anzahl an Bietern ermittelt werden; vgl. Krishna (2002), S. 31-36.

3.2.2 Erweiterungen des Grundmodells

3.2.2.1 Risikoaversion

Nachdem im Grundmodell die Indifferenz des Verkäufers hinsichtlich der vier Standard-Auktionsregeln abgeleitet wurde, werden nun dessen Modifikationen betrachtet. Modellerweiterungen befassen sich zum Einen mit der Fragestellung, inwiefern eine Variation der Modellannahmen eine Präferenz bzgl. einzelner Standard-Auktionsregeln bedingt. Konkret werden hierbei das Vorliegen risikoaverser Nutzenfunktionen sowie von Bieterasymmetrien und -kartellen behandelt. Zum Anderen wird untersucht, ob Abänderungen der Standard-Auktionsregeln zu einer Ergebnisverbesserung im Vergleich zu den im Grundmodell abgeleiteten erwarteten Einnahmen des Verkäufers führen. Vor diesem Hintergrund erfolgt eine Kombination der Standard-Auktionsregeln mit einem vom Verkäufer festzusetzenden Mindestpreis. Schließlich wird analysiert, welche Auswirkung verschiedene Informationsstrategien des Verkäufers auf den zu erwartenden Veräußerungserlös haben.

Ist ein risikoaverses Verhalten der potenziellen Käufer oder aber des Verkäufers gegeben, verliert das Einkommens-Äquivalenz-Theorem seine Gültigkeit.[413] In einem ersten Schritt wird unterstellt, dass der Verkäufer weiterhin risikoneutral, jedoch die *Bieter risikoavers* sind. Unter Abstrahierung von positiven Bietkosten erhält ein aus der Auktion ausscheidender Bieter in den Standard-Auktionsregeln einen Nutzen von Null, wohingegen bei Zuteilung ein positiver Nutzen realisiert wird. Im Fall risikoaverser Bieter wird der Sicherheit, die Auktion zu gewinnen, ein höherer Stellenwert eingeräumt als bei risikoneutralen Bietern. Daher sind risikoaverse Bieter bereit, auf einen Teil ihres erwarteten Nutzens zu verzichten, indem sie verglichen mit risikoneutralen Bietern höhere Gebote abgeben und somit ihre „Zuteilungswahrscheinlichkeit" steigern.[414]

Eine Erhöhung der Zuteilungswahrscheinlichkeit ist aber nur möglich, falls die Bieter unterschiedliche Grade an Risikoaversion aufweisen.[415] Sind alle Bieter in gleichem Ma-

[413] Vgl. Riley (1989), S. 47f.

[414] Vgl. Klemperer (1999), S. 234; Maskin/Riley (1985), S. 152.

[415] Als Maß für den Grad der Risikoaversion wird die Konkavität der Nutzenfunktion herangezogen. Das Arrow-Pratt-Maß der absoluten Risikoaversion bestimmt die Stärke der Krümmung der Nutzenfunktion als Funktion eines spezifischen Einkommensniveaus. Für eine formale Darstellung vgl. Pratt (1964), S. 125. Das Maß gilt daher nicht für verschiedene Einkommensniveaus, sondern kann lediglich lokal, d.h. an einer spezifischen Stelle, bestimmt werden. Üblicherweise variiert die Risikopräferenz eines Individuums mit seinem Einkommen. Um diese Beziehung herzustellen, wird das Arrow-Pratt-Maß der absoluten Risikoaversion einmal differenziert. Ist die erste Ableitung gleich Null, spricht man auch von konstanter absoluter Risikoaversion (Constant Absolute Risk

ße risikoavers, resultiert keine Verbesserung für den Einzelnen. Da weiterhin der Bieter mit der höchsten Wertschätzung die Auktion gewinnt, wäre aus Bieterperspektive das risikoneutrale Gleichgewicht vorteilhaft. Jedoch stellt dieses Gleichgewicht für risikoaverse Bieter keines mehr dar, da jeder einzelne Bieter seine Zuteilungswahrscheinlichkeit durch Abgabe eines höheren Gebots zu steigern sucht.[416]

Der Verkäufer kann von dieser Tatsache bei der Auswahl der Auktionsregel profitieren. Während es auch für risikoaverse Bieter in der Englischen und in der Vickrey-Auktion optimal ist, gemäß ihrer tatsächlichen Wertschätzung zu bieten, ist diese Strategie in der Höchstpreis-Auktion sowie der strategisch äquivalenten Holländischen Auktion nicht dominant. Hier ist der Nettonutzen eines Bieters, der ein Gebot in Höhe seiner tatsächlichen Wertschätzung abgibt, Null. Risikoaverse Bieter unterbieten ihre eigene Wertschätzung dabei weniger stark als risikoneutrale Bieter. Werden die Standard-Auktionsregeln aus Perspektive des Verkäufers verglichen, ist es für ihn ratsam, eine Höchstpreis-Auktion oder aber eine Holländische Auktion durchzuführen. Zwischen einer Vickrey- oder einer Englischen Auktion ist der Verkäufer indifferent.[417]

Eine Höchstpreis-Auktion entspricht allerdings nicht der optimalen Auktionsregel. Der erwartete Gewinn des Verkäufers kann gesteigert werden, indem der Verkäufer zusätzliches Risiko auf die Bieter transferiert. Risikoaverse Bieter sind bereit, sich gegen dieses zusätzliche Risiko durch Zahlung einer Prämie oder aber durch Abgabe von Geboten,

---

Aversion, CARA), weshalb der Grad der Risikoaversion nicht mit dem Einkommen variiert. Ist sie kleiner Null, wird dies als fallende absolute Risikoaversion (Decreasing Absolute Risk Aversion, DARA) bezeichnet und im Fall eines Wertes größer Null spricht man von steigender absoluter Risikoaversion (Increasing Absolute Risk Aversion, IARA); vgl. Jehle/Reny (2001), S. 107-109. Liegen unterschiedliche Grade an Risikoaversion vor, erhält nicht zwingend der Bieter mit der höchsten Wertschätzung die Zuteilung, sondern evtl. der Bieter mit der stärksten Risikoaversion. Daher ist die Allokationseffizienz des Auktionsergebnisses nicht notwendigerweise gewährleistet; vgl. Dilger (1998), S. 229.

[416] Vgl. Dilger (1998), S. 229.

[417] Vgl. McAfee/McMillan (1987a), S. 718f. Ein risikofreudiger Interessent bietet hingegen weniger, weshalb der Verkäufer von einer Vickrey-Auktion profitiert; vgl. Holt (1980), S. 441. Aus Perspektive der risikoaversen Bieter wird die Höchstpreis-Auktion im Vergleich zu einer Vickrey-Auktion jedoch nicht zwingend als nachteiliger angesehen. Bei konstanter absoluter Risikoaversion sind die Bieter zwischen den Auktionsregeln indifferent; vgl. Matthews (1987), S. 635f. Dies ist auf die Tatsache zurückzuführen, dass die Zahlung eines Bieters abhängig von der höchsten Wertschätzung in einer Höchstpreis-Auktion nicht stochastisch ist, was allerdings auf alle anderen Standard-Auktionsregeln zutrifft; vgl. Waehrer/Harstad/Rothkopf (1998), S. 180. Im Fall einer Höchstpreis-Auktion zahlt der Bieter tatsächlich einen Preis in Höhes seines Gebots, ansonsten ist die zweithöchste Wertschätzung maßgeblich für den zu zahlenden Preis. Bei abnehmender absoluter Risikoaversion bevorzugen die Bieter eine Vickrey-Auktion, bei zunehmender absoluter Risikoaversion eine Höchstpreis-Auktion; vgl. Matthews (1987), S. 638f. Bei abnehmender (zunehmender) absoluter Risikoaversion macht einem Bieter eine stochastische Zahlung eher weniger (mehr) aus.

die ihrer tatsächlichen Wertschätzung nahezu entsprechen, zu versichern. Der Risikotransfer kann bspw. geschehen, indem der marginale Erwartungsnutzen der Bieter davon abhängig gemacht wird, ob sie die Zuteilung erhalten oder nicht.[418]

Die Strukturierung der optimalen Auktion gestaltet sich sehr komplex, weshalb an dieser Stelle deren allgemeine Eigenschaften dargestellt werden. Betrachtet werden zwei unterschiedliche Bietertypen: Bieter mit einer hohen und mit einer niedrigen Wertschätzung. Prinzipiell muss die Auktion derart beschaffen sein, dass die Bieter mit einer hohen Wertschätzung einen Anreiz haben, auch entsprechend hohe Gebote abzugeben. Dies geschieht, indem niedrige Gebote von Bietern mit niedriger Wertschätzung risikobehaftet sind. Bieter mit einer sehr niedrigen Wertschätzung, welche die Auktion verlieren, werden mit einer Strafzahlung belegt. Die Höhe der Strafzahlung nimmt mit zunehmender Gebotshöhe der Bieter ab. Bieter mit einer hohen Wertschätzung, die nahe an ihrer Wertschätzung bieten, erhalten hingegen eine Subventionszahlung, sollten sie die Zuteilung nicht erhalten. Durch diese teilweise Kompensation des den Bietern mit einer hohen Wertschätzung entgangenen Gewinns, bieten diese durchschnittlich höher. Letztlich resultiert dieses Verhalten aus der gestiegenen Angst des Bieters, die Auktion zu verlieren.[419]

Eine weitere Variation des Grundmodells besteht darin, dass der *Verkäufer risikoavers* ist, für die Bieter jedoch weiterhin ein risikoneutrales Verhalten unterstellt wird. Beispielhaft lassen sich Situationen, in denen die potenziellen Erwerber im Gegensatz zum Verkäufer über zahlreiche Diversifikationsmöglichkeiten verfügen, anführen.[420] Obwohl die Erwartungswerte des gleichgewichtigen Verkaufspreises bei Annahme risikoneutraler Bieter in allen vier Standard-Auktionsregeln identisch sind, liegen diesen Erwartungswerten unterschiedliche Zufallsvariablen zugrunde.[421] Ein risikoaverser Verkäufer wird daher die Varianz des Verkaufspreises bei seiner Entscheidung für oder gegen

418 Alternativ können die zu leistenden Zahlungen eines verlierenden resp. eines gewinnenden Bieters eine Zufallsvariable sein. Es kann jedoch gezeigt werden, dass die Verwendung stochastischer Zahlungen den Interessen des Verkäufers zuwiderläuft; vgl. Maskin/Riley (1984), S. 1474 und S. 1502-1504; Matthews (1983), S. 376-378. Anstelle einer stochastischen Zahlung der ausscheidenden Bieter könnte der Verkäufer auch die Zahlung des Sicherheitsäquivalentes fordern. Hierdurch würden sich Gewinnwahrscheinlichkeit und Auszahlung bei Zuteilung nicht verändern; der Bieter hätte den gleichen Nutzen aus der Auktion. Das Sicherheitsäquivalent ist jedoch höher als die erwartete stochastische Zahlung, da ein risikoaverser Bieter bereit ist, für die Risikoreduktion eine Prämie zu zahlen; vgl. McAfee/McMillan (1987a), S. 719; Maskin/Riley (1984), S. 1474.

419 Vgl. Maskin/Riley (1985), S. 152f.; Matthews (1983), S. 384-390; Maskin/Riley (1984), S. 1504-1510. In diesem Fall wird allerdings nicht das gesamte Risiko vom Verkäufer auf die Bieter transferiert; vgl. McAfee/McMillan (1987a), S. 719.

420 Vgl. Waehrer/Harstad/Rothkopf (1998), S. 179.

421 Vgl. Matthews (1995), S. 19; Vickrey (1961), S. 29f.

eine bestimmte Auktionsregel berücksichtigen. Da die Streuung um den Erwartungswert in einer Höchstpreis-Auktion niedriger ist als in einer Vickrey- oder aber in einer Englischen Auktion, präferiert ein risikoaverser Verkäufer bei ansonsten gleich hohen erwarteten Verkaufserlösen eine Höchstpreis-Auktion.[422]

3.2.2.2 Asymmetrische Bieter: Unterschiedliche Eigenschaften potenzieller Käufer

Neben einer Unterscheidung der Bieter anhand ihrer individuellen Risikopräferenz besteht grundsätzlich die Möglichkeit, dass sich einzelne Bieter hinsichtlich allgemein bekannter Eigenschaften differenzieren. Dies ist bspw. der Fall, wenn die Bieter im Rahmen einer Beschaffungsauktion für ein Projekt bieten und zwar ähnlich gut über dessen konkrete Anforderungen informiert sind, allerdings andere Opportunitätskosten im Rahmen der Ausführung aufweisen.[423] Im Rahmen von M&A-Transaktionen können Abweichungen insbesondere im Hinblick auf die in Abschnitt 2.4.1.1 vorgestellten beiden Käufertypen der strategischen Investoren und der Finanzinvestoren auftreten. Denkbar ist aufgrund der guten Marktkenntnis strategischer Bieter eine problemlosere Ausschöpfung unechter Synergiepotenziale im Vergleich zu Finanzinvestoren. Ferner erhält auch nicht jeder Finanzinvestor die gleichen Finanzierungskonditionen. Eine weitere Variation des Grundmodells unabhängiger, privater Wertschätzungen widmet sich daher der Fragestellung, welche Auswirkungen Bieterasymmetrien auf die zu erwartenden Einnahmen des Veräußerers haben.

Während die tatsächlichen Wertschätzungen der Bieter weiterhin private Informationen sind, werden auftretende Asymmetrien meist als „allgemeines Wissen“ modelliert. Dies bedeutet, dass die Unterschiede in den Verteilungsfunktionen der Wertschätzungen allen Bietern sowie dem Verkäufer gleichermaßen bekannt sind.[424] Aus Verkäuferperspektive erhöht sich jedoch der Komplexitätsgrad bei der Auswahl einer bestimmten Auktionsregel, da die Ermittlung einer einzigen Bietfunktion nicht möglich ist. Vielmehr resultieren aus der Annahme einer für jeden einzelnen Bieter spezifischen

---

422 Dies liegt daran, dass der Verkaufspreis in einer Vickrey- resp. in einer Englischen Auktion von den Geboten der nicht zum Zuge kommenden Bieter abhängt und somit stochastisch ist; vgl. Klemperer (1999), S. 234; Waehrer/Harstad/Rothkopf (1998), S. 180 sowie S. 184.

423 Vgl. hierzu Maskin/Riley (2000), S. 414

424 Vgl. Dilger (1998), S. 230.

Wahrscheinlichkeitsverteilung der Wertschätzungen individuell unterschiedliche Bietfunktionen.[425]

In der Englischen Auktion bleibt die Strategie dominant, ein Gebot in Höhe der tatsächlichen Wertschätzung abzugeben. Für die Höchstpreis-Auktion ist der Ausgang der Auktion nicht eindeutig bestimmbar. In Abhängigkeit von den jeweiligen Verteilungsfunktionen kann der erwartete Gewinn des Verkäufers im Vergleich zu einer Englischen Auktion höher, niedriger oder auch gleich hoch ausfallen.[426] Wird angenommen, dass die Interessenten sich in starke und in schwache Bieter unterteilen lassen, können die Resultate folgendermaßen beschrieben werden: Weisen die Verteilungsfunktionen der beiden Bieter dieselbe Form auf, die Wertschätzungen liegen jedoch in unterschiedlichen Intervallen, so ist die Höchstpreis-Auktion aus Perspektive des Verkäufers vorteilhaft. Liegt hingegen der Fall vor, dass die Wertschätzungen der Interessenten im gleichen Intervall liegen, jedoch mit unterschiedlichen Realisationswahrscheinlichkeiten behaftet sind und sich somit hinsichtlich ihrer Form unterscheiden, führt die Englische Auktion zu einem höheren Veräußerungserlös.[427]

Weitere Analysen beschäftigen sich mit einer Gegenüberstellung des erwarteten Erlöses des Verkäufers in einem Modellrahmen, der asymmetrische Bieter unterstellt, mit einem Modellrahmen, in dem die Bieter symmetrisch sind. Hierbei wird angenommen, dass der Verkäufer einen Residualgewinn realisiert, der aus den strategischen Interaktionen der Bieter resultiert. Bieterasymmetrien beeinflussen den Bieterwettbewerb und somit die Verteilung der Gesamtwohlfahrt auf den Verkäufer sowie die Bieter. Vor diesem Kontext wird eine sog. symmetrische „Benchmark-Auktion" definiert, deren Ergebnisse als Vergleichsmaßstab herangezogen werden. Zu diesem Zweck wird angenommen, dass die Verteilung der höchsten Wertschätzung in allen betrachteten Auktionen identisch ist, weshalb die potenzielle Gesamtwohlfahrt in allen Auktionen dieselbe ist. Für die Benchmark-Auktion werden die Annahmen des Grundmodells unabhängiger, pri-

[425] Spieltheoretisch wird das Konzept des asymmetrischen Nash-Gleichgewichts angewandt; vgl. McAfee/McMillan (1987a), S. 714f.

[426] Vgl. Krishna (2002), S. 52f.; McAfee/McMillan (1987a), S. 715; Maskin/Riley (2000), S. 426-429; Maskin/Riley (1985), S. 153f.

[427] Vgl. Klemperer (1999), S. 236. Im ersten Fall kann die Verteilungsfunktion des stärkeren Bieters komplett nach rechts verschoben sein, so dass für ihn höhere Wertschätzungen resultieren. Dann haben die Intervalle beider Bieter unterschiedliche Anfangs- und Endpunkte. Alternativ ist eine Dehnung der Verteilungsfunktion des stärkeren Bieters denkbar, so dass ein breiteres Intervall resultiert. Der Anfangspunkt beider Verteilungen bleibt jedoch identisch; vgl. Maskin/Riley (2000), S. 415-417. Ein vereinfachendes Beispiel, das die Implikationen von Bieterasymmetrien im Grundmodell unabhängiger, privater Wertschätzungen auf das Auktionsergebnis verdeutlicht, findet sich in Anhang D der vorliegenden Arbeit.

vater Wertschätzungen unterstellt. Die Verteilungsfunktion der Wertschätzungen eines Bieters im symmetrischen Fall entspricht hierbei dem geometrischen Durchschnitt der Verteilungsfunktionen der Wertschätzungen im asymmetrischen Fall.[428]

Ein Vergleich der Vickrey-Auktion mit asymmetrischen Bietern mit der Benchmark-Auktion ergibt, dass eine stochastische Dominanz erster Ordnung der Benchmark-Auktion gegenüber der Auktion mit asymmetrischen Bietern hinsichtlich der Verteilung der Verkaufserlöse gegeben ist.[429] Je asymmetrischer die Verteilungsfunktionen sind, desto geringer ist der erwartete Verkaufserlös des Auktionators.[430] Dies trifft ebenso auf Höchstpreis-Auktionen zu.[431] Im Ergebnis sind Bieterasymmetrien für das Einkommen des Auktionators unvorteilhaft. Dies ist darauf zurückzuführen, dass aufgrund der Heterogenität der Bieter der Bieterwettbewerb weniger stark ist.[432]

3.2.2.3 Kollusion

Neben Bieterasymmetrien kann sich auch die Formierung von Bieterkartellen negativ auf das zu erwartende Einkommen des Veräußerer auswirken. Letztere verfolgen das Ziel, den Verkaufspreis möglichst niedrig zu halten.[433] Folglich spielt die Anfälligkeit einer Auktionsregel gegenüber einem kollusiven Verhalten der Käufer eine bedeutende Rolle. Daher werden nachfolgend deren Implikationen für den erwarteten Kaufpreis und damit verbunden für die Selektion einer spezifischen Auktionsregel analysiert.

Betrachtet wird der einfache Fall, dass sämtliche Teilnehmer einer einmalig stattfindenden Auktion auch an einer Bieterkoalition partizipieren. Unter der Annahme, dass die risikoneutralen Teilnehmer der Koalition sich wahrheitsgemäß gegenseitig ihre privaten Wertschätzungen mitgeteilt haben, wird davon ausgegangen, dass sie den gemeinsam zu erwartenden Gewinn maximieren. Zu diesem Zweck wird ein designierter Gewinner festgelegt, der einer zuvor untereinander abgestimmten Bietstrategie folgt, während die

---

428 Vgl. Cantillon (2008), S. 2-4.

429 Das Konzept der stochastischen Dominanz erster Ordnung bedeutet, dass bei der Betrachtung zweier Zufallsvariablen, die unterschiedlichen Verteilungsfunktionen folgen, die Wahrscheinlichkeit einer der beiden Zufallsvariable dafür, einen bestimmten Wert zu überschreiten für sämtliche denkbare Werte mindestens so hoch ist wie für die anderen Zufallsvariable. Die stochastische Dominanz erster Ordnung einer Verteilungsfunktion impliziert weiterhin, dass der damit verbundene Erwartungsnutzen der entsprechenden Zufallsvariable mindestens so hoch ist wie der der Zufallsvariable, die der dominierten Verteilungsfunktion folgt; vgl. Kruschwitz (2004) S. 134-139.

430 Vgl. Cantillon (2008), S. 4-6.

431 Vgl. Cantillon (2008), S. 7-10.

432 Vgl. Cantillon (2008), S. 13.

433 Vgl. Klemperer (2002b), S. 170; Feldman/Mehra (1993), S. 500f.

anderen Teilnehmer der Koalition nicht aktiv an der Auktion partizipieren. Allerdings muss hierbei gewährleistet sein, dass sich keine der beteiligten Parteien durch abweichendes Verhalten besser stellen kann.[434] Generell gilt es, folgende Konflikte zu lösen: Da Kartelle i.d.R. auf mündlichen Vereinbarungen basieren, müssen diese erstens derart ausgestaltet sein, dass sie anreizkompatibel sind und es somit im Eigeninteresse der jeweiligen Personen liegt, sich an die Absprachen zu halten. Zweitens müssen die am Kartell beteiligten Parteien einen Mechanismus finden, der eine nicht weiter verhandelbare Aufteilung des gemeinsam realisierten Gewinns gewährleistet und eine Selektion des designierten Bieters ermöglicht.[435]

Beide Konflikte können durch die Anwendung eines direkten, anreizkompatiblen Mechanismus vor Realisierung der individuellen Wertschätzungen adressiert werden. Dieser wird so ausgestaltet, dass die Summe der erwarteten Gewinne aller Teilnehmer vor Kenntnis der gegenseitigen Wertschätzung maximiert wird. Der Mechanismus determiniert nach Angabe der individuellen Wertschätzungen die Gebote und somit den designierten Gewinner sowie die Transferzahlungen.[436] Dies setzt aber voraus, dass sich die Teilnehmer der Koalition über den zu implementierenden Mechanismus einig sind.[437]

Prinzipiell bietet keine Auktionsregel absoluten Schutz vor Bieterkartellen. Jedoch lassen sich diese in Abhängigkeit der Möglichkeiten des Kartells, das abweichende Verhalten eines Mitglieds festzustellen und darauf zu reagieren, unterschiedlich gut implementieren. In einer Englischen Auktion sind die Gebote direkt beobachtbar. Für den Fall, dass ein Kartellmitglied sich nicht an die zuvor getroffenen Absprachen hält, können die anderen beteiligten Parteien ein höheres Gebot abgeben. Folglich ist die Englische Auktion besonders anfällig für kollusives Verhalten und somit nachteilig für das erwartete Einkommen des Veräußerers. Die Nachvollziehbarkeit der Gebote trifft auch auf die Holländische Auktion zu. Im Gegensatz zur Englischen Auktion wird diese jedoch durch ein einziges Gebot beendet. Stammt dieses von einem eigennützig handelnden Kartellmitglied, haben die anderen Mitglieder während der Auktion keine Reaktionsmöglichkeit. Bei Auktionen mit verdeckten Geboten, wie der Vickrey- und der

[434] Vgl. Robinson (1985), S. 142f.
[435] Vgl. McAfee/McMillan (1992), S. 580.
[436] Eine Option der Koalition besteht z.B. darin, vor Beginn der eigentlichen Auktion selbst eine Höchstpreis-Auktion durchzuführen, um den designierten Bieter und die Höhe der Transferzahlungen zu bestimmen; vgl. hierzu detaillierter McAfee/McMillan (1992), S. 580f. sowie S. 586-588 und S. 590.
[437] Vgl. Holmström/Myerson (1983), S. 1809-1811.

Höchstpreis-Auktion, ist die Defektion von Kartellmitgliedern kaum zu identifizieren. Zudem wird bei diesen Auktionsregeln nur ein Gebot abgegeben, weshalb eine Verhaltensanpassung ausgeschlossen ist.[438] Daher sind aus Verkäufersicht bei vermutetem kollusivem Bieterverhalten Auktionsregeln mit verdeckten Geboten von Vorteil.[439]

3.2.2.4 Mindestpreis

Nachdem Modifikationen der elementaren Annahmen des Grundmodells und deren Auswirkungen auf das zu erwartende Einkommen des Verkäufers betrachtet wurden, wird nachfolgend analysiert, inwiefern eine Abänderung der Standard-Auktionsregeln zu einer Ergebnisverbesserung führt. Vor diesem Hintergrund ist insbesondere die Option des Verkäufers, einen Mindestpreis festzusetzen, von Relevanz.

Ein Mindestpreis definiert eine Untergrenze für die Gebote der Interessenten. Wird diese nicht überschritten, behält sich der Verkäufer vor, vom Verkauf zurückzutreten.[440] Durch die Festlegung eines optimalen Mindestpreises kann der Verkäufer unter der Annahme einer exogen gegebenen Anzahl an Bietern seinen durchschnittlich zu erwartenden Gewinn in allen vier Standard-Auktionsregeln gleichermaßen maximieren.[441] Variationen der Auktionsregel, wie z.B. eine Einführung von Teilnahmegebühren, führen für den Verkäufer zu keiner Ergebnisverbesserung.[442]

Im Modell unabhängiger, privater Wertschätzungen liegt der optimale Mindestpreis dabei stets über dem Reservationswert[443] des Verkäufers.[444] Folglich kann die Festset-

[438] Vgl. Milgrom (1987), S. 26f.; Feldman/Mehra (1993), S. 500f. Handelt es sich allerdings um wiederholte Auktionen, bestehen immer Reaktionsmöglichkeiten der anderen Kartellteilnehmer nach Feststellung der Defektion; vgl. McAfee/McMillan (1987a), S. 724f.

[439] Alternativ zur Selektion von Auktionsregeln, die ein kollusives Verhalten der Bieter erschweren, kann der Verkäufer einen hohen Mindestpreises für das Verkaufsobjekt festsetzen. Hierdurch vermindern sich die erwarteten Gewinne potenzieller Interessenten. Der Mindestpreis fällt umso höher aus, je größer die Anzahl der Teilnehmer an der Koalition; vgl. McAfee/McMillan (1992), S. 591f.; Graham/Marshall (1987), S. 1221. Zu Mindestpreisen sowie deren generellen Auswirkungen auf den zu erwartenden Kaufpreis vgl. detaillierter den nachfolgenden Abschnitt 3.2.2.4.

[440] Vgl. Cassady (1967), S. 226-230.

[441] Vgl. Myerson (1981), S. 66-70. Ein intuitives Beispiel liefert die Vickrey-Auktion: Liegt der Mindestpreis über der zweithöchsten Wertschätzung, zahlt der Gewinner einen höheren Preis als in einer Auktion ohne Mindestpreis; vgl. McAfee/McMillan (1987a), S. 713.

[442] Vgl. McAfee/McMillan (1987a), S. 714.

[443] Der Reservationswert entspricht dem in Geldeinheiten ausgedrückten Reservationsnutzen; vgl. Kreps (1990), S. 580. Im Fall einer Auktion entspricht er dem Nutzen des Verkäufers, den er erzielt, wenn er von einem Verkauf absieht; vgl. Feess (1997), S. 772. Zur mathematischen Herleitung des optimalen Mindestpreises vgl. Harris/Raviv (1981b), S. 1484-1487; Riley/Samuelson (1981), S. 385f. Die Anzahl der teilnehmenden Bieter ist für die Bestimmung des optimalen Mindestpreises irrelevant; vgl. Wolfstetter (1996), S. 393.

[444] Vgl. Myerson (1981), S. 67; Wolfstetter (1996), S. 392; McAfee/McMillan (1987a), S. 713.

zung eines Mindestpreises dazu führen, dass kein Bieter die Auktion gewinnt, obwohl das Veräußerungsobjekt für den Bieter mehr wert ist als für den Verkäufer. Dies ist der Fall, wenn der Bieter zwar ein Gebot oberhalb des Reservationswertes aber unterhalb des Mindestpreises abgibt.[445] Daher ist es bedeutend, dass der Verkäufer sich zudem glaubhaft an den Mindestpreis bindet, indem er tatsächlich von einem Verkauf absieht, sollten sämtliche Gebote diesen unterschreiten. Offerierte der Verkäufer das Gut nach Auktionsende dennoch dem Höchstbietenden und die Interessenten antizipierten dies, würde eine Korrektur des Bieterverhaltens resultieren.[446]

Modelltheoretische Erweiterungen befassen sich mit Implikationen der Fixierung eines Mindestpreises für das Teilnahmeinteresse der Bieter. Eine Reduktion der Anzahl der Bieter ist denkbar, da den potenziellen Käufern in der Realität durch die Abgabe eines Gebots Bietkosten entstehen.[447] Soll dieser Zusammenhang eingehender analysiert werden, ist die Bieteranzahl zu endogenisieren.[448] Selbst unter der Annahme einer exogen gegebenen Bieteranzahl kann gezeigt werden, dass eine Englische Auktion ohne Mindestpreis und einem zusätzlichen Bieter einen höheren erwarteten Verkaufspreis generiert als eine Auktion ohne diesen zusätzlichen Bieter, aber mit einem optimalen Mindestpreis.[449] Grundsätzlich gilt in den Standard-Auktionsregeln, dass die zweithöchste Wertschätzung umso höher ist, je mehr Bieter vorhanden sind resp. umso stärker ausgeprägt der Bieterwettbewerb ist. Geht die Anzahl der Bieter gegen unendlich, tendiert der Preis gegen die höchstmögliche Wertschätzung.[450]

Wird der Einfluss eines Mindestpreises auf die Eintrittsentscheidung berücksichtigt, können aus einem verminderten Bieterwettbewerb entgangene Gewinne den zusätzlichen Gewinn aus der Festsetzung eines Mindestpreises überwiegen.[451] Daher muss bei

---

[445] Vgl. McAfee/McMillan (1987a), S. 713.

[446] Vgl. Burguet/Sákovics (1996), S. 149f.

[447] Die Bietkosten können sowohl in Opportunitätskosten als auch in Kosten der Vorbereitung eines Gebots bestehen; vgl. Samuelson (1985), S. 54.

[448] Vgl. Engelbrecht-Wiggans (1987), S. 764-767.

[449] Vgl. Bulow/Klemperer (1996), S. 182-186.

[450] Vgl. Holt (1979), S. 702f.; McAfee/McMillan (1987a), S. 711. In diesem Fall befindet sich der Auktionator in einer „Monopolsituation“ und kann den gesamten Verhandlungsgewinn für sich beanspruchen; vgl. McAfee/McMillan (1987c), S. 343. Eine anschauliche mathematische Darstellung unter Annahme einer Gleichverteilung findet sich bei Matthews (1995), S. 18f.

[451] Vgl. hierzu die beiden Beispiele in Engelbrecht-Wiggans (1987), S. 766-769. Allerdings können auch die Bieter durch ihr strategisches Verhalten Einfluss auf die Anzahl der Auktionsteilnehmer nehmen. Bei Auktionen mit öffentlich beobachtbaren Geboten und unter der Annahme positiver Informations- oder aber Bietkosten, kann ein Bieter durch ein sehr hohes anfänglich abgegebenes Gebot verhindern, dass weitere Wettbewerber in den Prozess eintreten; vgl. hierzu die Arbeiten von Fishman (1988); Hirshleifer/P’ng (1989); Daniel/Hirshleifer (1998) sowie von Avery (1998).

der Bestimmung des optimalen Mindestpreises berücksichtigt werden, dass dessen Höhe keine zu starke Reduktion der Bieteranzahl bewirkt.[452]

Bindet sich der Verkäufer jedoch nicht an den Mindestpreis, resultiert ein anderes Ergebnis: In diesem Fall wird das Gut in einer ersten Auktion nicht verkauft und erneut angeboten, wobei in der zweiten Auktion auf einen Mindestpreis verzichtet wird. Hieraus kann ein Bieter, für den eine Teilnahme bisher nicht profitabel war, schließen, dass die Teilnehmer der ersten Auktion hinsichtlich ihrer Wertschätzung ein niedriges Signal erhalten haben. Dies legt die Vermutung nahe, dass das Bietverhalten in der Folgeauktion nicht zu aggressiv wird, weshalb zusätzliche Bieter Interesse an einer Teilnahme bekunden und die Bietkosten auf sich nehmen.[453]

3.2.2.5 Informationspolitik des Verkäufers: Offenlegung der Bieteranzahl

Bei einigen Auktionsregeln ist die Anzahl der Konkurrenten für einen Bieter nicht unmittelbar ersichtlich.[454] In der Höchstpreis-Auktion hängt das Bietverhalten der Interessenten jedoch auch von der Anzahl der Mitkonkurrenten ab, da mit steigender Bieteranzahl die zweithöchste gegen die höchstmögliche Wertschätzung tendiert.[455] Eine weitere Modifikation des Grundmodells unabhängiger, privater Wertschätzungen beschäftigt sich daher mit der Fragestellung, inwiefern der Verkäufer die Anzahl der Mitbieter offenlegen oder aber verschweigen sollte. Vor diesem Kontext sind auch die in Abschnitt 3.2.2.1 erarbeiteten Ergebnisse bei Annahme risikoaverser Bieter von Relevanz, da eine Offenlegung resp. Geheimhaltung bei risikoaversen im Gegensatz zu risikoneutralen Bietern zu unterschiedlichen erwarteten Einnahmen des Verkäufers führt.

---

452 Vgl. McAfee/McMillan (1987c), S. 344-347 sowie Engelbrecht-Wiggans (1993), S. 231-235; Wolfstetter (1998), S. 147; ähnlich Klemperer (2002b), S. 175. Ist der Verkäufer nicht risikoneutral sondern risikoavers, zeigen Waehrer/Harstad/Rothkopf (1998) in einem Modell affiliierter Wertschätzungen, dass bei Einführung eines Mindestpreises dieser umso geringer ausfällt, je stärker die Risikoaversion des Verkäufers ausgeprägt ist. In diesem Fall hat ein stärker risikoaverser Verkäufer verglichen mit einem weniger risikoaversen Verkäufer mehr Angst davor, dass das Gut nicht verkauft wird; vgl. Waehrer/Harstad/Rothkopf (1998), S. 185-188.

453 Letztlich geht es darum, den Kompromiss zwischen einem verminderten Bieterwettbewerb in der ursprünglichen und einem stärkeren Bieterwettbewerb in der Folgeauktion zu finden; vgl. Burguet/Sákovics (1996), S. 151 und S. 156-158.

454 Dies ist insbesondere bei Auktionen mit verdeckten Geboten der Fall. Allerdings kann dies auch auf eine Englische Auktion zutreffen. Bei Englischen Auktionen großer Auktionshäuser werden z.B. mehrere unterschiedliche Objekte versteigert. Daher kann ein sich für ein bestimmtes Gut interessierender Bieter nicht zwingend davon ausgehen, dass die Zahl der Anwesenden mit der Zahl seiner Mitkonkurrenten übereinstimmt.

455 Vgl. McAfee/McMillan (1987a), S. 711. In der Englischen oder aber der Vickrey-Auktion ergibt sich jedoch kein Unterschied, da weiterhin die Strategie, ein Gebot in Höhe seiner wahren Wertschätzung abzugeben, dominant ist.

Sollen Auswirkungen der Kenntnis der Anzahl der Mitbieter auf das Ergebnis einer Höchstpreis-Auktion untersucht werden, ist die Anzahl der Bieter nicht deterministisch, sondern stochastisch zu modellieren. Sind die Bieter risikoneutral und haben die gleichen Erwartungen bzgl. der Anzahl der Mitwettbewerber, führen aus Verkäuferperspektive sowohl bei Offenlegung als auch bei Geheimhaltung der Teilnehmeranzahl weiterhin alle vier Standard-Auktionsregeln mit einem optimalen Mindestpreis zu einem maximalen Verkaufserlös.[456]

Haben die Bieter jedoch eine risikoaverse Nutzenfunktion, ist die Situation anders gelagert. Bei risikoaversen Bietern führt die Höchstpreis-Auktion verglichen mit sämtlichen anderen Standard-Auktionsregeln aus Perspektive des Verkäufers zum besten Ergebnis.[457] Weisen alle Bieter die gleiche konstant absolute risikoaverse Nutzenfunktion auf, bleibt deren Erwartungsnutzen sowohl bei Offenlegung als auch bei Geheimhaltung der Teilnehmeranzahl gleich. Der erwartete Gewinn des Verkäufers kann im Durchschnitt jedoch gesteigert werden, wenn dieser die Anzahl der Bieter nicht kommuniziert. Abhängig davon, ob die offengelegte Information von den Bietern als positiv oder als negativ erachtet wird, adaptieren diese ihre Bietstrategien, weshalb die Varianz der Gebote bei Offenlegung von Informationen höher ist und somit im Durchschnitt ein geringerer Preis resultiert.[458]

Wird unterstellt, dass die Bieter eine Nutzenfunktion mit sinkender absoluter Risikoaversion aufweisen, kann für die Höchstpreis-Auktion gezeigt werden, dass durch Geheimhaltung der Anzahl der Bieter ein höherer erwarteter Verkaufspreis als durch Bekanntgabe der Information generiert wird.[459] Allerdings sind die Bieter hinsichtlich der Auktionsregel und der Informationspolitik des Verkäufers nicht mehr indifferent. Sie präferieren eine Vickrey-Auktion im Vergleich zu einer Höchstpreis-Auktion und sind daran interessiert, die Anzahl ihrer Mitkonkurrenten zu erfahren.[460] In diesem speziellen Fall ergibt sich ein Interessenkonflikt zwischen Verkäufer und Bietern.

---

[456] Vgl. McAfee/McMillan (1987b), S. 13-17. Bei ungleichen Erwartungen über die Bieteranzahl ist ein optimales Ergebnis durch eine Höchstpreis-Auktion nicht unbedingt gewährleistet, wohingegen die Englische Auktion weiterhin zu einem erwarteten maximalen Verkaufserlös führt; vgl. McAfee/McMillan (1987b), S. 17.

[457] Vgl. hierzu auch Abschnitt 3.2.2.1 der vorliegenden Arbeit.

[458] Vgl. McAfee/McMillan (1987b), S. 6-12; Matthews (1987), S. 640.

[459] Vgl. Matthews (1987), S. 640f.

[460] Bei steigender absoluter Risikoaversion invertieren sich diese Präferenzen; vgl. Matthews (1987), S. 638-640.

3.2.3 Würdigung der Erkenntnisse der auktionstheoretischen Literatur vor dem Kontext von M&A-Transaktionen

Da die grundlegenden auktionstheoretischen Erkenntnisse nicht notwendigerweise auch für Veräußerungstransaktionen im M&A-Bereich von Relevanz sind, erfolgt an dieser Stelle deren Würdigung vor dem Hintergrund des Untersuchungsgegenstands der vorliegenden Arbeit. Im Anschluss werden die modelltheoretischen Erkenntnisse bei unabhängigen, privaten Wertschätzungen durch die übereinstimmender Wertschätzung und affiliierten Wertschätzungen sowie mehrstufiger Auktionen erweitert.

Im *Grundmodell* ist der Verkäufer indifferent zwischen den Standard-Auktionsregeln. Die Gültigkeit des Einkommens-Äquivalenz-Theorems ist hierbei unabhängig von dem Veräußerungsgegenstand gegeben. Folglich trifft dies auch für die Veräußerung eines Unternehmens zu. Insofern ist bei M&A-Transaktionen davon auszugehen, dass sich der Verkäufer in keinem Entscheidungskonflikt bzgl. der Selektion der für ihn vorteilhaftesten Auktionsregel befindet.

Wird eine *Risikoaversion* seitens der Bieter unterstellt, resultiert die Höchstpreis- oder aber die Holländische Auktion in besseren Ergebnissen für den Verkäufer als die Englische oder aber die Vickrey-Auktion. Daher ist eine Präferenz für die Höchstpreis- oder die Holländische Auktion zu vermuten. Für eine Holländische Auktion müssen jedoch sämtliche Interessenten an einem Ort zusammenkommen. Dies ist i.d.R. bei M&A-Transaktionen nicht gegeben, v.a. wenn ausländische Bieter in den Verkaufsprozess involviert sind. Die einkommensmaximierende, optimale Auktionsregel weicht von allen vier Standard-Auktionsregeln ab, stellt aber aufgrund ihrer Komplexität sehr hohe Anforderungen an den Verkäufer und gestaltet sich problematisch in der Implementierung. Prinzipiell ist es in der unternehmerischen Praxis nahezu unmöglich, den Grad der Riskoaversion einzelner Bieter zu bestimmen. Daher ist davon auszugehen, dass der Aspekt der Risikopräferenzen potenzieller Interessenten i.d.R. bei der Ausgestaltung der Auktion unberücksichtigt bleibt. Da die Höchstpreis-Auktion nicht nur bei risikoaversen, sondern auch bei risikoneutralen Bietern und einem risikoaversen Verkäufer gute Ergebnisse liefert und zudem eine örtliche Zusammenführung sämtlicher Interessenten hinfällig ist, ist eine verbreitete Anwendung dieser Auktionsregel anzunehmen.

Liegen *Bieterasymmetrien* bzgl. spezifischer Eigenschaften potenzieller Käufer vor, lässt sich keine abschließende Rangordnung des erwarteten Einkommens des Verkäufers in den Standard-Auktionsregeln ableiten. Bieterasymmetrien mindern jedoch den Bieterwettbewerb und sind daher aus Perspektive des Veräußerers unvorteilhaft. Grundsätzlich können in M&A-Transaktionen Bieterasymmetrien auftreten, da oftmals unterschiedliche Käufertypen in den Prozess einbezogen werden. Allerdings besteht die Möglichkeit seitens des Verkäufers, auf diesen Sachverhalt mit einer gezielten Selektion der potenziellen Erwerber zu reagieren. Letztere wurde in Abschnitt 2.4.1.1.3 des managementorientierten Literaturüberblicks detailliert analysiert. Im Ergebnis ist der Einbezug eines spezifischen Käufertyps individuell vor dem Hintergrund der tatsächlichen Gewichtung der Ziele des Veräußerers abzuwägen. Einschränkend sei angemerkt, dass die modelltheoretischen Analysen von einer fixen Anzahl an Bietern ausgehen. Für den Fall, dass in realen Veräußerungssituationen kein ausreichendes Erwerbsinteresse vorhanden ist, müssen ggf. die Nachteile eines Einbezugs asymmetrischer Bieter gegen die Vorteile aus der Teilnahme einer höheren Anzahl an Bietern abgewogen werden.

Ein *kollusives Verhalten* der Bieter mindert das erwartete Einkommen des Verkäufers. Bei einmalig stattfindenden Veräußerungsprozessen sind Auktionsregeln mit verdeckten Geboten weniger anfällig für Bieterkartelle. Dies ist darauf zurückzuführen, dass sich die Defektion eines Kartellmitglieds nicht einfach feststellen lässt. Bei wiederholten Auktionen bestehen hingegen in sämtlichen Standard-Auktionsregeln Reaktionsmöglichkeiten der anderen Kartellteilnehmer. In der M&A-Praxis treten insbesondere Finanzinvestoren aber auch strategische Investoren mehrmals als Käufer im Markt auf. Daher ist davon auszugehen, dass eine Defektion entdeckt und durch die anderen Kartellteilnehmer bestraft wird. Zudem besteht die Möglichkeit, dass der Verkäufer kollusives Verhalten ahndet, indem er die betroffenen Bieter vom gegenwärtigen und von zukünftigen Veräußerungsprozessen ausschließt. In M&A-Transaktionen sollten ferner v.a. strategische Investoren die langfristige Perspektive nicht aus den Augen verlieren. Überlassen sie einem Wettbewerber das zu verkaufende Unternehmen und geben sich mit Transferzahlungen zufrieden, kann dies kurzfristig betrachtet von Vorteil sein. Hierdurch werden aber auch zukünftige Wachstumsmöglichkeiten in der jeweiligen Industrie aufgegeben.[461] Insgesamt ist daher davon auszugehen, dass Bieterkartelle in M&A-Transaktionen von untergeordneter Relevanz sind.

Bei einer exogen gegebenen Bieteranzahl lässt sich das erwartete Einkommen des Verkäufers in allen vier Standard-Auktionsregeln durch die Festsetzung eines *Mindest-*

---

[461] Vgl. ähnlich von Ungern-Sternberg (1988), S. 352.

preises, der über seinem Reservationspreis liegt, maximieren. Wird die Anzahl der Bieter hingegen endogenisiert und fallen den Bietern Bietkosten an, hat ein zu hoher Mindestpreis negative Auswirkungen auf das Teilnahmeinteresse der Bieter. Bei M&A-Transaktionen müssen die Bieter regelmäßig Bietkosten auf sich nehmen. Diese bestehen z.B. in Kosten der Beauftragung externer Berater, Kosten der Informationsbeschaffung und -aufbereitung im Rahmen der Due Diligence sowie Opportunitätskosten von in das Verfahren involvierten Angestellten. Folglich ist davon auszugehen, dass potenzielle Interessenten einen Mindestpreis bei der Teilnahmeentscheidung berücksichtigen. Der positive Effekt eines Mindestpreises stellt sich zudem nur ein, sofern sich der Verkäufer glaubhaft an diesen bindet. Dies bedeutet, dass er das Unternehmen nicht an den Höchstbietenden veräußern darf, sollte in der Auktion der Mindestpreis nicht erreicht worden sein. Aufgrund der originären Veräußerungsabsicht ist diese glaubhafte Bindung in der unternehmerischen Praxis als zweifelhaft einzuschätzen.

Alternativ kann der Verkäufer auf diese glaubhafte Bindung verzichten und von vornherein für den Fall eines nicht erzielten Mindestpreises einen zweiten Veräußerungprozess einplanen. Das Scheitern der ursprünglich angesetzten Auktion signalisiert Bietern, für die die Teilnahme bis dato nicht profitabel war, dass die bisherigen Teilnehmer niedrige Signale bzgl. ihrer Wertschätzung erhalten haben. Hierdurch nehmen in der zweiten Auktion ggf. weitere Bieter die Bietkosten auf sich. Für die M&A-Praxis ist davon auszugehen, dass ein Unternehmen im Idealfall allerdings nur einmal am Markt angeboten wird. Üblicherweise herrscht bei Unternehmensverkäufen meist ein hohes Diskretionsbedürfnis. Darüber hinaus sollen die Auswirkungen des Verkaufsprozesses auf den Ablauf des Tagesgeschäfts und die Mitarbeiter minimiert werden. Ferner führt das erneute Einleiten eines Verkaufs i.d.R. dazu, dass potenzielle Erwerber aus dem vorhergehenden Scheitern der Transaktion Rückschlüsse über deren Attraktivität ziehen. Dies kann auch zu einer geringeren Bieteranzahl im sich anschließenden Veräußerungsprozess führen. In dieser Hinsicht ist es nicht im Interesse des Verkäufers, einen Ausgleich zwischen dem Bieterwettbewerb in zwei aufeinanderfolgenden Auktionen zu schaffen. Daher ist insgesamt zu vermuten, dass in der unternehmerischen Praxis Mindestpreise von untergeordneter Relevanz sind.

Bei einer Höchstpreis-Auktion hängt das Bietverhalten von der Anzahl der Mitkonkurrenten ab, die für einen einzelnen Teilnehmer nicht unmittelbar ersichtlich ist. Daher spielt die *Informationspolitik des Verkäufers* im Hinblick auf eine Offenlegung oder Geheimhaltung dieser Information eine bedeutende Rolle. Grundsätzlich schadet die

Geheimhaltung nicht bei risikoneutralen und wirkt sich insbesondere in Kombination mit einer Höchstpreis-Auktion positiv bei risikoaversen Bietern aus. In der unternehmerischen Praxis sind allerdings die Risikopräferenzen einzelner Auktionsteilnehmer, wie bereits vor dem Kontext risikoaverser Bieter erläutert, kaum abschätzbar. Daher ist zu vermuten, dass die Kombination einer Höchstpreis-Auktion mit einer Informationsstrategie der Geheimhaltung oftmals auch beim Verkauf von Unternehmen zur Anwendung gelangt. Diese ist wie erwähnt bei risikoaversen Bietern aus Verkäuferperspektive von Vorteil. Bei risikoneutralen Bietern ergeben sich im Vergleich zu einer Offenlegung oder aber der Durchführung einer alternativen Standard-Auktionsregel keine Implikationen hinsichtlich des zu erwartenden Kaufpreises.

Diese Annahme deckt sich ferner mit dem Ergebnis der managementorientierten Literatur, dass die Intransparenz des Prozesses i.d.R. vom Verkäufer aufrechterhalten wird, um einen ausreichenden Wettbewerbsdruck zu generieren.[462] Einschränkend sei angemerkt, dass für spezifische Grade an Risikoaversion theoretisch ggf. Rückwirkungen auf das Teilnahmeinteresse der Bieter resultieren. In bestimmten Fällen präferieren diese eine Offenlegung der Bieteranzahl sowie die Auktionsregel der Vickrey-Auktion. Wie bereits im Rahmen der Diskussion der Ergebnisse bei risikoaversen Bietern angeführt, ist in der unternehmerischen Praxis aber anzunehmen, dass sich die Bestimmung des Grads der Risikoaversion einzelner Teilnehmer als sehr schwierig erweist und demnach bei der Ausgestaltung der Auktionsregel keine Berücksichtigung erfährt. Abbildung 3.6 fasst die oben vorgenommene Würdigung zentraler auktionstheoretischer Erkenntnisse bei Annahme von unabhängigen, privaten Wertschätzungen abschließend zusammen.

Abb. 3.6 Würdigung zentraler auktionstheoretischer Erkenntnisse bei unabhängigen, privaten Wertschätzungen

Entscheidungsvariable/ Modellannahme	Erkenntnis	Würdigung
Selektion/Modifikation Standard-Auktionsregeln		
Grundmodell	– Einkommens-Äquivalenz-Theorem	– Kein Entscheidungskonflikt bzgl. der Auswahl einer spezifischen Auktionsregel

Fortsetzung Abb. 3.6 auf der nachfolgenden Seite.

[462] Vgl. hierzu auch S. 2.4.2.1 der vorliegenden Arbeit.

Abb. 3.6 (fortges.) Würdigung zentraler auktionstheoretischer Erkenntnisse bei unabhängigen, privaten Wertschätzungen

Entscheidungsvariable/ Modellannahme	Erkenntnis	Würdigung
Selektion/Modifikation Standard-Auktionsregeln		
Risikoaversion	– *Risikoaverse Bieter:* Vorteilhaftigkeit von Höchstpreis- oder Holländischer Auktion. Optimale Auktionsregel weicht von Standard-Auktionsregeln ab und weist einen sehr hohen Komplexitätsgrad auf – *Risikoaverser Verkäufer:* Vorteilhaftigkeit der Höchstpreis-Auktion	– Grad der Risikoaversion einzelner Bieter in der unternehmerischen Praxis kaum bestimmbar, zudem Implementierung der optimalen Auktionsregel problematisch
Asymmetrische Eigenschaften der Bieter	– Bieterasymmetrien sind nachteilig für den Bieterwettbewerb resp. das zu erwartende Einkommen – Keine "Rangordnung" bzgl. der Vorteilhaftigkeit der Standard-Auktionsregeln ableitbar	– Bieterasymmetrien z.B. durch Einbezug unterschiedlicher Käufertypen gegeben – Vermeidung von Asymmetrien durch gezielte Bieterselektion denkbar, bei unzureichendem Erwerbsinteresse jedoch nicht zwingend vorteilhaft
Kollusion	– Geringere Anfälligkeit von verdeckten Auktionen	– Selektion Höchstpreis- od. Vickrey Auktion – I.d.R. aber mehrmalige Teilnahme an Verkaufsprozessen und somit Reaktionen von Kartellteilnehmern auf Defektion möglich. Zudem sind Sanktionierungsmaßnahmen des Verkäufers, z.B. der Ausschluss von zukünftigen Verkaufsprozessen, denkbar. Insofern Vermutung einer untergeordneten Relevanz von kollusivem Verhalten für die unternehmerische Praxis
Mindestpreis	– *Exogene Bieteranzahl:* Maximierung erwartetes Einkommen bei allen Standard-Auktionsregeln durch Festsetzung eines Mindestpreises gegeben. Optimaler Mindestpreis liegt über dem Reservationspreis des Verkäufers – *Endogene Bieteranzahl:* Negative Rückwirkungen durch Mindestpreis auf das Teilnahmeinteresse/den Bieterwettbewerb bei positiven Bietkosten. Bei nicht glaubhafter Bindung an den Mindestpreis ggf. Veräußerung im Rahmen einer Folgeauktion	– *Exogene Bieteranzahl:* Positiver Effekt Mindestpreis nur bei glaubhafter Bindung des Verkäufers an den Mindestpreis gegeben, diese ist zweifelhaft – *Endogene Bieteranzahl:* Positive Bietkosten in Praxis gegeben. Somit negative Rückwirkung eines zu hohen Mindestpreises wahrscheinlich. Ferner Fragwürdigkeit der glaubhaften Bindung an Mindestpreis. Theoretische Alternative der Folgeauktion bei Nicht-Bindung an Mindestpreis ist wg. Diskretionsanforderungen bei M&A-Transaktionen und negativem Signal bzgl. der Attraktivität des Zielunternehmens problematisch

Fortsetzung Abb. 3.6 auf der nachfolgenden Seite.

Abb. 3.6 (fortges.) Würdigung zentraler auktionstheoretischer Erkenntnisse bei unabhängigen, privaten Wertschätzungen

Entscheidungsvariable/ Modellannahme	Erkenntnis	Würdigung
Selektion/Modifikation Standard-Auktionsregeln		
Informationspolitik		
Offenlegung/Geheimhaltung Bieteranzahl (Höchstpreis-Auktion)	– *Risikoneutrale Bieter:* Keine Auswirkungen – *Risikoaverse Bieter:* Höheres erwartetes Einkommen bei Geheimhaltung und Höchstpreis-Auktion	– Da Geheimhaltungsstrategie positiv bei risikoaversen und irrelevant bei risikoneutralen Bietern, Annahme einer verbreiteten Anwendung in Kombination mit Höchstpreis-Auktion

Eigene Darstellung.

3.3 Modelltheoretische Erkenntnisse bei übereinstimmender Wertschätzung

3.3.1 Grundmodell

3.3.1.1 Unterstellte Annahmen im Grundmodell

Das Modell übereinstimmender Wertschätzung (Common-Value Model) weicht in bestimmten Annahmen von denen des Modells unabhängiger, privater Wertschätzungen ab.[463] Im Modell unabhängiger, privater Wertschätzungen wird, wie in den vorhergehenden Abschnitten gezeigt, insbesondere die optimale Ausgestaltung der Auktionsregel im Hinblick auf das Ziel des Verkäufers, den Veräußerungserlös zu maximieren, untersucht. Fokus der Analysen im Modell übereinstimmender Wertschätzung ist jedoch das Phänomen des Fluchs des Gewinners (Winner's Curse) sowie die damit verbundenen Auswirkungen auf das Auktionsergebnis.

In Anlehnung an die Vorgehensweise beim Auktionsmodell unabhängiger, privater Wertschätzungen werden zunächst die Annahmen des Grundmodells sowie sich hieraus ergebende Implikationen für den Veräußerungserlös dargelegt. In einem zweiten Schritt erfolgt die Berücksichtigung von Modellerweiterungen, die einem Verkäufer zusätzliche

[463] Zu den Annahmen des Modells unabhängiger, privater Wertschätzungen vgl. Abschnitt 3.2.1.1 sowie Anhang A der vorliegenden Arbeit. Eine zusammenfassende und formale Darstellung der grundlegenden Annahmen bei voneinander abhängigen Wertschätzungen befindet sich in Anhang E, wobei das Grundmodell übereinstimmender Wertschätzung als Spezialfall des Grundmodells bei affiliierten Wertschätzungen zusammen mit letzterem dargestellt wird.

Optionen eröffnen, aus einem Fluch des Gewinners resultierende negative Rückwirkungen auf den Bieterwettbewerb zu reduzieren. Vor diesem Kontext sind insbesondere die Limitierung des Teilnehmerkreises resp. der Anzahl der Mitbieter sowie der Ausgleich von ggf. zwischen den Bietern vorhandenen Informationsasymmetrien von Relevanz.

In Grundmodell übereinstimmender Wertschätzung wird davon ausgegangen, dass das zu versteigernde Gut für alle Bieter denselben Wert besitzt, den die Bieter jedoch vor der Auktion nicht kennen.[464] Da dieser Wert unbekannt ist, wird er als Zufallsvariable modelliert. Jeder Bieter empfängt ein Signal über die Realisation dieser Zufallsvariablen, welches nur ihm bekannt und mit dem tatsächlichen Wert des Objekts korreliert ist. Der Verkäufer erhält kein Signal über den tatsächlichen Wert des Objekts. Die Bieter müssen aufgrund der erhaltenen Signale Rückschlüsse auf den tatsächlichen Wert des Auktionsobjekts ziehen.[465]

Im Gegensatz zum Modell unabhängiger, privater Wertschätzungen würde sich bei Annahme übereinstimmender Wertschätzung die Zahlungsbereitschaft eines Bieters ändern, sofern er über die Signale seiner Mitspieler verfügte.[466] Die Gebote der Bieter lassen dabei Rückschlüsse über ihre erhaltenen Signale zu.[467] Da das Gut für alle Bieter den gleichen Wert besitzt, ist eine effiziente Allokation stets gewährleistet.[468]

Die Annahme dieses Modellrahmens ist adäquat, sofern der Wert des zu auktionierenden Guts von einem Marktpreis abgeleitet werden kann, der zum Zeitpunkt der Auktion unbekannt ist.[469] Beispielhaft lassen sich Schürfrechte sowie Bohrlizenzen anführen.[470] Für Unternehmensverkäufe bedeutet dies, dass das Unternehmen zukünftig Ergebnisse realisiert, die nicht von der Person des Managers abhängen und zum betrachteten Zeitpunkt noch nicht sicher vorhergesagt werden können.[471]

---

464 Vgl. Wolfstetter (1998), S. 148.

465 Vgl. Wilson (1977), S. 511; McAfee/McMillan/Reny (1989), S. 1451 und Krishna (2002), S. 83f.

466 Vgl. Rasmusen (2001), S. 324.

467 Vgl. Rasmusen (2001), S. 331.

468 Vgl. Kagel/Levin (2002), S. 2. Allerdings trifft dies nicht mehr notwendigerweise zu, sobald der Verkäufer einen Mindestpreis festlegt oder aber die Bieteranzahl endogenisiert wird. In diesen Fällen können die Wahrscheinlichkeiten für einen tatsächlichen Verkauf unterschiedlich sein; vgl. Levin/Smith (1994); S. 590-592 und S. 594-596.

469 Vgl. Krishna (2002), S. 3f.

470 Vgl. Kagel/Levin (2002), S. 2.

471 Vgl. Dilger (1998), S. 244.

3.3.1.2 Fluch des Gewinners

Bei einer Auktion im Modell übereinstimmender Wertschätzung wird der Bieter mit der Herausforderung konfrontiert, auf Grundlage der erhaltenen Signale den tatsächlichen Wert des Verkaufsobjekts möglichst realistisch einzuschätzen. Während einigen Bietern dies gelingt, werden andere Bieter den tatsächlichen Wert unter- oder überschätzen. Unter der Annahme, dass der Bieter mit der höchsten Wertschätzung das höchste Gebot abgibt, ist die Wahrscheinlichkeit einer Zuteilung für denjenigen Bieter, der den Wert des Guts am stärksten überschätzt, am größten.[472]

Eine Überschätzung des wahren Wertes des Verkaufsobjekts resultiert, wenn die Bieter ihre Gebote lediglich auf Grundlage ihrer Einschätzung über den Wert des Verkaufsobjekts bilden. Hierbei wird die Tatsache vernachlässigt, dass die Auktion nur vom Bieter mit der höchsten Wertschätzung gewonnen werden kann. Verfolgen alle Bieter die gleiche Bietstrategie, impliziert das Gewinnen der Auktion eine Überschätzung des bedingten Werts des Verkaufsobjekts unter Berücksichtigung, dass die Zuteilung eintritt.[473] Daher ist der realisierte Gewinn entweder niedriger als vor der Auktion erwartet oder aber er wird negativ, wenn der Kaufpreis den tatsächlichen Wert übersteigt. Dieses Phänomen wird auch als Fluch des Gewinners bezeichnet.[474]

Faktoren, welche die Wahrscheinlichkeit und die Höhe des Fluchs des Gewinners beeinflussen, sind der Grad an Unsicherheit, der bzgl. des wahren Wertes des zu verkaufenden Objekts besteht sowie die Anzahl der Bieter, die an der Auktion teilnehmen. Existiert eine höhere Unsicherheit hinsichtlich des wahren Wertes des Verkaufsobjekts, ist die Varianz der erwarteten Wertschätzungen größer. Im Fall einer höheren Anzahl an Bietern, die an der Auktion teilnehmen, ist die Wahrscheinlichkeit, dass die Wert-

---

[472] Diese Voraussetzung ist erfüllt, sofern alle Bieter die gleiche Risikopräferenz sowie identische Einschätzungen bzgl. der Gebote ihrer Wettbewerber haben. In diesem Fall entspricht eine Rangordnung der optimalen Gebote einer Rangordnung der erwarteten Wertschätzungen; vgl. Cox/Isaac (1984) S. 582.

[473] Vgl. Kagel/Levin (2002), S. 2; Engelbrecht-Wiggans (1980), S. 133. In dieser Hinsicht beinhaltet die Zuteilung des Verkaufsobjekts für den Gewinner zusätzlich eine informatorische Komponente hinsichtlich der Wertschätzungen der Mitbieter; vgl. Milgrom (1981a), S. 390; Smith (1981), S. 383f.

[474] Vgl. Bazerman/Samuelson (1983), S. 619; Thaler (1988), S. 192. Keine Voraussetzung für die Existenz eines Fluch des Gewinners ist die Beeinflussung der an die Bieter gesendeten Signale durch Störterme. Er kann auch dann auftreten, wenn diese unverzerrt sind; vgl. Kagel/Levin (1986), S. 894; Milgrom (1985), S. 265.

schätzungen über die gesamte Verteilungsfunktion verteilt sind, größer. Daher sind aggressivere Gebote erforderlich, um die Zuteilung zu erhalten.[475]

Die Existenz eines Fluchs des Gewinners entspricht jedoch einer Verletzung der Rationalitätsannahme für den Fall, dass die Gebote der Mitbieter bei Auktionsende nicht offengelegt werden.[476] Rational handelnde Bieter würden ihre Gebote modifizieren, indem sie den bedingten erwarteten Wert des Verkaufsobjekts bilden, der wie bereits angeführt den Sachverhalt berücksichtigt, dass das zu veräußernde Gut dem Bieter mit der höchsten Wertschätzung zugeteilt wird.[477] Diese Modifikation kann sich z.B. in Form eines Sicherheitsabschlages äußern.[478] Allerdings gestaltet sich die Bestimmung der Höhe des Sicherheitsabschlages realiter problematisch.[479] Zum Einen müsste hierzu die Anzahl der Mitbieter bekannt sein, was oftmals nicht der Fall ist. Zum Anderen sollte der Bieter in der Lage sein, seinen eigenen Informationsstand mit dem der Konkurrenten abzugleichen, um den Grad an Unsicherheit determinieren zu können. Kenntnis über diese Faktoren kann mitunter nur erlangt werden, indem zusätzliche Kosten, wie z.B. für die Informationsbeschaffung, eingegangen werden. Diese müssen daher ins Verhältnis zu den aus der möglichst exakten Bestimmung des Sicherheitsabschlages resultierenden Vorteilen gesetzt werden.[480]

Ist der Grad an Unsicherheit und somit die Varianz der Einschätzungen bzgl. des wahren Wertes des Verkaufsobjekts sehr hoch, kann die Höhe der Sicherheitsabschläge substanziell sein. Antizipieren sämtliche Bieter den Fluch des Gewinners und korrigieren ihre Preisofferten nach unten, sinken die Gewinne des Verkäufers. In einem solchen Fall ist es anbieterseitig vorteilhaft, den Grad an Unsicherheit zu reduzieren, indem

---

[475] Vgl. Bazerman/Samuelson (1983), S. 622f.; Thaler (1988), S. 192; Matthews (1984), S. 187.

[476] Vgl. Cox/Isaac (1984), S. 582-585. Die Veröffentlichung sämtlicher abgegebener Preisofferten kann hingegen dazu führen, dass selbst ein rational agierender Bieter die Zuteilung in der Auktion bedauert; vgl. Cox/Isaac (1984); S. 585-587.

[477] Vgl. McAfee/McMillan (1987a), S. 721.

[478] Vgl. McMillan (1994), S. 152; Smith (1981), S. 383f.

[479] Vgl. Thaler (1988), S. 192. In mehreren empirischen Studien wurde gezeigt, dass eine Adaption der Bietstrategie nicht zwingend gegeben ist; vgl. hierzu Bazerman/Samuelson (1983); Leitzinger/ Stiglitz (1984); Hendricks/Porter/Bourdeau (1987) Kagel et al. (1989); Giliberto/Varaiya (1989); Lind/Plott (1991); Kagel/Harstad/Levin (1995); Avery/Kagel (1997); Hong/Shum (2002); Goeree/Offerman (2003). Nimmt ein potenzieller Käufer allerdings wiederholt an Auktionen teil, kann experimentell gezeigt werden, dass sich bei den Bietern Lerneffekte einstellen. Diese werden durch tatsächlich realisierte oder aber potenzielle Verluste verursacht, die im Fall des Gewinnens der Auktion aufgrund eines aggressiven Gebots hätten hingenommen werden müssen; vgl. hierzu Garvin/Kagel (1994).

[480] Vgl. Beckmann (1999), S. 45.

den Bietern weitere Informationen über den wahren Wert des Verkaufsobjekts zur Verfügung gestellt werden.[481]

3.3.2 Erweiterungen des Grundmodells

3.3.2.1 Bieteranzahl: Beschränkung des Teilnehmerkreises

Wie im vorherigen Abschnitt erläutert, berücksichtigen rationale Bieter das Risiko, einen Fluch des Gewinners zu erleiden, in ihren Geboten. Eine Option des Verkäufers, dieser aus seiner Perspektive unvorteilhaften Entwicklung zu begegnen, besteht in einer Beschränkung des Teilnehmerkreises. Intuitiv lässt sich dies damit begründen, dass die Anzahl der Bieter Auswirkungen auf deren Befürchtungen hat, einen Fluch des Gewinners zu erleiden. Je geringer die Bieteranzahl, desto niedriger die Gefahr eines Fluchs des Gewinners. Somit resultiert ein aggressiverer Bieterwettbewerb. Dieser Effekt kann den Sachverhalt kompensieren, dass weniger Teilnehmer eine höhere Wahrscheinlichkeit für eine niedrigere Wertschätzung des gewinnenden Bieters implizieren.[482]

Werden zudem die Anzahl der Auktionsteilnehmer endogenisiert und positive Bietkosten unterstellt, ist eine Beschränkung der Teilnehmeranzahl aus Verkäuferperspektive weiterhin sinnvoll. Es kann gezeigt werden, dass der erwartete Gewinn des Verkäufers in diesem Fall der Differenz aus dem erwarteten Wert des Verkaufsobjekts, das für sämtliche Bieter den gleichen, unbekannten Wert hat, sowie den aggregierten Bietkosten entspricht. Daher verringern vergleichsweise mehr Bieter und somit insgesamt höhere Bietkosten den erwarteten Verkaufserlös.[483] Entstehen mit zunehmender Bieteranzahl zusätzlich höhere Kosten der Koordination, lassen sich diese ebenfalls durch Auferlegung von Teilnahmebeschränkungen reduzieren.[484] Eine Limitierung der Teilnehmer ist bspw. durch die Erhebung von Eintrittsgeldern oder Mindestpreisen denkbar.[485]

---

[481] Vgl. McMillan (1994), S. 152.

[482] Vgl. Bulow/Klemperer (2002), S. 11f. Dies setzt allerdings voraus, dass die Bieter über die Anzahl der Teilnehmer informiert sind.

[483] Levin/Smith (1994); S. 590; ähnlich McAfee/Vincent (1992), S. 513f. und Harstad (1990), S. 423f.

[484] Vgl. Levin/Smith (1994), S. 594-596.

[485] Vgl. Levin/Smith (1994), S. 590f. Eintrittsgelder sind in jedem Fall zu entrichten, wohingegen ein Mindestpreis bei der Teilnahmeentscheidung der Bieter lediglich eine Abgleichung mit der Wertschätzung der Bieter erfordert. Die Determinierung der Höhe des Mindestpreises ist allerdings nicht trivial. Unter Annahme einer exogen gegebenen Bieteranzahl kann gezeigt werden, dass der erwartete Verkaufserlös bei einer sehr hohen Anzahl an Bietern durch eine Anhebung des Mindestpreises verringert wird; vgl. Matthews (1984), S. 187-191 sowie Levin/Smith (1996); S. 1279-1281. Die Ergebnisse werden durch eine Grenzbetrachtung hergeleitet, wobei in der Analyse von positiven Bietkosten abstrahiert wird.

3.3.2.2 Informationspolitik des Verkäufers: Abbau von Informationsasymmetrien zwischen den Bietern

Alternativ zu einer Beschränkung des Teilnehmerkreises kann der Verkäufer aber auch den Grad an Unsicherheit bzgl. des tatsächlichen Werts des Verkaufsobjekts reduzieren, um Sicherheitsabschläge in den Geboten zu vermeiden. Dies geschieht, indem der Verkäufer den Bietern weitere Informationen über wertbeeinflussende Sachverhalte zur Verfügung stellt. Folglich wird sowohl das Informationsgefälle zwischen Verkäufer und potenziellen Erwerbern, aber auch das zwischen den Bietern abgebaut.[486]

Verfügt bspw. ein Bieter über einen besseren Informationsstand hinsichtlich der Qualitätseigenschaften des Verkaufsobjekts als sämtliche Konkurrenten, realisieren diese im Gleichgewicht bei einer Vickrey-Auktion keinen Gewinn.[487] Dieses Resultat gilt auch für die Höchstpreis-Auktion.[488] Für den besser informierten Bieter ist dabei der Ausschluss seiner Mitkonkurrenten von seinen privaten Informationen von höherer Relevanz als deren Qualität.[489] Er realisiert somit einen zusätzlichen Gewinn aus dem Besitz der Informationen. Dies bedeutet im Modell übereinstimmender Wertschätzung aber gleichermaßen, dass der Gewinn des Verkäufers reduziert wird.[490]

Die Informationsakquisition eines Bieters kann für diesen positive, negative oder aber gar keine Reaktionen seiner Mitwettbewerber hervorrufen. Verfügt ein Bieter über einen besseren Informationsstand bzgl. der Qualitätseigenschaften des Verkaufsobjekts, folgern seine Konkurrenten, dass sie die Auktion nur im Falle eines niedrigen Wertschätzungssignals des besser informierten Bieters gewinnen können. Wenn dieser augenscheinlich zusätzliche Informationen einholt, müssen die Konkurrenten noch vorsichtiger bieten, um einen Fluch des Gewinners zu vermeiden.[491]

Würde hingegen ein schlechter informierter Bieter die Gelegenheit erhalten, an Informationen des besser informierten Bieters zu gelangen, würde er diese nicht offenkundig ergreifen. Somit kann er vermeiden, dass der besser informierte Bieter für den Fall einer zuvor erhaltenen hohen Wertindikation ein aggressiveres Gebot abgibt.[492] Aus Verkäu-

---

[486] Vgl. McMillan (1994), S. 152.
[487] Vgl. Milgrom (1981b), S. 928-934.
[488] Vgl. Milgrom/Weber (1982b), S. 108; Engelbrecht-Wiggans/Milgrom/Weber (1983), S. 165f.
[489] Vgl. McAfee/McMillan (1987a); S. 722.
[490] Vgl. Campbell/Levin (2000), S. 107; Milgrom (1987), S. 24.
[491] Vgl. Milgrom/Weber (1982b), S. 106 und S. 109.
[492] Vgl. Milgrom (1985), S. 284.

ferperspektive ist es daher sinnvoll, die Informationsasymmetrien zwischen den Bietern auszugleichen, indem er ihm verfügbare wertrelevante Informationen offenlegt.[493] Aus dieser Maßnahme resultiert ein stärkerer Bieterwettbewerb.[494]

3.3.3 Würdigung der Erkenntnisse der auktionstheoretischen Literatur vor dem Kontext von M&A-Transaktionen

Die zentralen auktionstheoretischen Erkenntnisse bei Annahme übereinstimmender Wertschätzung werden analog der Vorgehensweise bei Annahme von unabhängigen, privaten Wertschätzungen in diesem Abschnitt vor dem M&A-Kontext gewürdigt. Im Anschluss erfolgt den grundlegenden auktionstheoretischen Teil abschließend die Darstellung der Ergebnisse bei Unterstellung affiliierter Wertschätzungen.

Im *Grundmodell* bei Annahme übereinstimmender Wertschätzung lässt sich keine abschließende Rangordnung des erwarteten Einkommens des Verkäufers in den Standard-Auktionsregeln ableiten. Die Gefahr, einen Fluchs des Gewinners zu erleiden, führt jedoch zu Sicherheitsabschlägen in den Geboten rationaler Bieter. Da die Wahrscheinlichkeit für einen Fluch des Gewinners mit zunehmender Bieteranzahl und Unsicherheit über den tatsächlichen Wert des Veräußerungsobjekts steigt, liefern diese beiden Aspekte auch einen Ansatzpunkt für den Verkäufer, etwaige Befürchtungen der Bieter zu entkräften. Grundsätzlich sind auch im Rahmen von M&A-Transaktionen bestimmte Eigenschaften des Zielunternehmens für alle Bieter von Interesse. In der unternehmerischen Praxis ist dennoch in den meisten Fällen nicht davon auszugehen, dass das zu veräußernde Unternehmen für sämtliche potenzielle Käufer exakt denselben Wert besitzt. Die Annahmen des Grundmodells in Reinform können die Veräußerungssituation nur unter sehr restriktiven Voraussetzungen treffend charakterisieren. Beispielhaft lässt

[493] Vgl. Milgrom (1987), S. 4. Da die Informationspolitik des Verkäufers im allgemeineren Modellrahmen affiliierter Wertschätzungen umfassend analysiert wird, sei an dieser Stelle auf Abschnitt 3.4.2.3 der vorliegenden Arbeit verwiesen. Können Informationsasymmetrien allerdings nicht durch den Verkäufer gemildert werden oder aber sind die Bieterasymmetrien auf andere Faktoren, wie z.B. bereits vorhandene Anteile an einer Gesellschaft bei Unternehmensübernahmen oder Unterschiede in den Bietkosten zurückzuführen, muss der Verkäufer dies bereits bei der Auswahl der Auktionsregel berücksichtigen. Im Rahmen einer Englischen Auktion mit offenen Geboten können bereits geringe Vorteile eine Bieters zu einem aggressiveren Bieterverhalten führen. Dies erhöht wiederum die Gefahr eines Fluchs des Gewinners für seine Konkurrenten, weshalb diese vorsichtiger bieten werden. In einer Höchstpreis-Auktion haben die Mitwettbewerber keine Möglichkeit, ihre Einschätzungen über die Wertschätzung der anderen Interessenten zu aktualisieren oder aber auf deren Verhalten zu reagieren; vgl. hierzu das Modell von Klemperer (1998).

[494] Vgl. Campbell/Levin (2000), S. 107.

sich ein Verkaufsprozess anführen, in dem ausschließlich Finanzinvestoren mit gleichen Finanzierungsmöglichkeiten, aber ohne echte Synergiepotenziale beteiligt sind.[495]

Sollte dennoch der spezielle Fall vorliegen, dass sämtliche Interessenten dem Zielunternehmen exakt denselben Wert beimessen, kann der Verkäufer der Angst der Bieter vor einem Fluch des Gewinners durch eine *Beschränkung des Teilnehmerkreises* begegegnen. Für die realistische Annahme einer endogenen Bieteranzahl entspricht der erwartete Gewinn des Verkäufers der Differenz aus dem wahren Wert des zu veräußernden Objekts und den aggregierten Bietkosten. Wie im Rahmen der Würdigung auktionstheoretischer Erkenntnisse bei unabhängigen, privaten Wertschätzungen angeführt, ist die Existenz positiver Bietkosten in der M&A-Praxis gegeben.[496] Daher ist zu erwarten, dass bei Zutreffen der restriktiven Annahmen des Grundmodells für eine spezifische M&A-Transaktion eine Limitierung des Interessentenkreises erfolgt. Ist eine höhere Bieteranzahl ferner mit höheren Koordinationskosten des Verkäufers verbunden, lassen sich letztere ebenfalls durch eine Begrenzung des Interessentenkreises reduzieren. Dies gilt unabhängig vom jeweils unterstellten Auktionsmodell. Bei M&A-Transaktionen sind Koordinationskosten von Relevanz, da sich die Organisation des Verkaufsprozesses mit steigender Anzahl an Interessenten komplexer gestaltet. Auch in dieser Hinsicht kann eine Beschränkung des Teilnehmerkreises im Interesse des Verkäufers liegen, wobei in den modelltheoretischen Analysen keine Aussage bzgl. der Stärke der Einengung getroffen wird. Zudem wird diese vermutlich eher über eine gezielte Selektion der Bieter vorgenommen als über die Maßnahmen eines Mindestpreises oder Eintrittsgelder, wie sie in der auktionstheoretische Literatur empfohlen werden.

Schließlich verfügt der Verkäufer über die Option, durch eine geeignete *Informationspolitik* den Grad der Unsicherheit bzgl. wertrelevanter Eigenschaften des Veräußerungsobjekts zu reduzieren. Hieraus resultiert ein stärkerer Bieterwettbewerb. Im Rahmen von M&A-Transaktionen geschieht der Abbau von Informationsasymmetrien, wie im Überblick über die managementorientierte Literatur dargestellt, regelmäßig über die

---

495 Wie in Abschnitt 2.4.1.1.2 des Überblicks über die managementorientierte Literatur dargelegt, sind Synergiepotenziale bei Finanzinvestoren im Vergleich zu strategischen Käufern nur in Ausnahmefällen sowie in abgeschwächter Form vorhanden. Jedoch gehört die Festlegung der optimal auf das Zielunternehmen abgestimmten Kapitalstruktur und somit die konkrete Strukturierung der Finanzierung zu den Kernaufgaben eines Finanzinvestors. In dieser Hinsicht sind in der unternehmerischen Praxis nicht nur Divergenzen aufgrund der differierenden Strukturierungs-Expertise gegeben. Ferner sind Abweichungen in den Finanzierungsmöglichkeiten auch durch die unterschiedliche Bereitschaft zur Kapitalüberlassung sowie die konkrete Konditionengestaltung der finanzierenden Banken für einen spezifischen Finanzinvestor bedingt.

496 Vgl. hierzu auch S. 132 der vorliegenden Arbeit.

Durchführung einer Due Diligence. Da in einem Auktionsprozess den Informationsbedürfnissen zahlreicher Kaufinteressenten entsprochen werden muss, besteht ferner die Möglichkeit seitens des Verkäufers, optional einen Vendor-Due-Diligence-Bericht zur Verfügung zu stellen.[497] Während die Gründe für die Angleichung differierender Informationsstände gemäß den auktionstheoretischen Betrachtungen primär in damit verbundenen Vorteilen für den Bieterwettbewerb und somit letztlich für den erwarteten Kaufpreis zu sehen sind, verweist die managementorientierte Literatur ferner auf potenziell positive Auswirkungen auf die Transaktionsgeschwindigkeit. Aus praktischer Sicht resultiert der Abbau von Informationsasymmetrien zudem in einer besseren Vergleichbarkeit der abgegebenen Gebote. Daher ist in der unternehmerischen Praxis unabhängig vom jeweils unterstellten Auktionsmodell damit zu rechnen, dass sich der Abbau von Informationsasymmetrien zwischen den Bietern als vorteilhaft erweist. Einschränkend sei angemerkt, dass die auktionstheoretischen Beiträge bei Annahme übereinstimmender Wertschätzung keine Anhaltspunkte dafür liefern, wie die Informationsstrategie konkret ausgestaltet werden sollte. Unterschiede sind z.B. hinsichtlich der Art und des Umfangs der offenzulegenden Informationen denkbar.[498] Abbildung 3.7 fasst die Würdigung zentraler auktionstheoretischer Erkenntnisse bei Annahme übereinstimmender Wertschätzung abschließend zusammen.

---

[497] Vgl. hierzu auch die Abschnitte 2.2.2 und 2.4.1.3 des Überblicks über die managementorientierte Literatur.

[498] Dieser Themenbereich wird im Rahmen der Informationspolitik des Verkäufer bei Unterstellung von affiliierten Wertschätzungen, die in Abschnitt 3.4.2.3 der vorliegenden Arbeit betrachtet wird, adressiert.

Abb. 3.7 Würdigung zentraler auktionstheoretischer Erkenntnisse bei übereinstimmender Wertschätzung

Entscheidungsvariable/ Modellannahme	Erkenntnis	Würdigung
Selektion/Modifikation Standard-Auktionsregeln		
Grundmodell (Fluch des Gewinners)	–Phänomen des Fluch des Gewinners: Sicherheitsabschläge in den Geboten rationaler Bieter mindern das zu erwartende Einkommen des Verkäufers –Wahrscheinlichkeit und Höhe für das Auftreten eines Fluch des Gewinners sind abhängig von der Teilnehmerzahl sowie dem Grad an Unsicherheit bzgl. des Werts des Verkaufsobjekts	–Im Grundmodell keine direkten Implikationen für Selektionsentscheidung Auktionsregel ableitbar –Erfüllung der Annahmen des Grundmodells in “Reinform“ in der M&A-Praxis nur äußerst selten zu vermuten, da i.d.R. nicht sämtliche Bieter dem Zielunternehmen den exakt gleichen Wert beimessen. Grundsätzlich existieren jedoch wertrelevante Eigenschaften, die für alle Bieter von Interesse sind und deren Wertschätzung beeinflussen
Bieteranzahl		
Beschränkung Teilnehmerkreis	–Begrenzung über Erhebung von Mindestpreisen oder Teilnahmegebühren möglich –*Exogene Bieteranzahl*: Geringere Bieteranzahl mindert die Wahrscheinlichkeit für einen Fluch des Gewinners, hierdurch ggf. positiver Effekt für erwartetes Einkommen –*Endogene Bieteranzahl:* Bei positiven Bietkosten verringern vergleichsweise mehr Bieter das erwartete Einkommen	–Positive Bietkosten in Praxis gegeben. Daher bei Erfüllung der restriktiven Annahmen des Grundmodells in spezifischer Veräußerungssituation Beschränkung des Teilnehmerkreises zu vermuten –Unabhängig vom Auktionsmodell zudem Reduktion von Koordinationskosten möglich, die in M&A-Transaktionen mit zunehmender Teilnehmeranzahl steigen. In der Praxis Einengung jedoch vermutlich eher über Bieterselektion als über Mindestpreise oder Eintrittsgelder
Informationspolitik		
Unterschiedliche Informationsstände potenzieller Käufer	–Die Offenlegung wertrelevanter Merkmale des Verkaufsobjekts führt zu einem geringeren Risiko der Bieter, einen Fluch des Gewinners zu erleiden und somit zu einem intensiveren Bieterwettbewerb	–Bei M&A-Transaktionen i.d.R. Abbau von Informationsasymmetrien über Due Diligence. Auktionstheoretische Begründung liegt in verstärktem Bieterwettbewerb. In praktischer Hinsicht zudem bessere Vergleichbarkeit der Gebote gegeben

Eigene Darstellung.

3.4 Modelltheoretische Erkenntnisse bei affiliierten Wertschätzungen

3.4.1 Grundmodell

3.4.1.1 Unterstellte Annahmen im Grundmodell

Bevor den auktionstheoretischen Literaturüberblick abschließend modelltheoretische Analysen zur Veräußerung von Unternehmen betrachtet werden, erfolgt den grundlegenden auktionstheoretischen Teil beendend in diesem Abschnitt die Darstellung der Ergebnisse, die unter der Annahme affiliierter Wertschätzungen resultieren. Das Modell affiliierter Wertschätzungen (Affiliated-values Model oder auch General Model) ist wie bereits angeführt von den Annahmen bzgl. der Wertschätzungen der Bieter das am wenigsten restriktivste und wird daher von allen betrachteten Auktionsmodellen der Realität am besten gerecht.[499]

In Anlehnung an die Vorgehensweise bei den Auktionsmodellen unabhängiger, privater Wertschätzungen und übereinstimmender Wertschätzung werden zunächst die Annahmen des Grundmodells bei unterstellter Affiliation der Wertschätzungen sowie sich hieraus ergebende Auswirkungen auf den Veräußerungserlös dargelegt. In einem zweiten Schritt werden Modellerweiterungen analysiert. Diese beziehen sich erstens auf Modifikationen der elementaren Annahmen des Grundmodells sowie der Standard-Auktionsregeln. Vor diesem Hintergrund werden risikoaverse Bieter sowie die Möglichkeit des Verkäufers, einen Mindestpreis festzusetzen, betrachtet. Zweitens verfügt der Verkäufer auch in diesem Auktionsmodell über weitere Handlungsoptionen, seine erwarteten Einnahmen zu steigern. In diesem Zusammenhang ist wiederum die Informationspolitik des Verkäufers von Bedeutung.

Im Grundmodell affiliierter Wertschätzungen wird weiterhin davon ausgegangen, dass die Bieter risikoneutral sind.[500] Analog dem Modell unabhängiger, privater Wertschätzungen verfügt jeder Bieter über private Informationen bzgl. seiner individuellen Wertschätzung. Weiterhin hängt die Wertschätzung eines jeden Bieters von der tatsächlichen Qualität des Objekts ab, die ihm aufgrund mangelnder Beobachtbarkeit nicht bekannt

[499] Vgl. hierzu auch Abschnitt 3.1.3 sowie die Ausführungen auf S. 111 der vorliegenden Arbeit.
[500] Vgl. Milgrom/Weber (1982a), S. 1095.

ist. Zufallsvariablen, die in die Wertschätzungsfunktion der Bieter eingehen, sind demnach deren private Information sowie generelle, wertbestimmende Einflussvariablen, über die der Verkäufer vollständig oder partiell Kenntnis erlangen könnte oder aber bereits besitzt. Die Annahme affiliierter Zufallsvariablen und somit der Wertschätzungen bedeutet ökonomisch, dass eine hohe Ausprägung der Wertschätzung des einen Bieters hohe Wertschätzungen der anderen Bieter wahrscheinlicher werden lässt.[501]

Ferner wird wie in den Grundmodellen unabhängiger, privater Wertschätzungen und übereinstimmender Wertschätzung eine Symmetrieannahme bzgl. der Bieter getroffen. Zudem wird die Symmetrieeigenschaft auch für die wertrelevanten Eigenschaften des Verkaufsobjekts unterstellt. Dies bedeutet erstens, dass die privaten Wertschätzungen der Interessenten alle der gleichen Verteilungsfunktion entstammen. Zweitens liegen sämtliche wertrelevanten Eigenschaften auf demselben Intervall.[502]

Beispielhaft für Situationen, in denen von affiliierten Wertschätzungen auszugehen ist, lassen sich differierende Produktionsmöglichkeiten von Unternehmen bei gleichzeitig für alle Unternehmen vorhandener Technologieunsicherheit im Rahmen von Vertragsausschreibungen nennen.[503] Im Hinblick auf M&A-Transaktionen können private Informationen z.B. in Form von Synergiepotenzialen, wie sie oftmals bei strategischen Investoren vorzufinden sind, gegeben sein. Eine für sämtliche Kaufinteressenten relevante Information des Verkäufers wäre z.B. die Höhe der zukünftig erzielbaren Kostensenkungen, die unabhängig von der Person des Eigentümers realisiert werden kann.[504]

Aufgrund der Interdependenz der Wertschätzungen sind Informationen, wie sie aus den Geboten der Konkurrenten abgeleitet werden können, für die persönliche Bietstrategie von Relevanz. Das im Modell unabhängiger, privater Wertschätzungen hergeleitete Einkommens-Äquivalenz-Theorem verliert innerhalb dieses Modellrahmens seine Gültigkeit, da die Äquivalenz von Vickrey-Auktion und Englischer Auktion nicht mehr gegeben ist. Während die Bieter in der Englischen Auktion Rückschlüsse aus den abgegebenen Geboten ausscheidender Bieter ziehen können, trifft dies in der Vickrey-Auktion

---

501 Vgl. Milgrom/Weber (1982a), S. 1097-1100. Technisch betrachtet handelt es sich um eine paarweise, positive Korrelation; vgl. Maskin/Riley (2000), S. 413.

502 Vgl. Krishna (2002), S. 86f. Eine zusammenfassende formale Darstellung der Annahmen des Grundmodells bei voneinander abhängigen Wertschätzungen befindet sich in Anhang E der vorliegenden Arbeit.

503 Vgl. McAfee/McMillan (1987a), S. 705.

504 Vgl. hierzu auch Povel/Singh (2006), S. 1400.

nicht zu.[505] Fragestellungen, die im Modell affiliierter Wertschätzungen adressiert werden, beziehen sich daher vorwiegend auf die optimale Ausgestaltung der Auktionsregel im Hinblick auf den erzielbaren Kaufpreis. Da zudem generelle, wertbestimmende Einflussvariablen Implikationen für die Wertschätzung der potenziellen Käufer haben, ist wie bereits angeführt ferner die Informationspolitik des Verkäufers von Interesse, der i.d.R. über die beste Kenntnis bzgl. der Qualität des Verkaufsobjekts verfügt.

3.4.1.2 Erwartetes Einkommen des Verkäufers

Im Modell affiliierter Wertschätzungen sind die Holländische und die Höchstpreis-Auktion weiterhin strategisch äquivalente Auktionsregeln. Eine Äquivalenz gilt jedoch nicht mehr für die Englische und die Vickrey-Auktion. Unter der Annahme risikoneutraler Bieter kann formal gezeigt werden, dass mit der Durchführung einer Englischen Auktion mindestens genauso hohe Verkaufserlöse realisiert werden können wie mit einer Vickrey-Auktion.[506] Dies liegt darin begründet, dass die zusätzlich generierten Informationen auf Basis der Gebote der Mitwettbewerber die Unsicherheit der Bieter und somit die Gefahr eines Fluchs des Gewinners reduzieren.[507] Folglich werden auch Bieter mit einer geringen Wertschätzung höhere Gebote abgeben, was wiederum den Druck auf die anderen Bieter erhöht.[508]

Im Vergleich zu Holländischen resp. Höchstpreis-Auktionen erweist sich die Vickrey-Auktion im Durchschnitt als vorteilhafter im Hinblick auf den zu erzielenden Verkaufserlös.[509] Diese Ergebnisse lassen sich auf das sog. Verkettungsprinzip („Linkage Principle“) zurückführen. Anders als im Modell unabhängiger, privater Wertschätzungen ist der Kaufpreis nicht ausschließlich als Funktion des Gebots des gewinnenden Bieters zu betrachten, sondern wird zusätzlich durch generelle, wertbestimmende Einflussfaktoren sowie die Wertschätzungen der Konkurrenten determiniert. Aufgrund der unterstellten Affiliationseigenschaft besteht wiederum ein Zusammenhang zwischen diesen Varia-

---

505 Eine Ausnahme liegt vor, sofern an der Englischen Auktion lediglich zwei Bieter teilnehmen, da die Auktion in diesem Fall durch das Ausscheiden des einen Bieters beendet ist; vgl. hierzu Krishna (2002), S. 85.

506 Vgl. Milgrom/Weber (1982a), S. 1105. Formale Darstellungen der Bietstrategien in der Vickrey- sowie der Englischen Auktion befinden sich in Anhang F resp. in Anhang G der vorliegenden Arbeit.

507 Vgl. Milgrom/Weber (1982a), S. 1095; McAfee/Reny (1992); S. 419.

508 Vgl. McAfee/McMillan (1987a), S. 722; Ashenfelter (1989), S. 33.

509 Eine formale Darstellung der Bietstrategie in der Höchstpreis-Auktion ist in Anhang H dargestellt. Die mathematische Herleitung des erwarteten Einkommens des Verkäufers bei voneinander abhängigen Wertschätzungen befindet sich in Anhang I.

blen. Das bedeutet, dass umso mehr der Kaufpreis von exogenen Variablen abhängt und umso stärker die Affiliation der Wertschätzungen der Bieter mit diesen Variablen, desto höher der Kaufpreis. In der Englischen Auktion besteht eine Verkettung mit den Wertschätzungen sämtlicher Bieter und in der Vickrey-Auktion mit der des zweithöchsten Bieters, wohingegen in der Höchstpreis-Auktion bzw. der Holländischen Auktion keinerlei Beziehung zu den Wertschätzungen der Mitwettbewerber besteht.[510]

3.4.2 Erweiterungen des Grundmodells

3.4.2.1 Risikoaversion

Wird die Annahme der Risikoneutralität des Grundmodells affiliierter Wertschätzungen durch die der Risikoaversion substituiert, kann keine Aussage über die Vorteilhaftigkeit von Vickrey- oder Höchstpreis-Auktion bzgl. des erwarteten Verkaufserlöses getroffen werden. Ein Vergleich von Vickrey- und Englischer Auktion führt unter den modifizierten Modellprämissen zu dem Ergebnis, dass die Englische Auktion bei konstanter absoluter Risikoaversion der Bieter zu durchschnittlich höheren Kaufpreisen führt.[511]

In der Realität besteht zudem zusätzliche Unsicherheit hinsichtlich des Werts des Verkaufsobjekts aufgrund von Entwicklungen, die weder der Verkäufer noch die Bieter zum Zeitpunkt der Auktion kennen. Diese können allgemeiner Natur sein, wie z.B. die Entwicklung von Rohstoffpreisen, oder aber käuferspezifisch, wie z.B. unerwartete zusätzliche Produktionskosten. Wird der Modellrahmen um diese Komponenten erweitert, bieten Interessenten mit gleicher abnehmender absoluter Risikoaversion in der Englischen, der Höchstpreis- sowie der Vickrey-Auktion vorsichtiger. Dies resultiert aus der Tatsache, dass in der Höchstpreis-Auktion aus jeder zusätzlichen Geldeinheit Gewinn ein höherer Nutzen gezogen wird als aus einer höheren Wahrscheinlichkeit, die

---

510 Vgl. Milgrom/Weber (1982a), S. 1095 und 1109f.; Milgrom (1985), S. 278; Milgrom (1987), S. 20-22; Milgrom (1989), S. 15f.; Riley (1989), S. 49f.; Wolfstetter (1998), S. 155-157; Klemperer (1999), S. 235. Eine weitere Implikation des Verkettungsprinzips ist darin zu sehen, dass der erwartete Verkaufserlös gesteigert werden kann, indem der zu zahlende Verkaufsspreis teilweise variabel gestaltet wird. Diese Option ist sinnvoll, sofern wertrelevante Eigenschaften des Verkaufsobjekts nach der Auktion beobachtbar sind. Im Fall eines Ölfeldes können variable Komponenten z.B. Lizenzgebühren für tatsächliche Fördermengen sein; vgl. Riley (1988), S. 420-423; McAfee/McMillan (1986), S. 330-332. Werden die Modellannahmen dahingehend erweitert, dass den Bietern die Rangordnung der einzelnen Wertschätzungen bekannt ist, ist die Höchstpreis-Auktion gemessen am Kriterium des zu erzielenden Verkaufspreises vorteilhafter als die Englische Auktion; vgl. Landsberger et al. (2001), S. 462-464 sowie S. 473f.

511 Vgl. Milgrom/Weber (1982a), S. 1097 und S. 1114-1117.

Auktion zu gewinnen. In der Vickrey-Auktion sowie der Englischen Auktion kann gezeigt werden, dass der Bieter eine zusätzliche Risikoprämie fordert, die auf Grundlage seines ursprünglichen Einkommensniveaus vor Berücksichtung der weiteren Risikokomponente berechnet wird. Da die Bieter jedoch im Durchschnitt durch die Zuteilung bei der Auktion einen Gewinn realisieren, fällt die Verringerung des Gebots zu hoch aus. Eine Aussage hinsichtlich der Vorteilhaftigkeit der betrachteten Auktionsregeln lässt sich allerdings nicht ableiten.[512]

3.4.2.2 Mindestpreis

Würde in den Standard-Auktionsregeln unter Annahme affiliierter Wertschätzungen der gleiche positive Mindestpreis gesetzt, nähmen an den jeweiligen Auktionen die gleichen Bieter teil. Weiterhin würde sich auch die Rangordnung der Vorteilhaftigkeit verschiedener Auktionsregeln aus Perspektive des Verkäufers nicht ändern. Im Durchschnitt führt die Englische Auktion zu den höchsten Verkaufserlösen, gefolgt von der Vickrey-Auktion, die wiederum zu höheren Verkaufserlösen führt als die Höchstpreis-Auktion. Verfügt der Verkäufer zusätzlich über private Informationen und teilt diese den Bietern mit, verändert sich deren Wertschätzung. Im Gegensatz zum Grundmodell findet an dieser Stelle zusätzlich ein Abgleich der aktualisierten Wertschätzung mit dem Mindestpreis statt. Demnach besteht die Möglichkeit, dass sich die Menge an Bietern, die bereit sind, an der Auktion teilzunehmen, verändert. Es kann allerdings gezeigt werden, dass eine Strategie der vollständigen und wahrheitsgemäßen Offenlegung der Informationen auch bei positiven Mindestpreisen für den Anbieter optimal ist.[513]

Im Modell unabhängiger, privater Wertschätzungen ist die Höhe des Mindestpreises unabhängig von der Anzahl der Bieter und liegt stets über dem Reservationswert des Verkäufers. Im Modell affiliierter Wertschätzungen ist dies nicht der Fall. Eine positive Wirkung auf den Verkaufserlös ist z.B. in der Vickrey-Auktion nur gegeben, sofern der Mindestpreis oberhalb der zweithöchsten, aber unterhalb der höchsten Wertschätzung liegt. Insofern besteht der zusätzliche erwartete Gewinn darin, dass die zweithöchste Wertschätzung durch den Mindestpreis substituiert wird.[514]

---

[512] Vgl. Esö/White (2004), S. 77-86 sowie S. 91.

[513] Vgl. Milgrom/Weber (1982a), S. 1111f. Zur Informationspolitik des Verkäufers vgl. auch Abschnitt 3.4.2.3.

[514] Vgl. Levin/Smith (1996), S. 1275-1278.

In einer Höchstpreis-Auktion hingegen sollen durch den Mindestpreis höhere Gebote hervorgerufen werden. Bei Vorliegen affiliierter Wertschätzungen ist die Wahrscheinlichkeit dafür, dass überhaupt kein Verkauf stattfindet, aber trotz sehr hoher Bieteranzahl positiv. Bei einer großen Anzahl an Bietern liegen höchste und zweithöchste Wertschätzung der Bieter ohnehin sehr nahe beieinander, wodurch der positive Effekt eines Mindestpreises vernachlässigbar ist. Von daher ist es für den Verkäufer suboptimal, den Mindestpreis höher als seinen Reservationswert zu setzen. Mit zunehmender Bieteranzahl konvergiert der optimale Mindestpreis jedoch gegen den Wert, den der Anbieter dem Verkaufsobjekt beimisst. Ökonomisch lassen sich diese Ergebnisse dahingehend interpretieren, dass ein Verkäufer, der einen niedrigen oder aber gar keinen Mindestpreis ansetzt, von einem ausreichenden Bieterwettbewerb in der Auktion ausgeht.[515]

3.4.2.3 Informationspolitik des Verkäufers: Offenlegung wertrelevanter Eigenschaften des Zielunternehmens

Eine weitere Modifikation des Grundmodells affiliierter Wertschätzungen beschäftigt sich mit der Fragestellung, inwiefern der Verkäufer durch eine gezielte Informationspolitik hinsichtlich wertbeeinflussender Eigenschaften des Zielunternehmens seine erwarteten Einnahmen aus dem Verkaufsprozess erhöhen kann. Grundsätzlich bestehen auch bei M&A-Transaktionen vorvertragliche Informationsasymmetrien zwischen Veräußerer und potenziellen Interessenten, wobei der Verkäufer die Position der besser informierten Vertragspartei innehat. Hieraus resultierende Konflikte lassen sich durch einen entsprechenden Abbau des Informationsgefälles durch den Verkäufer mildern.[516] Prinzipiell sind folgende Ausprägungen der Informationspolitik des Verkäufers hinsichtlich seiner privaten Informationen denkbar:[517]

---

515 Vgl. Levin/Smith (1996), S. 1280-1282.

516 „Screening"-Aktivitäten seitens der Käufer werden an dieser Stelle nicht betrachtet, da der Fokus der Untersuchung auf der optimalen Gestaltung des Prozesses aus Perspektive des Verkäufers liegt. Es sei aber kurz angemerkt, dass bei Höchstpreis-Auktionen stärkere Anreize bestehen, zusätzliche Informationen einzuholen, als bei Vickrey-Auktionen. Dies ist darauf zurückzuführen, dass im Fall einer Höchstpreis-Auktion der Kaufpreis dem abgegebenen Gebot entspricht. Der aus der Zuteilung resultierende Gewinn ist hierbei umso höher, je näher dieses am zweithöchsten Gebot liegt. Bei Annahme affiliierter Wertschätzungen sind Informationen über den Wert des Verkaufsobjekts mit den Wertschätzungen und somit den Geboten der Teilnehmer zudem korreliert; vgl. Persico (2000), S. 142-145.

517 Vgl. Milgrom/Weber (1982a), S. 1095f. Im Modell unabhängiger, privater Wertschätzungen ist die Informationspolitik des Verkäufers irrelevant, da jeder Bieter seine eigene Wertschätzung annahmegemäß mit Sicherheit kennt. In diesem Zusammenhang spielen für die Bietstrategie der einzelnen Kaufinteressenten lediglich Informationen über die Anzahl der Bieter resp. den Bieterwettbewerb eine Rolle; vgl. McAfee/McMillan (1987b), S. 12.

1. Vollständige Geheimhaltung,
2. vollständige und wahrheitsgemäße Aufdeckung,
3. Selektion und Weiterleitung ausschließlich positiver Informationen,
4. Zusammenfassung der Informationen,
5. Offenlegung verzerrter Informationen.

Formal kann gezeigt werden, dass unter der Annahme von risikoneutralen Bietern eine Politik der vollständigen und wahrheitsgemäßen Informationsfreigabe für den Verkäufer im Durchschnitt sowohl in der Höchstpreis-, in der Vickrey- als auch in der Englischen Auktion zu höheren Verkaufserlösen führt als sämtliche anderen Informationsstrategien.[518] Die Offenlegung von Informationen resultiert in zusätzlichen Verkettungen mit den Wertschätzungen der Bieter.[519] Selbst die Strategie der Informationsselektion, in welcher der Verkäufer ausschließlich für seine Zielerreichung vorteilhafte Informationen an die Bieter übermittelt, führt zu keinem höheren Verkaufserlös. Dies ist darauf zurückzuführen, dass rationale Bieter das Fehlen einer Information über wertrelevante Merkmale des Verkaufsobjekts als negatives Signal interpretieren würden, sofern sie sich der Informationsselektion seitens des Anbieters bewusst sind.[520]

Werden jedoch risikoaverse Bieter unterstellt, ist der Einfluss der Informationsstrategie auf den erwarteten Kaufpreis nicht in allen Standard-Auktionsregeln eindeutig bestimmbar. In der Englischen sowie in der Vickrey-Auktion gilt weiterhin, dass die vollständige und wahrheitsgemäße Offenlegung der privaten Informationen des Verkäufers die durchschnittliche Zahlungsbereitschaft von Bietern mit konstanter absoluter Risikoaversion erhöht.[521] Bei einer Höchstpreis-Auktion kann diese Informationsstrategie sowohl zu höheren als auch zu niedrigeren erwarteten Verkaufserlösen führen.[522]

Im Rahmen der dargestellten Ergebnisse wurde implizit unterstellt, dass der Verkäufer im Hinblick auf die Offenlegung seiner privaten Information sämtliche Bieter gleich

[518] Vgl. Milgrom/Weber (1982a), S. 1102f. und S. 1106; Milgrom (1985), S. 279f.; Milgrom (1987), S. 22f.
[519] Vgl. Milgrom/Weber (1982a), S. 1111; McAfee/McMillan (1987a), S. 722.
[520] Vgl. Milgrom/Weber (1982a), S. 1103; Milgrom (1981a), S. 387-389.
[521] Vgl. Milgrom/Weber (1982a), S. 1116f.
[522] Vgl. McAfee/McMillan (1987b), S. 11f.

behandelt. Als Grund hierfür kann z.B. aus langfristiger Sicht die Reputation eines Anbieters im Markt angeführt werden.[523]

3.4.3 Würdigung der Erkenntnisse der auktionstheoretischen Literatur vor dem Kontext von M&A-Transaktionen

Die Ergebnisse des *Grundmodells* legen eine Dominanz der Englischen Auktion in der unternehmerischen Praxis nahe. Gemäß den Erkenntnissen der managementorientierten Literatur erfolgt die Gebotsabgabe bei kontrollierten Auktionen im M&A-Bereich jedoch stets verdeckt. Diese voneinander abweichenden Resultate gilt es im Rahmen der Expertengespräche zu thematisieren und ergründen. Ergänzend sei angemerkt, dass sich auch Auktionen mit verdeckten Geboten derart gestalten lassen, dass sie für den Verkäufer zu höheren Verkaufserlösen führen als eine Englische Auktion. Zusätzlich weisen erstere die vorteilhafte Eigenschaft auf, dass die Formierung von Bieterkartellen erschwert wird.[524]

Werden abweichend zum Grundmodell *risikoaverse Bieter* unterstellt, ist eine Rangordnung einzelner Standard-Auktionsregeln bzgl. ihrer Vorteilhaftigkeit für den Verkäufer nicht abschließend bestimmbar. Insofern lässt sich auch keine eindeutige Handlungsempfehlung für den Verkäufer ableiten. Wie im Rahmen der Würdigung von risikoaversen Bietern bei Annahme unabhängiger, privater Wertschätzungen dargelegt, gestaltet es sich in der unternehmerischen Praxis nahezu unmöglich, den Grad der Riskoaversion einzelner Interessenten zu bestimmen.[525] Daher ist weiterhin zu vermuten, dass der

[523] Spielen derartige Bedenken keine Rolle, kann eine Ungleichbehandlung der Bieter unter bestimmten Voraussetzungen zu besseren Ergebnissen führen. Hierbei wird angenommen, dass die Ungleichbehandlung seitens des Verkäufers allgemeines Wissen ist. Dies bedeutet, dass Bieter, die keine Information erhalten haben, schlussfolgern, dass einem Konkurrenten Informationen vom Anbieter zugegangen sind. Diese Schlussfolgerung ist plausibel, da im Grundmodell affiliierter Wertschätzung die vollständige und wahrheitsgemäße Offenlegung die für den Verkäufer optimale Informationsstrategie darstellt. Indem der Verkäufer seine Informationen nicht öffentlich zugänglich, sondern nur ausgewählten Bieter verfügbar macht, kann der erwartete Verkaufserlös in einer Vickrey-Auktion gesteigert werden. In der Höchstpreis-Auktion gilt dies für bestimmte Ausprägungen der Signale des Verkäufers. In diesem Fall überwiegt der Vorteil aus proprietären Informationen eines oder bestimmter Bieter, z.B. um Bieterasymmetrien abzubauen, den aus einer zusätzlichen Verkettung; vgl. Mares/Harstad (2003), S. 267f. und 274-276. Aus Vereinfachungsgründen werden die Resultate im Modell übereinstimmender Wertschätzung hergeleitet. Sie lassen sich jedoch prinzipiell auf das Modell affiliierter Wertschätzung verallgemeinern; vgl. Mares/Harstad (2003), S. 265, Fußnote 3.

[524] Vgl. hierzu Wolfstetter (1998), S. 157; Perry/Wolfstetter/Zamir (2000) sowie detaillierter Abschnitt 3.5.1 der vorliegenden Arbeit.

[525] Vgl. hierzu Abschnitt 3.2.3 der vorliegenden Arbeit.

Aspekt der Risikopräferenzen potenzieller Käufer bei der Selektion und Ausgestaltung der Auktionsregel üblicherweise unberücksichtigt bleibt.

Setzt der Verkäufer einen *Mindestpreis* fest, führt wie im Grundmodell die Englische Auktion im Durchschnitt zum höchsten erwarteten Einkommen des Verkäufers. Allerdings ist auch bei Unterstellung von affiliierten Wertschätzungen davon auszugehen, dass Mindestpreise in der unternehmerischen Praxis von untergeordneter Relevanz sind. Dies ist darauf zurückzuführen, dass die optimale Höhe des Mindestpreises nicht allein durch den Reservationspreis des Verkäufers beeinflusst wird. Sie hängt vielmehr von den Wertschätzungen der Bieter sowie der Bieteranzahl ab. Erstere sind jedoch auch dem Verkäufer nicht bekannt. Beispielhaft lässt sich die Vickrey-Auktion anführen, in der eine positive Wirkung des Mindestpreises lediglich gegeben ist, sofern dieser zwischen höchster und zweithöchster Wertschätzung liegt. Zudem wird in den modelltheoretischen Analysen von einer exogenen Bieteranzahl ausgegangen. An dieser Stelle sei auf die Würdigung der Erkenntnisse zu Mindestpreisen bei Annahme unabhängiger, privater Wertschätzungen verwiesen, derzufolge eine Endogenisierung der Bieter der Realität besser gerecht würde. In diesem Fall wären negative Rückwirkungen eines Mindestpreises auf das Teilnahmeinteresse der potenziellen Käufer zu vermuten.[526]

Gemäß den Erkenntnissen bei Annahme von affiliierten Wertschätzungen ist eine *Informationspolitik* des Verkäufers, in der sämtliche ihm bekannten Informationen wahrheitsgetreu offengelegt werden, optimal für den erwarteten Kaufpreis. Im Kontext von M&A-Transaktionen ist einschränkend anzumerken, dass bzgl. der Informationsstrategie des Verkäufers besondere Vertraulichkeitsanforderungen gelten. Die Annahmen des Grundmodells affiliierter Wertschätzungen vernachlässigen die Tatsache, dass es sich bei den Daten bspw. um wettbewerbsrelevante Informationen handeln könnte, die die potenziellen Erwerber evtl. auch bei Nicht-Zuteilung gegen den Verkäufer resp. den neuen Eigentümer verwenden könnten. Aus diesem Grund ist für die unternehmerische Praxis zu vermuten, dass eine vollständige Offenlegung sämtlicher dem Verkäufer zur Verfügung stehender Informationen nur in Ausnahmesituationen vorzufinden ist. Dies gilt unabhängig von den Risikopräferenzen der Teilnehmer. Abbildung 3.8 fasst die Würdigung zentraler auktionstheoretischer Erkenntnisse bei Annahme affiliierter Wertschätzungen abschließend zusammen.

---

[526] Vgl. hierzu auch Abschnitt 3.2.3 der vorliegenden Arbeit.

Abb. 3.8 Würdigung zentraler auktionstheoretischer Erkenntnisse bei affiliierten Wertschätzungen

Entscheidungsvariable/ Modellannahme	Erkenntnis	Würdigung
Selektion/Modifikation Standard-Auktionsregeln		
Grundmodell	– Die Englische Auktion führt zu einem mindestens genauso hohen erwarteten Einkommen wie alle anderen Standard-Auktionsregeln	– Erkenntnisse legen Dominanz der Englischen Auktion nahe. Insofern besteht eine Abweichung zum Ergebnis der managementorientierten Literatur, dass bei kontrollierten Auktionen stets verdeckte Gebote eingeholt werden
Risikoaversion	– „Rangordnung“ bzgl. der Vorteilhaftigkeit aller Standard-Auktionsregeln nicht abschließend bestimmbar	– Keine eindeutige Handlungsempfehlung für den Verkäufer möglich
Mindestpreis	– Bei Festsetzung eines Mindestpreises führt weiterhin die Englische Auktion im Durchschnitt zum höchsten erwarteten Einkommen des Verkäufers – Optimale Höhe des Mindestpreises abhängig von der Anzahl der Bieter und deren Wertschätzungen	– Verkäufer kann sich bei Festsetzung des optimalen Mindestpreises nicht allein an seinem Reservationspreis orientieren. Mitunter wäre Kenntnis der Wertschätzungen der Bieter erforderlich (z.B. bei einer Vickrey-Auktion), die der Verkäufer üblicherweise nicht besitzt – Ergebnisse basieren auf der Annahme einer fixen Bieteranzahl. Letztere wäre realistischerweise zu endogenisieren, weshalb Rückwirkungen auf das Teilnahmeinteresse zu vermuten sind. Daher wird abschließend angenommen, dass Mindestpreise in der Praxis eher selten vorzufinden sind
Informationspolitik		
Geheimhaltung/Offenlegung wertrelevanter Merkmale	– *Risikoneutrale Bieter:* Strategie der vollständigen und wahrheitsgemäßen Offenlegung führt im Durchschnitt in allen vier Standard-Auktionsregeln zu höherem erwarteten Einkommen des Verkäufers	– *Risikoneutrale Bieter:* Vollständige und wahrheitsgemäße Offenlegung ist vorteilhaft für den Verkäufer, allerdings müssen sämtliche Bieter gleich behandelt werden

Fortsetzung Abb. 3.8 auf der nachfolgenden Seite.

Abb. 3.8 (fortges.) Würdigung zentraler auktionstheoretischer Erkenntnisse bei affiliierten Wertschätzungen

Entscheidungsvariable/ Modellannahme	Erkenntnis	Würdigung
Selektion/Modifikation Standard-Auktionsregeln		
Informationspolitik		
Geheimhaltung/Offenlegung wertrelevanter Merkmale	– *Konstant absolut risikoaverse Bieter:* Strategie der vollständigen und wahrheitsgemäßen Offenlegung führt im Durchschnitt in der Englischen sowie in der Vickrey-Auktion zu höherem erwarteten Einkommen. Keine eindeutige Auswirkung für die Höchstpreis-Auktion ableitbar	– *Konstant absolut risikoaverse Bieter:* Vorteilhaftigkeit der vollständigen und wahrheitsgemäßen Offenlegung abhängig von Auktionsregel, zudem ist wie bei risikoneutralen Bietern eine Gleichbehandlung der potenziellen Käufer erforderlich – Modellannahmen vernachlässigen den Sachverhalt, dass die Informationen des Verkäufers bspw. auch bei Nicht-Zuteilung von den Bietern gegen den Verkäufer resp. den neuen Eigentümer verwendet werden könnten. Daher ist anzunehmen, dass eine vollständige Offenlegung nicht im Interesse des Verkäufers und somit für die Praxis von untergeordneter Relevanz ist

Eigene Darstellung.

3.5 Modelltheoretische Erkenntnisse mehrstufiger Auktionen

3.5.1 Modell von Perry/Wolfstetter/Zamir (2000)

Die Ergebnisse der managementorientierten Literatur sowie einzelner empirischer Studien legen nahe, dass auf dem Markt für Unternehmenskontrolle eine Großzahl an Transaktionen anhand von Auktionen mit verdeckten Geboten durchgeführt wird. Deren Ausgestaltung weicht von den Standard-Auktionsregeln der Höchstpreis- sowie der Vickrey-Auktion insofern ab, als dass die Zuteilung aufgrund der Ergebnisse mehrerer

Bietrunden erfolgt.[527] Während die grundlegende Auktionstheorie bereits um vielzählige Analysen zu Fragestellungen, die im Zusammenhang mit öffentlichen Übernahmeangeboten (Tender Offer) oder aber mit einstufigen M&A-Prozessen auftreten, erweitert wurde,[528] ist dies für die Untersuchung von Verkaufstransaktionen in Form einer mehrstufigen Auktion erst in jüngerer Zeit zutreffend.

Perry/Wolfstetter/Zamir (2000) nehmen vor diesem Hintergrund den Vergleich eines mehrstufigen Prozesses mit einer Standard-Auktionsregel vor. Unter der Annahme affiliierter Wertschätzungen wird ein Prozess mit zwei Bietrunden modelliert. Nachdem die Bieter ein Signal bzgl. ihrer Wertschätzung des Verkaufsobjekts erhalten haben, wird in einem ersten Schritt unter den Interessenten eine Höchstpreis-Auktion durchgeführt. Lediglich die beiden Bieter mit den höchsten Geboten gelangen in die nächste Runde, die Gebote der Verlierer werden öffentlich bekannt gegeben. In einem weiteren Schritt konkurrieren die potenziellen Käufer in einer Vickrey-Auktion, wobei ihr jeweiliges Gebot aus der ersten Runde eine Untergrenze für ihre nun abzugebende Zahlungsbereitschaft darstellt.[529]

Perry/Wolfstetter/Zamir (2000) zeigen, dass der erwartete Verkaufserlös in diesem Fall dem einer einstufigen, Englischen Auktion entspricht. Der Vergleich mit einer Englischen Auktion erfolgt, da diese aus Verkäufersicht im Grundmodell affiliierter Wertschätzungen von allen Standard-Auktionsregeln am Vorteilhaftesten ist.[530] Das modifizierte Auktionsdesign hat zudem den Vorzug, dass es aufgrund der verdeckten Ge-

527 Vgl. Boone/Mulherin (2007), S. 848f. sowie S. 851f.; Boone/Mulherin (2003), S. 12-14 und die Ergebnisse der managementorientierten Literatur in Abschnitt 2.4.2.1.

528 Zu Anreizen einzelner Bieter, im Rahmen von öffentlichen Übernahmeangeboten den Eintritt weiterer Interessenten durch die Abgabe eines präventiv hohen Gebots zu vermeiden, vgl. Giammarino/Heinkel (1986); Fishman (1988); Hirshleifer/P'ng (1989); Daniel/Hirshleifer (1998); Avery (1998). Modellerweiterungen, die zusätzlich die Wahl des Zahlungsmittels in die Analyse einbeziehen, finden sich bei Fishman (1989); Chowdry/Nanda (1993). Einflüsse der Finanzierungsform auf den erwarteten Erlös bei Verkaufstransaktionen untersuchen Hansen (1985); DeMarzo/Kremer/Skrzypacz (2005) sowie Rhodes-Kropf/Viswanathan (2000) für den Fall insolventer Unternehmen. Ein weiterer Literaturstrang beschäftigt sich mit Bietern, die Budgetrestriktionen unterliegen; vgl. Che/Gale (1996); Che/Gale (1998) sowie Rhodes-Kropf/Viswanathan (2005). Bieterasymmetrien in Form eines geringen Anteilsbesitzes am Zielunternehmen vor dem eigentlichen Verkauf werden bei Burkart (1995); Singh (1998) und Bulow/Huang/Klemperer (1999) behandelt. Povel/Singh (2006) analysieren Übernahmesituationen, in denen die Bieter unterschiedlich gut informiert sind.

529 Hierdurch kann sichergestellt werden, dass die Bieter in der ersten Runde ihr Gebot als Funktion ihrer tatsächlichen Wertschätzung formulieren und nicht höher bieten, um in die nächste Bietrunde zu gelangen. Auktionen, in denen mehrere Auktionsregeln miteinander kombiniert werden, werden auch als hybride Auktionen bezeichnet; vgl. Dutra/Menezes (2002), S. 307.

530 Vgl. hierzu Perry/Wolfstetter/Zamir (2000), S. 266 sowie Abschnitt 3.4.1.2 der vorliegenden Arbeit.

botsabgabe weniger anfällig für kollusives Bieterverhalten und eine Verringerung des Bieterwettbewerbs durch die Abgabe präventiv hoher Gebote ist.[531]

3.5.2 Modell von Hansen (2001)

Hansen (2001) geht zunächst in Form einer verbalen Beschreibung näher auf den in der Praxis zu beobachtenden Verkaufsprozess von Unternehmen ein. Die Darstellung ähnelt dem im vorhergehenden Kapitel beschriebenen zweistufigen Prozess einer kontrollierten Auktion: Grundsätzlich kommen strategische Investoren und Finanzinvestoren als potenzielle Erwerber in Betracht, von denen lediglich eine begrenzte Anzahl angesprochen wird. Mit zunehmendem Prozessfortschritt erhalten diese vertraulichere Informationen, wobei die Einengung des Bieterkreises aufgrund des abgegebenen indikativen Gebots erfolgt. In einem letzten Schritt wird eine Höchstpreis-Auktion durchgeführt, um den endgültigen Käufer zu selektieren.[532] Im Unterschied zum Modell von Perry/ Wolfstetter/Zamir (2000) haben die indikativen Gebote in der Praxis jedoch keinerlei verbindlichen Implikationen für die Gebote der nächsten Bietrunde.

Aus dieser in der Praxis üblichen Vorgehensweise wird abgeleitet, dass ein Verkäufer Interesse daran hat, den Zugang zur Auktion sowie den Informationsfluss an die Bieter zu beschränken. Einerseits können die Käufer ihre Wertschätzung und somit ihr Gebot für das Verkaufsobjekt zwar nur bestimmen, sofern sie über ausreichend Informationen hinsichtlich wertrelevanter Eigenschaften verfügen. Andererseits können diese Informationen den Interessenten aber auch in ihrer Eigenschaft als Wettbewerber, Zulieferer oder Kunde nützlich sein, wenn sie in der Auktion nicht zum Zuge kommen. Zentral für das Modell von Hansen (2001) ist die Wettbewerbsrelevanz der vom Verkäufer offengelegten Informationen. Diese rechtfertigt einerseits die Limitierung des Bieterkreises sowie deren stufenweise Freigabe. Andererseits resultiert aus diesen Einschränkungen eine Verminderung des Bieterwettbewerbs.[533]

---

[531] Vgl. Perry/Wolfstetter/Zamir (2000), S. 268-271.

[532] Vgl. Hansen (2001), S. 30-32. Hierbei ist zusätzlich zu berücksichtigen, dass der Verkäufer mit einem Bewertungsproblem konfrontiert wird, sollten die Käufer nicht ausschließlich Barmittel offerieren; vgl. Hansen (2001), S. 32.

[533] Vgl. Hansen (2001), S. 32-34. Ähnlich argumentieren Bulow/Klemperer (1996), die darauf verweisen, dass es in den Interessen der Anteilseigner sein kann, die Anzahl an Bietern zu beschränken, sobald Wert für den potenziellen Käufer aufgrund der Offenlegung vertraulicher Informationen vernichtet würde; vgl. Bulow/Klemperer (1996), S. 190f. Im Rahmen der Strukturierung des Verkaufsprozesses wird somit der durch die Ausgestaltung der Auktionsregel determinierte Grad des

Im Rahmen der sich anschließenden Analyse wird daher dieser Tradeoff auf der zweiten Stufe der Auktion formalisiert und untersucht. Einschränkend ist anzumerken, dass bei Hansen (2001) der endgültige Käufer vereinfachend durch eine Englische Auktion bestimmt wird. Dies steht im Gegensatz zu der getätigten Beobachtung, dass in der unternehmerischen Praxis i.d.R. verdeckte Gebote eingeholt werden. Ein Vergleich alternativer Auktionsregeln im Hinblick auf den erwarteten Erlös des Verkäufers ist wie oben angeführt jedoch auch nicht Zielsetzung des Modells.[534]

Die Wertschätzung eines Bieters wird als Funktion seines Typusses resp. bieterspezifischer Faktoren und einer Zufallsvariable modelliert, die den Zustand der Vermögensgegenstände des Verkaufsobjekts in Abhängigkeit verschiedener Umweltzustände beschreibt. Deren Realisierung kann jedoch erst nach dem Kauf des Unternehmens beobachtet werden. Der Verkäufer erhält ebenfalls ein Signal, das mit dem Zustand der Vermögensgegenstände korreliert, den Bietern aber zunächst unbekannt ist. Legt der Verkäufer seine Informationen offen, aktualisieren die Bieter ihre Wahrscheinlichkeitseinschätzungen bzgl. des Eintretens der denkbaren Umweltzustände. Zudem wird angenommen, dass die Informationen des Anbieters wettbewerbsrelevant sind. Lässt der Verkäufer diese anderen Bietern als demjenigen, der die Zuteilung erhält, zukommen, verringert sich aus Perspektive der Kaufinteressenten der erwartete Gewinn aus der Zuteilung. Analog reduziert sich der erwartete Verkaufserlös mit zunehmender Bieteranzahl und Informationsfreigabe. Dennoch ist eine gewisse Anzahl an Bietern erforderlich, um einen ausreichend starken Bieterwettbewerb zu gewährleisten. Folglich existieren eine optimale Anzahl an Bietern sowie eine optimale Menge an Informationen, die der Verkäufer den Interessenten zukommen lassen sollte.[535]

Für den Verkäufer ist es daher essenziell, eine Selektion der Bieter vorzunehmen, die Zugang zu wettbewerbsrelevanten Informationen erhalten. Dies geschieht durch den Ausleseprozess in der ersten Stufe des Verkaufsverfahrens.[536] Modelltheoretisch kann gezeigt werden, dass eine Auswahl anhand der nicht bindenden, indikativen Gebote,

---

Bieterwettbewerbs zur Entscheidungsvariable für den Verkäufer; vgl. Boone/Mulherin (2007), S. 849.

534 Vgl. Hansen (2001), S. 35.

535 Vgl. Hansen (2001), S. 34-36. Beide werden im vorliegenden Modell jedoch nicht explizit hergeleitet. Ist der Einfluss der wettbewerbsrelevanten Informationen sehr hoch, kann im Extremfall auch die direkte Verhandlung mit nur einem Bieter für den Verkäufer optimal sein; vgl. Dasgupta/ Hansen (2007); S. 118.

536 Wie in Abschnitt 2.2.1.3 dargestellt, findet bereits in der Phase der Vorbereitung und Analyse eine Vorauswahl der anzusprechenden Parteien statt. Diese wird im vorliegenden Modell nicht eingehender betrachtet.

wie sie in der Praxis vorgenommen wird, keine Garantie für die Selektion der Bieter mit den höchsten Wertschätzungen ist. Vielmehr muss für die nachfolgende Auktion ein Mindestpreis festgelegt werden, der von den eingereichten indikativen Geboten abhängt. Somit wird verhindert, dass Bieter in der ersten Phase vergleichsweise zu hohe Gebote abgeben, um Zutritt zur zweiten Phase zu erhalten. Anders ausgedrückt wird es für Bieter mit sehr geringer Wertschätzung relativ gesehen teurer, ein hohes indikatives Gebot einzureichen. Dies gilt, sofern von einer positiven Korrelation zwischen originärer und aktualisierter Wertschätzung nach Erhalt der Verkäuferinformationen ausgegangen werden kann. Ferner muss auch der Bieter mit der geringsten ex ante Wertschätzung in der zweiten Runde einen positiven erwarteten Gewinn aus der Zuteilung haben. Ansonsten wäre ein hohes indikatives Gebot seinerseits sinnvoll, um an die wettbewerbsrelevanten Informationen zu gelangen.[537]

3.5.3 Modell von Ye (2007)

Während in der Arbeit von Hansen (2001) den Bietern die Informationen des Verkäufers kostenlos zugehen, untersucht Ye (2007) bei zweistufigen Auktionen, wie sich positive Bietkosten auf den Bieterwettbewerb auswirken. Diese können z.B. in Form von Kosten der Informationsakquisition und -verarbeitung anfallen, wenn personelle Ressourcen im Rahmen der Due Diligence gebunden sind, oder aber externe Berater hinzugezogen werden. Im Modell von Ye (2007) wird nicht davon ausgegangen, dass die Informationen unabhängig vom Ausgang der Auktion von den Kaufinteressenten verwertet werden können. Daher ist ein Eintritt in die zweite Stufe der Auktion nur sinnvoll, sofern die Wahrscheinlichkeit, die Auktion zu gewinnen ausreichend hoch ist.[538] Diese Wahrscheinlichkeit sinkt mit steigender Bieteranzahl. Folglich kann auch die Entscheidung des Verkäufers, die Teilnehmeranzahl zu beschränken, gerechtfertigt werden.[539] Schließlich vergleicht Ye (2007) alternative zweistufige Auktionsregeln mit bindenden und nicht bindenden Geboten, um eine Aussage über den effizienten Eintritt in die zweite Stufe ableiten zu können.

---

[537] Vgl. Hansen (2001), S. 34-36f. sowie S. 40-42.

[538] Es wird angenommen, dass bei einer ausreichend großen Grundgesamtheit an Bietern oder aber sehr hohen Eintrittskosten einige Bieter einen Verlust erleiden, wenn sämtliche Bieter der Grundgesamtheit an der Auktion teilnehmen; vgl. Ye (2007), S. 186.

[539] Vgl. Ye (2007), S. 182. Im Gleichgewicht trägt der Verkäufer indirekt die Eintrittskosten der Bieter; vgl. Ye (2007), S. 195f.

In diesem Modellrahmen erhalten die Bieter zwei Signale. Das erste ist vor Eintritt in die zweite Phase der Auktion zu beobachten. Es beinhaltet Informationen über die private Wertschätzung und somit die Präferenzen eines bestimmten Bieters, die auf seine „Bietereigenschaften" zurückzuführen sind. Diese können z.B. spezifische Kompetenzen des Managements oder aber im operativen Bereich sein. Das zweite Signal geht dem Bieter zu, nachdem er die Bietkosten aufgebracht hat. Hierbei wird zum Einen der Fall betrachtet, dass eine Aktualisierung der privaten Wertschätzung des Bieters stattfindet. Zum Anderen kann das spätere Signal auch private Informationen bzgl. einer gemeinsamen Wertschätzung sämtlicher Wettbewerber übermitteln. Denkbar sind z.B. Arbeitnehmer- oder aber Lieferantenverträge.[540]

Betrachtet werden drei unterschiedliche Auktionsregeln in der ersten Stufe, sofern die Gebote der Teilnehmer bindend sind: Die All-Pay-Auktion, die Discrimatory-Price-Auktion sowie die Uniform-Price-Auktion. Bei einer All-Pay-Auktion leisten sämtliche Auktionsteilnehmer eine Zahlung in Höhe ihres abgegebenen Gebots. Diese Zahlung ist unabhängig davon, ob der Eintritt in die nächste Stufe gewährt wird, zu tätigen. Bei einer Discriminatory-Price-Auktion gilt dies lediglich für die Bieter, die in die engere Auswahl des Verkäufers gelangen. Bei einer Uniform-Price-Auktion müssen diejenigen Bieter, die zur Folgerunde zugelassen sind, ein Entgelt in Höhe des höchsten abgelehnten Gebots entrichten. Demnach wird in sämtlichen oben beschriebenen Auktionsregeln ein Eintrittsgeld erhoben, wohingegen den Bietern durch die Abgabe eines indikativen Gebots keine Kosten anfallen.[541]

Neben der Auktionsregel nennt der Verkäufer den Kaufinteressenten zu Beginn der Auktion die Bieteranzahl, die in die zweite Stufe der Auktion eintreten darf.[542] Der Eintritt in die zweite Runde wird als „effizient" bezeichnet, sofern die aufgrund der Auktionsregel ausgewählten Bieter mit Sicherheit denjenigen mit den höchsten Wertschätzungen der ersten Runde entsprechen.[543] Bietern, die zur zweiten Stufe zugelassen sind, wird weiterhin das höchste abgelehnte Gebot der ersten Runde mitgeteilt. Zur

540 Vgl. Ye (2007), S. 185.

541 Vgl. Ye (2007), S. 186.

542 Diese Anzahl wird von Ye (2007) explizit als Entscheidungsvariable des Verkäufers modelliert. Die optimale Bieteranzahl kann jedoch nicht mittels einer analytischen Lösung ermittelt werden. Anhand nummerischer Beispiele und durch Rückgriff auf Monte-Carlo-Simulationen kann jedoch gezeigt werden, dass diese aus mindestens zwei Bietern besteht; vgl. Ye (2007), S. 196f.

543 Dies ergibt sich aus der Annahme des Modells, dass die beiden den Bietern zugehenden Signale additiv verknüpft sind; vgl. Ye (2007), S. 185 und S. 187. Eine Modifikation der Annahme führt jedoch nicht zu grundlegend anderen Ergebnissen; vgl. Ye (2007), S. 198f.

Selektion des endgültigen Käufers führt der Verkäufer eine Auktion mit verdeckten Geboten durch.[544]

Die Analyse erfolgt mittels Rückwärtsinduktion, so dass zunächst die zweite Stufe des Verkaufsprozesses eingehender betrachtet wird. Dies geschieht unter der Bedingung, dass mit der ersten Stufe ein effizienter Eintritt erreicht wurde. Es kann gezeigt werden, dass die Vickrey-Auktion sowie die Höchstpreis-Auktion zu den gleichen erwarteten Zahlungen der Bieter führen. Das Ergebnis gilt sowohl für den Fall, dass eine Aktualisierung der privaten Wertschätzung stattfindet, als auch dass den Bietern ein Signal bzgl. der gemeinsamen Wertschätzung übermittelt wird.[545]

Die Untersuchung der ersten Runde beinhaltet eine Variation der Auktionsregel, um die Bedingungen des effizienten Eintritts näher zu beleuchten. Werden in der ersten Runde indikative Gebote eingeholt, ist nicht mit Sicherheit gewährleistet, dass die qualifiziertesten Bieter selektiert werden. Dies bedeutet im Umkehrschluss jedoch nicht, dass der Eintritt in die zweite Runde stets ineffizient ist.[546] In All-Pay-, Uniform-Price- und Discriminatory-Price-Auktionen ist der Eintritt im Gleichgewicht stets effizient, weshalb diese Auktionsregeln aus Verkäuferperspektive vorteilhafter sind als solche mit indikativen Geboten.[547] Ferner resultieren alle Auktionsregeln mit bindenden Geboten in den gleichen erwarteten Verkaufserlösen.[548]

3.5.4 Würdigung der Erkenntnisse der auktionstheoretischen Literatur

Im Modell von *Perry/Wolfstetter/Zamir (2000)* wird gezeigt, dass die Kombination einer Höchstpreis- mit sich anschließender Vickrey-Auktion bei Annahme affiliierter Wertschätzungen zum gleichen erwarteten Verkaufserlös führt wie eine einstufige

---

544 Vgl. Ye (2007), S. 186. Dies bedeutet, dass die Interessenten erst um den Zugang zur zweiten Stufe der Auktion bieten, bevor die eigentliche Versteigerung des Unternehmens stattfindet. Bei der Auktion um die „Eintrittsrechte" werden mehrere Güter angeboten. Da jeder Bieter genau eine Einheit nachfragt, ist das Einkommens-Aquivalenz-Theorem unter der Annahme unabhängiger, privater Wertschätzungen jedoch weiterhin gültig; vgl. Ye (2007), S. 184.

545 Vgl. Ye (2007), S. 188f.

546 Vgl. Ye (2007), S. 189-191 sowie S. 201.

547 Für die Discriminatory-Price- sowie die Uniform-Price-Auktion gilt dies unter einschränkenden Bedingungen; vgl. Ye (2007), S. 192f. Bei einer All-Pay-Auktion ist hierbei zusätzlich erforderlich, dass der Verkäufer den Bietern der zweiten Runde die Bietkosten erstattet; vgl. Ye (2007), S. 193.

548 Vgl. Ye (2007), S. 193.

Englische Auktion. Dieses Ergebnis legt zunächst nahe, dass die Verwendung dieses mehrstufigen Auktionsdesigns auch in der unternehmerischen Praxis verbreitet ist, da Höchstpreis- und Vickrey-Auktion im Vergleich zur Englischen Auktion eine geringere Anfälligkeit für kollusives Bieterverhalten aufweisen. Einschränkend ist anzumerken, dass wie im Rahmen der Würdigung von Kollusion bei Annahme unabhängiger, privater Wertschätzungen dargelegt, eine untergeordnete Relevanz kollusiven Bieterverhaltens bei M&A-Transaktionen zu vermuten ist.[549] Weiterhin ist die Vickrey-Auktion mehr von theoretischer denn von praktischer Relevanz. Dies ist v.a. darauf zurückzuführen, dass die Bieter fürchten, durch fingierte Gebote des Verkäufers geschädigt zu werden.[550] Für das Erzielen des gleichen erwarteten Verkaufserlöses wie in der Englischen Auktion ist es zudem erforderlich, dass die Gebote der ersten Runde die Untergrenze für die Gebote der zweiten Runde darstellen und somit verbindlichen Charakter haben. In der unternehmerischen Praxis sind die in der ersten Stufe des Prozesses verfügbaren Informationen allerdings unzureichend, um verlässliche bindende Gebote abgeben zu können. Daher ist insgesamt davon auszugehen, dass die Kombination einer Höchstpreis- mit einer Vickrey-Auktion in der unternehmerischen Praxis eher unüblich ist.

Die Ergebnisse von *Hansen (2001)* ermöglichen die Begründung einer mehrstufigen Ausgestaltung des Verkaufsprozesses bei Vorliegen von wettbewerbsrelevanten Informationen. Hierbei reduziert deren Offenlegung den erwarteten Gewinn des Erwerbers und somit seine Zahlungsbereitschaft, wodurch auch die sukzessive Einengung des Bieterkreises und damit einhergehend die graduelle Informationsfreigabe legitimiert wird. Jedoch führt eine Selektion der Bieter über indikative Gebote nicht zwingend dazu, dass die Bieter mit den höchsten Wertschätzungen Eingang in die nächste Stufe finden. Vielmehr sollte vom Verkäufer für die zweite Bietrunde ein Mindestpreis festgelegt werden, der sich an der Höhe der eingereichten indikativen Gebote orientiert. Bei einem positiven erwarteten Gewinn aus der Zuteilung auch für den Bieter mit der ex ante niedrigsten Wertschätzung lässt sich somit vermeiden, dass einzelne Bieter hohe indikative Gebote nur abgeben, um an wettbewerbsrelevante Informationen zu gelangen.

Die Existenz wettbewerbsrelevanter Informationen spielt in der unternehmerischen Praxis eine bedeutende Rolle. Eine Verwertbarkeit dieser Informationen ist umso mehr gegeben, wenn strategische Käufer am Veräußerungsprozess teilnehmen. Daher ist davon auszugehen, dass eine mehrstufige Ausgestaltung des Verkaufsverfahrens mit restrik-

---

549 Vgl. hierzu Abschnitt 3.2.3 der vorliegenden Arbeit.

550 Vgl. hierzu auch Abschnitt 3.1.4.1 der vorliegenden Arbeit.

tivem Teilnehmerzugang und sukzessiver Informationsfreigabe auch in der unternehmerischen Praxis verbreitete Anwendung erfährt. Im Hinblick auf die den verringerten Bieterwettbewerb kompensierende Selektion der Bieter mit den höchsten Wertschätzungen erscheint die Festsetzung eines Mindestpreises jedoch fragwürdig. Zum Einen resultiert hieraus eine Verbindlichkeit der Gebote, die wie bereits oben erwähnt aufgrund unzureichender Informationen in der erste Stufe des Prozesses von den Bietern nicht zu leisten ist. Zum Anderen kann ein Mindestpreis unter den realistischen Annahmen einer endogenen Bieteranzahl sowie positiver Bietkosten negative Rückwirkungen auf das Teilnahmeinteresse potenzieller Interessenten haben.[551] Daher ist für M&A-Transaktionen anzunehmen, dass im Falle eines mehrstufigen Prozesses die Gebote der ersten Stufe weiterhin nur indikativen Charakter haben. Die Kompensation der geringeren Bieterzahl erfolgt vermutlich eher über die bewusste Selektion der Teilnehmer durch den Verkäufer und seine Berater vor dem eigentlichen Auktionsbeginn, wie es auch die Ergebnisse der managementorientierten Literatur implizieren.[552]

Im Modell von *Ye (2007)* ist bei positiven Bietkosten und keiner weiteren Verwertbarkeit von im Auktionsprozess erlangten Informationen ein Eintritt in die zweite Runde aus Bieterperspektive nur sinnvoll, sofern die Wahrscheinlichkeit einer Zuteilung ausreichend hoch ist. Letztere sinkt mit steigender Teilnehmerzahl. Da bei M&A-Transaktionen von positiven Bietkosten auszugehen ist, legt dieser Sachverhalt neben dem Vorhandensein wettbewerbsrelevanter Informationen eine Limitierung des Teilnehmerkreises in der unternehmerischen Praxis nahe. Eine resultierende Verminderung des Bieterwettbewerbs kann vom Verkäufer über die effiziente Selektion der Bieter mit den höchsten Wertschätzungen kompensiert werden. Allerdings ist dies ähnlich dem Ergebnis von Hansen (2001) im Modell von Ye (2007) nicht mit Sicherheit durch die Abgabe indikativer Gebote gewährleistet. Die von Ye (2007) vorgestellten Auktionsregeln mit bindenden Geboten (All-Pay-, Uniform-Price- und Discriminatory-Price-Auktion) führen hingegen stets zum effizienten Eintritt.

---

[551] Vgl. hierzu auch Abschnitt 3.2.3 (Würdigung von Mindestpreisen bei Annahme unabhängiger, privater Wertschätzungen). Im Modell von Perry/Wolfstetter/Zamir (2000) wird zwar auch eine Preisuntergrenze festgelegt. Allerdings ist diese nicht für sämtliche Bieter gleich. Sie hängt vielmehr individuell von dem in der ersten Stufe abgegebenen Gebot eines spezifischen Bieters ab und ist somit direkt von ihm beeinflussbar. Im Modell von Hansen (2001) ist der Mindestpreis jedoch für alle Bieter identisch, wobei in dessen Berechnung auch alle abgegebenen Gebote eingehen. Insofern ist ein Einfluss auf die Teilnahmebereitschaft denkbar.

[552] Vgl. hierzu auch Abschnitt 2.4.1.1.3 der vorliegenden Arbeit.

In der Praxis sind dennoch indikative Gebote vorzufinden. Ein Grund hierfür besteht wie bereits angeführt darin, dass die Bieter in der ersten Stufe der Auktion nur über unzureichende Informationen verfügen, um ein verlässliches verbindliches Gebot abzugeben. Zudem besteht die Möglichkeit, dass die von den Standard-Auktionsregeln abweichenden, in den Modellen vorgestellten Auktionsregeln den Bietern wegen ihrer Komplexität Probleme bereiten, ihre Gebotshöhe zu determinieren.[553] Kagel/Pevnitskaya/Ye (2008) widmen sich dieser Fragestellung im Rahmen einer experimentellen Studie.[554] Verglichen werden zweistufige Auktionsregeln, die in der ersten Stufe entweder einem Bietverfahren mit indikativen Geboten oder aber einer Uniform-Price-Auktion entsprechen.[555] Bieter, die während des Experiments illiquide wurden, waren von nachfolgenden Auktionen ausgeschlossen.[556] Im Ergebnis führte die Uniform-Price-Auktion, in der die Bieter der zweiten Stufe eine Eintrittsgebühr in Höhe des höchsten abgelehnten Gebots der ersten Runde entrichteten, häufiger dazu, dass die Bieter illiquide wurden.[557] Dies liegt daran, dass verglichen mit den nummerisch ermittelten, gleichgewichtigen Eintrittsgebühren, die im Experiment gezahlten durchschnittlichen Eintrittsgebühren v.a. in den ersten 12 durchgeführten Auktionen deutlich höher lagen.[558]

Die Effizienz des Eintritts in die zweite Stufe wurde anhand von drei verschiedenen Kriterien beurteilt: Erstens die Häufigkeit, mit der die Bieter mit der höchsten und der zweithöchsten Wertschätzung selektiert wurden. Zweitens die Häufigkeit, mit der entweder der Bieter mit der höchsten oder derjenige mit der zweithöchsten Wertschätzung an der zweiten Runde der Auktion teilgenommen haben. Drittens, eine Effizienz-

---

553 Vgl. zum letzten Argumentationspunkt auch Ye (2007), S. 201.

554 Die Teilnehmer des Experiments waren Studenten der Volkswirtschaftlehre, die neben einer monetären Entschädigung für die Teilnahme den im Experiment realisierten Gewinn ausbezahlt bekamen; vgl. Kagel/Pevnitskaya/Ye (2008), S. 704.

555 Die beiden Auktionsregeln sind weitestgehend mit denen des Modells von Ye (2007) identisch für den Fall, dass das in der zweiten Stufe erhaltene Signal eine Aktualisierung der privaten Wertschätzung erlaubt. Eine Abweichung ergibt sich dahingehend, dass die Bieter in der Uniform-Price-Auktion lediglich die endogen bestimmten Eintrittsgebühren zahlen, da die Bietkosten vom Verkäufer vollständig ersetzt werden. Diese Annahme führt in der modelltheoretischen Analyse jedoch zu keinerlei Unterschieden in den gleichgewichtigen Ergebnissen; vgl. Kagel/Pevnitskaya/Ye (2008), S. 703 sowie Ye (2007), S. 192-194. Die Bietkosten der Teilnehmer, die in der ersten Runde indikative Gebote abgegeben haben, wurden anhand der für die Uniform-Price-Auktion nummerisch ermittelten gleichgewichtigen Eintrittsgebühren festgesetzt; vgl. Kagel/Pevnitskaya/Ye (2008), S. 704 sowie S. 717f.

556 Zum experimentellen Design sowie dem Ablauf des Experiments vgl. detaillierter Kagel/Pevnitskaya/Ye (2008), S. 702-704.

557 Allerdings ist dies primär für die ersten 12 Auktionen je Sitzung zutreffend. In späteren Auktionen der gleichen Sitzung war dieser Effekt geringer, so dass zum Einen von einem Lernverhalten der Bieter und zum Anderen von einer Eliminierung der ungeschicktesten Bieter ausgegangen werden kann; vgl. Kagel/Pevnitskaya/Ye (2008), S. 704f.

558 Vgl. Kagel/Pevnitskaya/Ye (2008), S. 706f.

Kennzahl, die der Summe der Wertschätzungen der tatsächlich zugelassenen Bieter entspricht, dividiert durch die Summe der beiden höchsten Wertschätzungen der ersten Stufe. Mittels dieser Kennzahl sollen Effizienzverluste, die durch den Eintritt von Bietern mit niedriger Wertschätzung resultieren, bestimmt werden. Die durchschnittliche Häufigkeit, mit der die Bieter mit den beiden höchsten Wertschätzungen eintreten, ist bei beiden analysierten Auktionsregeln relativ niedrig. Werden alle drei Kriterien betrachtet, sind deren Ausprägungen im Durchschnitt über die Gesamtanzahl der pro Sitzung durchgeführten Auktionen für den Fall indikativer Gebote jedoch stets geringfügig höher als bei einer Uniform-Price-Auktion.[559]

Der Erlös des Verkäufers liegt durchschnittlich in den ersten 12 Auktionen bei einer Uniform-Price-Auktion über dem einer Auktion mit indikativen Geboten. Dies ist wiederum auf die Tatsache zurückzuführen, dass die Teilnehmer deutlich höhere als die gleichgewichtigen Eintrittsgebühren zahlten. Aufgrund der von den Bietern realisierten Lerneffekte spielte dieser Aspekt in den folgenden 13 Auktionen jedoch eine zunehmend geringere Rolle. Zusätzlich wurde beobachtet, dass die Teilnehmer der Uniform-Price-Auktion in der zweiten Stufe der Auktion weniger aggressiv bieten. Eine denkbare Erklärung hierfür liegt darin, dass wegen der bereits gezahlten Eintrittsgebühren potenzielle Verluste durch eine Anpassung der Gebotshöhe vermieden werden sollten. Daher ist der Verkaufserlös in den später durchgeführten Auktionen mit indikativen Geboten höher als bei der Uniform-Price-Auktion.[560]

Die Ergebnisse der experimentellen Studie von Kagel/Pevnitskaya/Ye (2008) legen eine Vorteilhaftigkeit indikativer Gebote sowohl im Hinblick auf den effizienten Eintritt als auch den erzielten Erlös des Verkäufers nahe. Die Komplexität der Auktionsregel darf daher bei der Strukturierung des Verkaufsprozesses nicht außer Acht gelassen werden. Die in der Theorie unterstellte Rationalität der Bieter ist in den meisten praktischen Situationen lediglich unter der Voraussetzung gegeben, dass die Regeln relativ simpel sind. Die Anforderungen an die Bieter sind bspw. in der Uniform-Price-Auktion besonders hoch, da die Höhe der Eintrittsgebühren endogen determiniert wird resp. von den Geboten der anderen Interessenten abhängt. Abschließend ist daher auch aufgrund dieses Sachverhalts von einer verbreiteten Anwendung indikativer Gebote in der unternehmerischen Praxis auszugehen. Abbildung 3.9 fasst die Würdigung zentraler Erkenntnisse mehrstufiger Auktionen zusammen.

---

[559] Vgl. Kagel/Pevnitskaya/Ye (2008), S. 705f.

[560] Vgl. Kagel/Pevnitskaya/Ye (2008), S. 709-713.

Abb. 3.9 Würdigung zentraler Erkenntnisse mehrstufiger Auktionen

Entscheidungsvariable/ Modellannahme	Erkenntnis	Würdigung
Selektion/Modifikation Standard-Auktionsregeln		
Mehrstufige Auktion mit verdeckten Geboten (Perry/Wolfstetter/ Zamir (2000))	–Kombination von Höchstpreis-Auktion mit sich anschließender Vickrey-Auktion führt zum gleichen erwarteten Verkaufserlös wie einstufige Englische Auktion –Gebote der ersten Runde müssen ähnlich einem Mindestpreis Untergrenze für Gebote der zweiten Runde bilden –Modifiziertes Auktionsdesign ist wg. der Verdecktheit der Gebote weniger anfällig für kollusives Bieterverhalten	–Vickrey-Auktion mehr von theoretischem denn von praktischem Interesse –Verbindlichkeit des Gebots der ersten Stufe für Gebot der zweiten Stufe erforderlich, damit gleicher erwarteter Verkaufserlös resultiert wie bei Englischer Auktion. In der Praxis sind die in der ersten Stufe des Prozesses verfügbaren Informationen vermutlich unzureichend, um verlässliche verbindliche Gebote abgeben zu können
Wettbewerbsrelevante Informationen (Hansen (2001))	–Wettbewerbsrelevante Informationen legitimieren mehrstufigen Verkaufsprozess mit Einengung des Bieterkreises und sukzessiver Informationsfreigabe –Kompensation des verringerten Bieterwettbewerbs über Selektion der Bieter mit den höchsten Wertschätzungen; indikative Gebote gewährleisten diese Selektion nicht –Verkäufer sollte für zweite Stufe des Verkaufsprozesses einen Mindestpreis setzen, in dessen Ermittlung die in der ersten Stufe eingereichten indikativen Gebote eingehen	–Existenz wettbewerbsrelevanter Informationen in der unternehmerischen Praxis gegeben, v.a. Relevanz bei Beteiligung von strategischen Käufern. Daher verbreitete Anwendung mehrstufiger Prozess mit restriktivem Teilnehmerzugang und sukzessiver Informationsfreigabe zu vermuten –Kompensation der geringeren Bieteranzahl über Bieterselektion anhand von verbindlichen Geboten jedoch eher unwahrscheinlich (siehe Anmerkungen zum Modell von Perry/Wolfstetter/Zamir (2000)) –Bei endogener Bieteranzahl und positiven Bietkosten zudem ggf. negative Rückwirkungen eines Mindestpreises auf das Teilnahmeinteresse gegeben. Daher eher verbreitete Anwendung indikativer Gebote zu vermuten

Fortsetzung Abb. 3.9 auf der nachfolgenden Seite.

Abb. 3.9 (fortges.) Würdigung zentraler Erkenntnisse mehrstufiger Auktionen

Entscheidungsvariable/ Modellannahme	Erkenntnis	Würdigung
Selektion/Modifikation Standard-Auktionsregeln		
Bietkosten (Ye (2007))	–Beschränkung/Einengung des Teilnehmerkreises legitimiert durch positive Bietkosten –Kompensation des verringerten Bieterwettbewerbs über Selektion der Bieter mit den höchsten Wertschätzungen; indikative Gebote gewährleisten diese Selektion nicht –Verkäufer sollte in der ersten Stufe eine von den Standard-Auktionsregeln abweichende Auktionsregel mit bindenden Geboten wählen (All-Pay-, Uniform-Price- oder Discriminatory-Price-Auktion). Die Bieter müssen dabei Eintrittsgelder entrichten, um das Teilnahmerecht am eigentlichen Verkaufsprozess zu erwerben	–Positive Bietkosten in der unternehmerischen Praxis gegeben, daher verbreitete Anwendung eines restriktiven Teilnehmerzugangs zu vermuten –Kompensation der geringeren Bieteranzahl über Bieterselektion anhand von verbindlichen Geboten jedoch eher unwahrscheinlich (siehe Anmerkungen zum Modell von Perry/Wolfstetter/Zamir (2000)) –Zudem hohe Komplexität der im Modell vorgestellten Auktionsregeln. Die in der Theorie unterstellte Rationalität der Bieter ist in der Praxis vermutlich nur bei relativ simplen Auktionsregeln gegeben. Daher ist eher von einer verbreiteten Anwendung indikativer Gebote auszugehen

Eigene Darstellung.

3.6 Zwischenfazit

In der Modelltheorie wird eine Auktion als definierte Regel verstanden, nach der der Preis und die Zuteilung des zu veräußernden Guts festgelegt wird. Zudem zeichnet sich eine Auktion dadurch aus, dass sie universal und anonym ist. Die Voraussetzungen für die Anwendungen von Auktionen, die in dem Vorliegen unvollständiger Informationen, dem Verkauf von Gütern ohne standardisierten Wert sowie einer starken

Verhandlungsposition des Verkäufers bestehen, sind prinzipiell auch im Rahmen einer M&A-Transaktionen erfüllt.

Grundsätzlich sind verschiedene Auktionsmodelle und -formen resp. -regeln zu unterscheiden. Im Auktionsmodell unabhängiger, privater Wertschätzungen wird die Unabhängigkeit der verschiedenen Wertschätzungen einzelner Bieter unterstellt, wohingegen im Modell übereinstimmender Wertschätzung angenommen wird, dass das zu veräußernde Gut für sämtliche Bieter von gleich hohem Wert ist. Eine Generalisierung beider Extremformen leistet das Modell affiliierter Wertschätzungen. Im Basis-Modellrahmen dieser drei Auktionsmodelle wird aus Vereinfachungsgründen zudem die Risikoneutralität von Bietern und Verkäufer sowie eine Symmetrie der Bieter unterstellt. Ferner bestehen Informationsasymmetrien ausschließlich im Hinblick auf die unbekannten Wertschätzungen der potenziellen Käufer bzw. Mitbieter.

Innerhalb eines definierten Modellrahmens können alternative Auktionsregeln zur Anwendung gelangen. Ausgangspunkt der Analyse sind hierbei vier Standard-Auktionsregeln. Die Vickrey- sowie die Höchstpreis-Auktion sind dadurch gekennzeichnet, dass die Gebote verdeckt eingereicht werden. Im Gegensatz dazu erfolgt die Gebotsabgabe bei der Englischen und der Holländischen Auktion öffentlich. Bei allen vier Auktionsregeln erhält derjenige Bieter mit dem höchsten Gebot die Zuteilung. Mit Ausnahme der Vickrey-Auktion, in der der zu zahlende Preis der Höhe des zweithöchsten Gebots entspricht, muss der Erwerber die Gegenleistung in Höhe des eigenen Gebots entrichten.

Im *Grundmodell unabhängiger, privater Wertschätzungen* kann gezeigt werden, dass sämtliche Standard-Auktionsregeln hinsichtlich des erwarteten Einkommens des Verkäufers zum gleichen Ergebnis führen. Dieses Resultat wird in der Literatur auch als „Einkommens-Äquivalenz-Theorem“ bezeichnet. Setzt der Verkäufer abweichend vom Grundmodell einen optimalen Mindestpreis fest, führt dies in allen vier Standard-Auktionsregeln zur Maximierung des erwarteten Veräußerungserlöses verglichen mit Auktionen ohne Mindestpreis. Dieses Ergebnis resultiert allerdings lediglich bei einer exogen gegebenen Bieteranzahl. Bei Annahme positiver Bietkosten ist die Exogenität der Bieter jedoch fragwürdig. Eine Endogenisierung der Bieteranzahl führt in Abhängigkeit von der Höhe des Mindestpreises zu einem geringeren Teilnahmeinteresse. Hierdurch resultiert ein geringerer Bieterwettbewerb. Wegen der Komplexität der Berechnung des optimalen Mindestpreises sowie den negativen Rückwirkungen auf den

Bieterwettbewerb ist davon auszugehen, dass beim Verkauf von Unternehmen Mindestpreise nur in Ausnahmefällen zur Anwendung gelangen.

Wird von Mindestpreisen abstrahiert aber unterstellt, dass die Bieter risikoavers sind, ist das Einkommens-Äquivalenz-Theorem nicht mehr gültig. Risikoaverse Bieter räumen der Sicherheit, die Zuteilung zu erhalten, einen höheren Stellenwert ein als risikoneutrale Bieter und geben daher vergleichsweise höhere Gebote ab. Für den Verkäufer ist es folglich empfehlenswert, eine Höchstpreis- oder aber eine Holländische Auktion zu wählen. Eine weitere Steigerung des erwarteten Einkommens ist möglich, sofern der Verkäufer über die Auktionsregel zusätzliches Risiko auf die Bieter transferiert.

Sind hingegen die Bieter risikoneutral und der Verkäufer ist risikoavers, so präferiert dieser ceteris paribus eine Höchstpreis-Auktion. Dies ist der Fall, da die Varianz um den erwarteten Veräußerungserlös für diese Auktionsregel am niedrigsten ist. In der unternehmerischen Praxis ist es nahezu unmöglich, die Risikopräferenz einzelner Bieter zu bestimmen. Zudem gestaltet sich die Implementierung einer optimalen Auktion wegen ihrer hohen Komplexität als sehr schwierig. Da sich die Höchstpreis-Auktion sowohl bei risikoaversen potenziellen Erwerbern als auch bei einem risikoaversen Verkäufer aus dessen Perspektive als vorteilhaft erweist, ist auch von einer breiten Anwendung dieser Auktionsregel im Rahmen von M&A-Transaktionen auszugehen.

Im Rahmen von Höchstpreis-Auktionen ist für die Bieter die Anzahl der Mitbieter von zentralem Interesse. Modellerweiterungen untersuchen daher ferner die Auswirkungen der Unkenntnis der Mitbieter auf das Auktionsergebnis. Haben die Erwerbsinteressenten risikoneutrale Nutzenfunktionen und identische Erwartungen hinsichtlich der Bieteranzahl, führen alle Standard-Auktionsregeln mit einem optimalen Mindestpreis zu einem maximalen erwarteten Veräußerungserlös. Dies gilt unabhängig davon, ob der Verkäufer die Anzahl der Mitbieter kommuniziert oder aber geheim hält. Weisen die Bieter jedoch eine risikoaverse Nutzenfunktion auf, kann der Verkäufer seinen erwarteten Gewinn durch die Durchführung einer Höchstpreis-Auktion, in der die Anzahl der Mitwettbewerber geheim gehalten wird, steigern. Insofern ist zu vermuten, dass diese Kombination auch beim Verkauf von Unternehmen häufig herangezogen wird.

Bei der modelltheoretischen Analyse von Bieterasymmetrien resultieren individuell unterschiedliche Bietfunktionen der potenziellen Erwerber, weshalb der Komplexitätsgrad der Analyse steigt. Bieterasymmetrien im Kontext von M&A-Transaktionen können sich bspw. hinsichtlich der Möglichkeiten zur Ausschöpfung von Synergiepotenzialen ergeben. Ein vor diesem Hintergrund vorgenommener Vergleich der Englischen mit der Höchstpreis-Auktion kann nicht abschließend zugunsten der einen oder anderen Auktionsregel entschieden werden. Dies ist dadurch bedingt, dass die Höchstpreis-Auktion abhängig von der Art der unterstellten Asymmetrie der Verteilungsfunktionen einen höheren oder niedrigeren erwarteten Verkaufserlös aufweist als eine Englische Auktion. Generell kann gezeigt werden, dass sich Bieterasymmetrien negativ auf den erwarteten Veräußerungserlös des Verkäufers auswirken, da aufgrund der Heterogenität der Bieter der Bieterwettbewerb weniger stark ist.

Aus Verkäufersicht ist zudem die Anfälligkeit einer Auktionsregel gegenüber Bieterkartellen von Interesse. Die Englische Auktion vereinfacht hierbei im Vergleich zu einer Höchstpreis-Auktion ein kollusives Verhalten der Bieter. In der Literatur wird als Reaktionsmöglichkeit des Verkäufers bei der Vermutung der Existenz eines Bieterkartells eine Anhebung des Mindestpreises vorgeschlagen. Jedoch wird modelltheoretisch unterstellt, dass sämtliche potenziellen Bieter zugleich Mitglieder des Kartells sind. In diesem Fall führt eine Erhöhung des Mindestpreises entweder zu einem höheren Verkaufserlös des Verkäufers oder aber zu einem Abbruch der Auktion. Insbesondere der Abbruch der Auktion ist für den Verkäufer eines Unternehmens ein inakzeptables Ergebnis. Für den realistischeren Fall, dass darüber hinaus Bieter existieren, die nicht dem Kartell angehören, kann ein höherer Mindestpreis ferner das Teilnahmeinteresse und somit die Stärke des Bieterwettbewerbs weiter verringern und ist demnach als kritisch zu erachten.

Ein im *Grundmodell übereinstimmender Wertschätzung* analysiertes Phänomen ist das des Fluchs des Gewinners. Da der tatsächliche Wert des Verkaufsobjekts für alle Bieter identisch ist, sehen sich die Bieter vor die Herausforderung gestellt, diesen möglichst realistisch einschätzen zu müssen. Eine Überschätzung und somit der Fluch des Gewinners droht, wenn die Bieter bei dieser Einschätzung den Sachverhalt vernachlässigen, dass die Zuteilung an den Bieter mit dem höchsten aller erhaltenen Signale erfolgt und alle anderen Interessenten dem Objekt einen niedrigeren Wert beigemessen hätten. Rationale Bieter berücksichtigen in der Theorie daher einen Sicherheitsabschlag, dessen Höhe realiter jedoch nur sehr schwer zu bestimmen ist. Das Risiko, einen Fluch des Gewinners zu erleiden, erhöht sich mit zunehmender Unsicherheit über den tatsächlichen Wert des Verkaufsobjekts und steigender Bieteranzahl, da hierdurch ein aggressiveres Bietverhalten resultiert. Folglich nehmen die Bieter in derartigen Situationen höhere Sicherheitsabschläge vor, was sich für den Verkäufer als nachteilig erweist. Daher ist die Offenlegung von weiteren Informationen über die Qualität des Verkaufsobjekts sinnvoll. Weiterhin ist es im Interesse des Verkäufers, Informationsasymmetrien zwischen den Bietern zu beseitigen. Ferner steht es dem Verkäufer offen, die Anzahl der Auktionsteilnehmer zu limitieren.

Im *Grundmodell affiliierter Wertschätzungen* impliziert die unterstellte Affiliationseigenschaft, dass eine hohe Wertschätzung eines Bieters mit einer höheren Wahrscheinlichkeit für eine hohe Wertschätzung eines anderen Bieters einhergeht. In diesem Modellrahmen ist die Einkommens-Äquivalenz von Englischer und Vickrey-Auktion nicht gegeben, während Höchstpreis- und Holländische Auktion weiterhin strategisch äquivalente Auktionsregeln sind. Es kann gezeigt werden, dass die Englische Auktion zu mindestens genauso hohen erwarteten Verkaufserlösen führt wie die Vickrey-Auktion. Ein Vergleich der Vickrey-Auktion mit der Höchstpreis-Auktion ergibt, dass die Vickrey-Auktion sich als vorteilhafter erweist. Das Ergebnis resultiert aus dem Verkettungsprinzip. Die abgeleitete Rangfolge bleibt auch bestehen, wenn der Bieter bei allen Auktionsregeln einen gleich hohen Mindestpreis ansetzt.

Üblicherweise verfügt der Verkäufer über den besten Informationsstand hinsichtlich der Qualitätseigenschaften des Verkaufsobjekts. Da letztere für die Bietstrategie der Käufer von Relevanz sind, ist zu klären, inwiefern er diese den Bietern zugänglich machen sollte. Unter Annahme risikoneutraler Bieter kann hergeleitet werden, dass eine vollständige und wahrheitsgemäße Informationsoffenlegung in allen Standard-Auktionsregeln zu einem höheren erwarteten Verkaufserlös führt als sämtliche anderen Arten der Informationspolitik. Durch diese Strategie werden zusätzliche Verkettungen mit den Wertschätzungen der Bieter erreicht. Einschränkend ist anzumerken, dass im Rahmen von Unternehmensverkäufen besondere Vertraulichkeitsanforderungen gelten.

Im Rahmen der Veräußerung von Unternehmen sind Auktionen üblicherweise derart ausgestaltet, dass die finale Zuteilung aufgrund mehrerer Bietrunden erfolgt. Modelltheoretische Betrachtungen *mehrstufiger Auktionen* widmen sich in diesem Zusammenhang insbesondere der Analyse von Auswirkungen der Auktionsregel auf den erwarteten Verkaufserlös sowie der Selektion der Bieter innerhalb der einzelnen Stufen. Im Modell affiliierter Wertschätzungen kann gezeigt werden, dass die Kombination einer Höchstpreis- mit einer anschließenden Vickrey-Auktion zum gleichen erwarteten Verkaufserlös führt wie die in diesem Modellrahmen für den Verkäufer am Vorteilhaftesten Englischen Auktion. Modifikationen bestehen dahingehend, dass in der ersten Stufe die

Gebote der Verlierer bekannt gegeben werden und das Gebot der ersten Runde die Untergrenze für das der zweiten Runde darstellt. Aufgrund der verdeckten Gebote ist allerdings eine geringere Anfälligkeit der Auktionsregel für kollusives Verhalten oder aber für präventive Gebote der Bieter gegeben.

Eine mehrstufige Vorgehensweise kann jedoch auch durch das Vorliegen wettbewerbsrelevanter Informationen begründet werden. Bei Offenlegung wettbewerbsrelevanter Informationen verringert sich der erwartete Gewinn des Erwerbers, was wiederum dessen Zahlungsbereitschaft reduziert. Dies legitimiert die stufenweise Einengung des Bieterkreises, die mit einer sukzessiven Informationsfreigabe einhergeht. Für den Verkäufer stellt sich demnach die Frage, wie er bei der Eingrenzung der Bieter vorgehen sollte. Unter den im Modell getroffenen Annahmen kann gezeigt werden, dass nicht bindende, indikative Gebote eine Selektion der Bieter mit den höchsten Wertschätzungen nicht gewährleisten. Vielmehr sollten diese im Rahmen der Bestimmung eines Mindestpreises für die nächste Stufe Eingang finden.

Eine andere Modellerweiterung berücksichtigt Bietkosten, die im Rahmen der Akquisition kaufrelevanter Informationen anfallen. Letztere gehen den potenziellen Erwerbern hierbei stufenweise zu und betreffen entweder deren private oder aber gemeinsame Wertschätzung. Sie können jedoch nicht unabhängig vom Ausgang der Auktion von den Kaufinteressenten verwertet werden. Ein Eintritt in die zweite Runde der Auktion ist daher nur sinnvoll, sofern die Wahrscheinlichkeit der Zuteilung ausreichend hoch ist. Diese sinkt mit steigender Teilnehmerzahl, wodurch deren Begrenzung gerechtfertigt wird. Der Verkäufer kann die resultierende Verminderung des Bieterwettbewerbs aber durch die effiziente Selektion der Bieter mit den höchsten Wertschätzungen kompensieren. Dies geschieht durch die Implementierung eines zweistufigen Verfahrens, wobei auf der ersten Stufe das Eintrittsrecht zum eigentlichen Veräußerungsprozess versteigert wird. Als alternative Selektionsmechanismen stehen Auktionen mit bindenden sowie mit indikativen Geboten zur Verfügung.

Auch in diesem Modellrahmen wird durch indikative Gebote nicht mit Sicherheit eine Auswahl der qualifiziertesten Bieter gewährleistet. Im Umkehrschluss muss der Eintritt in die zweite Stufe der Auktion jedoch nicht zwingend ineffizient sein. Auktionsregeln mit bindenden Geboten führen hingegen stets zum effizienten Eintritt und resultieren in identischen erwarteten Verkaufserlösen. Eine Begründung dafür, dass in der unternehmerischen Praxis das Verfahren der indikativen Gebote dennoch weit verbreitet ist, kann in der geringen Akzeptanz von Eintrittsgebühren gesehen werden. Zudem weichen die im Modell vorgestellten Auktionen mit bindenden Geboten erheblich von den Standard-Auktionsregeln ab. Dies stellt erhöhte Anforderungen an die Bieter, ihre Bietstrategie und Gebotshöhe zu bestimmen.

Abschließend ist festzuhalten, dass der in der managementorientierten Literatur dargestellte und in Kapitel 2 beschriebene Veräußerungsprozess der kontrollierten Auktion grundsätzlich auch modelltheoretisch legitimiert werden kann. Dies gilt v.a. für die Begrenzung des Teilnehmerkreises sowie die stufenweise Informationsfreigabe. Ein detaillierter Abgleich der managementorientierten und der auktionstheoretischen Literatur mit den Ergebnissen der Expertengespräche anhand des erarbeiteten themenbezogenen Rahmens erfolgt in Kapitel 5. Dem als Grundlage vorangestellt ist die Darstellung des gewählten Forschungsansatzes und der Forschungsmethode.

4 Forschungsansatz des Experteninterviews

4.1 Einführung in die Methode des Experteninterviews

Die empirische Sozialforschung befasst sich mit der „systematische[n] Erfassung und Deutung sozialer Erscheinungen“.[561] Auch betriebs- und volkswirtschaftliche Fragestellungen werden mittels der Methoden der empirischen Sozialforschung untersucht.[562] In der Literatur findet häufig eine Abgrenzung zwischen der quantitativen und der qualitativen empirischen Sozialforschung statt.[563] Unterschiede werden vorwiegend in der zugrunde liegenden Methodologie und den Untersuchungszielen gesehen, weshalb auch die Verwendung unterschiedlicher Methoden resultiert.[564]

Bei vordergründiger Betrachtung ergibt sich hieraus, dass die quantitative Sozialforschung einer theorie- bzw. hypothesenprüfenden Forschungslogik und somit einer eher deduktiv orientierten Vorgehensweise folgt. Ansatz der qualitativen Sozialforschung ist es, Theorien aus empirisch gewonnenen Daten zu entwickeln resp. weiterzuentwickeln, weshalb eine stärker induktiv orientierte Vorgehensweise gewählt wird.[565] Diese Grundtendenz ist nicht von der Hand zu weisen. Allerdings gewinnt die Kombination quantitativer und qualitativer Methoden in der Forschungspraxis zunehmend an Bedeutung.

---

561 Atteslander (2003), S. 5. Empirische Wissenschaften als Realwissenschaften sind dadurch charakterisiert, dass die im Rahmen des Forschungsprozesses gewonnenen Aussagen aufgrund ihrer Übereinstimmung mit der Realität Geltung erlangen; vgl. Mayer (2004), S. 15. Der Begriff „systematisch“ bedeutet, dass die Vorgehensweise des Forschers regelgeleitet zu erfolgen hat; vgl. Atteslander (2003), S. 5.

562 Zu den vielfältigen Disziplinen der Sozialwissenschaften, die sich der Methoden der empirischen Sozialforschung bedienen, vgl. Atteslander (2003), S. 5; Diekmann (2004), S. 19-21 sowie von Kardorff (1995), S. 3.

563 Vgl. Bortz/Döring (2002), S. 295-301; Brüsemeister (2000), S. 21-40; Flick (2004), S. 13-19; von Kardorff (1995), S. 3f.; Lamnek (1995a), S. 3-6.

564 Eine idealtypische Gegenüberstellung des quantitativen und des qualitativen Paradigmas bietet Lamnek (1995a), S. 218-244. Für einen Überblick über die Methoden der quantitativen empirischen Sozialforschung vgl. die Lehrbücher von Schnell/Hill/Esser (2005); Atteslander (2003) sowie Kromrey (2002). Zu den Methoden der qualitativen empirischen Sozialforschung vgl. Mayring (2002); Flick (2004) sowie Lamnek (1995b).

565 Vgl. Brüsemeister (2000), S. 21; Kleining (1995), S. 12; Lamnek (1995a), S. 223-227; Schnell/Hill/Esser (2005), S. 7. Dies bedeutet allerdings nicht, dass im Forschungsprozess der qualitativen Sozialforschung gänzlich auf theoretisches Vorwissen verzichtet wird; vgl. Mayring (2000), S. 45; Flick (2004), S. 13; Gläser/Laudel (2004), S. 22.

Eine prinzipielle Unvereinbarkeit im Sinne einer strengen Dichotomie qualitativer und quantitativer Forschung resp. Methoden ist nicht gegeben.[566]

Grundsätzlich gelten für beide Arten der Sozialforschung resp. der Wissenschaft im Allgemeinen drei methodologische Prinzipien: Offenheit, Theorie- und Regelgeleitetheit. Offenheit gegenüber dem Forschungsgegenstand bedeutet, dass während des Forschungsprozesses unerwartet gewonnene Informationen bei der Analyse berücksichtigt werden müssen. Theoriegeleitetheit impliziert, dass im Forschungsprozess an bereits vorhandenes theoretisches Wissen bzw. den aktuellen Stand der Forschung angeknüpft wird, um einen Erkenntnisfortschritt zu erzielen.[567] Werden theoretische Aussagen als „Zusammenfassung und Strukturierung allen bisherigen Wissens über den Untersuchungsgegenstand"[568] begriffen und bisherige theoretische Vorüberlegungen ggf. revidiert oder ergänzt, steht das Prinzip der Theoriegeleitetheit dem der Offenheit nicht entgegen. Eine regelgeleitete Vorgehensweise, d.h. dass der Forschungsprozess gemäß explizit offenzulegender Regeln abläuft, ermöglicht die intersubjektive Nachprüfbarkeit einzelner Analyseschritte und Ergebnisse.[569]

Der Unterschied zwischen quantitativer und qualitativer Sozialforschung ist demnach nicht einfach anhand der Begriffe „Theorieprüfung" versus „Theorieentwicklung" oder aber anhand eines differierenden Offenheitsanspruchs an den Forscher festzumachen.[570] Er besteht vielmehr in der Art und Weise, in der auf Kausalzusammenhänge geschlossen wird.[571] Grundsätzlich existieren statistik-basierte und fall-basierte Erklärungsstrategien. Die Entscheidung für eine der beiden Alternativen impliziert i.d.R. gleichzeitig die Entscheidung für die Anwendung quantitativer oder qualitativer Methoden, wobei diese auch komplementär eingesetzt werden können.

---

566 Lamnek (1995a) konstatiert, dass es sich um „sich ergänzende Alternativen im Feld empirischer Forschung" handelt; Lamnek (1995a), S. 6. Diese Sichtweise kann auch als „multimethodisch" bezeichnet werden; vgl. Kleining (1995), S. 12. Vgl. hierzu auch Brüsemeister (2000), S. 41-44; Jensen et al. (1989), S. 4; Tufano (2001), S. 180. Zu denkbaren Methodenkombinationen vgl. Flick (2004), S. 383-389.

567 Vgl. Gläser/Laudel (2004), S. 23 und S. 27-30.

568 Mayring (2002), S. 28.

569 Vgl. hierzu Gläser/Laudel (2004), S. 28-29.

570 Vgl. Gläser/Laudel (2004), S. 25. Auch quantitative Untersuchungen sind stets mit Interpretationen verbunden und dienen nicht ausschließlich der Überprüfung von Hypothesen. Weiterhin werden in der qualitativen Forschung, sofern es die Fallzahl zulässt, ebenfalls statistische Verfahren zur Gewinnung quantifizierender Aussagen angewandt; vgl. Gläser/Laudel (2004), S. 23; Lamnek (1995a), S. 3f.

571 Bilden Forschungsstrategien und Methoden die Grundlage methodologischer Überlegungen, entspricht dies einer eher naturwissenschaftlichen Herangehensweise im Gegensatz zu einer Gegenstandsorientierung, wie sie eher in den Geisteswissenschaften vorzufinden ist; vgl. Kleining (1995), S. 13.

Statistik-basierte Erklärungsstrategien bedienen sich quantifizierender Erhebungs- und statistischer Auswertungsmethoden. Daher sind größere Fallzahlen vonnöten als bei der Anwendung qualitativer Methoden. Auf Grundlage statistisch signifikanter Ergebnisse werden Schlussfolgerungen über Kausalzusammenhänge gezogen. Hierzu bedarf es jedoch zusätzlicher Informationen zu den empirisch-statistischen Ergebnissen, z.B. in Form von theoretischen Erkenntnissen über den Gegenstandsbereich. Der Geltungsbereich der erarbeiteten Ergebnisse ist durch die Auswahl der Grundgesamtheit resp. der Stichprobe von vornherein festgelegt. Allerdings findet eine Reduktion der sozialen Komplexität durch Standardisierung bzw. der Abbildung von Wirklichkeitsausschnitten auf Skalen statt.[572]

Fall-basierte Erklärungsstrategien decken den Kausalmechanismus durch umfassende Analyse eines oder mehrerer Fälle direkt auf. Daher ist die Komplexitätsreduktion geringer. Die Untersuchungsergebnisse liegen in Form von verbalen Beschreibungen der Sachverhalte und nicht von quantifizierenden Aussagen vor. Der Geltungsbereich der Ergebnisse ist allerdings wegen der Beschränkung auf wenige Fälle nicht ohne weiteres ermittelbar.[573] Experteninterviews entsprechen einer fall-basierten Vorgehensweise und sind der qualitativen empirischen Sozialforschung zuzuordnen. Um das spezifische Wissen von Experten zu erschließen, bietet sich eine standardisierte Vorgehensweise nicht an.[574] Die im Rahmen dieser Erhebungsmethode gewonnenen Daten liegen in nicht-nummerischer Form vor.[575] Die Auswertung erfolgt bewusst auf Basis von verbalem Material, damit nicht durch vorgegebene Antwortkategorien für die Beantwortung der Fragestellung bedeutende Aspekte unberücksichtigt bleiben.[576]

In der Literatur finden sich vielzählige Bezeichnungen für unterschiedliche Formen der mündlichen Befragung.[577] Für die vorliegende Arbeit wird daher zunächst der Begriff

---

572 Vgl. Gläser/Laudel (2004), S. 23-25.

573 Vgl. Gläser/Laudel (2004), S. 23-25.

574 Für bestimmte Sachverhalte gibt es zudem nur sehr wenige Experten; vgl. Gläser/Laudel (2004), S. 35.

575 Das Arbeiten mit verbalem Datenmaterial ist ein weiteres Merkmal der qualitativen Sozialforschung; vgl. Bortz/Döring (2002), S. 295f.

576 Gläser/Laudel (2004) bemerken vor diesem Hintergrund: „Mit quantifizierenden Erhebungen für eine statistik-basierte Erklärung könnten wir für die dann einzubeziehenden Fälle nur das erheben, von dem wir vorab wissen oder vermuten, dass es alle Fälle gemeinsam haben.“; Gläser/Laudel (2004), S. 35.

577 Um nur einige Beispiele zu nennen, werden neben dem Experteninterview das „fokussierte“, das „problemzentrierte“, das „narrative“, das „episodische“, das „biographische“ oder aber das „rezeptive“ Interview genannt; vgl. hierzu im Detail Scholl (2003), S. 60-76; Flick (2004), S. 117-167 sowie den Kurzüberblick in Tab. 11.1, S. 190f.; Lamnek (1995b), S. 70-92; Diekmann (2004), S. 443-451; Hopf (1995), S. 177-180.

des „Experteninterviews“ anhand seiner charakteristischen Merkmale abgegrenzt. Letztere betreffen die Anzahl der Freiheitsgrade des Interviewers, die Frageform sowie den Standardisierungsgrad durch die Vorgabe von Antwortkategorien.[578]

Nach der Anzahl der Freiheitsgrade über die der Interviewer in der Interviewsituation verfügt, handelt es sich bei Experteninterviews um eine semi-strukturierte Befragung. Dies bedeutet, dass der Interviewer anhand eines Leitfadens durch das Gespräch führt. Die Abfolge der Fragen bleibt dem Interviewer überlassen.[579] Der Leitfaden dient dazu, das Interview auf bestimmte Themen zu fokussieren und eine erhöhte Vergleichbarkeit der Daten zu generieren.[580] Hierbei sind sog. Schlüsselfragen, die in jedem Interview gestellt werden, von sog. Eventualfragen, die abhängig vom Gesprächsverlauf aktuell werden, zu unterscheiden.[581]

Die Fragen in einem Experteninterview sind bewusst offen gehalten, damit die Forschungsergebnisse nicht durch den Forscher prädeterminiert werden. Dies bedeutet, dass der Befragte nicht aus vorgegebenen Antwortmöglichkeiten wählen kann.[582] Somit hat der Experte die Möglichkeit, seine Antworten ausführlich zu begründen und auf weitere relevante Aspekte oder Problembereiche hinzuweisen. Offene Fragestellungen korrespondieren mit einer Zuordnung zu den nicht-standardisierten Formen der Befragung, bei denen die Kategorisierung der Antworten gar nicht bzw. erst nach der Datenerhebung erfolgt.[583]

Weitere Kriterien sind der Kommunikationsstil des Interviewers, die Art des Kontaktes, die Anzahl der befragten Personen sowie der Interviewer und die Intention des Interviews.[584] Bezogen auf den Kommunikationsstil entspricht das Experteninterview einem sog. neutralen Interview. Hierbei rückt die Informationsfunktion des Interviews in den Vordergrund, weshalb ein sachliches, eher unpersönliches Verhalten des Interviewers erforderlich ist.[585] Die Reaktion des Interviewers auf die Beantwortung einer Frage darf dabei weder positiv noch negativ ausfallen.[586] Die Grundannahme der mangelnden Be-

---

578 Vgl. Atteslander/Kopp (1999), S. 152; Mayring (2002), S. 66.

579 Vgl. Atteslander (2003), S. 146-148; Hopf (1995), S. 177. Atteslander (2003) verwendet allerdings den Begriff „Expertenbefragung“; vgl. Atteslander (2003), S. 157.

580 Vgl. Scholl (2003), S. 66f.

581 Vgl. Friedrichs (1973), S. 227.

582 Vgl. Scholl (2003), S. 66; Lamnek (1995b), S. 59; Froschauer/Lueger (1998), S. 46f. Zum Konzept der geschlossenen resp. der offenen Frage siehe Atteslander/Kopp (1999), S. 154-156.

583 Vgl. Atteslander (2003), S. 160f.

584 Vgl. Bortz/Döring (2002), S. 238.

585 Vgl. Atteslander (2003), S. 149-153; Bortz/Döring (2002), S. 239f.

586 Vgl. Diekmann (2004), S. 375f.

reitschaft zur Mitarbeit, die Voraussetzung für ein weiches bzw. hartes Interview ist, trifft auf die vorliegende Arbeit nicht zu, da die Teilnahme an der Untersuchung auf freiwilliger Basis erfolgt. Bei einem weichen Interview begegnet der Interviewer dem widerstrebenden Verhalten des Befragten mit Sympathie, während er bei einem harten Interview versucht, durch autoritäres Verhalten Druck auszuüben und eine Art Verhörsituation zu erzeugen.[587] Demnach können bei einem weichen resp. harten Kommunikationsstil die Interviewereinflüsse kaum kontrolliert werden.[588]

Hinsichtlich der Art des Kontaktes wird eine persönliche Befragung vorgenommen.[589] Da stets nur ein Experte von einem Interviewer zum Untersuchungsgegenstand befragt wird, liegt ein sog. Einzelinterview vor.[590] Diese Vorgehensweise eignet sich bei Themenbereichen, die durch mangelndes theoretisches Vorwissen nur eingeschränkt strukturierbar sind.[591] Kincaid/Bright (1957) empfehlen bei der Befragung hochrangiger Manager sog. Tandem-Interviews, bei denen zwei Interviewer einen Experten befragen.[592] Hierdurch soll primär erreicht werden, dass der Befragte ständig die Aufmerksamkeit eines der beiden Interviewer hat. Somit können dem Gesprächsverlauf aufmerksamer gefolgt und weiterführende Fragen sowie Nachfragen besser vorbereitet werden.[593] Allerdings standen die Befragten in der von Kincaid/Bright (1957) untersuchten Studie einer Tonaufnahme des Gesprächs ablehnend gegenüber.[594] Dies trifft in der vorliegenden Arbeit nicht zu. Im Gegenteil wird davon ausgegangen, dass die Anwesenheit zweier Interviewer mit Hinblick auf die zugestandene Anonymität und die Beantwortung sensibler Fragen negativ betrachtet wird.

---

587 Zu den unterschiedlichen Lösungsansätzen der weichen resp. harten Interviewführung bei dem Problem der mangelnden Mitarbeit vgl. Lamnek (1995b), S. 57; Bortz/Döring (2002), S. 239f.; Atteslander (2003), S. 149-153.

588 Vgl. Lamnek (1995b), S. 58.

589 Auf die Darstellung schriftlicher Befragungen und telefonischer Interviews wird verzichtet, da diese sich zur Beantwortung der Forschungsfragen nur eingeschränkt eignen. Zur Begründung der Methodenwahl vgl. Kapitel 1 der vorliegenden Arbeit.

590 Vgl. Bortz/Döring (2002), S. 243.

591 Vgl. Bortz/Döring (2002), S. 242. Zum alternativen Verfahren der Befragung in Gruppen vgl. Flick (2004), S. 168-183; Atteslander (2003), S. 155f. sowie ausführlicher zur Gruppendiskussion Lamnek (1995b), S. 125-171. Ziel von Gruppenbefragungen ist es oftmals, Meinungsbildungsprozessse zu erforschen; vgl. Diekmann (2004), S. 375.

592 Vgl. Kincaid/Bright (1957), S. 309.

593 Weiterhin ist es denkbar, dass negative Reaktionen auf die Person eines der beiden Interviewer evtl. gemildert werden, indem der zweite Interviewer die Gepráchsführung übernimmt; vgl. Kincaid/Bright (1957), S. 306f. Zur Definition des Tandem-Interviews vgl. Kincaid/Bright (1957), S. 304.

594 Vgl. Kincaid/Bright (1957), S. 306.

Bezüglich der Intention des Interviews handelt es sich um eine Befragung mit informationsermittelnder Funktion, da der Experte als Träger der für die Untersuchung relevanten Informationen verstanden wird.[595]

4.2 Kritische Würdigung der Methode des Experteninterviews

4.2.1 Methodendiskussion anhand klassischer Gütekriterien

Jede wissenschaftliche Methode weist neben den ihr eigenen Vorteilen auch Nachteile auf. In den beiden folgenden Abschnitten werden kritische Aspekte der qualitativ-empirischen Forschung und von Befragungen im Allgemeinen sowie die des Experteninterviews im Besonderen dargestellt. Ferner werden diese Probleme durch Beschreibung und Diskussion der in der vorliegenden Arbeit gewählten Vorgehensweise adressiert.

Grundsätzlich ist vorab anzumerken, dass das Instrument des Interviews eine reaktive Erhebungsmethode ist. Der Befragte weiß, dass er an einer Untersuchung teilnimmt und kann auf den Vorgang der Datenerhebung reagieren. Hierdurch sind Veränderungen in den Forschungsergebnissen möglich.[596] Vor diesem Kontext spielen das Verhalten des Interviewers, des Befragten und die Gestaltung des Leitfadens eine bedeutende Rolle.[597] Atteslander (2003) weist darauf hin, dass aufgrund der Komplexität sozialer Situationen eine Befragung ohne Beeinflussung oder Antwortverzerrungen realistisch betrachtet unmöglich ist.[598] In Kapitel 1 wurde die dennoch bewusste Auswahl von Experteninterviews als die dem Untersuchungsgegenstand und den Forschungsfragen angemessene Erhebungsmethode begründet.

Zusätzlich haben qualitativ-empirische Studien beurteilt an den Gütekriterien der quantitativ-empirischen Sozialforschung das Problem einer geringeren *Objektivität*, *Realibilität* (Zuverlässigkeit) und *Validität* (Gültigkeit).[599] Objektivität ist dabei eine notwen-

[595] Im Gegensatz dazu möchte das informationsvermittelnde Interview durch die Befragung eine Erkenntnisveränderung beim Befragten erwirken; vgl. näher Lamnek (1995b), S. 38f.

[596] Vgl. Schnell/Hill/Esser (2005), S. 353.

[597] Vgl. Diekmann (2004), S. 371 sowie S. 452.

[598] Vgl. Atteslander (2003), S. 192.

[599] Vgl. Kelle/Kluge/Prein (1993), S. 9; Diekmann (2004), S. 451.

dige, aber nicht hinreichende Bedingung für die Reliabilität, dasselbe gilt wiederum für die Beziehung zwischen Realibiliät und Validität.[600]

Bevor die einzelnen Gütekriterien der quantitativ-empirischen Forschung näher erläutert werden, sei angemerkt, dass diese im Hinblick auf das Ziel entwickelt wurden, allgemein gültige Gesetze durch repräsentative Untersuchungen aufzustellen. Daher beziehen sie sich primär auf die Frage, ob objektive, zuverlässige und gültige Messungen durchgeführt wurden.[601] Durch qualitative Methoden erhobene nicht-nummerische Daten entziehen sich per Definition diesen Gütekriterien, da es sich nicht um Messwerte handelt.[602] Die Gütekriterien der quantitativ-empirischen Sozialforschung können daher nicht einfach in der qualitativ-empirischen Sozialforschung angewandt, sondern müssen entsprechend neu definiert werden.[603] Hierbei ist stets das übergeordnete Gütekriterium der Gegenstandsangemessenheit zu berücksichtigen, das auch für die Wahl einer dem Erkenntnisziel adäquaten Methode gilt.[604] Spezifisch entwickelte Maßstäbe, deren Betrachtung in Kapitel 4.2.2 erfolgt, müssen daher dem Untersuchungsgegenstand, den Methoden sowie den Zielen der Untersuchung entsprechen.[605] Zunächst werden jedoch Probleme aufgezeigt, die bei einer Anwendung der klassischen Gütekriterien auf qualitativ-empirischen Arbeiten resultieren.

Ein Höchstmaß an *Objektivität* im quantitativ-empirischen Sinne bedeutet, dass die Forschungsergebnisse gänzlich unabhängig von der Person des Forschers sind.[606] Das Verhalten des Interviewers sowie die äußeren Interviewermerkmale[607] beeinflussen die Objektivität der Untersuchung. Objektivität im quantitativ-empirischen Sinne wird erreicht, indem eine möglichst standardisierte Vorgehensweise gewählt wird.[608] Standardisierte Interviews eignen sich allerdings nur, wenn ausreichendes Vorwissen über

---

600 Vgl. Diekmann (2004), S. 227.

601 Vgl. Flick (2004), S. 13f.; Diekmann (2004), S. 216.

602 Kvale (1995b) bemerkt vor diesem Hintergrund, dass eine Beschränkung des Validitätskonzepts auf quantitative Messungen einer qualitativ-empirischen Vorgehensweise jegliche Validität abspricht; vgl. Kvale (1995b), S. 427.

603 Zur Diskussion, ob die qualitativ-empirische Sozialforschung die Gütekriterien der quantitativ-empirischen Sozialforschung auf ihre Methoden anpassen oder aber eigene Gütekriterien definieren sollte, vgl. Kelle/Kluge/Prein (1993); S. 19-33.

604 Vgl. Lamnek (1995a), S. 154. Bortz/Döring (2002) sind der Ansicht, dass bei Expertengesprächen weniger methodische Probleme als vielmehr die Kompetenz und Erfahrung der Experten im Vordergrund steht; vgl. Bortz/Döring (2002), S. 237f.

605 Vgl. Flick (2004), S. 319.

606 Vgl. Diekmann (2004), S. 216.

607 Hierzu gehören z.B. die Merkmale „Alter“, „Geschlecht“ und „Kleidung“; vgl. Diekmann (2004), S. 399.

608 Vgl. Lamnek (1995a), S. 178; Bortz/Döring (2002), S. 327.

den Untersuchungsgegenstand existiert.[609] Da dies in der vorliegenden Arbeit nicht der Fall ist, muss die geringere Objektivität des Erhebungsinstruments „Experteninterview" in Kauf genommen werden. Im Rahmen der Erhebung wird insbesondere die Durchführungsobjektivität, d.h. dass zwei Forscher mit demselben Erhebungsinstrument dieselben Antworten erhalten, für unstrukturierte bzw. wenig strukturierte Interviews angezweifelt.[610] Da die äußeren Interviewermerkmale nur z.T. beeinflusst werden können, ist insbesondere das Verhalten des Interviewers von Bedeutung. Durch einen neutralen Interviewerstil[611] sollten allerdings keine Antwortverzerrungen zu erwarten sein. Andererseits können potenziell verzerrende Antwortreaktionen durch den Interviewer aber auch gemildert werden, indem evtl. auftretende Verständnisprobleme ausgeräumt werden.[612]

Das Kriterium der *Reliabilität* gibt an, in welchem Ausmaß die Messergebnisse reproduzierbar sind. Dies ist allerdings nur unter der Annahme möglich, dass die zu messende Eigenschaft stabil ist.[613] Untersuchungsgegenstände qualitativ-empirischer Forschung weisen dieses Merkmal i.d.R. nicht auf. Im Fall der vorliegenden Arbeit, in der der Untersuchungsgegenstand die kontrollierte Auktion ist, ändern sich dessen Eigenschaften z.B. situationsabhängig von der individuellen Transaktion oder aber mit neuartigen Dienstleistungen, die integriert mit kontrollierten Auktionen angeboten werden. Hat ein Gesprächpartner zu einem späteren Zeitpunkt zusätzliche Erkenntnisse über den Untersuchungsgegenstand gewonnen, würden diese in einer erneuten Befragung einfließen und so zu veränderten Ergebnissen führen. Aus diesen Gründen kann dieses Gütekriterium im Rahmen einer qualitativ-empirischen Forschung nicht greifen und wird nachfolgend nicht eingehender betrachtet.[614] Allerdings wurden in der Arbeit Experten befragt, die langjährige Berufserfahrung und somit ein umfangreiches Wissen auf dem Gebiet aufweisen.[615]

---

609 Vgl. Diekmann (2004), S. 374.

610 Vgl. Diekmann (2004), S. 216 und S. 374.

611 Vgl. hierzu auch S. 178 der vorliegenden Arbeit.

612 Vgl. Schober/Conrad (1997), S. 577; Diekmann (2004), S. 399.

613 Vgl. Diekmann (2004), S. 217f. Die Reproduzierbarkeit kann anhand verschiedener Testverfahren überprüft werden, indem meist Korrelationskoeffizienten zwischen den ursprünglichen Ergebnissen und denen eines weiteren Tests bestimmt werden; vgl. Lamnek (1995a), S. 174.

614 Vgl.Flick (2004), S. 319f.; Mayring (2002), S. 140.

615 Zu den abgefragten biographischen Daten der Gesprächspartner im Interviewleitfaden siehe auch S. 340 des Anhangs J.

Die *Validität* entspricht dem Genauigkeitsgrad, mit dem die zu untersuchenden Merkmale tatsächlich gemessen werden.[616] Sie kann weiterhin in die sog. interne und in die externe Validität unterschieden werden.[617] Die interne Validität ist gegegeben, wenn die Ergebnisse eindeutig in dem Sinne sind, dass sie keine Alternativerklärungen zulassen.[618] Anders formuliert muss die Veränderung einer abhängigen Variable eindeutig auf eine Veränderung der unabhängigen Variable zurückzuführen sein.[619] Das Kriterium der internen Validität ist vor dem Hintergrund einer überprüfenden Forschungslogik zu sehen, mit deren Hilfe Kausalzusammenhänge entdeckt werden sollen. Die vorliegende Analyse hingegen ist aufgrund der Neuartigkeit des Themas in der wissenschaftlichen Literatur eher explorativ ausgerichtet. Daher kann das Kriterium der internen Validität an dieser Stelle nicht angelegt werden.

Die externe Validität bezieht sich auf die Generalisierbarkeit der Ergebnisse für andere Untersuchungssituationen, untersuchte Personen und Zeitpunkte. Sie sinkt mit abnehmender Repräsentativität der Stichprobe.[620] Eine hohe externe Validität der hiesigen Ergebnisse kann aufgrund der im Vergleich zu quantitativ-empirischen Untersuchungen geringen Anzahl an Fällen nicht erreicht werden. Die Zielsetzung der Arbeit ist allerdings auch nicht in einer Verallgemeinerung der Ergebnisse zu sehen. Vielmehr gilt es, den bisher wenig erforschten Untersuchungsgegenstand und seine Ausprägungen hinreichend zu erfassen, so dass ein grundlegendes Gesamtverständnis resultiert. Hierzu ist es auf der einen Seite notwendig, dass die relevanten Daten in ihrem ganzen Umfang erfasst werden. Tufano (2001) bemerkt vor diesem Hintergrund: „Intensive examination typically involves collection of much more information than is available in standard databases, whether through [...], or interviews with decision makers (managers, investors, traders).“[621] Auf der anderen Seite erfordert die Fülle der Informationen aber auch eine Einschränkung bei der Anzahl der betrachteten Fälle.

---

616 Vgl. Diekmann (2004), S. 224.
617 Vgl. Bortz/Döring (2002), S. 57.
618 Bortz/Döring (2002), S. 57.
619 Vgl. Lamnek (1995a), S. 160.
620 Vgl. Bortz/Döring (2002), S. 37 und S. 57.
621 Tufano (2001), S. 180.

4.2.2 Methodendiskussion anhand von Gütekriterien der qualitativ-empirischen Forschung

In der qualitativ-empirischen Forschung existiert keine breite einheitliche Meinung bzgl. der anzuwendenden Gütekriterien. Flick (1992) unterscheidet zwischen Ansätzen, die die klassischen Gütekriterien der Objektivität, Reliabilität und Validität adaptieren und Ansätzen, die die Entwicklung eigener, methodenangemessener Gütekriterien verfolgen.[622] So definiert z.B. Mayring (2002) folgende sechs Gütekriterien: Verfahrensdokumentation, argumentative Interpretationsabsicherung, Regelgeleitetheit der Forschung, Gegenstandsnähe, kommunikative Validierung, Triangulation.[623] Lamnek (1995a) versteht diese Gütekriterien allerdings als grundlegende Basis jedes empirischen Forschungsprozesses, deren Anwendung in quantitativer und qualitativer Forschung lediglich in unterschiedlicher Weise erfolgt.[624] Er unterzieht die klassischen Gütekriterien einer kritischen Diskussion und verweist auf denkbare Modifikationen.[625]

Da sich in der qualitativen Forschung bisher kein Ansatz eigener Gütekriterien durchgesetzt hat,[626] folgt die vorliegende Arbeit der Argumentation von Lamnek (1995a), indem angepasste Gütekriterien angewandt werden. Im Vergleich zu den klassischen Gütekriterien der quantitativ-empirischen Sozialforschung werden die Begriffe der Objektivität und der Reliabilität in der qualitativ-empirischen Forschung allerdings eher selten verwendet. Der Begriff der Objektivität in der qualitativen Forschung ist eng

---

622 Vgl. Flick (1992), S. 13f.

623 Die Verfahrensdokumentation betrifft die Darlegung des Vorverständnisses, des Analyseinstrumentariums sowie der Datenerhebung und deren Auswertung. Das Kriterium der argumentativen Interpretationsabsicherung beinhaltet neben der schlüssigen Begründung der Interpretation auch die Erklärung von Brüchen in der Argumentationslinie sowie die Suche nach Alternativdeutungen inklusive deren Überprüfung. Unter Regelgeleitetheit wird das systematische Vorgehen anhand bestimmter Verfahrensregeln verstanden. Gegenstandsnähe wird v.a. durch die Feldforschung (im Vergleich zur Laborforschung) und die Interessenannäherung an den Beforschten erreicht. Eine kommunikative Validierung ist gegeben, wenn die Ergebnisse und Interpretationen durch nochmalige Diskussion mit den Beforschten überprüft werden. Der Begriff der Triangulation meint, dass für die Fragestellung unterschiedliche Lösungswege gesucht und deren Resultate miteinander verglichen werden; vgl. hierzu näher Mayring (2002), S. 144-148.

624 Vgl. Lamnek (1995a), S. 157.

625 Vgl. Lamnek (1995a), S. 158-186. Kelle/Kluge/Prein (1993) setzen sich insbesondere mit der Validitätsproblematik in der qualitativen Forschung auseinander. Die Autoren merken an, dass Validierungsstrategien als operationale Umsetzung von Validitätskonzepten stets vor dem Hintergrund einer spezifischen Forschungstradition zu sehen sind. Wie bereits im vorhergehenden Abschnitt erläutert, können messtheoretische Konzepte und Tests nicht in die qualitative Forschung integriert werden. Kelle/Kluge/Prein (1993) nehmen dies jedoch nicht zum Anlass, auf alternative Gütekriterien auszuweichen. Sie plädieren ebenfalls für eine Modifikation der klassischen Gütekriterien. Dies bedeutet für Konzepte der Validität, dass diese anders operationalisiert werden müssen, indem alternative Validierungsstrategien erarbeitet werden; vgl. Kelle/Kluge/Prein (1993), S. 32.

626 Vgl. Kelle/Kluge/Prein (1993), S. 31.

an den der quantitativen Forschung angelehnt, der in Abschnitt 4.2.1 dargestellt wurde.[627] Das Gütekriterium der Reliabilität im klassischen Sinne wird in der qualitativen Forschung aus methodologischen Gründen abgelehnt. Allerdings wurden eigene Verfahren der Zuverlässigkeitsprüfung bisher nicht entwickelt.[628] Gütekriterien der qualitativ-empirischen Forschung legen den Fokus daher stärker auf das Konzept der Validität, auf das nachfolgend eingegangen wird.[629]

Zentral für den Validitätsbegriff in der qualitativen Forschung ist, inwiefern durch die angewandte Methode tatsächlich untersucht wurde, was zu untersuchen beabsichtigt war.[630] Es gilt zu klären, inwiefern die nicht-nummerischen Daten und deren Interpretationen den Untersuchungsgegenstand tatsächlich erfassen und nicht, ob korrekte Messungen durchgeführt wurden.[631] Vor diesem Kontext ist das Verhältnis zwischen den untersuchten Zusammenhängen und der Fassung, die der Forscher davon liefert, zu analysieren.[632] Für die vorliegende Arbeit sind daher folgende Fragen zu beantworten:[633]

1. Entsprechen die in den Interviews geäußerten Anworten den Tatsachen oder liegen Antwortverzerrungen resp. -verfälschungen seitens des Befragten vor?

2. Entsprechen die Interviewprotokolle der vorgefundenen Situation oder aber sind sie durch den Forscher bewusst oder durch Unachtsamkeit verzerrt oder verfälscht worden?

3. Sind die durch den Forscher vorgenommenen Interpretationen valide?

Die erste Frage betreffend sind die beiden bedeutendsten Verzerrungseffekte die der sozialen Erwünschtheit und die der Zustimmungstendenz.[634] Unter dem Problem der

---

627 Vgl. Bortz/Döring (2002), S. 326f.
628 Vgl. Lamnek (1995a), S. 175-177.
629 Vgl. Flick (2004), S. 322; Bortz/Döring (2002), S. 326f.
630 Vgl. Kvale (1995b), S. 427f.
631 Vgl. Bortz/Döring (2002), S. 326. Diese Vorgehensweise ist vor dem Hintergrund einer Abkehr von der Korrespondenztheorie der Wahrheit zu verstehen. Die Forderung nach absolut gesicherten Erkenntnissen im Sinne einer objektiven und absolut gültigen Wahrheit wird aufgegeben. Wissen wird vielmehr dadurch erreicht und auch validiert, dass eine Analyse und Auswahl konkurrierender, falsifizierbarer Erkenntnisansprüche stattfindet. Vor diesem Hintergrund sind Argumente für die relative Glaubwürdigkeit alternativer Wissensansprüche zu liefern. Der Fokus liegt demnach stärker auf der Falsifikation als auf der Verifikation; vgl. Kvale (1995a), S. 25f.; Altheide/Johnson (1998), S. 286-289.
632 Vgl. Flick (2004), S. 323.
633 Vgl. Bortz/Döring (2002), S. 327f. sowie S. 335f.
634 Vgl. Schnell/Hill/Esser (2005), S. 354.

sozialen Erwünschtheit wird verstanden, dass der Befragte unaufrichtig antwortet.[635] Dieses Verhalten kann wegen befürchteter Konsequenzen oder aber aus dem Bedürfnis nach sozialer Anerkennung resultieren. Hierunter ist auch die Thematik der sensiblen Fragen einzuordnen, bei denen oftmals die Antwort verweigert, Meinungslosigkeit vorgeschoben oder aber sozial unerwünschte Eigenschaften abgestritten werden.[636] Eine Strategie zur Vermeidung von Verzerrungen durch sozial erwünschte Antworten besteht darin zu kommunizieren, dass jede Antwort gleich erwünscht ist sowie durch ein neutrales Interviewerverhalten.[637] Der erstgenannte Aspekt wurde im Leitfaden, der zweitgenannte in den Gesprächen umgesetzt.[638] Die Gefahr sozial erwünschter Antworten ist zudem insbesondere bei Meinungsfragen von Relevanz, in Experteninterviews werden jedoch v.a. Faktfragen eingesetzt.[639] Ferner wurde den Befragten Anonymität garantiert sowie die Zusage getätigt, keine expliziten Zitate zu veröffentlichen.[640] Weiterhin wurde ihnen das Protokoll vor Auswertung der Transkripte zugesandt, nicht weiter zu verwertende Aussagen konnten gestrichen werden. Aufgrund dieser Vorgehensweise, die den Teilnehmern der Untersuchung vorab kommuniziert wurde, hatten diese keinerlei Konsequenzen zu befürchten.

Das Problem der Zustimmungstendenz besteht darin, dass gestellten Fragen unabhängig von deren Inhalt zugestimmt wird.[641] Dieses Verhalten wird in der Literatur zum Einen auf Persönlichkeitsmerkmale des Befragten zurückgeführt. Vor diesem Kontext spielen insbesondere ein passives Ego, dessen Merkmale Unüberlegtheit, eine Tendenz zum schnellen Handeln und eine einfache Beeinflussbarkeit sind, sowie eine geringe „Ich-Stärke" eine Rolle.[642] Zum Anderen kann die Zustimmungstendenz beobachtet werden, wenn Befragter und Interviewer aus unterschiedlichen sozialen Schichten entstammen. Die Befragten sind in diesem Fall weniger geneigt, ihre eigenen Ansichten offenzulegen und stimmen dem Interviewer daher einfach zu. Dieses Verhalten liegt aber nicht in der Persönlichkeit der Befragten, sondern ist auf soziale Normen zurückzuführen, die bei der Kommunikation zwischen den Klassen gelten.[643] Da in den Interviews keine Ant-

---

635 Vgl. Scholl (2003), S. 207.

636 Vgl. Schnell/Hill/Esser (2005), S. 355f.; Scholl (2003), S. 210.

637 Vgl. Scholl (2003), S. 209f.

638 Vgl. hierzu beispielhaft die Frage 11 des Interviewleitfadens auf S. 340 in Anhang J.

639 Vgl. Gläser/Laudel (2004), S. 118f.

640 Vgl. hierzu auch die Vertraulichkeitserklärung auf S. 349 des Anhangs K.

641 Vgl. Schnell/Hill/Esser (2005), S. 354. Die Gefahr der Zustimmungstendenz ist aber ausschließlich bei Fragen gegeben, die einen dichotomen Ausgang haben; vgl. Scholl (2003), S. 213.

642 Vgl. Couch/Keniston (1960), S. 168-170.

643 Vgl. Lenski/Leggett (1960), S. 466f.

wortkategorien vorgegeben waren, denen man zustimmen oder die man hätte ablehnen können, ist dieser Aspekt nicht weiter von Relevanz.

Zweitens ist die Frage zu beantworten, ob die erhobenen Daten und deren Darstellung durch den Forscher bewusst oder unachtsam beeinflusst wurden, so dass eine valide Abbildung der zu untersuchenden Sachverhalte angezweifelt werden kann. Eine durch den Forscher verursachte Verzerrung der erhobenen Daten kann vorliegen, sofern potenzielle Frageeffekte, d.h. Reaktionen auf formale Aspekte der Frage, bei der Erstellung des Leitfadens nicht berücksichtigt wurden.[644] Der Fragetypus ist für das Experteninterview insofern vorgegeben, als dass das Wissen des Interviewpartners über den Untersuchungsgegenstand erhoben werden soll. Daher werden vornehmlich offene Faktfragen gestellt.[645] Damit Frageeffekte vermieden werden, stellen Schnell/Hill/Esser (2005) folgende Anforderungen an die Frageformulierung:[646]

- Die Frageformulierungen sind einfach und kurz zu halten,
- die Fragen sollten greifbar sein, indem abstrakte Begriffe in konkrete Begriffe übersetzt werden,
- auf Suggestivfragen und hypothetische Fragen ist gänzlich zu verzichten,
- die Fragen dürfen keine doppelten Negationen enthalten und den Befragten nicht überfordern,
- sie sollten stets nur einen Sachverhalt abdecken und
- balanciert sein, indem alle Antwortmöglichkeiten (positive und negative) abgedeckt sind.

Diese Anforderungen wurden im Interviewleitfaden umgesetzt. Zur Überprüfung der Komplexität und der Verständlichkeit der Fragen wurden vor der eigentlichen Erhebung Test-Interviews mit drei Experten geführt, von denen einer auch an der eigentli-

644 Vgl. Schnell/Hill/Esser (2005), S. 354. Reaktionen auf die Abfolge von Fragen werden als Positionseffekte bezeichnet; vgl. Schnell/Hill/Esser (2005), S. 354. Positionseffekte sind in der vorliegenden Arbeit zu vernachlässigen, da in einem Experteninterview die Abfolge der Fragen nicht standardisiert ist, sondern vom individuellen Gesprächsverlauf abhängt; vgl. Gläser/Laudel (2004), S. 169; Lamnek (1995b), S. 63.

645 Im Gegenzug dazu werden durch sog. Meinungsfragen die Einstellungen des Befragten erhoben; vgl. Gläser/Laudel (2004), S. 118f.

646 Vgl. Schnell/Hill/Esser (2005), S. 334f. Ähnliche Anforderungen formulieren Gläser/Laudel (2004); vgl. Gläser/Laudel (2004), S. 131-138.

chen Erhebung teilnahm. Dies resultierte in einigen sprachlichen Änderungen von als zu akamedisch wahrgenommenen Begriffen.[647] Um Frageeffekte zu vermeiden, wurde der Leitfaden zusätzlich mit Vertretern der Abteilung für Psychologische Methodenlehre, Evaluation und Forschungsmethodik der Johann Wolfgang Goethe-Universität, Frankfurt am Main, kritisch diskutiert und überarbeitet.

Da die Gespräche aufgenommen und wortwörtlich transkribiert wurden, ist von einer verzerrten Darstellung der Daten nicht auszugehen. Wie bereits angeführt, wurden die Befragten zudem gebeten, die Protokolle zu lesen und ihre inhaltliche Zustimmung zu ihren Aussagen zu geben bzw. ggf. Änderungen vorzunehmen.[648] Aus diesem Grund geben die Interviewprotokolle die Gesprächssituation nicht nur vollständig, sondern auch inhaltlich korrekt wieder.

Die Vorgehensweise, dass ein Konsens zwischen Forscher und Befragten, Kollegen oder fachfremden Personen hergestellt wird, ist eine Validierungsstrategie des wichtigsten Validierungskonzepts für qualitative Daten: Der konsensuellen[649] resp. der kommunikativen[650] Validierung. Demnach werden die Daten für valide befunden, wenn sich mehrere Personen auf die Glaubwürdigkeit und den Bedeutungsgehalt der Daten einigen.[651]

---

647 Vor diesem Hintergrund wurde auch der Aspekt der Risikopräferenzen potenzieller Erwerber, der in einigen auktionstheoretischen Analysen eingehender betrachtet wird, von der Untersuchung in der Praxis ausgeklammert. Aussagegemäß wird dieser theoretische Aspekt im Rahmen der Bieterselektion oder aber der Ausgestaltung der Auktionsregel in der unternehmerischen Praxis zudem nicht berücksichtigt.

648 Dieses Vorgehen empfehlen auch Flick (2004), S. 325 und Cho/Trent (2006), S. 322.

649 Vgl. Bortz/Döring (2002), S. 328. Bortz/Döring (2002) sehen die kommunikative und die argumentative Validierung als eine Unterform der konsensuellen Validierung. Eine kommunikative Validierung wird demnach durch einen Konsens zwischen Forscher und Befragten erreicht, während eine argumentative Validierung durch einen Konsens zwischen Forscher und Kollegen oder aber Laien gegeben ist; vgl. Bortz/Döring (2002), S. 328.

650 Hingegen beinhaltet für Kvale (1995b) sowie Lamnek (1995a) die kommunikative Validierung auch den Einbezug der Öffentlichkeit und von Kollegen; vgl. Kvale (1995b), S. 329f.; Lamnek (1995a), S. 166. Nachfolgend wird der Begriff kommunikative Validierung im Sinne von Kvale (1995b) und Lamnek (1995a) verwendet, da der Begriff der argumentativen Validierung in der Literatur häufig anders gedeutet wird. Terhart (1981) sowie Mayring (2002) definieren die argumentative Validierung (Mayring (2002) verwendet den Begriff „argumentative Interpretationsabsicherung") als Verfahren, in dem die Interpretationen argumentativ zu begründen sind. Wie in Fußnote 623 angeführt, muss der Forscher hierzu auch seine Vorannahmen und sein Vorwissen offenlegen, damit die Argumentation regelgeleitet erfolgt und nachvollzogen werden kann. Ziel ist die intersubjektive Nachprüfbarkeit der Interpretationsergebnisse; vgl. Terhart (1981), Fußnote 12 auf S. 789; Mayring (2002), S. 145. Diese Ansicht teilt auch Lamnek (1995a), der die Hauptanwendungsmöglichkeit der argumentativen Validierung nach der vorhergehend dargelegten Definition auf dem Gebiet der objektiven Hermeneutik sieht; vgl. Lamnek (1995a), S. 166. Da die objektive Hermeneutik nicht Bestandteil der vorliegenden Arbeit ist, wird im weiteren Verlauf auf eine argumentative Validierung verzichtet.

651 Vgl. Bortz/Döring (2002), S. 328.

Schließlich muss geklärt werden, ob die vorgenommenen Interpretationen valide sind. Hierbei spielt die kommunikative Validierung eine zentrale Rolle. Allerdings geht es in dieser Phase des Forschungsprozesses darum, Brüche in den Interpretationen aufzudecken, weitere denkbare Erklärungen zu identifizieren und mit den bisherigen Schlussfolgerungen zu kontrastieren.[652] Da die befragten Experten zeitlich sehr stark eingebunden waren, wurde mit Unterstützung von Kollegen untersucht, ob alternative Deutungen der Ergebnisse möglich sind. Die vorläufigen Ergebnisse wurden anhand dieser Alternativdeutungen kritisch hinterfragt, um letztlich zu plausibel begründeten Endergebnissen zu gelangen. Dies entspricht der Vorgehensweise der kommunikativen Validierung.

Ein weiteres Qualitätskriterium der qualitativ-empirischen Forschung ist das Konzept der Triangulation. Durch gezielte Variationen der Beobachterperspektive, z.B. indem alternative Methoden angewandt oder weitere Forscher oder aber andere Datenquellen eingebracht werden, findet eine systematische Erweiterung der Erkenntnisse statt.[653] Ursprünglich wurde die Triangulation als eine mögliche Strategie zur Validierung erachtet.[654] In der Zwischenzeit wird sie jedoch mehr als Strategie zur Anreicherung und Komplettierung der Erkenntnisse verstanden.[655] Von 38% der insgesamt befragten Personen wurden zusätzliche Daten in schriftlicher Form zur Verfügung gestellt, die in die Analyse und Interpretation mit eingeflossen sind.

4.3 Vorgehensweise der Studie

4.3.1 Auswahl und Beschreibung der Fall- und Fallgruppenauswahl

Im Rahmen einer Befragung müssen Entscheidungen bzgl. der Fallauswahl (Personen, die interviewt werden sollen) und der Fallgruppenauswahl (Gruppen, denen die zu Befragenden entstammen) getroffen werden.[656] Hierbei ist zu beachten, dass die Auswahl derart gestaltet wird, dass die Beantwortung der Forschungsfragen gewährleistet ist.[657]

[652] Vgl. Bortz/Döring (2002), S. 356f.
[653] Vgl. Cho/Trent (2006), S. 323.
[654] Vgl. Flick (1995b), S. 432f.
[655] Vgl. Flick (2004), S. 331f.
[656] Vgl. Flick (2004), S. 97.
[657] Vgl. Gläser/Laudel (2004), S. 95.

Während in der quantitativ-empirischen Forschung das Kriterium der Repräsentativität bei der Stichprobenauswahl eine zentrale Rolle einnimmt, liegt der Fokus der qualitativ-empirischen Sozialforschung auf der inhaltlichen Repräsentation der Fälle für das Forschungsprojekt.[658] Daher muss eine Variation und Heterogenität hinsichtlich forschungsrelevanter Merkmale, für die hinreichend viele Befragte ausgewählt werden, sichergestellt sein.[659] Üblicherweise verwenden qualitative Studien den Ansatz einer bewussten Fallauswahl (purposeful sampling).[660]

Hinsichtlich der Fälle wurden in der vorliegenden Untersuchung Experten gewählt, die aufgrund ihrer Berufstätigkeit Insiderwissen[661] über kontrollierte Auktionen bei privaten Verkaufstransaktionen besitzen. Der Begriff des „Experten" ist definiert als Person, die verantwortlich ist für „den Entwurf, die Implementierung oder die Kontrolle einer Problemlösung" und über einen „privilegierten Zugang zu Informationen über Personengruppen oder Entscheidungsprozesse verfügt."[662] Hierzu gehören insbesondere „akademisch gebildete Angehörige von Funktionseliten."[663]

Der Expertenstatus wurde durch die Abfrage verschiedener biografischer Daten sichergestellt. Die befragten Personen wiesen eine durchschnittliche Berufserfahrung im M&A-Sektor von 12 Jahren sowie eine durchschnittliche Unternehmenszugehörigkeit von sieben Jahren auf.[664] Zum Befragungszeitpunkt hatten sie innerhalb der letzten

---

658 Vgl. Mayer (2004), S. 38. 2.

659 Vgl. Scholl (2003), S. 28.

660 Vgl. Patton (1990), S. 169. Vor diesem Kontext unterscheidet er in Abhängigkeit vom Untersuchungsziel zahlreiche verschiedene Samplingstrategien; vgl. hierzu näher Patton (1990), S. 169-180. Alternativ könnte eine zufällige Auswahl getroffen werden. Dies ist aber aufgrund der bei Experteninterviews typischerweise geringen Anzahl an Fällen nicht zielführend, da zufällige Stichprobenfehler der Zufallsauswahl bei kleinen Samples stärker ins Gewicht fallen; vgl. Kelle/ Kluge/Prein (1993), S. 63; Wengraf (2002), S. 97. Weiterhin besteht die Möglichkeit, die Struktur des Samples schrittweise während des Forschungsprozesses festzulegen. Dieses Vorgehen wird auch als theoretisches Sampling bezeichnet; vgl. Flick (2004), S. 102-106. Datenerhebung und -interpretation finden dann quasi simultan statt; vgl. Brüsemeister (2000), S. 195f. Das theoretische Sampling wird insbesondere eingesetzt, wenn sich die genaue Fragestellung der Untersuchung erst im Verlauf des Forschungsprozesses herauskristallisiert; vgl. Mayer (2004), S. 38. Dies trifft auf die vorliegende Arbeit nicht zu.

661 Zum Begriff des Insiderwissens vgl. Merton (1978), S. 11.

662 Meuser/Nagel (1991), S. 443. Experten sind somit der entscheidende Teil des Handlungsfeldes, dessen Probleme es zu lösen gilt, vgl. Meuser/Nagel (1994), S. 182.

663 Meuser/Nagel (1994), S. 181. Zum Begriff der Funktionselite, bei dem im Gegensatz zu dem der Positionselite nicht die formale Position, sondern die Kompetenz zur Einflussnahme auf Entscheidungen im Vordergrund steht, vgl. Meuser/Nagel (1994), S. 182.

664 Das Minimum lag für die Berufserfahrung bei sieben, das Maximum bei 23 Jahren. Für die Unternehmenszugehörigkeit lagen die Werte bei einem bzw. bei 17 Jahren.

zwei Jahre durchschnittlich sieben kontrollierte Auktionen begleitet.[665] Hinsichtlich der Position wurden vier Geschäftsführer, vier Directors, zwei Executive Directors, zwei Partner, drei Vice Presidents und ein Senior Vice President für die Untersuchung gewonnen. Insofern wurde der Forderung nach Heterogenität Rechnung getragen, als dass die Daten auf unterschiedlichen Organisationsebenen erhoben wurden. Zusätzlich zum Kriterium der Erfahrung und des Wissens in den für die Untersuchung relevanten Bereichen muss der Befragte in der Lage sein, diese auch verbal zu formulieren.[666] Da die Befragten dies auch im tagtäglichen Umgang mit ihren Klienten und Kollegen sowie weiteren am Transaktionsprozess beteiligten Personen leisten müssen, wird diese Fähigkeit nicht in Zweifel gezogen.

Durch die Anforderungen an die Experten resultiert auch die Fallgruppe. Da kontrollierte Auktionen in der Konzeption und der Umsetzung sehr komplex sind, beauftragt der Eigentümer des zu verkaufenden Unternehmens i.d.R. einen Berater, der den Prozess für ihn durchführt. Daher wurde von einer Befragung originärer Verkäufer abgesehen und stattdessen M&A-Abteilungen von Investmentbanken, unabhängige M&A-Advisor oder M&A-Boutiquen in die Fallgruppe einbezogen. Bei Vertretern dieser Gruppe ist sowohl von der Verantwortlichkeit für die Ausgestaltung des Prozesses und somit die Problemlösung als auch von einem privilegierten Informationszugang auszugehen.

Um die Qualität der Fallgruppen zusätzlich zu kontrollieren, wurden denkbare anzusprechende Firmen anhand von zwei Kriterien identifiziert. Zum Einen wurden League Tables des dritten Quartals 2005 der Firma Thomson Reuters[667] herangezogen. Damit ein möglichst umfassendes Gesamtverständnis des Untersuchungsgegenstands gegeben ist, wurden bei den League Tables sowohl der League Table „Mergers & Acquisition Review“[668] als auch der League Table „Mid-Market M&A-Review“[669] betrachtet.

---

[665] Der Minimalwert waren drei und der Maximalwert 20 kontrollierte Auktionen. Der Zeitraum wurde bewusst auf die letzten zwei Jahre begrenzt, da die in den Test-Interviews befragten Personen für längere Zeiträume bei dieser Frage Erinnerungsschwierigkeiten hatten.

[666] Vgl. Wengraf (2002), S. 95.

[667] Die im Rahmen der Untersuchung herangezogenen League Tables wurden ursprünglich von Thomson Financial herausgegeben, einem Geschäftssegment der Thomson Corporation. Im Jahr 2008 sind die Unternehmen Thomson Corporation and Reuters Group PLC fusioniert und firmieren nun unter dem Namen Thomson Reuters.

[668] Vgl. Thomson Financial (2005b).

[669] Vgl. Thomson Financial (2005a).

In beiden League Tables werden die Berater anhand der Transaktionsvolumina von Transaktionen, an denen sie beteiligt waren, verglichen.[670] Im Gegenzug zum League Table „Mergers & Acquisition Review", der keinen Volumenrestriktionen unterliegt, sind die in den League Table „Mid-Market M&A-Review" aufgenommenen Transaktionen auf ein Volumen von maximal USD 500 Mio. begrenzt. Insgesamt werden im Rahmen dieses League Tables vier Unterkategorien abgebildet, die einer weiteren Aufgliederung nach Transaktionen bis zu USD 50 Mio., Transaktionen bis zu USD 100 Mio., Transaktionen bis zu USD 200 Mio. und wie bereits angeführt von Transaktionen bis zu USD 500 Mio. entsprechen.

Eine weitere Einschränkung ergab sich daraus, dass die Untersuchung für den deutschen Markt erfolgen sollte. Folglich wurden nur Transaktionen mit deutscher Beteiligung (Any German Involvement)[671] betrachtet. Da für den Mid-Market lediglich Daten über angekündigte Transaktionen verfügbar waren, wurde dieses Kriterium auch für den League Table des Gesamtmarkts angewandt. Diese Entscheidung ist jedoch als unkritisch zu erachten. Bis auf zwei Unternehmen waren alle Berater in beiden Kategorien vertreten. Kleinere Unterschiede ergaben sich lediglich in deren Positionierung. Bei den beiden Ausnahmen war ein Advisor nur bei den angekündigten, der andere Advisor nur bei den abgeschlossenen Transaktionen aufgeführt.

Zum Anderen wurde anhand einer vom Finance-Magazin erstellten Liste der Websites von M&A-Dienstleistern[672] eine intensive Internet-Recherche vorgenommen. Hierbei wurden insbesondere das Unternehmensprofil, Referenzentransaktionen sowie abhängig von deren Verfügbarkeit Daten über die Berufserfahrung potenzieller Ansprechpartner im M&A-Sektor berücksichtigt. Letztlich kann auch die Verfügbarkeit der zu befragenden Personen bei der Fallauswahl nicht vernachlässigt werden.[673]

Auf Basis der League Tables wurden die auf den ersten zehn Platzierungen vertretenen Beratungshäuser selektiert, wobei alle vier Unterkategorien des League Tables

---

670 Einschränkend ist anzumerken, dass die in den League Tables angegebenen Daten keine Informationen über einen Vergleich nach Kauf- und Verkaufstransaktionen liefern. Ferner wird das Dealvolumen einer einzelnen Transaktion den involvierten Beratern nicht anteilig zugerechnet, sondern jedem voll zugeschrieben. Hieraus entstehen Doppelzählungen, so dass bei der Auswahl des Samples nicht bestimmt werden kann, wieviel Prozent des Gesamtmarkts durch die Grundgesamtheit abgedeckt sind. Weiterhin sind keine Aussagen über die tatsächliche Profitabilität eines Beraters resp. seines Hauses möglich. Dennoch finden League Tables breite Akzeptanz und werden daher auch in der vorliegenden Arbeit zur Bestimmung des Samples herangezogen.

671 Vgl. Thomson Financial (2005b), S. 16.

672 Vgl. o.V. (2005).

673 Vgl. Gläser/Laudel (2004), S. 97.

„Mid-Market M&A-Review" berücksichtigt wurden. Nach Eliminierung von Doppelerfassungen entsprach dies einer Anzahl von 25 Instituten. Ferner wurden zehn weitere Unternehmensvertreter anhand der vorgenommenen Recherche ausgewählt, so dass insgesamt 35 Personen unterschiedlicher Beratungsunternehmen angeschrieben wurden.[674] 19 davon konnten wegen zeitlicher Restriktionen nicht an der Erhebung teilnehmen. Schließlich wurden ab Ende des Jahres 2005 bis zum Herbst 2006 insgesamt 16 Expertenbefragungen in den Räumlichkeiten des jeweiligen Unternehmens durchgeführt. Die Interviews dauerten durchschnittlich 59 Minuten, wobei das kürzeste Interview 48 und das längste Interview 82 Minuten währte. Da gegen Ende der Interviewphase keine zusätzlichen neuen Erkenntnisse mehr generiert wurden, wurde von einer Befragung weiterer Experten abgesehen.

Von den teilnehmenden Beratungshäusern resp. Unternehmensvertretern waren zwei ausschließlich im League Table „Mergers & Acquisition Review", drei ausschließlich in einer Unterkategorie des League Tables „Mid-Market M&A-Review" und zwei in keinem der beiden League Tables aufgeführt.[675] Die Verteilung der einzelnen Untersuchungsteilnehmer über den League Table „Mergers & Acquisition Review" sowie die vier nach Transaktionsvolumina gebildeten Unterkategorien des League Tables „Mid-Market M&A-Review" findet sich in Abb. 4.1.

4.3.2 Datenanalyse und -auswertung

Die Auswertung und Interpretation qualitativer Daten erfordert ein anderes Vorgehen als bei quantitativen Daten.[676] Grundsätzlich sind dabei zwei Ansätze zu unterscheiden: Zum Einen existieren Methoden, die auf die Kodierung des Datenmaterials mit dem Ziel der Neuordnung und Kategorisierung abzielen. Zum Anderen werden sequenzielle Analysen verfolgt, anhand derer eine Fallstruktur herzustellen ist.[677] Da bei sequenziellen Analysen der Fokus stärker auf der Struktur und Gestalt des Textes als auf dessen Inhalten liegt, werden diese Methoden nachfolgend nicht weiter erläutert.[678]

---

674 Von den zehn weiteren Beratungshäusern waren sieben in einem der oben genannten League Tables unter den Platzierungen elf bis 25 aufgeführt, drei waren in keinem League Table vertreten.

675 Eines der beiden Unternehmen war nach Angabe von Thomson Financial (2006) jedoch im vierten Quartal 2005 im League Table „Mergers & Acquisition Review" vertreten.

676 Vgl. Atteslander (2003), S. 235.

677 Vgl. Flick (1995a), S. 164; Flick (2004), S. 257.

678 Vgl. Flick (2004), S. 287. Einen kurzen Überblick über Konversations- und Diskursanalyse, Narrative Analysen und die Objektive Hermeneutik als Verfahren der sequenziellen Analyse bietet Flick (2004), S. 288-307.

Abb. 4.1 Einordnung der Untersuchungsteilnehmer in die herangezogenen League Tables

Advisor	3. Quartal 2005				
	League Table Thomson Financial: Mergers & Acquisition Review	League Table Thomson Financial: Mid-Market M&A Review			
		MM* bis USD 50 Mio.	MM bis USD 100 Mio.	MM bis USD 200 Mio.	MM bis USD 500 Mio.
1	X	-	-	-	-
2	X	-	-	-	-
3	X	-	-	X	X
4	X	-	X	-	X
5	X	-	X	X	X
6	X	-	X	X	X
7	X	-	-	X	X
8	X	X	-	X	X
9	X	-	-	X	X
10	X	X	X	X	-
11	-	-	X	-	-
12	-	-	-	-	-
13	-	-	-	-	-
14	-	X	-	-	-
15	-	-	X	X	-
16	-	X	-	-	-

*MM = Mid-Market

Eigene Darstellung.

Weiterhin sind bei den Verfahren der Kodierung und Kategorisierung nur solche von Relevanz, bei denen das Datenmaterial nicht isoliert, sondern fallübergreifend untersucht wird.[679] In diesem Zusammenhang sind insbesondere das theoretische Kodieren sowie die qualitative Inhaltsanalyse zu nennen. Theoretisches Kodieren wird im Rahmen einer gegenstandsnahen Theoriebildung (Grounded Theory) verwendet. Die Methode der gegenstandsnahen Theoriebildung impliziert allerdings, dass die zu befragenden Personen anhand eines theoretischen Samplings ausgewählt werden.[680] Dies trifft auf die vorliegende Arbeit nicht zu.[681]

Die qualitative Inhaltsanalyse ermöglicht gerade für Interviews eine kontrollierte und systematische Auswertung.[682] Die Zielsetzung besteht darin, eine komplexitätsreduzie-

[679] Diese Vorgehensweise wurde den Interviewpartnern auch in der Vertraulichkeitserklärung zugesichert, damit Rückschlüsse auf einzelne Personen oder aber Unternehmen nicht möglich sind. Für die vorliegende Arbeit bedeutet dies, dass das thematische Kodieren, in dem für jeden Fall ein eigenes Kategoriensystem entwickelt wird, zur Datenauswertung nicht geeignet ist; vgl. hierzu auch Flick (2004), S. 271-278 sowie S. 285.

[680] Vgl. Brüsemeister (2000), S. 195-217; Flick (2004), S. 258.

[681] Vgl. hierzu auch Kapitel 4.3.1.

[682] Vgl. Diekmann (2004), S. 516.

rende Übersicht zu liefern.[683] Zentral ist hierbei ein theoriegeleitetes am Datenmaterial angefertigtes Kategoriensystem, das die Gesichtspunkte umfasst, die aus dem Material zu extrahieren sind.[684] Die drei Grundtechniken der qualitativen Inhaltsanalyse, die auch in Kombination eingesetzt werden können, sind:[685]

1. Die *Zusammenfassung*, in der eine Reduktion des Materials stattfindet, die das Grundmaterial dennoch abbildet,
2. die *Explikation*, in der problematische Textstellen durch das Heranziehen von zusätzlichem Material genauer untersucht werden,
3. die *Strukturierung*, durch die bestimmte Aspekte aus dem Material herausgefiltert werden sollen.

Der Fokus dieser Studie liegt auf der inhaltlichen Strukturierung, mit der spezifische Themenbereiche und Inhalte aus dem Material extrahiert werden. Ansatzpunkte bilden dabei die theoriegeleitet entwickelten Kategorien. Diese sind jedoch nicht fix, sondern können adjustiert werden, sobald relevante Informationen des Textes auftauchen, die im ursprünglichen Kategoriensystem nicht eingeordnet werden können.[686] Das gefilterte Material wird letztlich erst nach Unter- und dann nach Hauptkategorie zusammengefasst und im Anschluss interpretiert.[687]

Aufgrund der systematischen Vorgehensweise der Inhaltsanalyse bietet sich eine computergestützte Bearbeitung des Datenmaterials an.[688] Ein Vorteil der Verwendung von Software ist darin zu sehen, dass die Untersuchung transparenter wird. Daher ist es für

---

683 Vgl. Groeben/Rustemeyer (1995), S. 526f.

684 Vgl. Mayring (2002), S. 114. Der Begriff „theoriegeleitet“ bezieht sich darauf, dass an bereits existierende Erkenntnisse über den Untersuchungsgegenstand angeknüpft wird; vgl. Mayring (2000), S. 12. Lamnek (1995b) merkt an, dass dieses Verfahren nur begrenzt den Merkmalen der qualitativ-empirischen Sozialforschung entspricht. Er bemängelt insbesondere die Bildung analytischer Kategorien, die dem Untersuchungsgegenstand nicht in Gänze und in seiner einzigartigen Komplexität gerecht werden können; vgl. Lamnek (1995b), S. 216. Groeben/Rustemeyer (1995) hingegen sehen in dem Kategoriensystem „[...] keine vermeidbare Beschränkung, sondern lediglich die explizite Systematisierung der sowieso unvermeidbaren Merkmalsfokussierung [...].“; Groeben/Rustemeyer (1995), S. 542f.

685 Vgl. Mayring (2000), S. 58f.

686 Durch diese Vorgehensweise wird auch der Forderung nach Offenheit gegenüber dem Untersuchungsgegenstand entsprochen; vgl. Gläser/Laudel (2004), S. 199. Groeben/Rustemeyer (1995) merken an, dass die Forderung nach Offenheit nicht mit einer uneingeschränkten Beliebigkeit in der Vorgehensweise verwechselt werden darf; vgl. Groeben/Rustemeyer (1995), S. 540.

687 Vgl. Mayring (2000), S. 89 und S. 83. Zu den Begriffen der „formalen“, der „typisierenden“ sowie der „skalierenden“ Strukturierung vgl. Mayring (2000), S. 85-88 und S. 90-99.

688 Vgl. Mayring (2000), S. 100.

Außenstehende einfacher, die Qualität der Ergebnisse zu beurteilen.[689] Die vorliegende Arbeit verwendet die Software QSR NVivo, die speziell für die Analyse qualitativer Daten konzipiert wurde.[690] Mittels NVivo wurden die Interviewtranskripte kodiert resp. deren Inhalte den zuvor gebildeten Kategorien zugewiesen. Kategorien werden in NVivo als sog. Nodes angezeigt, in denen die für die jeweilige Kategorie relevanten Textbereiche gesammelt werden. Hierdurch ist ein Vergleich zwischen verschiedenen Protokollen möglich. Darüber hinaus können die Kategorien in NVivo in einer Baumstruktur organisiert werden, was dem Vorgehen der Inhaltsanalyse mit der Bildung von Unter- und Oberkategorien entspricht. In einem weiteren Schritt wurden die so erhaltenen Daten mit den theoretischen Vorüberlegungen abgeglichen. Diese Ergebnisse sowie sich als erklärungsbedürftig heraustellende Sachverhalte wurden mit Kollegen diskutiert und anhand des zusätzlich von den Experten bereitgestellten Materials analysiert.

---

689 Vgl. Crowley/Harré/Tagg (2002), S. 193.

690 NVivo kann hierbei unabhängig von der gewählten Methode eingesetzt werden; vgl. QSR International (2002), S. 10f.

5 Kontrollierte Auktionen in der unternehmerischen Praxis: Ergebnisse der empirischen Untersuchung

5.1 Begriffsdefinition der kontrollierten Auktion

5.1.1 Ergebnisse der Experteninterviews

Im vorliegenden Kapitel erfolgt ein Abgleich der Ergebnisse der Experteninterviews mit denen der managementorientierten sowie der auktionstheoretischen Literatur. Hierbei wird neben den grundlegenden Erkenntnissen des jeweiligen Literaturstrangs insbesondere der in den dazugehörigen Kapiteln 2 und 3 erarbeitete themenbezogene Rahmen wieder aufgegriffen. Darüber hinaus werden ergänzend zur wissenschaftlichen Literatur im Rahmen der Expertengespräche abgeleitete kritische Faktoren für die Phasen der Vorbereitung und Analyse sowie der Durchführung analysiert. Das Kapitel schließt mit der Diskussion der aus den Untersuchungsergebnissen resultierenden Implikationen.

In sämtlichen geführten Interviews wurde den Unternehmensvertretern als Erstes eine kurze Einführung in das Forschungsvorhaben gegeben sowie der angedachte Verlauf des Interviews dargelegt. Im Anschluss an die Sicherstellung des Expertenstatusses galt es zunächst, das Begriffsverständnis der kontrollierten Auktion zu klären. Diese Vorgehensweise war zum Einen erforderlich, da sich die folgenden Fragenkomplexe allesamt auf kontrollierte Auktionen bezogen und die Interpretation der Antworten nicht unabhängig von der jeweiligen Begriffsbestimmung betrachtet werden kann. Zum Anderen existiert in der managementorientierten Literatur keine einheitliche Definition der kontrollierten Auktion.[691] Daher wurde der jeweilige Interviewpartner gebeten, seine Definition des Begriffs zu erläutern.

Grundsätzlich herrscht bei den Befragten Einigkeit, dass der Begriff *„Auktion“* eine *Beteiligung mehrerer Bieter* an dem Verkaufsprozess impliziert. In einem Fall wurde die Ansicht vertreten, dass eine kontrollierte Auktion auch mit nur einem Bieter durch-

[691] Vgl. hierzu Abschnitt 2.3.2.3 der vorliegenden Arbeit. Einige Gesprächspartner verwiesen in diesem Zusammenhang auf die fehlende gesetzliche Normierung des Begriffs.

geführt werden kann, sofern sich der Bieterkreis innerhalb einer kurzen Zeit problemlos erweitern lässt. Wird dies dem Erwerbsinteressenten kommuniziert, birgt diese Ankündigung ein gewisses Drohpotenzial. Diese Definition der kontrollierten Auktion wird im Rahmen der vorliegenden Arbeit jedoch nicht geteilt, da die Konkurrenzsituation auf andere Art und Weise erzeugt wird. Zentrales Kriterium eines Auktionsprozesses ist immer die Existenz eines Bieterwettbewerbs. Wird der Wettbewerb nicht innerhalb des Verfahrens erzeugt, handelt es sich um eine Situation, in der der potenzielle Erwerber gegen ein Verfahren, nämlich das der kontrollierten Auktion, konkurriert. Diese Ansicht wurde durch einen anderen Unternehmensvertreter gestützt. Er verwies auf die Möglichkeit, durch die Androhung einer kontrollierten Auktion Druck auszuüben, differenzierte diese jedoch deutlich von einer Auktion.[692]

Der Begriff *„kontrolliert"* kann gemäß den Experten in zweifacher Dimension abgegrenzt werden: Kriterien sind die *Kontrolle über den Prozess* sowie die *Kontrolle der Bieteranzahl*. Die *Kontrolliertheit des Prozesses* ist gewährleistet, sofern eine professionelle Strukturierung der Transaktion mit klaren Prozessschritten und einem realistischen Zeitplan vorhanden ist. Dieser Prozess muss ständig überwacht und gesteuert werden, weshalb bei Unternehmensverkäufen oftmals transaktionserfahrene Berater involviert werden. Die Kontrolle über den Prozess wird durch die Kontrolle der Bieteranzahl in praktischer Hinsicht vereinfacht. Vor diesem Kontext wurde v.a. auf die zeitliche Dimension der Transaktion hingewiesen. Auf Seite des Beraters sind die im Rahmen einer intensiven Due-Diligence-Prüfung sowie die bei den Vertragsverhandlungen einzusetzenden Ressourcen begrenzt. Eine adäquate Betreuung der Bieter kann nicht für eine unbegrenzte Anzahl an Teilnehmern geleistet werden. Auf Seite des Unternehmens ist die eingeschränkte Verfügbarkeit des Managements anzuführen, das neben der Unterstützung der Verkaufstransaktion noch das Tagesgeschäft bewältigen muss.

Bezüglich der *Bieteranzahl* spielen zusätzlich folgende Sachverhalte eine Rolle: Aus Perspektive der unternehmerischen Praxis sollte zum Einen der Bieterwettbewerb idealerweise über alle Stufen des Prozesses gewährleistet sein. Daraus lässt sich ableiten, dass eine minimale Anzahl an potenziellen Interessenten existiert, die anfänglich angespro-

[692] Derselbe Gesprächspartner zeigte darüber hinaus eine weitere Alternative, Wettbewerb zu erzeugen, auf: Das Verfahren des Dual Track. Hier wird die Konkurrenzsituation über verschiedene Exit-Kanäle erzeugt, indem parallel zu einem Unternehmensverkauf ein Initial Public Offering (IPO) vorbereitet wird. In Abhängigkeit von der Vorteilhaftigkeit beider Möglichkeiten wird die eine oder die andere Option ausgeübt; vgl. Diehl/Bozicevic (2006), S. R493f. Diese Vorgehensweise ist allerdings mit sehr hohen Kosten verbunden.

chen werden muss. Zum Anderen ist der Begriff Kontrolle im Sinne einer „Zugangskontrolle“ zu verstehen. Dies bedeutet, dass die Bieteranzahl nach oben limitiert ist. Ziel ist es, insbesondere die Vertraulichkeit zu wahren. Ferner könnte bei einer zu breiten Ansprache im Markt der Eindruck entstehen, dass das Unternehmen schwer verkäuflich ist. Mit der Ansprache einer hohen Zahl an Kandidaten wächst zudem die Gefahr, dass die Verkaufsabsicht ungewollt bekannt wird, was wiederum Rückwirkungen auf das Tagesgeschäft des zu verkaufenden Unternehmens hat.

Allerdings lässt sich keine allgemeingültige Empfehlung geben, wieviele Bieter mindestens bzw. maximal angesprochen werden sollten. In einigen Gesprächen wurde der Begriff der kontrollierten Auktion in Abhängigkeit von der maximal zuzulassenden Bieteranzahl weiter untergliedert und mit Zahlen belegt. Vor diesem Kontext wurden Begriffe wie „limitierte“ und „offene“ Auktion, „kontrollierte“ Auktion mit „engem“ oder „weitem Bieterkreis“ oder aber „begrenzte“ und „kontrollierte“ Auktion genannt. Eine Entscheidung wird letztlich im jeweiligen Einzelfall getroffen und hängt von mehreren Faktoren ab.[693] An dieser Stelle führten die Experten sowohl die Anzahl der prinzipiell in Frage kommenden Erwerber als auch die Eigenschaften verschiedener Käufer an. Bei einer Abgrenzung des Käufermarkts in quantitativer Hinsicht sind insbesondere unternehmens- und branchenspezifische Faktoren zu berücksichtigen, die das Erwerbsinteresse beeinflussen. Vor diesem Hintergrund wurde auch auf die unterschiedlichen Käufergruppen der strategischen Investoren und der Finanzinvestoren verwiesen. Deren spezifische Charakteristika sind v.a. bei der Auswahl der Käufer in qualitativer Hinsicht von Relevanz, durch die die Realisierung der Zielhierarchie des Verkäufers sichergestellt werden soll.

5.1.2 Abgleich mit der wissenschaftlichen Literatur

Die Ausführungen des vorhergehenden Abschnitts verdeutlichen die heterogene Verwendung des Begriffs der kontrollierten Auktion in der unternehmerischen Praxis. Die Uneinheitlichkeit der Terminologie ist ebenso in der managementorientierten Literatur vorzufinden.[694] In den auktionstheoretischen Beiträgen, die konkret Unternehmensverkäufe untersuchen, wird der Terminus der kontrollierten Auktion gar nicht verwendet.

[693] Da die Selektion der Bieter zur Erstellung einer Short List gesondert abgefragt wurde, werden hier nur einige ausgewählte Aspekte kurz erläutert. Für eine detailliertere Darstellung vgl. Abschnitt 5.4.2.

[694] Vgl. hierzu die Ausführungen in Abschnitt 2.3.2.3.

Eine Abgrenzung zu den in der Auktionstheorie analysierten Standard-Auktionsformen wird vielmehr über die Mehrstufigkeit des Prozesses vorgenommen.[695]

Eine Übereinstimmung der Ergebnisse der Experteninterviews mit denen der wissenschaftlichen Literatur besteht darin, dass für das Vorliegen einer Auktion das Vorhandensein des Bieterwettbewerbs essenziell ist.[696] Einschränkend ist anzumerken, dass es sich bei einer kontrollierten Auktion, wie sie in der managementorientierten Literatur beschrieben und in der unternehmerischen Praxis vorzufinden ist, nicht um eine Auktion gemäß der auktionstheoretischen Definition handelt. Anhaltspunkte finden sich in verschiedenen Phasen des Prozesses und werden daher an gegebener Stelle erläutert. Sie beziehen sich vornehmlich auf die Finalität und Verbindlichkeit eines einmal abgegebenen Gebots sowie auf die Tatsache, dass die Zuteilung allein auf Grundlage der Gebote resp. des Kaufpreises erfolgt.[697] Der Verweis auf das Verkaufsverfahren der Auktion hat sich aber trotz heterogener Auslegung in der M&A-Praxis durchgesetzt. Da zudem das Vorliegen eines Bieterwettbewerbs als zentrales Element einer Auktion gegeben ist, wird der Terminus „Auktion" auch in der vorliegenden Arbeit beibehalten.[698]

Das Kriterium der Kontrolle wird in der managementorientierten Literatur allein auf die Limitierung des Bieterkreises beschränkt.[699] Eine Einengung der potenziellen Interessenten findet auch in den Modellen der auktionstheoretischen Literatur statt, wird aber wie bereits angeführt nicht explizit mit der Ausübung von Kontrolle in Verbindung gebracht. Gemäß Angaben der Experten ist das Kriterium der Kontrolle ferner um die Dimension der Kontrolle über den Verkaufsprozess zu ergänzen.

---

695 Vgl. Perry/Wolfstetter/Zamir (2000), die eine „two-stage sealed-bid auction" modellieren sowie ähnlich Ye (2007), der seine Arbeit „Indicative bidding and a theory of two-stage auctions" tituliert.

696 Das Vorhandensein des Bieterwettbewerbs wird in der managementorientierten Literatur zwar nicht explizit genannt, kann aber im Umkehrschluss aus der Notwendigkeit der Limitierung des Bieterkreises gefolgert werden.

697 Vor diesem Hintergrund verwies ein Gesprächspartner auf die Tatsache, dass manche Verkäufer mit dem Begriff der kontrollierten Auktion einen Kontrollverlust verbinden, der allerdings de facto nicht gegeben ist. Letztlich verbleibt in der unternehmerischen Praxis die Entscheidung darüber, welcher Bieter die Zuteilung erhält, allein beim Verkäufer.

698 Eine ähnliche Ansicht wird auch von Rothkopf/Harstad (1994) vertreten: „In practice, it is sometimes useful to think of auctions as more like negotiations conducted according to procedures that are relatively formal by contrast with other negotiations."; Rothkopf/Harstad (1994), S. 365.

699 Vgl. zu diesen Aspekten auch Abschnitt 2.3.2.3 der vorliegenden Arbeit.

5.2 Phasen einer kontrollierten Auktion

5.2.1 Ergebnisse der Experteninterviews

In der unternehmerischen Praxis liegt kein einheitliches Phasenmodell einer kontrollierten Auktion vor. Unterschiede ergeben sich insbesondere in der Anzahl und in der Benennung einzelner Phasen. Häufig wird eine grobe Dreiteilung in die Phasen der Vorbereitung und Analyse, der Durchführung (Execution) sowie der finalen Verhandlungen und der Vertragsunterzeichnung (Signing) genannt.[700] Andere Berater wiederum betrachten die Vertragsverhandlungen als separate, von der Vertragsunterzeichnung abzugrenzende, Phase. Dem entgegengesetzt gibt es auch den alternativen Ansatz einer Vierteilung, in der die Vermarktung des zu verkaufenden Unternehmens als eigenständige Phase definiert wird.

Der geringe Standardisierungsgrad hängt damit zusammen, dass verschiedene Banken resp. M&A-Berater den Prozess und dessen Phasen eigens für ihr Unternehmen definieren. Darüber hinaus sind diese Phasen nicht statisch, sondern können in Abhängigkeit von den jeweiligen Erfordernissen der Transaktion adaptiert werden. Änderungen bestehen wie oben angeführt z.B. dahingehend, dass der Phase der Vorbereitung und Analyse noch eine Vorphase vorangestellt wird. Zielsetzung ist, auf anonymer Basis das Kaufinteresse und somit auch die Machbarkeit des Projekts abzuklären. Der Bieter muss sich in der Vorphase erst für die nachfolgenden Phasen der kontrollierten Auktion qualifizieren. Eine Möglichkeit sind daher persönliche Gespräche mit potenziellen Bietern, in die der Verkäufer jedoch noch nicht eingebunden ist. Weiterhin können in der Vorphase selektive Fragebögen eingesetzt werden, anhand derer die Ernsthaftigkeit des Kaufinteresses zu ermitteln ist.

---

[700] Das sog. „Closing“ fällt primär in den Aufgabenbereich der beauftragten Rechtsanwälte und wird daher nicht eingehender betrachtet.

5.2.2 Abgleich mit der wissenschaftlichen Literatur

Die in der unternehmerischen Praxis vorzufindende Untergliederung des Verkaufsprozesses bis einschließlich zu den Vertragsverhandlungen resp. dem Abschluss entspricht weitgehend den in der managementorientierten Literatur idealtypisch angeführten Phasen. Ein Unterschied ist in der u.U. vorgenommenen Abgrenzung einer eigenständigen Vermarktungsphase des Zielunternehmens zu sehen.

Erkenntnisse auktionstheoretischer Betrachtungen bzgl. der generellen Phaseneinteilung von Veräußerungsprozessen im M&A-Bereich sind lediglich aus den modelltheoretischen Analysen ableitbar, die sich explizit mit dem Verkauf von Unternehmen beschäftigen. Dies sind die in Abschnitt 3.5 vorgestellten mehrstufigen Modelle. Allerdings beschränkt sich deren Analyse ausschließlich auf die Phase der Durchführung. Insofern korrespondieren die modelltheoretischen Ansätze nicht mit den Ergebnissen der Experteninterviews sowie der managementorientierten Literatur.

Zum Einen ist dies v.a. dadurch bedingt, dass der Verkäufer annahmegemäß allein das Ziel der Kaufpreismaximierung verfolgt. Folglich ist eine vor Auktionsbeginn stattfindende Auswahl der Bieter anhand eines Abgleichs mit einer Zielhierarchie des Verkäufers nicht vonnöten. Insofern wird einer der zentralen Prozessschritte der Phase der Vorbereitung und Analyse ausgeblendet. Zum Anderen ist auch die dritte und letzte Phase der Vertragsverhandlungen und des Abschlusses redundant. Dies ist darauf zurückzuführen, dass in den modelltheoretischen Betrachtungen die Selektion des Erwerbers anhand der eingereichten, nicht weiter verhandelbaren Gebote getroffen wird.

Die Anzahl und die Benennung der Phasen ist letztlich von untergeordneter Relevanz. Eine viel bedeutendere Rolle spielen die Art und die zeitliche Reihenfolge der zu erledigenden Prozessschritte, damit die Transaktion erfolgreich zum Abschluss gebracht wird. Auf diese wird in den folgenden Abschnitten eingegangen. Hierzu wird die häufig in den Gesprächen und in der managementorientierten Literatur angegebene Dreiteilung in die Phasen der Vorbereitung und Analyse, der Durchführung sowie der Verhandlungen und des Abschlusses beibehalten. Die Struktur der weiteren Untersuchung orientiert sich daher am chronologischen Ablauf einer kontrollierten Auktion.[701]

---

[701] Wie bereits in Abschnitt 2.2 des Überblicks über die managementorientierte Literatur angeführt, müssen nicht sämtliche Prozessschritte sequenziell vorgenommen werden, sondern können sich zum Teil überschneiden oder aber zeitgleich abgearbeitet werden.

Vor diesem Hintergrund sei angemerkt, dass sich dabei geringfügige Abweichungen von der in Kapitel 2 dargelegten Vorgehensweise ergeben. Diese sind erstens dadurch bedingt, dass die gesonderte Darstellung des idealtypischen Verkaufsprozesses sowie der spezifischen Entscheidungsvariablen des Verkäufers bei kontrollierten Auktionen in Kapitel 2 in diesem Kapitel integriert erfolgt. Zweitens wird mitunter eine weitere Untergliederung innerhalb einzelner Phasen vorgenommen, um im Rahmen der empirischen Untersuchung gewonnenen zusätzlichen Erkenntnissen Rechnung zu tragen.

Dem in den jeweiligen Phasen dargelegten Abgleich der Ergebnisse der Experteninterviews mit denen der wissenschaftlichen Literatur ist dabei stets die separate Darstellung der Gesprächsresultate vorangestellt. Einschränkend sei angemerkt, dass ein Abgleich mit der auktionstheoretischen Literatur vorwiegend für die Phase der Durchführung erfolgt. Dies liegt wie oben angeführt darin begründet, dass in diesem Literaturstrang die Phasen der Vorbereitung und Analyse sowie der Verhandlungen und des Abschlusses nicht Fokus des Interesses sind. Ausnahmen ergeben sich, sofern die Resultate phasenunabhängige Erkenntnisse der Auktionstheorie, wie z.B. die Begriffsdefinition einer Auktion oder aber die grundlegende Spezifikation des Modellrahmens, betreffen.

5.3 Phase der Vorbereitung und Analyse

5.3.1 Analyse der Ausgangssituation

5.3.1.1 Ergebnisse der Experteninterviews

In der Phase der Vorbereitung und Analyse wird der Verkaufsprozess grundlegend organisiert und strukturiert. Aus Perspektive der unternehmerischen Praxis ist es dabei zunächst elementar, die Ausgangssituation eingehend zu analysieren und dementsprechend den Verkäufer sowie das zu verkaufende Unternehmen und dessen Management auf den Verkaufsprozess vorzubereiten. Mit dem Verkäufer sind die strategischen Ziele der Transaktion und deren tatsächliche Umsetzungsmöglichkeiten im Rahmen des Verkaufskonzepts abzustimmen. Vor diesem Kontext ist es wichtig, dass der Verkäufer ein Grundverständnis des Prozesses entwickelt und diesen bis zum Abschluss mitträgt. Dies ist bei Verkäufern mit Transaktionserfahrung i.d.R. vorhanden. Andernfalls ist es Aufgabe des Beraters, dem Verkäufer zu verdeutlichen, welche Anforderungen im

Rahmen einer kontrollierten Auktion an ihn gestellt werden und wie sich die weitere Vorgehensweise ausgestaltet. Handelt es sich bei dem Verkäufer um einen Mittelständler oder ein Familienunternehmen, können zusätzlich emotionale Faktoren eine Rolle spielen. Oftmals wurde eine enge Bindung zu dem Unternehmen aufgebaut, weshalb auf persönliche Vorstellungen und Wünsche des Verkäufers gesondert eingegangen werden muss. Zudem gilt es, die endgültige Veräußerungsabsicht des Verkäufers zu verifizieren.

Unternehmensseitig gilt es nach Einschätzung der Experten zum Einen, das Management mit der neuen Situation vertraut zu machen. Neben dem bisherigen Tagesgeschäft ist das Management bei der Vorbereitung und Lieferung des notwendigen Zahlenmaterials sowie zusätzlich in der Phase der Durchführung in Form von Management-Präsentationen gefordert.[702] Daher ist zu gewährleisten, dass das Management dem Berater die relevanten Daten zukommen lässt. Ferner muss das Management einen kompetenten Eindruck vermitteln sowie das Unternehmen so darstellen, dass sich ein potenzieller Interessent einen schnellen Überblick verschaffen kann. Diese Erwartungshaltung muss dem Management klar kommuniziert und von diesem verinnerlicht werden. Häufig werden zu diesem Zweck in Zusammenarbeit mit dem Berater Probedurchläufe einer Management-Präsentation abgehalten. Zusätzlich zu den neuen Herausforderungen des Managements können bei einer Verkaufstransaktion grundsätzliche Interessenkonflikte zwischen Management und derzeitigem Eigentümer auftreten. Um die permanente Unterstützung des Prozesses durch das Management sicherzustellen, ist daher neben einer soliden Vorbereitung auch eine Incentivierung des Managements vonnöten.

Zum Anderen wurde unternehmensseitig die Qualität des internen Rechnungswesens als besonders bedeutend erachtet. Diese Daten bilden die Grundlage für die anzufertigenden Dokumentationen, anhand derer das Zielunternehmen vermarktet werden soll. Weiterhin werden auf dieser Basis sowie auf Basis einer Analyse des Marktumfelds der Geschäftsplan und eine erste indikative Bewertung erstellt. Liegen die erforderlichen Informationen noch nicht in verwertbarer Art und Weise vor, müssen die Berater erhebliche Arbeit investieren, um das Unternehmen überhaupt verkaufsfähig zu machen. Vor diesem Kontext wurde angegeben, dass die zeitlichen Anforderungen an diesen Prozessschritt stark von dem jeweiligen Verkäufer abhängen. Handelt es sich bei dem

[702] Ein Gesprächspartner verwies darauf, dass es aber auch Transaktionen gibt, in denen der Verkäufer eine besonders hohe Vertraulichkeit wünscht und daher nur ein sehr eingeschränkter Personenkreis des Zielunternehmens in das Verkaufsvorhaben eingeweiht ist. Dies kann u.U. den Prozess der Due Diligence erheblich erschweren.

derzeitigen Eigentümer z.B. um einen Finanzinvestor, der innerhalb der letzten Jahre viel Aufwand in die Datenaufbereitung gesteckt hat, ist eine Verkürzung zu erwarten. Darüber hinaus wurde auch auf Unterschiede in der Art der Dokumentation des Rechnungswesens, die z.B. bei einem Vergleich von mittelständischen und von Konzernunternehmen offenkundig sind, verwiesen. Hieraus resultieren für die Datenaufbereitung und -analyse differenzierte Anforderungen an den Berater. Letztlich ist anzumerken, dass im Rahmen der Datenaufbereitung und -überprüfung häufig auch schon Dokumente für den später einzurichtenden Datenraum zusammengestellt werden.

5.3.1.2 Abgleich mit der wissenschaftlichen Literatur

Die Ergebnisse der unternehmerischen Praxis bzgl. der anfänglich vorzunehmenden Analyse der Ausgangssituation entsprechen weitgehend den Ausführungen der managementorientierten Literatur. Letztere verweist dabei v.a. auf die Erfordernis der Erstellung der Zielhierarchie des Verkäufers und der darauf basierenden Durchführbarkeitsanalyse. Diese Aspekte wurden auch in den Experteninterviews als wichtige Bestandteile der Vorbereitung des Verkäufers genannt. Ergänzend zur wissenschaftlichen Literatur ist die Aufgabe des Beraters, den Eigentümer aktiv mit dem gewählten Verfahren und den in diesem Zusammenhang an ihn gestellten Anforderungen vertraut zu machen, zu nennen. Dies erfordert ein starkes Einfühlungsvermögen und ggf. auch Überzeugungsarbeit, sofern dieses Bewusstsein beim Verkäufer noch nicht aufgrund vorherig getätigter Transaktionen vorhanden ist.

Eine weitere Übereinstimmung der managementorientierten Literatur mit den Resultaten der Experteninterviews ist im Hinblick auf die Notwendigkeit der Incentivierung des Managements gegeben. Diese Maßnahme dient der Vermeidung von Interessenkonflikten zwischen Verkäufer und Management, die durch die Veräußerungssituation hervorgerufen werden können. Wiederum ergänzend wurde in den Interviews die Vorbereitung des Managements auf die durch den Verkaufsprozess bedingten zusätzlichen Aufgaben, insbesondere im Hinblick auf die sich anschließende Vermarktungsphase, genannt.

Hinsichtlich der Vorbereitung und Analyse des Zielunternehmens wird sowohl gemäß der managementorientierten Literatur als auch den Ergebnissen der Experteninterviews die Datenaufbereitung sowie eine erste, indikative Bewertung vorgenommen. In der unternehmerischen Praxis wurde vor diesem Hintergrund zudem auf die Auswirkungen des Qualitätsniveaus der vom Zielunternehmen bereitgestellten Informationen auf die Dauer dieses Prozessschrittes verwiesen.

5.3.2 Erstellung der notwendigen Dokumentationen

5.3.2.1 Ergebnisse der Experteninterviews

Zur Vermarktung des Zielunternehmens werden ein anonymes Kurzprofil (Teaser), mit dem potenzielle Käufer in einem ersten Schritt angesprochen werden, sowie das Informationsmemorandum verfasst. In den Gesprächen wurde diese Vorgehensweise als relativ standardisiert erachtet. Abweichungen ergeben sich dahingehend, dass auf der einen Seite für ein möglichst umfassendes Informationsmemorandum, v.a. im Finanzteil, plädiert wird. Diese Sichtweise ist vor dem Hintergrund zu betrachten, dass auf das Informationsmemorandum schon eine Indikation zu den angelegten Bewertungsmaßstäben und zur Finanzierung der Transaktion gefordert wird. Im Gegenzug dazu ist eine Abkehr vom klassischen Informationsmemorandum hin zu einer Präsentation, die weitgehend auf ausformulierten Text verzichtet und die Information eher in graphischer Form liefert, zu nennen. Zusätzlich müssen die Vertraulichkeitserklärung sowie ein Prozessbrief, der unter Angabe einer zeitlichen Frist Informationsanforderungen an die Bieter formuliert, vorbereitet werden.

Der Prozessbrief spezifiziert die erforderlichen Angaben des indikativen Gebots, den weiteren Ablauf der Auktion und somit deren Regeln und wird daher eingehender betrachtet. Prinzipiell behält sich der Verkäufer in einem Prozessbrief vor, die Bieter für die nächste Auktionsphase allein nach seinem Ermessen auszuwählen. Ob der Prozessbrief in dieser frühen Phase bereits für sämtliche Phasen der kontrollierten Auktion konzipiert wird oder aber eine eher schrittweise Vorgehensweise zu wählen ist, lässt sich laut Angaben der Experten nicht verallgemeinern. Die meisten Unternehmensvertreter erachteten jedoch in Analogie zu den einzureichenden Geboten eine Zweiteilung als sinnvoll, wobei der zweite Prozessbrief auch erst in der Phase der Durchführung angefertigt wird. In diesem Fall kommuniziert der erste Prozessbrief, bis wann die indikativen Gebote abzugeben sind und welche Themenbereiche in dem indikativen Gebot abgedeckt werden müssen. Die Konkretisierung der Elemente eines vorläufigen Gebots ist für die Herstellung einer Vergleichbarkeit der Gebote besonders wichtig. Zusätzlich erhalten die Bieter ein grobes Zeitfenster, innerhalb dessen die gesamte Transaktion abgeschlossen werden soll. Hierdurch wird bereits ein gewisser Druck auf die potenziellen Erwerber ausgeübt. Eine Verfeinerung dieser Zeitplanung findet sich in dem zweiten Prozessbrief. Dies geschieht, da eine Abänderung der Dynamik der Auktion abträglich ist und zudem unprofessionell wirkt. Insbesondere Verzögerungen können dazu führen, dass die Bieter auf ein mangelndes Interesse an dem Zielunternehmen schließen und davon ausgehen, dass die Modifikation durch die Ansprache weiterer Unternehmen verursacht wurde. Der Prozessbrief und die Einhaltung der darin gesetzten Fristen ist daher ein bedeutendes Instrument zur Steuerung des Bieterwettbewerbs.

In Abwägung des jeweiligen Einzelfalls wird vom Verkäufer nach Angaben der Gesprächspartner eine Vendor Due Diligence in Auftrag gegeben. Hauptziel ist es, trotz einer Verzögerung in der Phase der Vorbereitung und Analyse die Transaktionsdauer insgesamt zu verkürzen. Die Experten gaben an, dass sich eine Vendor Due Diligence v.a. bei komplexen Transaktionen vorteilhaft auf den Verkaufsprozess auswirken kann. Beispielhaft für die Komplexität wurden z.B. bisher mangelhaft geführte Unternehmen, bei denen sich auch der Verkäufer zunächst einen dezidierten Überblick über das Verkaufsobjekt verschaffen muss, oder aber auch der Spin-off einer Konzerngesellschaft, die unabhängig von der Qualität der Controlling-Systeme sehr viele, nicht konsolidierte Tochtergesellschaften hat, genannt. In diesem Zusammenhang kann eine Vendor Due Diligence nützlich für die Darstellung der Planung im Informationsmemorandum sein.

Zum Einen wird insbesondere Finanzinvestoren hierdurch die Möglichkeit gegeben, sich zügig mit dem Zielunternehmen vertraut zu machen. Somit kann ein im Vergleich zu einem strategischen Investor ähnlicher Informationsstand erreicht werden. Die im Rahmen einer Vendor Due Diligence zur Verfügung gestellten Daten sind darüber hinaus auch für die finanzierenden Banken von Relevanz und können deren Entscheidungsprozess hinsichtlich einer Finanzierungszusage beschleunigen. Zum Anderen ist eine Vendor Due Diligence auch hilfreich für den Verkäufer und dessen Berater. Erstens können generelle Problembereiche und Risiken der Transaktion frühzeitig identifiziert und somit auch adressiert werden. Zweitens wird zeitnah sichergestellt, dass keine für den Verkaufsprozess wichtigen Dokumente fehlen.

Aufgrund der Tatsache, dass die Kosten einer Vendor Due Diligence beim Verkäufer anfallen, kann durch deren Bereitstellung ggf. auch ein breiteres Interesse im Markt generiert werden, so dass zusätzliche Bieter zur Teilnahme am Auktionsprozess motiviert werden. Einige Experten merkten an, dass es insbesondere von Bedeutung ist, die Kosten für Finanzinvestoren zu Beginn der Transaktion in einem angemessenen Rahmen zu halten. Dies ist vor dem Hintergrund zu verstehen, dass es das originäre Geschäft eines Finanzinvestors ist, durch den Kauf von Unternehmen Rendite zu erwirtschaften. Folglich nimmt ein Finanzinvestor im Vergleich zu einem strategischen Käufer häufiger an Verkaufsprozessen teil. Dem damit verbundenen finanziellen Aufwand stehen jedoch lediglich Erträge gegenüber, sofern er das Zielunternehmen letztlich erwirbt. In einer frühen Phase des Prozesses ist die Abschlusswahrscheinlichkeit für ihn jedoch noch nicht hinreichend abschätzbar, weshalb eine Übernahme der Bietkosten seine Teilnahmebereitschaft positiv beeinflusst.

Ein weiterer Gesprächspartner wies auf seine Erfahrung hin, dass die Bereitstellung einer Vendor Due Diligence bei den Bietern zu der Vermutung führt, dass mehrere Parteien am Prozess beteiligt sind. Insofern kann die Durchführung einer Vendor Due Diligence auch Einfluss auf den wahrgenommenen Bietwettbewerb nehmen.

Häufig wird in dieser Phase auch mit einem ersten Entwurf des Kaufvertrags begonnen. Einer der Gesprächspartner merkte an, dass man zu diesem Zeitpunkt bereits die Datenraumregeln für die zweite Phase der kontrollierten Auktion erstellt.

5.3.2.2 Abgleich mit der wissenschaftlichen Literatur

Ähnlich zu den Ausführungen der managementorientierten Literatur sind die Erstellung eines anonymen Kurzprofils, des Informationsmemorandums sowie des Prozessbriefs in der unternehmerischen Praxis fester Bestandteil der für die Vermarktung des Zielunternehmens zu erstellenden Dokumentationen.

Ein Unterschied ist dahingehend zu beobachten, dass in der unternehmerischen Praxis das klassische Informationsmemorandum in manchen Fällen durch eine Präsentation, die Ähnliches leistet, substituiert wird. Zudem wurde in den Experteninterviews die Bedeutung der Ausgestaltung des Prozessbriefs für den Bieterwettbewerb gesondert hervorgehoben. Dies stellt eine weitere Abweichung von der managementorientierten Literatur dar, die diesen Aspekt nicht berücksichtigt.

Eine Divergenz zur auktionstheoretischen Literatur resultiert aus den in den Gesprächen getätigten Aussagen, dass sich der Verkäufer im Prozessbrief vorbehält, die Bieter für die darauffolgende Bietrunde nach seinem Ermessen auszuwählen. Folglich ist der Selektionsmechanismus für die Auktionsteilnehmer nicht ohne weiteres nachvollziehbar. Gemäß der Auktionstheorie ist diese Transparenz jedoch gegeben, da durch die Auktionsregel die Zuteilung eindeutig über die eingereichten Gebote festgelegt ist. In der unternehmerischen Praxis herrscht bei den potenziellen Erwerbern daher nicht nur Unsicherheit bzgl. der kaufrelevanten Merkmale des Zielunternehmens, sondern auch über die Auktionsregel.

Die Ergebnisse der Experteninterviews zeigen ferner, dass wie in der managementorientierten Literatur als Zusatzoption zur idealtypischen Vorgehensweise angeführt, bei kontrollierten Auktionen mitunter ein Vendor-Due-Diligence-Bericht in Auftrag gegeben wird. Zwecks Abgleich dieses Themenkomplexes mit der managementorientierten Literatur wird auf die in Abschnitt 2.4.1.4 vorgenommene Würdigung der relevanten Erkenntnisse dieses Literaturstrangs zurückgegriffen, die in Abbildung 5.1 zusammenfassend dargestellt ist. Die in der managementorientierten Literatur aufgezeigten

Abb. 5.1 Vendor Due Diligence: Würdigung zentraler Erkenntnisse der managementorientierten Literatur

Entscheidungs-variable	Erkenntnis management-orientierte Literatur	Würdigung
Einsatz unterstützender Produkte		
Vendor Due Diligence	–Positive Auswirkung auf generelles Erwerbsinteresse, z.B. bei sehr komplexen Zielunternehmen; zudem oftmals Kostenübernahme der Vendor Due Diligence durch Verkäufer –Ferner Unterstützung des Ziels der Kaufpreismaximierung durch die frühzeitige Identifikation von Transaktionsrisiken –Erhöhung der Transaktionsgeschwindigkeit durch Verkürzung der Due Diligence seitens der Bieter sowie Abbau eines etwaigen Informationsgefälles zwischen den Interessenten	–Bedeutung der Kostenübernahme in der unternehmerischen Praxis vornehmlich für Finanzinvestoren zu vermuten –Hohes Informationsgefälle insbesondere zwischen verschiedenen Käufertypen (strategische Investoren/ Finanzinvestoren) anzunehmen

Eigene Darstellung.

Hauptvorteile der Schaffung des Erwerbsinteresses, der frühzeitigen Identifikation von Transaktionsrisiken sowie einer zügigeren Phase der Durchführung decken sich mit den Ergebnissen der Experteninterviews. In den Gesprächen wurde zudem ergänzend die besondere Relevanz der Vendor Due Diligence bei einer Teilnahme von Finanzinvestoren am Verkaufsprozess angeführt.

Zum Einen ist gemäß den Erkenntnissen der unternehmerischen Praxis eine Kostenübernahme des Verkäufers v.a. für das Erwerbsinteresse von Finanzinvestoren bedeutsam. Zum Anderen wurde explizit auf in der Praxis vorzufindende unterschiedliche Informationsstände von Finanzinvestoren und strategischen Investoren verwiesen, die durch eine Vendor Due Diligence angeglichen werden können. Diese Resultate korrespondieren mit der in Abschnitt 2.4.1.4 vorgenommenen Würdigung der Erkenntnisse der managementorientierten Literatur.

Darüber hinaus wird in der unternehmerischen Praxis ein Zusammenhang zwischen der Durchführung einer Vendor Due Diligence und dem von den potenziellen Käufern wahrgenommenen Bieterwettbewerb aufgezeigt. In der managementorientierten Literatur wird dieser lediglich zwischen dem hieraus resultierenden gesteigerten Erwerbsinteresse und dem tatsächlichen Bieterwettbewerb hergestellt.

5.3.3 Bieterselektion und Käufertypen

5.3.3.1 Ergebnisse der Experteninterviews

Da die Bieterselektion zentrales Element für den nachfolgenden Bieterwettbewerb ist, wurde insbesondere untersucht, welche Kriterien in der unternehmerischen Praxis bei der Vorauswahl denkbarer Kandidaten angelegt werden. Neben prinzipiell öffentlich zugänglichen Quellen wird in der unternehmerischen Praxis hierbei insbesondere auf das in der jeweiligen Beratung vorhandene spezifische Expertenwissen zurückgegriffen. Darunter sind zum Einen die Markt- und Branchenkenntnisse des Beraters zu verstehen. Zum Anderen hat dieser aufgrund seiner Transaktionserfahrung auch umfangreiche Einblicke in die Interessenlagen, Motivationen und Arbeitsweisen einzelner Erwerber. Grundsätzlich wird hier von den Experten eine Unterscheidung in die Investorengruppen der strategischen Investoren und der Finanzinvestoren vorgenommen. Genannt wurde auch der Sachverhalt, dass im Rahmen des tagtäglichen Geschäfts der Kontakt zu potenziellen Investoren in regelmäßigen Gesprächen gepflegt wird. Diese Erkenntnisse fließen bei der Auswahlentscheidung mit ein. Im Fall einer Ansprache auf internationaler Ebene wird laut Aussagen der Befragten zusätzlich auf das Wissen von ausländischen Partnerunternehmen oder aber eigenen Geschäftsstellen zurückgegriffen.

Eine erste Eingrenzung des Käuferuniversums in quantitativer Hinsicht wird maßgeblich durch unternehmens- und branchenspezifische Aspekte bestimmt. Grundsätzlich spielt die Größe des Zielunternehmens eine Rolle. Finanzinvestoren weisen oft eine Spezialisierung auf bestimmte Transaktionsvolumina auf. Dieses Kriterium ist aber vor dem Hintergrund der zu leistenden Finanzierung und Integration auch für strategische Bieter relevant. Weiterhin beeinflussen die Attraktivität und auch die Komplexität des Unternehmens das Interesse potenzieller Erwerber. Beispielhaft wurde angegeben, dass Restrukturierungsfälle eher für Finanzinvestoren als für strategische Bieter in Frage kommen. Für Finanzinvestoren ist zudem die Qualität des Managements wichtig, da dieses i.d.R. nach vollzogenem Erwerb beibehalten wird.

Als wichtigstes Kriterium zur Einschätzung des generellen Interesses strategischer Bieter wurde der „strategische Fit“ mit dem Zielunternehmen erachtet. Dies impliziert, dass auch ein Bezug zur jeweiligen Industrie von Relevanz ist. Im Hinblick auf die Branche ist weiterhin anzumerken, dass viele Finanzinvestoren einen Branchenfokus haben, weshalb sie nicht für jede Transaktion in Betracht kommen. Limitationen bzgl. strategischer Investoren sind außerdem in konzentrierten Industrien gegeben, da dort nur eine begrenzte Anzahl potenzieller Erwerber existiert sowie kartellrechtliche Aspekte zu berücksichtigen sind.

Ferner werden bei der Einengung der identifizierten potenziellen Erwerber qualitative Kriterien berücksichtigt. An dieser Stelle verwiesen die Experten auf die Notwendigkeit einer engen Abstimmung mit dem Klienten. Ausschlaggebend ist primär dessen Zielhierarchie. Die Ziele bestehen im Wesentlichen in der Kaufpreismaximierung, der Wahrung der Vertraulichkeit, der Schnelligkeit, mit der die Transaktion vollendet werden kann sowie in der Gewährleistung der Abschlusssicherheit.

Gemäß Angaben der Interviewpartner nehmen in der unternehmerischen Praxis allerdings auch emotionale Faktoren, wie z.B. Vorbehalte gegen bestimmte Käufer, einen nicht zu vernachlässigenden Einfluss auf die Auswahlentscheidung. Gerade bei mittelständischen oder familiengeführten Unternehmen ist es häufig ein Ziel, den Fortbestand des Unternehmens zu sichern oder aber einen Stellenabbau zu vermeiden. Für einige Verkäufer erweist es sich zudem als problematisch, an einen direkten Wettbewerber zu verkaufen. Nach Aussage der Experten kann dies evtl. negative Rückwirkungen auf den zu erwartenden Verkaufserlös haben und ist daher mit dem Auftraggeber zu diskutieren, im Zweifelsfall aber seitens des Beraters zu akzeptieren.

Aufgrund der individuellen Zielhierarchie sowie evtl. relevanter emotionaler Faktoren variieren die bei der Bieterauswahl herangezogenen Kriterien und können nicht verallgemeinert werden. Auch in der unternehmerischen Praxis wird bei der Selektion der Interessenten gewürdigt, dass unterschiedliche Käufertypen den hieraus resultierenden Anforderungen mit wenigen Ausnahmen unterschiedlich gut genügen. Die in der unternehmerischen Praxis erhobenen Kriterien werden daher mit Bezug auf die Zielhierarchie des Veräußerers sowie die Käufergruppen der strategischen Investoren und der Finanzinvestoren analysiert.

Ist die primäre Zielsetzung des Verfahrens die *Maximierung des Kaufpreises*, wurde als ein Auswahlkriterium die Möglichkeit zur Realisierung von Synergieeffekten gesehen. Bei Finanzinvestoren ergibt sich diese Gelegenheit nach Angabe der Experten allenfalls, sofern sie bereits ein Portfolio-Unternehmen in dem entsprechenden Sektor besitzen. Allerdings wurde darauf verwiesen, dass Finanzinvestoren eine Akquisition üblicherweise über einen hohen Fremdkapitalanteil finanzieren, weshalb letztlich auch bei dieser Investorengruppe hohe Kaufpreise möglich sind. Einschränkend ist anzumerken, dass dieses Ergebnis vor dem Hintergrund der gegenwärtigen Kapitalmarktsituation so nicht mehr zutreffend ist. Vielmehr ist bei der Transaktionsfinanzierung ein Anstieg des Eigenkapitalanteils zu beobachten.[703]

Als weiteres Auswahlkriterium wurde von einigen Gesprächspartnern eine evtl. bereits im Vorhinein des Verkaufs existierende Rivalität zwischen den Bietern genannt. Dieser Faktor kommt insbesondere bei strategischen Käufern zum Tragen, bei denen es sich um direkte Wettbewerber handelt. Bisweilen herrscht gemäß den Interviewpartnern bei Finanzinvestoren aber auch ein starker Anlagedruck seitens deren Kapitalgebern, so dass sie um die attraktivsten Investitionen konkurrieren.

Das Ziel der *Wahrung der Vertraulichkeit* kann sich sowohl auf den Verkaufsprozess per se als auch die im Rahmen der kontrollierten Auktion offengelegten Informationen beziehen.[704] Die Vertraulichkeit im Hinblick auf den Verkaufsprozess ist nicht gegeben,

703 Vgl. Landgraf (2008), S. 23.

704 Eine weitere, in Abschnitt 2.3.1 dargestellte Dimension der Wahrung der Vertraulichkeit, die des Nicht-Bekanntwerdens der Veräußerungsabsicht im Markt, wurde vor dem Hintergrund der Selektionsentscheidung nicht separat abgefragt, da keine Unterschiede zwischen Finanzinvestoren und strategischen Investoren zu erwarten sind. Beide Käufertypen müssen wie in Abschnitt 2.2.1.3

sofern einzelne Teilnehmer einer Auktion ohne vorherige Genehmigung des Verkäufers in direkten Kontakt zueinander treten und über die Transaktion kommunizieren. Dieser Sachverhalt ist aus Perspektive des Verkäufers insbesondere als problematisch zu erachten, sofern die Kommunikation in einer Bieterabsprache mündet mit dem Ziel, den Kaufpreis bewusst niedrig zu halten.[705] Für die Selektionsentscheidung des Verkäufers ist daher die Affinität eines spezifischen Käufertypus zu kollusivem Verhalten von Relevanz. Gemäß den Angaben in den Experteninterviews ist in der unternehmerischen Praxis diesbezüglich jedoch keine eindeutige Richtung erkennbar. Einige Gesprächspartner vermuteten eine stärkere Tendenz bei Finanzinvestoren, andere eine eher gleich starke Ausprägung bei beiden Käufertypen.

Ferner geht es darum, den Verkäufer davor zu schützen, dass Unternehmen lediglich an einem Auktionsverfahren teilnehmen, um sensitive Unternehmensinterna in Erfahrung zu bringen. Dieses Risiko wird bei strategischen Investoren als wesentlich höher eingestuft als bei Finanzinvestoren, da sie in einer unmittelbaren Wettbewerbssituation zum Zielunternehmen stehen. Vor diesem Kontext nimmt der Berater in Absprache mit dem Verkäufer und dem Management des zu veräußernden Unternehmens eine Abschätzung der Ernsthaftigkeit des Erwerbsinteresses vor. Ein Gesprächspartner gab an, als Indikation den Deckungsgrad zwischen dem Geschäftsmodell des potenziellen Erwerbers und dem des Zielunternehmens heranzuziehen. Bei einem sehr hohen Deckungsgrad wird die Gefahr einer rein aus Gründen der Informationsakquisition motivierten Teilnahme als höher erachtet als bei einem relativ geringen Deckungsgrad. Ausnahmen können gegeben sein, sofern durch die Akquisition zusätzliche Kundenbeziehungen gewonnen werden oder aber eine geographische Erweiterung des Markts als ausschlaggebender Faktor für das Kaufinteresse zu vermuten ist. Ein weiteres Kriterium zur Abschätzung des tatsächlichen Erwerbsinteresses eines strategischen Investors ist die kartellrechtliche Situation. Möchte ein strategischer Investor trotz starker wettbewerbsrechtlicher Be-

---

beschrieben und von den Experten bestätigt eine Geheimhaltungs- und Vertraulichkeitsvereinbarung unterzeichnen, die sich auch auf die Veräußerungsabsicht an sich bezieht. Ein Einfluss ist vielmehr durch die Anzahl der zugelassenen Parteien gegeben; vgl. hierzu auch die Ausführungen in Abschnitt 2.3.2.

705 Bieterabsprachen sind von Bieterkonsortien abzugrenzen. Letztere müssen beim Verkäufer angefragt und von diesem zugelassen werden. Die beteiligten Parteien treten daher für den Veräußerer klar ersichtlich als Konsortium auf. Konsortien sind bei Finanzinvestoren sinnvoll, wenn das Transaktionsvolumen für einen einzelnen Bieter zu hoch ist; vgl. hierzu auch Abschnitt 2.4.1.1.2. Konsortien strategischer Investoren sind nach Angaben der Interviewpartner z.B. zu beobachten, wenn das Zielunternehmen zwei sehr gut voneinander abgrenzbare Teilbereiche hat, die bei den Teilnehmern des Konsortiums auf unterschiedlich starkes Interesse stoßen. Ein Gesprächspartner merkte an, dass in diesem Fall der Verkäufer in Erwägung ziehen sollte, das Unternehmen nicht als Einheit, sondern im Rahmen zweier separater Verkaufsprozesse zu veräußern.

denken an dem Verkaufsprozess partizipieren, kann dies ebenfalls auf eine Teilnahme, die ausschließlich dem Ziel der Informationsgewinnung dient, hindeuten.

Im Hinblick auf das Ziel eines *schnellen Abschlusses* der Transaktion sind die anzulegenden Kriterien insbesondere in der Handlungsfähigkeit der Bieter sowie deren Markt- und Branchenverständnis zu sehen. Die Handlungsfähigkeit bezieht sich auf die Frage, wie schnell die potenziellen Käufer Entscheidungen treffen und operativ umsetzen können. Vor diesem Hintergrund sind v.a. erforderliche Gremienbeschlüsse zu nennen. Die Handlungsfähigkeit von strategischen Käufern und Finanzinvestoren wurde in den Gesprächen als weitestgehend ähnlich eingeschätzt, da auch Finanzinvestoren beabsichtigte Zukäufe ihrem Investment Committee präsentieren und von diesem genehmigen lassen müssen. Probleme in diesem Bereich ergeben sich nach Angabe der Experten vielmehr in einem globalen Kontext. Gerade bei strategischen Bietern aus Ländern, die erstmalig oder erst seit kurzer Zeit auf den deutschen Markt drängen,[706] sind die intern im Unternehmen ablaufenden Entscheidungsprozesse sowie Gremienvorbehalte für den Berater relativ schwierig zu beurteilen. Weiterhin besteht in diesem Zusammenhang die Möglichkeit, dass die Bieter mit dem Verfahren einer kontrollierten Auktion und dem in ihr aufgebauten Druck noch nicht vertraut sind und evtl. auch aufgrund kultureller Unterschiede anders darauf reagieren als Investoren aus Deutschland oder dem angelsächsischen Raum.[707]

Hinsichtlich des Markt- und Branchenverständnisses wurden strategische Käufer oftmals im Vorteil gesehen. Da der strategische Investor das Wettbewerbsumfeld, die Marktdynamik sowie die Kundengruppen genauestens kennt, resultiert eine schnellere Prüfungsphase. Strategische Investoren klären gemäß den Gesprächspartnern in der Due Diligence primär ab, inwiefern die Unternehmensdaten und -planzahlen konsistent und plausibel sind. Finanzinvestoren hingegen müssen i.d.R. umfassendere Prüfungshandlungen vornehmen. Aus diesem Grund werden in komplexen Branchen, wie z.B. der Pharmaindustrie, bevorzugt strategische Investoren zum Verkaufsprozess eingeladen. In einem weiteren Schritt werden auch Finanzinvestoren angesprochen, die Transaktionserfahrung in dem jeweiligen Sektor vorweisen können. Vor diesem Kontext gaben einige Experten an, dass mit Strategen meist ein schnellerer Abschluss zu realisieren

---

[706] Hierzu zählen insbesondere Unternehmen aus den sog. Tigerstaaten, wobei innerhalb der letzten Jahre v.a. verstärkt indische und chinesische Investoren auf dem europäischen Markt aktiv sind; vgl. Truckenbrodt (2008), S. 16f. sowie Schüller/Schüler-Zhou (2008); S. 18.

[707] Vgl. Keller (2006), S. 163.

ist. Eine solide Markt- und Branchenkenntnis führt nach Angaben der Interviewpartner allerdings auch zu einer höheren Transaktionssicherheit. Sie minimiert die Gefahr, dass die Bieter das Unternehmen falsch einschätzen und erst bei der Due Diligence bemerken, dass ein Kauf für sie nicht in Frage kommt.

Ist dem Verkäufer die *Abschlusssicherheit* sehr wichtig, spielen die Kriterien der Finanzierung sowie kartellrechtliche Fragestellungen eine Rolle. Im Hinblick auf die Finanzierung sind Finanzinvestoren meist abhängiger von den Banken, da diese ihre Finanzierungszusage nur geben, wenn sie die Transaktion nochmals genau überprüft haben. Einschränkend wurde angemerkt, dass in Anbetracht der niedrigen Fremdkapitalzinsen der letzten Jahre allerdings kaum Transaktionen an der Finanzierung gescheitert sind. Aufgrund der jüngsten Kapitalmarktentwicklungen zeigen sich die Banken jedoch verhaltener bei der Fremdkapitalvergabe.[708] Kartellrechtliche Schwierigkeiten treten primär bei strategischen Käufern auf, insbesondere wenn diese bereits eine starke Marktposition innehaben. Um ein Scheitern der Transaktion zu verhindern, muss das hieraus resultierende Risiko bereits in der Phase der Vorbereitung und Analyse realistisch eingeschätzt werden. Ferner können durch ausstehende kartellrechtliche Genehmigungen auch Verzögerungen in späteren Phasen der Transaktion eintreten, die wiederum dem Ziel eines zügigen Abschlusses abträglich sind.

Schließlich werden die identifizierten Kandidaten mit dem Kurzprofil (Teaser) angeschrieben. Dies kann auch in gestaffelter Form geschehen, indem in einem ersten Schritt die bevorzugten Käufer kontaktiert und bei unzureichendem Interesse oder aber zur Erhöhung des Drucks in einem zweiten Schritt auf weitere Unternehmen zugegangen wird. Gibt es bspw. einen offensichtlichen, interessierten Kreis an Erwerbern, wie es oftmals bei strategischen Käufern der Fall ist, kann der Prozess zeitlich gesehen verkürzt werden, indem eine breite Ansprache vermieden wird.[709] Existieren hingegen keine logischen Käufer, bietet sich eine Ausweitung des Prozesses auf den Käuferkreis der Finanzinvestoren an. Die Mehrzahl der Befragten gab an, dass die Entscheidung zur Kontaktierung beider Käufergruppen situationsabhängig getroffen wird. Einige empfehlen im Hinblick auf die Funktionsfähigkeit des Bieterwettbewerbs sowie die Transaktionssicherheit grundsätzlich eine Ansprache von Finanzinvestoren und strategischen Bietern, sofern keine gewichtigen Gründe dagegen sprechen.

[708] Vgl. Landgraf (2008), S. 23.

[709] Dies setzt allerdings voraus, dass die potenziellen Interessenten die Transaktion auch finanzieren können.

Bei Interessensbekundung sowie nach Unterschrift der Vertraulichkeits- und Geheimhaltungserklärung wird den Bietern das Informationsmemorandum resp. die Präsentation und der Prozessbrief zugestellt.

5.3.3.2 Abgleich mit der wissenschaftlichen Literatur

In Abschnitt 2.4.1.1.3 wurde die managementorientierte Literatur dahingehend analysiert und durch eigene Überlegungen ergänzt, dass die für die Erstansprache relevanten Selektionskriterien aufgenommen, anhand der Käufergruppen der strategischen und der Finanzinvestoren systematisiert und vor dem Hintergrund der Zielsetzungen des Verkäufers diskutiert wurden. Abbildung 5.2 fasst die hieraus resultierenden Ergebnisse sowie deren Würdigung zusammen. Prinzipiell wird bei der Erstellung der Liste an zu kontaktierenden potenziellen Käufern auch in der unternehmerischen Praxis eine Unterscheidung in strategische Käufer und Finanzinvestoren getroffen. Die Auswahl erfolgt dabei aussagegemäß in enger Abstimmung mit dem Mandanten, so dass dessen Zielhierarchie berücksichtigt wird. Diese Vorgehensweise korrespondiert mit der in Abschnitt 2.4.1.4 vorgenommenen Würdigung der Erkenntnisse der managementorientierten Literatur, in der von einer situationsspezifischen Definition der Selektionskriterien ausgegangen wird. An dieser Stelle verwiesen die Experten auf die Tatsache, dass häufig emotionale Faktoren die Selektionsentscheidung beeinflussen. In der managementorientierten Literatur wird einschränkend eine geringere Gewichtung sämtlicher Nebenbedingungen der Zielhierarchie und somit auch emotionaler Faktoren im Hinblick auf das Ziel der Kaufpreismaximierung empfohlen.

Die Resultate der Experteninterviews hinsichtlich der Bedeutung spezifischer Charakteristika der unterschiedlichen Käufertypen für das Käuferuniversum per se und den Realisationsgrad der Zielhierarchie des Veräußerers stimmen weitgehend mit denen der managementorientierten Literatur überein. Grundsätzlich spielen auch in der unternehmerischen Praxis unternehmensspezifische Aspekte bei der Abgrenzung der Anzahl der in Frage kommenden potenziellen Erwerber eine Rolle. In der managementorientierten Literatur wird an dieser Stelle die Unternehmensgröße vor dem Kontext angeführt, dass Finanzinvestoren üblicherweise auf bestimmte Transaktionsvolumina fokussiert sind. Die Angaben der Experten stützen dieses Ergebnis, weisen aber ferner auf die Bedeutung der Unternehmensgröße für einen strategischen Käufer vor dem Hintergrund der Finanzierung sowie der Integration hin.

Abb. 5.2 Bieterselektion und Käufertypen: Würdigung zentraler Erkenntnisse der managementorientierten Literatur

Entscheidungs-variable	Erkenntnis management-orientierte Literatur	Würdigung
Bieterselektion		
Käufertypen	–Prinzipiell Rückgriff auf strategische Investoren und Finanzinvestoren möglich –Quantitative Eingrenzung des Käuferuniversums wird z.B. anhand des Fokus von Finanzinvestoren auf bestimmte Branchen und Transaktionsvolumina vorgenommen –Qualitative Eingrenzung des Käuferuniversums erfolgt anhand des Abgleichs der Vor- und Nachteile des jeweiligen Käufertyps mit der Zielhierarchie des Verkäufers –Kaufpreismaximierung und hohe Transaktionsgeschwindigkeit tendenziell eher durch Selektion strategischer, Wahrung der Vertraulichkeit eher durch Einbezug von Finanzinvestoren gegeben –Unsicherheit bzgl. Transaktionssicherheit sowohl bei strategischen Investoren (kartellrechtliche Risiken) als auch Finanzinvestoren (Abhängigkeit von externer Finanzierungszusage) vorhanden	–Unterschiedliche Käufertypen in unternehmerischer Praxis existent –Selektion der Bieter anhand von im Markt bekannten Transaktionspräferenzen der Bieter sowie der Evaluierung der Ausprägung käufertypischer Charakteristika vor dem Kontext der Zielhierarchie des Verkäufers zu vermuten –Aufgrund der Abhängigkeit der Zielhierarchie von der Person des Verkäufers ist davon auszugehen, dass die Selektionskriterien nicht verallgemeinerbar sind, sondern für jede spezifische Veräußerungssituation neu definiert werden müssen

Eigene Darstellung.

Weiterhin wird in der managementorientierten Literatur häufig der Branchenfokus eines Finanzinvestors als ein die Anzahl der potenziellen Erwerber eingrenzender Faktor genannt. Dies korrespondiert mit den Ergebnissen der Experteninterviews, die zudem nahelegen, dass die Branchenzugehörigkeit des Zielunternehmens aufgrund des für das generelle Erwerbsinteresse erforderlichen strategischen Fits bei strategischen Investoren ebenso von Relevanz ist. Eine weitere von den Experten vorgenommene Präzisierung des Einflusses der Branche auf die quantitative Eingrenzung des Bieterkreises betrifft die innerhalb einer bestimmten Industrie herrschende Wettbewerbssituation. Starke kartellrechtliche Bedenken oder aber die Tatsache, dass in der betrachteten Industrie ohnehin nur sehr wenige Unternehmen tätig sind, verringern die Anzahl möglicher anzusprechender strategischer Investoren.

Bei einer Limitierung in qualitativer Hinsicht wird auch in der unternehmerischen Praxis die Tatsache berücksichtigt, dass die Auswahl unterschiedlicher Investorentypen Auswirkungen auf die Zielerreichung des Veräußerers hat. Im Hinblick auf die *Kaufpreismaximierung* wird ähnlich wie in der managementorientierten Literatur das Kriterium potenzieller Synergien bei strategischen Investoren sowie das der Finanzierungsstruktur bei Finanzinvestoren im Rahmen der Selektionsentscheidung herangezogen. Eine Abweichung ergibt sich dahingehend, dass ferner eine mitunter bereits vor dem Verkaufsprozess existierende Rivalität zwischen den Bietern bei der Auswahl Eingang findet. Hierzu ist anzumerken, dass eine positive Auswirkung auf den Bieterwettbewerb jedoch nicht immer und nur unter der Prämisse gegeben ist, dass die Interessenten spätestens in der Auktionsphase von der gegenseitigen Teilnahme am Verkaufsprozess Kenntnis erlangt haben oder diese zumindest erahnen.

Aus diesem Grund ist allerdings ein Konflikt mit dem Ziel der *Wahrung der Vertraulichkeit* und letztlich auch dem der Kaufpreismaximierung denkbar. Gemäß der managementorientierten Literatur ist die Vertraulichkeit im Hinblick auf den Verlauf des Verkaufsprozesses eine Voraussetzung für einen funktionsfähigen Bieterwettbewerb. Daher ist es üblicherweise nicht sinnvoll, dass die Bieter sich der gegenseitigen Teilnahme an der Auktion bewusst sind. Eine weitere, in der managementorientierten Literatur aufgeführte Komponente der Wahrung der Vertraulichkeit betrifft die Offenlegung sensitiver Unternehmensdaten. Die Ergebnisse der Experteninterviews stützen die der Literatur, dass strategische Käufer im Gegensatz zu Finanzinvestoren unabhängig vom Ausgang des Verkaufsverfahrens einen Nutzen aus diesen Informationen ziehen können und somit bei ersteren eine höhere Gefahr besteht, dass diese mit der Teilnahme ausschließlich das Ziel der Akquisition wettbewerbsrelevanter Daten verfolgen. Erweiternd wurde in der unternehmerischen Praxis auf Indikatoren verwiesen, die auf ein derartiges Verhalten schließen lassen. Diese bestehen in der mangelnden Komplementarität des Zielunternehmens zum Geschäft des potenziellen Erwerbers sowie in der Bekundung des Erwerbsinteresses trotz offensichtlicher kartellrechtlicher Konflikte.

Bezüglich des Ziels der *Zügigkeit des Abschlusses* wird in der managementorientierten Literatur auf divergierende Informationsbedürfnisse beider Käufertypen verwiesen. Dieser Sachverhalt wird auch in der unternehmerischen Praxis wahrgenommen, wobei in diesem Zusammenhang der Begriff des „Markt- und Branchenverständnisses" geläufig ist. Im Ergebnis ist eine Übereinstimmung dahingehend festzustellen, dass bei alleiniger Betrachtung des Aspekts differierender Informationsanforderungen sowohl in der Theorie als auch in der Praxis eine tendenziell höhere Transaktionsgeschwindigkeit durch die Ansprache und Einbindung strategischer Investoren resultiert. In der unternehmerischen Praxis wird vor diesem Hintergrund zudem ein Zusammenhang zwischen der Komplexität der Branche, der Teilnahme strategischer Investoren und der Wahrscheinlichkeit eines vergleichsweise zeitnaheren Abschlusses hergestellt. Ergänzend zur managementorientierten Literatur implizieren die Ergebnisse der geführten Gespräche ferner eine Relevanz der Handlungsfähigkeit der Bieter für die Transaktionsgeschwindigkeit. Diese wurde für beide Käufertypen als weitgehend ähnlich ausgeprägt erachtet, wohingegen eine Abschätzung für internationale Bieter aus Ländern, mit denen der Berater nur geringe Transaktionserfahrung hat, schwieriger fällt.

Hinsichtlich des *Ziels der Abschlusssicherheit* korrespondieren die Resultate der managementorientierten Literatur mit denen der unternehmerischen Praxis, als dass bei Finanzinvestoren die Finanzierungssicherheit und bei strategischen Investoren kartellrechtliche Bedenken die Hauptkriterien für die Auswahl der Bieter sind.

In den grundlegenden auktionstheoretischen Beiträgen wird die Selektion der prinzipiell in den Veräußerungsprozess einzubeziehenden Teilnehmer ausgeblendet. Einschränkend sei angemerkt, dass bei Annahme unabhängiger, privater Wertschätzungen jedoch ein Zusammenhang zwischen asymmetrischen Eigenschaften der Bieter, wie sie bei Finanzinvestoren und strategischen Käufern gegeben sein können, und dem zu erwartenden Einkommen des Verkäufers besteht. Die entsprechende Würdigung zentraler auktionstheoretischer Erkenntnisse wird in Abbildung 5.3 wieder aufgegriffen. Demzufolge sind Bieterasymmetrien aus Perspektive des Verkäufers unvorteilhaft bzgl. der zu erzielenden Kaufpreismaximierung. Vor diesem Kontext wird modelltheoretisch analysiert, inwiefern dieser Effekt durch die Selektion einer spezifischen Auktionsregel verhindert resp. reduziert werden kann. Eine abschließende Rangordnung alternativer Auktionsregeln ist jedoch nicht ableitbar. Die Erkenntnisse der Expertengespräche legen nahe, dass in der unternehmerischen Praxis die Entscheidung zur Kontaktierung beider Käufergruppen situationsspezifisch getroffen wird. Dies impliziert, dass Bieterasymmetrien nicht grundsätzlich vermieden werden. Begründend wurde v.a. die Sicherstellung der Transaktionssicherheit angeführt. Ist eine ausreichende Anzahl an strategischen Käufern vorhanden, unterbleibt jedoch oftmals eine Ansprache von Finanzinvestoren. Ab-

Abb. 5.3 Asymmetrische Eigenschaften der Bieter: Würdigung zentraler Erkenntnisse der auktionstheoretischen Literatur

Entscheidungsvariable/ Modellannahme	Erkenntnis auktions-theoretische Literatur	Würdigung
Selektion/Modifikation Standard-Auktionsregeln		
*Asymmetrische Eigenschaften der Bieter**	–Bieterasymmetrien sind nachteilig für den Bieterwettbewerb resp. das zu erwartende Einkommen –"Rangordnung" bzgl. der Vorteilhaftigkeit einzelner Standard-Auktionsregeln nicht ableitbar	–Bieterasymmetrien z.B. durch Einbezug unterschiedlicher Käufertypen gegeben –Vermeidung von Asymmetrien durch gezielte Bieterselektion denkbar, bei unzureichendem Erwerbsinteresse jedoch nicht zwingend vorteilhaft

* *Annahme unabhängiger, privater Wertschätzungen*

Eigene Darstellung.

weichend von der auktionstheoretischen Literatur wird hierbei allerdings kein direkter Zusammenhang mit einem daraus resultierenden intensiveren Bieterwettbewerb, sondern mit einer höheren Transaktionsgeschwindigkeit hergestellt.

Die Selektion der anzusprechenden Bieter wird auch in den mehrstufigen auktionstheoretischen Modellen, die explizit die Veräußerung von Unternehmen zum Gegenstand haben, nicht berücksichtigt. In der Arbeit von Ye (2007) wird allerdings kurz darauf verwiesen, dass in diesem Zusammenhang Kriterien wie die Industrieerfahrung oder aber die Finanzkraft eines potenziellen Erwerbers Einfluss nehmen können.[710] Hansen (2001) würdigt den Sachverhalt, dass die Interessenten mitunter bereit sind, allein für die Erlangung wettbewerbsrelevanter Informationen Bietkosten auf sich zu nehmen.[711] Dieser Aspekt spielt v.a. beim Einbezug strategischer Bieter eine Rolle. Für beide Analysen hat dies jedoch keine Konsequenzen bzgl. einer Selektion nach Käufertypen, sondern resultiert in einer bloßen Einengung des Bieterkreises in quantitativer Hinsicht.[712]

Abschließend bleibt festzuhalten, dass Vorbehalte gegen bestimmte Käufer den Erkenntnissen der auktionstheoretischen Literatur gänzlich entgegenstehen. Letztere pos-

[710] Vgl. hierzu Ye (2007), S. 182, Fußnote 1.
[711] Vgl. Hansen (2001), S. 31f.
[712] Vgl. hierzu auch detaillierter den Abgleich mit der wissenschaftlichen Literatur bzgl. der Ausgestaltung von Auktionsprozess und -regel in Abschnitt 5.4.1.2

tuliert die Anonymität von Auktionen. Dies bedeutet, dass die Identität des Bieters für die Zuteilung des Objekts irrelevant ist.[713]

5.3.4 Stapled Finance

5.3.4.1 Ergebnisse der Experteninterviews

Neben der Selektion der adäquaten Bieter kann der Verkäufer die Erreichung seiner Ziele gemäß der managementorientierten Literatur auch durch den Einsatz von Stapled Finance fördern. Dieser Themenbereich wurde daher im Rahmen der Interviews diskutiert. Ein Vorteil besteht gemäß den Experten darin, dass bereits in der Phase der Transaktionsvorbereitung der Aspekt der Finanzierung adressiert wird. Dies kann bei der Vermarktung des Unternehmens hilfreich sein, da der Berater frühzeitig eine Einschätzung des Kreditmarkts hinsichtlich des Cashflow-Profils des Verkaufsobjekts, der Branchenentwicklung sowie der Dealrisiken erhält.

Ein Interviewpartner, dessen Haus keine eigenen Finanzierungslösungen anbietet, gab an, dass die Relevanz von Stapled Finance im deutschen Markt eher gering einzuschätzen sei. Dies ist insbesondere darauf zurückzuführen, dass gerade im Bereich mittlerer Transaktionsvolumina viele Käufer enge Beziehungen zu von ihnen ausgewählten Finanzinstituten unterhalten und demnach bereits über etablierte Finanzierungspartner und -strukturen verfügen. Allerdings kann die Unterbreitung eines Finanzierungsangebots seiner Ansicht nach von Vorteil sein, wenn Finanzinvestoren angesprochen werden sollen, die oftmals keine etablierten Bankbeziehungen unterhalten. Ähnlich wurde in der Mehrzahl der geführten Gespräche darauf verwiesen, dass Stapled Finance eher als Produktangebot zu betrachten ist, das sich an Finanzinvestoren richtet.

Als weiteren positiven Aspekt des Stapled Finance erachteten die Experten die Tatsache, dass das Finanzierungsangebot aus Perspektive des Verkäufers eine untere Schwelle („Floor“) für den Verkaufspreis setzt, die sämtliche Interessenten nehmen müssen. Dies ermöglicht erstens, dass die Auseinandersetzung über divergierende Ansichten von

[713] Vgl. hierzu auch Abschnitt 3.1.1 der vorliegenden Arbeit. Die in der Auktionstheorie beschriebene Anonymität von Auktionen bezieht sich konkret auf die Zuteilung und ist somit streng betrachtet erst einer späteren Phase des Verkaufsprozesses zuzuordnen. Die Vorauswahl der Bieter bedingt aber, dass bestimmte Interessenten gar nicht erst die Möglichkeit erhalten, das Zielunternehmen zu erwerben. Somit ist letztlich auch die Irrelevanz der Identität eines Bieters für die Zuteilung nicht gegeben.

Verkäufer und potenziellen Erwerbern bzgl. der generellen Finanzierbarkeit der Transaktion hinfällig werden. Zweitens besteht die Möglichkeit, dass die Käufer Vergleichsangebote einholen und das Stapled-Finance-Angebot überbieten, woraus ein höherer Preiswettbewerb resultiert. Üblicherweise behält sich das Institut, das das ursprüngliche Stapled-Finance-Angebot offeriert hat, für diesen Fall jedoch vor, sein Angebot an das der Konkurrenten anzupassen.

Bei der Strukturierung des Angebots sind seitens der finanzierenden Bank nach Einschätzung der Interviewpartner zwei gegenläufige Aspekte zu berücksichtigen. Da die finanzierende Bank bei der Vorbereitung des Angebots in Vorleistung geht und Kosten, z.B. für die Durchführung einer Due Diligence anfallen, sollte das Angebot auf der einen Seite wettbewerbsfähig sein. Alternativ kann die finanzierende Bank eine Bereitstellungsgebühr vom Verkäufer verlangen, so dass dieser letztlich die Kosten trägt. Auf der anderen Seite besteht die Möglichkeit, dass ein zu aggressives Angebot und folglich ein hoher signalisierter gewünschter Verkaufspreis potenzielle Bieter von der Teilnahme an der kontrollierten Auktion abschreckt. Vor diesem Hintergrund ist es in der unternehmerischen Praxis gebräuchlich, die Interessenten nicht sofort mit dem aggressivsten Angebot anzusprechen, sondern noch Potenzial zur Nachbesserung der Stapled-Finance-Offerte zu lassen.

Stapled Finance dient aufgrund der Reduktion des Finanzierungsrisikos auch der Transaktionssicherheit sowie dem Ziel der Schnelligkeit des Abschlusses. Einschränkend ist anzumerken, dass sich jedoch die Phase der Vorbereitung verlängert. Dies gilt umso mehr, je komplexer die Transaktionen resp. sofern von schwierigen Rahmenbedingungen für die finanzierenden Banken auszugehen ist, so dass eine vergleichsweise lange Vorlaufzeit für die Finanzierungspartner hilfreich sein kann. Allerdings ist bei den Finanzierungsangeboten laut Angaben der Interviewpartner stets auf die Verbindlichkeit der Finanzierungszusage sowie auf die Covenants zu achten. Zwei Gesprächspersonen verwiesen auf den Fall, dass in vergangenen Transaktionen sehr aggressive Finanzierungsangebote getätigt wurden, von denen bei verlangter Inanspruchnahme entweder wieder abgerückt wurde oder aber die bei genauerer Betrachtung der Nebenbedingungen stark an Attraktivität einbüßten.

Angesichts der mit der Angebotserstellung verbundenen Kosten und dem höheren zeitlichen Aufwand in der Phase der Vorbereitung und Analyse wird ein Stapled-Finance-Angebot jedoch nicht in jeder Veräußerungssituation offeriert. Vielmehr erfolgt eine situationsspezifische Evaluierung der damit verbundenen Vor-und Nachteile. Ferner verwiesen zwei Gesprächspartner auf die Problematik möglicher Interessenkonflikte als einem weiteren Nachteil des Stapled Finance. Dieser resultiert, wenn Finanzierung und M&A-Beratung von einem Haus übernommen werden.

5.3.4.2 Abgleich mit der wissenschaftlichen Literatur

In Abschnitt 2.4.1.2 wurden Vor- und Nachteile von Stapled-Finance-Angeboten unter Berücksichtigung der Zielhierarchie des Verkäufers erarbeitet, welche in Abbildung 5.4 veranschaulichend zusammengefasst sind. In Übereinstimmung mit der in Abschnitt

Abb. 5.4 Stapled Finance: Würdigung zentraler Erkenntnisse der managementorientierten Literatur

Entscheidungsvariable	Erkenntnis managementorientierte Literatur	Würdigung
Einsatz unterstützender Produkte		
Stapled Finance	– Positive Auswirkungen auf Transaktionssicherheit (Reduktion Finanzierungsrisiko), Kaufpreismaximierung (Signalisierung Bewertungsuntergrenze/Einholen von Vergleichsangeboten durch die Bieter) und Transaktionsgeschwindigkeit (Verkürzung Vermarktungsphase) möglich – Allerdings erhöhter Aufwand in Vorbereitungsphase, ggf. zudem Kosten in Form von Bereitstellungsgebühren sowie Interessenkonflikte zwischen Bank und Verkäufer	– Die Vorteilhaftigkeit eines vorgefertigten Fremdfinanzierungsangebots ist v.a. bei Beteiligung von Finanzinvestoren gegeben. Daher ist zu vermuten, dass das Produkt eher zum Einsatz gelangt, sofern diese bei der Bieterselektion berücksichtigt wurden – Aufgrund der längeren Vorbereitungsphase zugunsten einer kürzeren Vermarktungsphase sowie ggf. beim Verkäufer anfallenden Kosten ist zudem davon auszugehen, dass in jeder spezifischen Verkaufssituation eine Abwägung der Vor- und Nachteile erfolgt

Eigene Darstellung.

2.4.1.4 vorgenommenen Würdigung der Erkenntnisse der managementorientierten Literatur wird Stapled Finance auch in der unternehmerischen Praxis vornehmlich als ein für Finanzinvestoren ausgearbeitetes Produkt wahrgenommen. Analog zur managementorientierten Literatur sind positive Aspekte gemäß den Gesprächspartnern in der frühzeitigen Identifikation von Dealrisiken, einer zügigeren Phase der Durchführung, der Festlegung einer Kaufpreisuntergrenze sowie in einem potenziell höheren Veräußerungserlös durch das Einholen von Vergleichsangeboten zu sehen.

Zwecks Vermeidung von negativen Rückwirkungen auf das Erwerbsinteresse wird in der managementorientierten Literatur empfohlen, das Stapled-Finance-Angebot nicht zu aggressiv zu gestalten. Somit könnte ein zu hoher erwarteter Kaufpreis signalisiert werden. Diesem Wirkungszusammenhang sind sich auch die Marktteilnehmer in der unternehmerischen Praxis bewusst. Ein gemeinsames Verständnis von managementorientierter Literatur und den Interviewpartnern herrscht zudem bzgl. der Erfordernis, die Verbindlichkeit der Finanzierungszusagen sowie deren einschränkenden Nebenbedingungen in Form von Covenants kritisch zu überprüfen.

Weiterhin können aus einem Stapled-Finance-Angebot Interessenkonflikte resultieren. Dies ist denkbar, sofern das Angebot von der selben Bank offeriert wird, die auch als M&A-Berater tätig ist. Während dieser Aspekt lediglich von zwei Gesprächpartnern kurz erwähnt wurde, ist dieser Themenbereich in der managementorientierten Literatur einer der Hauptkritikpunkte, der jedoch durch entsprechende schriftliche Vereinbarungen entkräftet werden kann. Eine denkbare Erklärung für diese Abweichung besteht darin, dass einige der Experten in einem Beschäftigungsverhältnis mit Instituten stehen, die auch Finanzierungslösungen anbieten.

Abschließend erfolgt gemäß den Erkenntnissen der Experteninterviews eine Abschätzung, inwiefern ein Stapled-Finance-Angebot vor dem jeweiligen Transaktionskontext eingesetzt werden sollte. Hierbei fließen neben den oben genannten Vorteilen auch die Nachteile ein. Letztere sind v.a. in einer längeren Vorbereitungsphase, in ggf. für den Verkäufer anfallenden Bereitstellungskosten sowie den angesprochenen Interessenkonflikten zu sehen. Dies deckt sich mit der vorgenommenen Würdigung der Ergebnisse der managementorientierten Literatur, in der eine situationsspezifische Entscheidung für oder wider ein Stapled-Finance-Angebot angenommen wurde.

5.3.5 Kritische Faktoren der Vorbereitung und Analyse

Bereits in der Phase der Vorbereitung und Analyse sind vielzählige Faktoren für den Erfolg oder Misserfolg einer Transaktion von Relevanz. Als zentral wurden Qualität und Detaillierungsgrad der Vorbereitung erachtet, da diese grundlegende Voraussetzung für eine straffe und effiziente Durchführung mit einer ausreichend hohen Wettbewerbsintensität sind. Aus Perspektive des Intermediärs können externe Faktoren, die in diesem Zusammenhang zum Tragen kommen, den Kategorien der Vorbereitung des Unternehmens, des Verkäufers sowie des Managements durch den Berater zugeordnet werden. Intern, d.h. auf Seite des Beraters, spielen eine durchdachte Prozessstrukturierung, ein effizientes Projektmanagement sowie die Vorauswahl der „richtigen" Bieter eine Rolle.

Hinsichtlich des Unternehmens ist insbesondere die korrekte, konsistente und vorausschauende Aufarbeitung der Daten für die zu erstellenden Dokumentationen zu nennen. Die den Erfolg der Transaktion am stärksten gefährdendste Fehlerquelle wurde darin gesehen, dass die Zahlen fehlerhaft sind, dass sich die Unternehmensergebnisse während des Prozesses ändern, weil gänzlich neue Themen aktuell werden oder aber dass sie sich gar verschlechtern. Im Endeffekt lassen sich für den Verkaufsprozess unvorteilhafte Unternehmensdaten jedoch auf Dauer nicht kaschieren. Ein weiterer Erfolgsfaktor ist daher darin zu sehen, dass diese Schwächen relativ offen angesprochen werden und der Berater auf Anfragen mit einer schlüssigen Argumentation reagieren kann, warum das Unternehmen dennoch ein interessantes Investitionsobjekt ist.

Darüber hinaus ist es erforderlich, den Verkäufer eingehend darauf vorzubereiten, was er im Rahmen eines kontrollierten Auktionsprozesses zu erwarten hat. Vor diesem Hintergrund wurde insbesondere auf die Abstimmung des realistisch zu erzielenden Kaufpreises hingewiesen, damit der Verkäufer keine Enttäuschung erlebt oder sich doch noch gegen einen Verkauf entscheidet resp. sich eher zögerlich verhält, was seiner Reputation sowie der des Beraters und der Dynamik des gesamten Prozesses abträglich wäre. Ein zusätzlicher Erfolgsfaktor wurde daher unabhängig von evtl. unterschiedlichen Ansichten hinsichtlich des Kaufpreises in der generellen Verifikation der endgültigen Verkaufsabsicht des Veräußerers gesehen.

Außerdem wurde das Schaffen eines Vertrauensverhältnisses zum Eigentümer und auch zum Management als bedeutsam erachtet, damit diese die vom Berater vorgeschlagenen zu unternehmenden Schritte unterstützen und nicht eigenwillig oder gar bewusst kontraproduktiv handeln. Im Interesse der Wettbewerbsintensität und somit auch einer Gleichbehandlung der Bieter sollte daher der Berater die einzige Schnittstelle zwischen den Bietern und dem Zielunternehmen sein. Gespräche oder gar bilaterale Verhandlungen zwischen potenziellen Käufern und dem Eigentümer wurden in den Interviews als sehr nachteilig angesehen. In Bezug auf das Management wurde nochmals die Notwendigkeit einer frühzeitigen Incentivierung hervorgehoben, so dass für dieses eine Perspektive geschaffen wird, die subjektiv als zufriedenstellend empfunden wird. Weiterer kritischer Faktor ist die inhaltliche Vorbereitung des Managements auf die Management-Präsentationen, da diese einen wesentlichen Beitrag zur Vermarktung des Unternehmens leisten.

Hinsichtlich der Prozessstrukturierung und des Projektmanagements als originärem Geschäft eines Intermediärs wurde als wichtige Komponente das Antizipationsvermögen des Beraters angeführt. Dieser muss evtl. Risiken in einer internen Due Diligence frühzeitig identifizieren und überlegen, wie die Bieter hierauf reagieren könnten bzw. wie dieses Problem in der Kommunikation nach außen am besten adressiert wird. Vor diesem Kontext wurde die adäquate Informationsversorgung aus dem Unternehmen heraus als kritischer Faktor angegeben. Diese gestaltet sich besonders schwierig, wenn die Vertraulichkeit eine große Rolle spielt, so dass im Zielunternehmen nur wenige Personen, meist auf Ebene der Geschäftsführung, in den Verkaufsprozess involviert sind. Werden allerdings primär Informationen aus den operativen Einheiten benötigt, kann dies in einem unzureichenden Zugang des Beraters resultieren.

Zum Antizipationsvermögen zählt auch eine Prognose eventueller zusätzlicher Informationsanforderungen der Bieter, damit generelle Anfragen umgehend beantwortet werden. Darüber hinaus gilt es abzuschätzen, wie der gesamte Prozess wahrscheinlich verlaufen wird bzw. welche Abweichungen möglich sind. Somit soll gewährleistet sein, dass eintretenden Änderungen schnell mit einer Lösung begegnet werden kann. Eine derartige Vorgehensweise unterstützt auch einen weiteren wichtigen Aspekt für den Erfolg oder Misserfolg einer Transaktion, nämlich den der Erstellung eines realistischen Zeitplans. Damit dieser auch tatsächlich eingehalten werden kann, wurde eine effiziente Koordination des Verkäufers und seines Managements, des Projektteams, der extern involvierten Parteien, wie z.B. Wirtschaftsprüfern und Anwälten sowie der Bieter als kritische Variable angeführt.

Neben einer soliden Unternehmenskenntnis ist laut Angaben der Experten aber auch ein umfangreiches Verständnis des Klienten und dessen Zielsetzungen zu entwickeln. Dies geschieht ebenfalls im Hinblick auf ein anderes für den Erfolg der Transaktion ausschlaggebendes Kriterium: Die Selektion und Ansprache der richtigen Bieter. Prinzipiell ist es nach Einschätzung der Experten besser, an dieser Stelle mehr Zeit zu investieren, als später im Prozess zeitliche Verzögerungen, einen mangelnden Bieterwettbewerb oder gar den Abbruch der Transaktion hinnehmen zu müssen. Zudem ist die bewusste Auswahl der Bieter außer der dosierten Informationsweitergabe die einzige Möglichkeit, den Verkäufer davor zu schützen, dass potenzielle Erwerber lediglich an der Auktion teilnehmen, um Einblicke in Unternehmensinterna zu erhalten. Daher ist die Kenntnis des Käuferuniversums von zentraler Bedeutung, weshalb viele Berater eine interne Beurteilung der in Frage kommenden Bieter vornehmen. Ein Gesprächspartner wies darüber hinaus darauf hin, dass nicht nur die richtige Auswahl, sondern auch eine korrekte Ansprache der Käufer von Relevanz ist. Beispielhaft wurde genannt, dass es insbesondere bei großen Organisationen einen Unterschied macht, auf welcher Ebene man welche Person für das Projekt und somit für eine Teilnahme an der kontrollierten Auktion gewinnt. Dieser Sachverhalt wurde als umso bedeutsamer erachtet, je erklärungsbedürftiger das Zielunternehmen ist.

Abschließend bleibt festzuhalten, dass die im Rahmen der Vorbereitung und Analyse zu bewältigenden Prozessschritte relativ standardisiert sind. Deren konkrete Ausgestaltung und somit auch der Zeitplan des Prozesses wird allerdings auf jede Transaktion und deren spezifische Erfordernisse hin angepasst, weshalb keine generellen Handlungsempfehlungen abgeleitet werden können. Einflussfaktoren sind insbesondere die Art und die Zielhierarchie des Verkäufers, die Qualität des Managements sowie Charakteristika des Unternehmens und seines Marktumfelds. Insbesondere die beiden letztgenannten Aspekte wiederum haben Auswirkungen auf die Anzahl und den Typus im Markt vorhandener potenzieller Käufer sowie deren Interesse an der Transaktion. Allgemein lassen sich die in dieser Phase an den Berater gestellten Herausforderungen wie folgt zusammenfassen: Handelt es sich bei dem Unternehmen per se um ein Objekt, das auf ein breites Erwerbsinteresse trifft, konzentriert sich der Aufgabenbereich des Beraters in dieser Phase auf eine Einengung des Bieterkreises. Andernfalls steht die Aufarbeitung der Unternehmensdaten sowie eine positive, aber realitätsgetreue Darstellung des Unternehmens im Vordergrund.

5.4 Phase der Durchführung

5.4.1 Ausgestaltung Auktionsprozess und -regel

5.4.1.1 Ergebnisse der Experteninterviews

Gemäß den Expertenangaben ist der *Auktionsprozess* in der unternehmerischen Praxis i.d.R. durch zwei aufeinanderfolgende Stufen gekennzeichnet, in denen zunächst indikative und danach bindende Gebote eingeholt werden. Manche Situationen erfordern jedoch eine mehrstufige Herangehensweise.[714] Prinzipiell ist eine weitere Aufspaltung in beliebig viele Unterphasen möglich. Gründe hierfür liegen laut den Interviewpartnern vor, wenn seitens des Verkäufers spezifische Vertraulichkeitsthemen, z.B. in Form besonders sensitiver Informationen, berücksichtigt werden müssen. Ein weiterer Aspekt ist der der Abschlusssicherheit, da ein vielfach gestuftes Verfahren mit sukzessiver Informationsweitergabe eine breitere Ansprache ermöglicht. Allerdings ist dabei zu beachten, dass eine Auktion nur eine gewisse Lebensdauer hat. Zum Einen kann der Bieterwettbewerb nicht über einen unbegrenzten Zeitraum aufrechterhalten werden. Zum Anderen wird während eines solchen Prozesses auch das Management des Zielunternehmens stark gefordert. Daher ist es zweifelhaft, ob das Management einen sehr langwierigen Prozess dauerhaft unterstützt.

Hinsichtlich der *Auktionsregel* lassen sich grundsätzlich Auktionsformen mit offenen und mit verdeckten Geboten unterscheiden. Sämtliche hierzu befragten Gesprächspartner gaben an dieser Stelle an, dass die Abgabe der Gebote verdeckt erfolgt. Dies gilt sowohl für die indikativen als auch die bindenden Gebote.[715] Die Unverbindlichkeit der Gebote der ersten Bietrunde ist dabei auf die gewählte Prozessstrukturierung zurückzuführen. Durch die gestufte Informationsfreigabe steht den Interessenten erst nach Durchführung der Due Diligence eine ausreichende Datengrundlage für die Kaufent-

[714] Die Bezeichnungen der Gebote werden in diesem Fall ebenfalls weiter differenziert, wobei auch an dieser Stelle keine einheitliche Begriffsverwendung gegeben ist. Beispielhaft seien folgende in den Interviews verwendete Benennungen angeführt: „Indicative Bid“, „Confirmed Indicative Bid“, etc. oder aber „formalisiertes Angebot“, „präzisiertes Angebot“, etc.

[715] Eine Ausnahme besteht gemäß Angaben der Experten bei Privatisierungen, bei denen die öffentliche Hand der Verkäufer ist. Da die Gebotsinhalte der indikativen resp. bindenden Gebote sowie die darauf basierende weitere Bieterselektion zentrale Bestandteile der Expertengespräche waren, werden diese in den Abschnitten 5.4.2 und 5.4.4 dieses Kapitels detailliert betrachtet.

scheidung zur Verfügung. Daher sind in einem früheren Stadium des Prozesses keine belastbaren verbindlichen Gebote möglich.

Die in der unternehmerischen Praxis vorzufindende Verdecktheit der Gebote hat laut Angaben der Experten mehrere Ursachen. Zum Einen wird hierdurch die Intransparenz des Prozesses bzgl. der Anzahl und der Identität der Mitwettbewerber beibehalten. Folglich besteht für die Auktionsteilnehmer Unsicherheit im Hinblick auf die Intensität des Bieterwettbewerbs sowie die Wertschätzungen der Konkurrenten. Zum Anderen besteht eine Vertraulichkeitsverpflichtung des Beraters gemäß den Experten nicht nur gegenüber dem Verkäufer sondern auch gegenüber den Kaufinteressenten. Diese bezieht sich sowohl auf die Identität des potenziellen Käufers per se als auch das von ihm offerierte Gebot. Ein Gesprächspartner verwies zusätzlich auf die Tatsache, dass die Verdecktheit der Gebote eine gewisse Prävention gegen Bieterabsprachen in späteren Phasen der Transaktion bietet.[716]

Eine Ausnahme bzgl. der Intransparenz des Prozesses ist jedoch möglich, wenn von einem spezifischen Bieter eine höhere Kaufpreisindikation erwartet wurde. Ferner werden in den Geboten neben dem Kaufpreis weitere Angaben seitens der Interessenten angefordert, die für die Selektion der Bieter relevant sind. Entsprechen diese den Vorstellungen des Verkäufers besonders gut, ist gleichwohl eine Nachbesserung des offerierten Kaufpreises denkbar. In diesen Fällen wird der betroffene Interessent ggf. vom Berater auf den Umstand hingewiesen, dass sein Gebot vergleichsweise zu niedrig ist. Vereinzelt werden auch Anfragen seitens der potenziellen Käufer, in welchem Bereich sie mit ihrer Kaufpreisindikation liegen, beantwortet. Allerdings werden höchstens Relationen oder Bandbreiten genannt, niemals absolute Beträge.

Dementsprechend ist die Nachbesserung eines einmal abgegebenen Gebots prinzipiell zulässig. Einschränkungen ergeben sich, wenn Finanzinvestoren im Prozess involviert sind. Deren Finanzierung bei den Banken ist ab einem gewissen Punkt ausgereizt. Darüber hinaus wird hierdurch die Disziplin und Verlässlichkeit des Verkaufsverfahrens untergraben. Zudem verzögert sich der gesamte Prozess, da die Entscheidungsgrundlage für die weitere Selektion der Bieter erst nach einer Korrektur der Angebote zur Verfügung steht.

---

[716] Vgl. zu detaillierteren Ausführungen in Bezug auf Bieterabsprachen auch S. 261 der vorliegenden Arbeit.

5.4.1.2 Abgleich mit der wissenschaftlichen Literatur

In Abschnitt 2.4.2.1 wurden die Erkenntnisse der managementorientierten Literatur zur Ausgestaltung des Auktionsprozesses und der Auktionsregel erarbeitet, welche in Abbildung 5.5 zwecks Abgleich mit den Ergebnissen aus der Expertenbefragung nochmals aufgegriffen werden. In Übereinstimmung mit den Erkenntnissen der managementori-

Abb. 5.5 Auktionsprozess und -regel: Würdigung zentraler Erkenntnisse der managementorientierten Literatur

Entscheidungsvariable	Erkenntnis managementorientierte Literatur	Würdigung
Ausgestaltung des/der Auktionsprozesses/-regel		
Auktionsprozess	– Mehrere Bietrunden mit Einengung des Bieterkreises und sukzessiver Informationsfreigabe zwecks Wahrung der Vertraulichkeit	– Vertraulichkeit sensitiver Unternehmensdaten auch in der Praxis von Relevanz, daher ist auch hier die Durchführung mehrerer Bietrunden mit einer Einengung des Bieterkreises anzunehmen
Auktionsregel	– Auktionsregel beruht i.d.R. auf schriftlichen, verdeckten Geboten zwecks Aufrechterhaltung der Intransparenz des Prozesses für die Bieter und Schutz vor Bieterabsprachen – Bieterselektion auf Grundlage von Geboten, die mit Fortschreiten des Prozesses zunehmend verbindlicheren Charakter aufweisen – Mitunter wird einzelnen Interessenten auf Anfrage mitgeteilt, wie sich ihr Gebot in Relation zu denen der Konkurrenten verhält	– Schriftliche, verdeckte Gebote bedingen eine verkäuferseitig wünschenswerte Intransparenz bzgl. des Prozessverlaufs. Zudem bieten sie einen gewissen Schutz vor Bieterabsprachen. Hierdurch resultieren positive Auswirkungen auf das Ziel der Kaufpreismaximierung, weshalb eine verbreitete Anwendung dieser Vorgehensweise in der Praxis zu vermuten ist – Eine grundsätzliche Nachbesserung der Gebote ist vermutlich nicht im Interesse des Verkäufers, da er ggf. Gebote erhalten würde, die nicht die tatsächliche Zahlungsbereitschaft der Bieter widerspiegeln. Insofern ist keine verlässliche Entscheidungsgrundlage für die weitere Bieterselektion gegeben, weshalb eine Nachbesserung in der Praxis nur in Ausnahmefällen anzunehmen ist

Eigene Darstellung.

entierten Literatur wird der Auktionsprozess in der Phase der Durchführung auch in der unternehmerischen Praxis in mehrere Bietrunden untergliedert, wobei die Gebote mit zunehmendem Prozessfortschritt verbindlicheren Charakter aufweisen. Als Ursache hierfür wird seitens der Experten ebenfalls die dadurch gewährleistete sukzessive Informationsfreigabe genannt. Somit lässt sich dem Ziel des Verkäufers Rechnung tragen, die Vertraulichkeit zu wahren. Die Literatur ergänzend gaben die Experten zudem die Ursachen für eine über zwei Bietrunden hinausgehende Abstufung des Auktionsprozesses an. Diese Vorgehensweise liegt zum Einen darin begründet, dass durch eine höhere Anzahl an Bietrunden stärkeren Vertraulichkeitsanforderung seitens des Verkäufers entsprochen werden kann. Zum Anderen ermöglicht dies gleichzeitig die Ansprache eines breiteren Teilnehmerkreises, was sich letztlich ggf. positiv auf den Bieterwettbewerb auswirkt. Einschränkend wurde angemerkt, dass in zeitlicher Hinsicht erstens der Bieterwettbewerb nur eine gewisse Lebensdauer hat. Zweitens ist auch die Dauer der aus Verkaufsprozess und Alltagsgeschäft resultierenden Doppelbelastung des Managements zu begrenzen, damit dieses den Verkaufsprozess unterstützt.

Hinsichtlich der Auktionsregel erfolgt die Gebotsabgabe in einer kontrollierten Auktion nach den Erkenntnissen der managementorientierten Literatur schriftlich und in verdeckter Form. Dieses Ergebnis korrespondiert mit den in der unternehmerischen Praxis übereinstimmend getätigten Angaben und trifft sowohl für die indikativen als auch die bindenden Gebote zu. Der managementorientierten Literatur entsprechend lässt sich diese Vorgehensweise in der unternehmerischen Praxis mit der vom Verkäufer gewünschten Intransparenz bzgl. des Prozesses, die die Anzahl und Identität der Mitbieter sowie die Höhe der abgegebenen Gebote und somit die Wertschätzungen der Mitwettbewerber betrifft, begründen. Analog zur managementorientierten Literatur wird von den Experten ein Zusammenhang zwischen der Ausgestaltung der Auktionsregel resp. der hierdurch verbleibenden Unsicherheit der Bieter und der Intensität des Bieterwettbewerbs wahrgenommen.

Eine weitere Übereinstimmung der Ergebnisse der Experteninterviews mit der managementorientierten Literatur ergibt sich dahingehend, als dass den Bietern auf Anfrage z.T. Auskunft über die relative Positionierung ihres Gebots im Vergleich zu denen der Mitwettbewerber gegeben wird. Von einer Nennung absoluter Beträge ist nach Aussagen der unternehmerischen Praxis jedoch Abstand zu nehmen. Unabhängig von potenziell negativen Rückwirkungen auf den Bieterwettbewerb lässt sich der letztgenannte Aspekt gemäß Angaben der Experten ferner damit begründen, dass der Berater des

Verkäufers auch gegenüber den Erwerbsinteressenten gewissen Vertraulichkeitspflichten unterliegt. Ergänzend ist der in der unternehmerischen Praxis vorzufindende Sachverhalt zu nennen, dass die Bieter zudem proaktiv auf einen zu niedrigen, offerierten Kaufpreis hingewiesen werden, sofern das indikative Gebot den Präferenzen des Verkäufers in anderer Hinsicht als der des Kaufpreises besonders gut entspricht.

Sowohl die aus der Entsprechung von Bieteranfragen resultierende als auch die eigens initiierte Auskunft bzgl. der wettbewerblichen Situation eines Bieters impliziert, dass eine Nachbesserung der Gebote prinzipiell möglich ist. Dieser Sachverhalt wird in der managementorientierten Literatur nicht ausdrücklich adressiert. Eine zusätzliche Erweiterung der managementorientierten Literatur ist neben der denkbaren positiven Auswirkung einer Nachbesserung auf die Gebotshöhe auch in den von den Experten genannten Einschränkungen zu sehen. Zum Einen ist eine Nachbesserung bei Finanzinvestoren nur in begrenztem Maße möglich, da das von den finanzierenden Banken zur Verfügung gestellte Fremdkapitalvolumen limitiert ist. Zum Anderen kann ein endgültiger Vergleich der Angebote erst zu einem späteren Termin vorgenommen werden, weshalb eine Verzögerung des gesamten Prozesses resultiert. Ferner wird auch die Disziplin und Verlässlichkeit des Prozesses für die Bieter untergraben.

In der auktionstheoretischen Literatur wird die Vorteilhaftigkeit alternativer Auktionsregeln stets vor dem Hintergrund des jeweils unterstellten grundlegenden Auktionsmodells analysiert. Die Würdigung der in den entsprechenden Grundmodellen abgeleiteten Ergebnisse ist in Abbildung 5.6 zwecks Abgleich mit den Erkenntnissen der Expertengespräche zusammenfassend dargestellt. Demzufolge legen die Resultate der auktionstheoretischen Literatur nahe, dass die Durchführung einer Auktion mit verdeckten Geboten unter der Prämisse, dass der Verkäufer den Kaufpreis zu maximieren sucht, nicht immer empfehlenswert ist. Während bei Annahme von unabhängigen, privaten Wertschätzungen kein Entscheidungskonflikt hinsichtlich der Auswahl der einkommensmaximierenden Auktionsregel besteht und bei übereinstimmender Wertschätzung keine eindeutige Rangordnung der Standard-Auktionsregeln ableitbar ist, führt bei affiliierten Wertschätzungen theoretisch die Englische Auktion zu den besten Ergebnissen. Letztgenanntes Auktionsmodell wird aufgrund der am wenigsten restriktiven Annahmen der Realität dabei am besten gerecht.[717]

---

[717] Vgl. hierzu auch Abschnitt 3.4.1.1 zu den unterstellten Annahmen des Grundmodells affiliierter Wertschätzungen.

Abb. 5.6 Selektion der Auktionsregel in den Grundmodellen: Würdigung zentraler Erkenntnisse der auktionstheoretischen Literatur

Entscheidungsvariable/ Modellannahme	Erkenntnis auktions-theoretische Literatur	Würdigung
Selektion/Modifikation Standard-Auktionsregeln		
*Grundmodell**	–Einkommens-Äquivalenz-Theorem	–Kein Entscheidungskonflikt bzgl. der Auswahl einer spezifischen Auktionsregel
*Grundmodell*** *(Fluch des Gewinners)*	–Phänomen des Fluch des Gewinners: Sicherheitsabschläge in den Geboten rationaler Bieter mindern das zu erwartende Einkommen des Verkäufers –Wahrscheinlichkeit und Höhe für einen Fluch des Gewinners sind abhängig von der Teilnehmeranzahl sowie dem Grad an Unsicherheit bzgl. des Werts des Verkaufsobjekts	–Im Grundmodell keine direkten Implikationen für Selektionsentscheidung Auktionsregel ableitbar –Erfüllung der Annahmen des Grundmodells in "Reinform" in der M&A-Praxis nur äußerst selten zu vermuten, da i.d.R. nicht sämtliche Bieter dem Zielunternehmen den exakt gleichen Wert beimessen. Grundsätzlich existieren jedoch wertrelevante Eigenschaften, die für alle Bieter von Interesse sind und deren Wertschätzung beeinflussen
*Grundmodell****	–Die Englische Auktion führt zu einem mindestens genauso hohen erwarteten Einkommen wie alle anderen Standard-Auktionsregeln	–Erkenntnisse legen Dominanz der Englischen Auktion nahe. Insofern besteht eine Abweichung zum Ergebnis der managementorientierten Literatur, dass bei kontrollierten Auktionen stets verdeckte Gebote eingeholt werden

* *Annahme unabhängiger, privater Wertschätzungen*
** *Annahme übereinstimmender Wertschätzung*
*** *Annahme affiliierter Wertschätzungen*

Eigene Darstellung.

Sowohl die Ergebnisse der managementorientierten Literatur als auch die der Experteninterviews implizieren jedoch, dass der Zusammenhang zwischen dem Modellrahmen und der Auswahlentscheidung bzgl. einer spezifischen Auktionsregel nicht berücksichtigt wird. Aus den Gesprächen mit den Experten geht hervor, dass der Verkäufer gewissen Vertraulichkeitsverpflichtungen gegenüber den Bietern unterliegt, die zum Einen seine Identität und zum Anderen seine Gebotshöhe betreffen. Hierdurch lässt sich der Verzicht auf die Durchführung von Auktionen mit offenen Geboten begründen.

Eine wesentliche Abweichung der Ergebnisse der auktionstheoretischen Literatur von denen der managementorientierten Literatur sowie der Expertengespräche ergibt sich ferner aus der Tatsache, dass die Gebote nachgebessert werden können und sich der Verkäufer eine Ermessensentscheidung bei der Bieterselektion vorbehält.[718] Die Disziplin und Verlässlichkeit der Auktionsregel ist in der Modelltheorie jedoch stets gegeben.

Weitergehende auktionstheoretische Analysen untersuchen Entscheidungsvariablen des Verkäufers hinsichtlich der damit verbundenen Implikationen für sein erwartetes Einkommen. Hierbei ist zum Einen auf die Option des Verkäufers zu verweisen, einen Mindestpreis festzusetzen, der die Untergrenze für die eingehenden Gebote determiniert. Zum Anderen obliegt es dem Verkäufer, den Teilnehmerkreis am Auktionsprozess zu beschränken. Darüber hinaus hat er im Rahmen von Auktionsregeln mit verdeckten Geboten die Möglichkeit, die Interessenten über die Anzahl ihrer Mitbieter zu informieren. Beginnend mit der Festsetzung von Mindestpreisen werden die Erkenntnisse der auktionstheoretischen Literatur in Abbildung 5.7 wieder aufgegriffen.

Demzufolge haben Mindestpreise bei einer exogen gegebenen Bieteranzahl sowohl im Modell unabhängiger, privater Wertschätzungen als auch bei affiliierten Wertschätzungen einen positiven Effekt für den zu erwartenden Kaufpreis. Allerdings muss sich der Verkäufer dabei auch glaubhaft an den Mindestpreis binden. Die Ergebnisse der managementorientierten Literatur sowie der unternehmerischen Praxis, in denen Mindestpreise nicht thematisiert werden, signalisieren hingegen, dass deren Einsatz im Rahmen von M&A-Transaktion nicht üblich ist. Vor diesem Hintergrund ist v.a. die glaubwürdige Bindung des Verkäufers an den Mindestpreis in Frage zu stellen. Wird letzterer nicht erreicht, ist auf eine Veräußerung zu verzichten. Dies scheint in Anbetracht seiner originären Veräußerungsabsicht, die zudem in der Phase der Vorbereitung und Analyse von seinen Beratern nochmals explizit verifiziert wird, zweifelhaft.[719] Ferner ist die Festsetzung eines Mindestpreises bei endogener Bieteranzahl und positiven Bietkosten nicht zwingend von Vorteil. In der unternehmerischen Praxis ist aber davon auszugehen, dass die beiden letztgenannten Faktoren die reale Veräußerungssituation zutreffend beschreiben.

---

[718] Dieser Vorbehalt wird üblicherweise explizit im Prozessbrief festgehalten; vgl. hierzu auch S. 206 der vorliegenden Arbeit. Ferner sei angemerkt, dass die in der auktionstheoretischen Literatur postulierte Verbindlichkeit der Gebote allerdings nicht mit deren Rechtsverbindlichkeit zu verwechseln ist. Sie beschreibt lediglich den Sachverhalt, dass ein einmalig abgegebenes Gebot nicht mehr modifiziert werden kann.

[719] Vgl. hierzu auch Abschnitt 5.3.1.1 zu den Erkenntnissen der Expertengespräche im Rahmen der Analyse der Ausgangssituation. Die Abklärung der Veräußerungsabsicht wird seitens der Experten auch als einer der kritischen Faktoren in der Phase der Vorbereitung und Analyse erachtet; vgl. näher S. 225 der vorliegenden Arbeit.

Abb. 5.7 Mindestpreise: Würdigung zentraler Erkenntnisse der auktionstheoretischen Literatur

Entscheidungsvariable/ Modellannahme	Erkenntnis auktionstheoretische Literatur	Würdigung
Selektion/Modifikation Standard-Auktionsregeln		
*Mindestpreis**	–*Exogene Bieteranzahl:* Maximierung des erwarteten Einkommens bei allen Standard-Auktionsregeln durch Festsetzung eines Mindestpreises gegeben. Optimaler Mindestpreis liegt über dem Reservationspreis des Verkäufers –*Endogene Bieteranzahl:* Negative Rückwirkungen durch Mindestpreis auf das Teilnahmeinteresse/den Bieterwettbewerb bei positiven Bietkosten. Bei nicht glaubhafter Bindung an den Mindestpreis ggf. Veräußerung im Rahmen einer Folgeauktion	–*Exogene Bieteranzahl:* Positiver Effekt Mindestpreis nur bei glaubhafter Bindung des Verkäufers an den Mindestpreis gegeben, diese ist zweifelhaft –*Endogene Bieteranzahl:* Positive Bietkosten in Praxis gegeben. Somit negative Rückwirkung eines zu hohen Mindestpreises wahrscheinlich. Ferner Fragwürdigkeit der glaubhaften Bindung an Mindestpreis. Theoretische Alternative der Folgeauktion bei Nicht-Bindung an Mindestpreis ist wg. Diskretionsanforderungen bei M&A-Transaktionen und negativem Signal bzgl. der Attraktivität des Zielunternehmens problematisch
*Mindestpreis****	–Bei Festsetzung eines Mindestpreises führt weiterhin die Englische Auktion im Durchschnitt zum höchsten erwarteten Einkommen des Verkäufers –Optimale Höhe des Mindestpreises abhängig von der Anzahl der Bieter und deren Wertschätzungen	–Verkäufer kann sich bei Festsetzung des optimalen Mindestpreises nicht allein an seinem Reservationspreis orientieren. Mitunter wäre Kenntnis der Wertschätzungen der Bieter erforderlich (z.B. bei einer Vickrey-Auktion), die der Verkäufer üblicherweise nicht besitzt –Ergebnisse basieren auf der Annahme einer fixen Bieteranzahl. Letztere wäre realistischerweise zu endogenisieren, weshalb Rückwirkungen auf das Teilnahmeinteresse zu vermuten sind. Daher wird abschließend angenommen, dass Mindestpreise in der Praxis eher selten vorzufinden sind

* *Annahme unabhängiger, privater Wertschätzungen*
*** *Annahme affiliierter Wertschätzungen*

Eigene Darstellung.

Insofern kann ein zu hoher Mindestpreis negative Rückwirkungen auf das Teilnahmeinteresse nehmen. Einschränkend sei angemerkt, dass wie in Abschnitt 2.4.1.2 des Überblicks über die managementorientierte Literatur dargestellt sowie im Rahmen der Experteninterviews in Abschnitt 5.3.4 bestätigt, durch ein Stapled-Finance-Angebot ein Mindestpreis signalisiert werden kann. Jedoch wird vor diesem Kontext explizit darauf verwiesen, dass zu aggressive Stapled-Finance-Angebote die Bieter mitunter von der weiteren Teilnahme am Veräußerungsprozess abschrecken können.

Die Würdigung der Erkenntnisse der auktionstheoretischen Literatur im Hinblick auf eine grundsätzliche Limitierung des Teilnehmerkreises ist Abbildung 5.8 zu entnehmen. Bei Annahme übereinstimmender Wertschätzung, einer endogenen Bieteranzahl und

Abb. 5.8 Beschränkung Teilnehmerkreis: Würdigung zentraler Erkenntnisse der auktionstheoretischen Literatur

Entscheidungsvariable/ Modellannahme	Erkenntnis auktionstheoretische Literatur	Würdigung
Bieteranzahl		
*Beschränkung Teilnehmerkreis***	– Begrenzung über Erhebung von Mindestpreisen oder Teilnahmegebühren möglich – *Exogene Bieteranzahl*: Geringere Bieteranzahl mindert die Wahrscheinlichkeit für einen Fluch des Gewinners, hierdurch ggf. positive Auswirkungen für erwartetes Einkommen – *Endogene Bieteranzahl:* Bei positiven Bietkosten verringern vergleichsweise mehr Bieter das erwartete Einkommen	– Positive Bietkosten in Praxis gegeben. Daher bei Erfüllung der restriktiven Annahmen des Grundmodells in spezifischer Verkaufssituation Beschränkung des Teilnehmerkreises zu vermuten – Unabhängig vom Auktionsmodell zudem Reduktion von Koordinationskosten möglich, die in M&A-Transaktionen mit zunehmender Teilnehmeranzahl steigen. In der Praxis Einengung jedoch vermutlich eher über Bieterselektion als über Mindestpreise oder Eintrittsgelder

*** Annahme übereinstimmender Wertschätzung*

Eigene Darstellung.

positiven Bietkosten verringert eine vergleichsweise höhere Teilnehmeranzahl das zu erwartende Einkommen des Veräußerers. Insofern bietet sich eine Begrenzung der zum Prozess zuzulassenden Interessenten an, zumal sich auch die mit steigender Bieteranzahl steigenden Koordinationskosten reduzieren lassen. Gemäß den Erkenntnissen der managementorientierten Literatur sowie der Expertengespräche wird bei kontrollierten

Auktionen immer eine Beschränkung des Teilnehmerkreises vorgenommen. Wie oben angeführt, ist dies jedoch nicht auf einen Abgleich der spezifischen Veräußerungssituation mit in der auktionstheoretischen Literatur unterstellten Annahmen und hieraus abgeleiteten Empfehlungen für den Verkäufer zurückzuführen. Vielmehr erfolgt diese vor dem Hintergrund, die Vertraulichkeit zu wahren, einen zügigen Abschluss des Prozesses zu gewährleisten sowie um der begrenzten Verfügbarkeit von personellen Ressourcen auf Seiten des Zielunternehmens aber auch der Berater Rechnung zu tragen.[720] Abweichend zur auktionstheoretischen Literatur wird die Limitierung auch nicht über die Erhebung von Mindestpreisen oder Eintrittsgeldern, sondern über die gezielte Selektion der Bieter vorgenommen.[721]

Bei Auktionen mit verdeckten Geboten, wie sie gemäß der managementorientierten Literatur und den Erkenntnissen der Expertengespräche in der M&A-Branche üblich sind, steht es dem Verkäufer offen, den Teilnehmern die Bieteranzahl mitzuteilen oder geheim zu halten. Die entsprechende Würdigung der Erkenntnisse der auktionstheoretischen Literatur für Höchstpreis-Auktionen ist in Abbildung 5.9 veranschaulichend dargestellt. Demzufolge ist die Geheimhaltung bei unterstellten unabhängigen, pri-

Abb. 5.9 Offenlegung/Geheimhaltung Bieteranzahl: Würdigung zentraler Erkenntnisse der auktionstheoretischen Literatur

Entscheidungsvariable/ Modellannahme	Erkenntnis auktions-theoretische Literatur	Würdigung
Informationspolitik		
*Offenlegung/Geheimhaltung Bieteranzahl (Höchstpreis-Auktion)**	–*Risikoneutrale Bieter:* Keine Auswirkungen –*Risikoaverse Bieter:* Höheres erwartetes Einkommen bei Geheimhaltung und Höchstpreis-Auktion	–Da Geheimhaltungsstrategie positiv bei risikoaversen und irrelevant bei risikoneutralen Bietern, Annahme einer verbreiteten Anwendung in Kombination mit Höchstpreis-Auktion

* *Annahme unabhängiger, privater Wertschätzungen*

Eigene Darstellung.

vaten Wertschätzungen und risikoaversen Bietern für das erwartete Einkommen des Verkäufers von Vorteil, während sich bei risikoneutralen Bietern keine Auswirkungen

[720] Vgl. hierzu auch detailliert Abschnitt 5.1 dieses Kapitels.
[721] Vgl. hierzu auch Abschnitt 5.3.3 der vorliegenden Arbeit.

auf den erzielbaren Kaufpreis ergeben. Im Rahmen der managementorientierten Literatur unterbleibt eine detaillierte Betrachtung unterschiedlicher Risikopräferenzen der Interessenten sowie deren Implikationen für die Handlungsoptionen des Verkäufers. Dieser Aspekt wurde aufgrund seiner untergeordneten Relevanz für die unternehmerische Praxis auch im Rahmen der Expertengespräche nicht ausführlich behandelt.[722] Laut den Erkenntnissen der managementorientierten Literatur sowie der Experteninterviews wird die Anzahl der Bieter jedoch grundsätzlich nicht offengelegt. Da auch die Ergebnisse der Auktionstheorie bei Unsicherheit über die Risikopräferenzen der Beteiligten eine Strategie der Geheimhaltung nahelegen, sieht sich der Verkäufer in dieser Hinsicht keinem wirklichen Entscheidungskonflikt gegenübergestellt.

Während die grundlegenden auktionstheoretischen Analysen losgelöst von der spezifischen Veräußerungssituation Anhaltspunkte bzgl. der Selektion und Ausgestaltung der Auktionsregel liefern, erlauben die mehrstufigen Auktionsmodelle eine differenzierte Betrachtung vor dem Kontext von M&A-Transaktionen. Die Würdigung der entsprechenden Erkenntnisse mehrstufiger Auktionen wird daher in Abbildung 5.10 wieder aufgegriffen.

Eine grundsätzliche Begrenzung des Teilnehmerkreises, wie sie bei kontrollierten Auktionen gemäß den Resultaten der managementorientierten Literatur sowie der Expertengespräche vorgenommen wird, lässt sich auch auktionstheoretisch begründen. Mit den Ergebnissen der managementorientierten Literatur sowie den Expertenangaben übereinstimmend, wird im Modell von Hansen (2001) vor diesem Hintergrund auf das Vorliegen vertraulicher Informationen verwiesen, die ein Bieter auch bei Nicht-Zuteilung gegen den Verkäufer oder den tatsächlichen Erwerber verwenden könnte.

Die im Modell von Ye (2007) angeführte Argumentation berücksichtigt einen anderen Aspekt. Bei Existenz positiver Bietkosten wird die Teilnahmebereitschaft der Interessenten durch die Zuteilungswahrscheinlichkeit beeinflusst, sofern die potenziellen Erwerber die im Rahmen des Prozesses gewonnenen Informationen bei Nicht-Zuteilung nicht weiter verwerten können. Dies ist i.d.R. bei Finanzinvestoren der Fall. Die Zuteilungswahrscheinlichkeit ist dabei umso höher, je weniger Bieter am Verkaufsprozess teilnehmen. Dieser Sachverhalt wurde weder im Rahmen der managementorientierten Literatur noch in den Interviews explizit hervorgehoben.

[722] Vgl. hierzu auch S. 188 der vorliegenden Arbeit.

Abb. 5.10 Mehrstufige Auktionen: Würdigung zentraler Erkenntnisse der auktionstheoretischen Literatur

Entscheidungsvariable/ Modellannahme	Erkenntnis auktionstheoretische Literatur	Würdigung
Selektion/Modifikation Standard-Auktionsregeln		
Mehrstufige Auktion mit verdeckten Geboten (Perry/Wolfstetter/ Zamir (2000))	–Kombination von Höchstpreis-Auktion mit sich anschließender Vickrey-Auktion führt zum gleichen erwarteten Verkaufserlös wie eine einstufige Englische Auktion –Gebote der ersten Runde müssen ähnlich einem Mindestpreis Untergrenze für Gebote der zweiten Runde bilden –Modifiziertes Auktionsdesign ist wegen der Verdecktheit der Gebote weniger anfällig für kollusives Bieterverhalten	–Vickrey-Auktion mehr von theoretischem denn von praktischem Interesse –Verbindlichkeit des Gebots der ersten Stufe für Gebot der zweiten Stufe erforderlich, damit gleicher erwarteter Verkaufserlös resultiert wie bei Englischer Auktion. In der Praxis sind die in der ersten Stufe des Prozesses verfügbaren Informationen vermutlich unzureichend, um verlässliche verbindliche Gebote abgeben zu können
Wettbewerbsrelevante Informationen (Hansen (2001))	–Wettbewerbsrelevante Informationen legitimieren mehrstufigen Verkaufsprozess mit Einengung des Bieterkreises und sukzessiver Informationsfreigabe –Kompensation des verringerten Bieterwettbewerbs über Selektion der Bieter mit den höchsten Wertschätzungen; indikative Gebote gewährleisten diese Selektion nicht –Verkäufer sollte für zweite Stufe des Verkaufsprozesses einen Mindestpreis setzen, in dessen Ermittlung die in der ersten Stufe eingereichten indikativen Gebote eingehen	–Existenz wettbewerbsrelevanter Informationen in der unternehmerischen Praxis gegeben, v.a. Relevanz bei Beteiligung von strategischen Käufern. Daher verbreitete Anwendung mehrstufiger Prozess mit restriktivem Teilnehmerzugang und sukzessiver Informationsfreigabe zu vermuten –Kompensation der geringeren Bieteranzahl über Bieterselektion anhand von verbindlichen Geboten jedoch eher unwahrscheinlich (siehe Anmerkungen zum Modell von Perry/Wolfstetter/Zamir (2000)) –Bei endogener Bieteranzahl und positiven Bietkosten zudem ggf. negative Rückwirkungen eines Mindestpreises auf das Teilnahmeinteresse gegeben. Daher eher verbreitete Anwendung indikativer Gebote zu vermuten

Fortsetzung Abb. 5.10 auf der nachfolgenden Seite.

Abb. 5.10 (fortges.) Mehrstufige Auktionen: Würdigung zentraler Erkenntnisse der auktionstheoretischen Literatur

Entscheidungsvariable/ Modellannahme	Erkenntnis auktionstheoretische Literatur	Würdigung
Selektion/Modifikation Standard-Auktionsregeln		
Bietkosten (Ye (2007))	–Beschränkung/Einengung des Teilnehmerkreises legitimiert durch positive Bietkosten –Kompensation des verringerten Bieterwettbewerbs über Selektion der Bieter mit den höchsten Wertschätzungen; indikative Gebote gewährleisten diese Selektion nicht –Verkäufer sollte in der ersten Stufe eine von den Standard-Auktionsregeln abweichende Auktionsregel mit bindenden Geboten wählen (All-Pay-, Uniform-Price- oder Discriminatory-Price-Auktion). Die Bieter müssen dabei Eintrittsgelder entrichten, um das Teilnahmerecht am eigentlichen Verkaufsprozess zu erwerben	–Positive Bietkosten in der unternehmerischen Praxis gegeben, daher verbreitete Anwendung eines restriktiven Teilnehmerzugangs zu vermuten –Kompensation der geringeren Bieteranzahl über Bieterselektion anhand von verbindlichen Geboten jedoch eher unwahrscheinlich (siehe Anmerkungen zum Modell von Perry/Wolfstetter/Zamir (2000)) –Zudem hohe Komplexität der im Modell vorgestellten Auktionsregeln. Die in der Theorie unterstellte Rationalität der Bieter ist in der Praxis vermutlich nur bei relativ simplen Auktionsregeln gegeben. Daher ist eher von einer verbreiteten Anwendung indikativer Gebote auszugehen

Eigene Darstellung.

Gleichwohl findet hier wie bereits erwähnt ohnehin immer eine Limitierung der Bieteranzahl statt. Alternativ wird in der unternehmerischen Praxis bei den Bietkosten angesetzt, um das Erwerbsinteresse zu fördern. Diese lassen sich laut Expertenangaben bspw. durch die Weitergabe eines Vendor-Due-Diligence-Berichts reduzieren.[723]

Eine weitere Fragestellung, die es vor dem Kontext einer mehrstufigen Herangehensweise zu beantworten gilt, ist die der konkreten Ausgestaltung der Auktionsregel in den jeweiligen Bietrunden. Die mehrstufigen Auktionsmodelle analysieren dabei v.a. den Einfluss alternativer Auktionsregeln auf die effiziente Selektion der Bieter mit den

[723] Vgl. hierzu auch detaillierter die entsprechenden Ausführungen der Experten auf S. 208 der vorliegenden Arbeit.

höchsten Wertschätzungen. Perry/Wolfstetter/Zamir (2000), Hansen (2001) und Ye (2007) gelangen hierbei zu unterschiedlichen Handlungsempfehlungen für den Verkäufer. Dieses Resultat liegt in den differierenden unterstellten Annahmen begründet. Eine erste Abweichung zu den Ergebnissen der managementorientierten Literatur sowie denen der Expertengespräche besteht demzufolge darin, dass nicht in jeder Veräußerungssituation und in jeder Bietrunde die gleiche Auktionsregel zur Anwendung gelangen sollte. Wie bereits im Rahmen des Abgleichs mit den grundlegenden auktionstheoretischen Erkenntnissen angeführt, werden laut der managementorientierten Literatur und den Experten jedoch stets zunächst verdeckte indikative und dann verdeckte bindende Gebote eingeholt.

Eine weitere Abweichung der auktionstheoretischen Literatur ist dahingehend festzustellen, dass die in der ersten Stufe eingereichten Gebote nicht in dem Sinne als „indikativ“ zu bewerten sind, als dass ihnen keinerlei faktische Bindung für die zweite Stufe des Auktionsprozesses zukommt. Im Modell von Perry/Wolfstetter/Zamir (2000) wird unterstellt, dass das Gebot der ersten Stufe eine Untergrenze für das der zweiten Stufe determiniert. Hansen (2001) modelliert einen Mindestpreis als Funktion der indikativen Gebote, damit der effiziente Eintritt in die zweite Bietrunde gewährleistet ist. Hierdurch sollen Bieter von der Auktion ausgeschlossen werden, die vorwiegend an der Gewinnung wettbewerbsrelevanter Informationen interessiert sind und demnach einen Nutzen aus der bloßen Teilnahme an der Auktion ziehen.

Eine Ausnahme ist das Modell von Ye (2007), der eine Auktionsregel mit faktisch indikativen Geboten verschiedenen Auktionsregeln gegenüberstellt, in denen die Gebote der ersten Stufe für die Berechnung einer Eintrittsgebühr in die zweite Stufe herangezogen werden.[724] Ye (2007) gelangt zu dem Schluss, dass der effiziente Eintritt in die zweite Bietrunde im Gegensatz zu den alternativ im Modell vorgestellten Auktionregeln bei indikativen Geboten nicht mit Sicherheit gewährleistet ist. Im Rahmen der experimentellen Studie von Kagel/Pevnitskaya/Ye (2008) wird dieses Ergebnis jedoch relativiert. Als Resultat des Experiments ist der effiziente Eintritt bei Anwendung indikativer Gebote durchschnittlich häufiger gegeben als bei einer Uniform-Price-Auktion, in der die zur Folgerunde zugelassenen Bieter eine Eintrittsgebühr in Höhe des höchsten abgelehnten Gebots entrichten müssen.

---

[724] Hierbei sind die verschiedenen Varianten der All-Pay-, der Uniform-Price- sowie der Discriminatory-Price-Auktion denkbar; vgl. detaillierter Abschnitt 3.5.3 des Überblicks über die auktionstheoretische Literatur.

Abweichend zur auktionstheoretischen Literatur ist die Anwendung indikativer Gebote in der unternehmerischen Praxis unabhängig von der Effizienz der Bieterselektion zu sehen. Sie liegt vielmehr darin begründet, dass die den Bietern in der ersten Stufe der kontrollierten Auktion zur Verfügung stehende Datengrundlage unzureichend ist, um ein verbindliches Gebot einreichen zu können. Zudem ist die von Hansen (2001) angedachte Festsetzung eines Mindestpreises aus den bereits im Rahmen des Abgleichs mit den grundlegenden auktionstheoretischen Erkenntnissen diskutierten Gründen unüblich. Die im Modell von Ye (2007) analysierten Auktionsregeln, die stets einen effizienten Eintritt in die zweite Bietrunde zu gewährleisten vermögen, sind zudem sehr komplex. Insofern besteht die Möglichkeit, dass es sich für die in realen Veräußerungssituationen involvierten Bieter zu schwierig gestaltet, ihre Gebotshöhe zu determinieren.

5.4.2 Indikative Gebote und Einengung des Bieterkreises

5.4.2.1 Ergebnisse der Experteninterviews

Wie im vorhergehenden Abschnitt dargelegt sind in der unternehmerischen Praxis meist zwei Bietrunden üblich, wobei in der ersten Runde indikative und in der zweiten Runde verbindliche Gebote eingeholt werden. Auf Basis der indikativen Gebote findet zunächst eine Einengung des Bieterkreises statt. Die erforderlichen Angaben in den indikativen Geboten variieren in Abhängigkeit der Ziele des Verkäufers resp. der jeweiligen Transaktionsspezifika. Die Experten nannten als ein Kriterium die im Rahmen des beschränkten Informationszugangs mögliche Kaufpreisindikation inklusive der zugrunde liegenden Bewertungsmethode sowie der Bewertungsannahmen. Die Offenlegung der Bewertungsparameter ist in der unternehmerischen Praxis von hoher Relevanz, um die Vergleichbarkeit alternativer Angebote herstellen zu können.

Vor diesem Hintergrund wird v.a. auf die Berechnung des Werts des Eigenkapitals geachtet, der aus der Differenz des Unternehmensgesamtwerts und in Abzug gebrachter Verbindlichkeiten resultiert. Unterschiede ergeben sich häufig bei der Hinzurechnung von Pensions- und Leasingverbindlichkeiten. Daher werden Unklarheiten oder aber für den Vergleich erforderliche Sachverhalte, die nicht in dem indikativen Gebot adressiert sind, direkt mit dem potenziellen Käufer angesprochen.

Damit die potenziellen Erwerber ihre Kaufpreisindikationen in der nächsten Phase des Prozesses konkretisieren können, wird auch abgefragt, welche zusätzlichen Informationen hierzu in der Phase der Due Diligence bereitgestellt werden sollen. In diesem Kontext sind ebenfalls Bereiche zu identifizieren, in denen nach Einschätzung des jeweiligen Käufers eine besonders hohe Unsicherheit besteht, so dass eine signifikante Korrektur des Kaufpreises resultieren könnte.

Aufgrund steuerlicher Überlegungen des Verkäufers muss auch die beabsichtigte Erwerbsmethode (Asset oder Share Deal) angegeben werden. Außerdem ist die Art der Zahlungsmittel (Barmittel, Anteile oder aber eine Kombination aus beiden) zu nennen. Einschränkend erfolgt ein Hinweis auf die Präferenzen des Verkäufers. Somit können die Bieter bei der Formulierung ihres indikativen Angebots die Wahrscheinlichkeit, in die zweite Stufe des Prozesses zu gelangen, besser abschätzen.

Ferner spielen Aspekte der Transaktionssicherheit eine Rolle. Daher sind gemäß den Experten sowohl der Stand interner Genehmigungsprozesse, wie z.B. Gremienvorbehalte, als auch eine Einschätzung hinsichtlich regulatorischer Themenbereiche, wie z.B. erwarteten Reaktionen seitens der Kartellbehörden, von Interesse. Neben den Aussagen zur Entscheidungsfähigkeit der Erwerber werden diese auch gebeten, den bis zum Transaktionsende erwarteten verbleibenden Zeitrahmen offenzulegen. Detaillierte Aussagen bzgl. der Finanzierung der Transaktion oder aber evtl. bereits zur Verfügung stehender Finanzierungspartner sind in diesem frühen Stadium aufgrund der unzureichenden Informationsbasis der Bieter noch nicht vonnöten, sofern in dieser Hinsicht keinerlei konkrete Bedenken seitens des Beraters bestehen. Ein Überblick über die beabsichtigten internen und externen Finanzierungsquellen sowie die notwendigen Schritte und den voraussichtlichen Zeitbedarf, um über diese verfügen zu können, ist ausreichend.

Darüber hinaus nannte die Mehrzahl der Interviewpartner, dass eine erste Angabe der potenziellen Käufer über ihre Motivation sowie über die mit der Transaktion verfolgten Zielsetzungen erforderlich ist. An dieser Stelle sind zum Einen zukünftige Pläne über die Fortführung des Unternehmens sowie die angedachte Umsetzung der Transaktion von Relevanz. Zum Anderen werden Informationen zur Übernahme des Managements sowie der Belegschaft angefordert. Strategische Investoren müssen zudem meist erläutern, in welchen Bereichen potenzielle Synergien gesehen werden.

In einigen Fällen wird bereits angefragt, mit welchen Beratern der Kaufinteressent zusammenarbeitet. Dies spielt wiederum eine Rolle bei Finanzinvestoren, bei denen der strategische Fit nicht so offenkundig ist wie bei Investoren aus der Industrie. Die kostenpflichtige Einbeziehung eines Strategieberaters oder von Anwälten ist in dem Sinne als ein Indikator für die Ernsthaftigkeit der Kaufabsicht zu verstehen.

Mehr als die Hälfte der Interviewpartner gaben an, dass dem indikativen Kaufpreis bei der weiteren Selektion der Bieter für die Phase der Due Diligence eine zentrale Bedeutung zukommt. Dies ist auch auf die Tatsache zurückzuführen, dass unter den zur Verfügung stehenden denkbaren Verkaufsverfahren eine kontrollierte Auktion gewählt wurde. Die Höhe des indikativen Kaufpreises ist jedoch nicht das alleinig ausschlaggebende Kriterium.[725] An dieser Stelle gilt es Nebenbedingungen, wie die Sicherstellung des Abschlusses sowie zeitliche Restriktionen, zu berücksichtigen.

Im Kontext der Abschlusssicherheit muss der Berater eine Einschätzung bzgl. der Ernsthaftigkeit der Kaufabsichten treffen. Zu diesem Zweck werden die Gründe für die Durchführung der Transaktion sowie die mit dem Unternehmenskauf verfolgten Zielsetzungen herangezogen und ggf. weitere Gespräche mit den Kaufinteressenten anberaumt. Beide Aspekte liefern Hinweise auf die Stärke des Interesses und beeinflussen dementsprechend wiederum den Kaufpreis. Ein Gesprächspartner gab an, dass im Rahmen dieser Überlegungen auch der Tatsache, welche Personen bei der Formulierung des indikativen Gebots involviert waren sowie von wem es unterschrieben wurde, Bedeutung zukommt. Beispielhaft wurde der Unterschied dahingehend spezifiziert, ob die Signatur durch die M&A-Abteilung oder aber bereits durch einen Entscheidungsträger, wie z.B. den Vorstand, getätigt wurde.[726]

Weiterhin analysieren die Berater unabhängig von den Angaben der potenziellen Interessenten die kartellrechtliche Situation und wägen ab, welche Risiken sich hieraus ergeben. Zusätzlich wird die Reputation der Bieter sowie deren bisheriges Bietverhalten berücksichtigt. Dies geschieht, um Bieter zu eliminieren, die in vorangegangenen Transaktionen wiederholt durch die Nennung eines relativ hohen indikativen Kaufpreises Eintritt in die zweite Stufe des Prozesses erhalten haben, in der dessen ursprüngliche Höhe dann signifikant reduziert wurde.

---

[725] Ein Gesprächspartner verwies auf seine Erfahrung, dass die Streuung der indikativen Kaufpreise um den endgültigen Kaufpreis meist sehr hoch ist und häufig diejenigen Bieter, die indikative Gebote im mittleren Bereich abgegeben haben, die finale Zuteilung erhalten.

[726] Insofern ist auch ein Rückschluss auf den Stand interner Genehmigungsprozesse möglich.

In zeitlicher Hinsicht wird insbesondere abgewogen, inwiefern noch ausstehende Zustimmungen interner Gremien den Prozess verzögern können. Generell spielt auch der Track Record der Käufer eine Rolle. Es wird davon ausgegangen, dass ein Käufer, der bereits mehrere Transaktionen erfolgreich zum Abschluss gebracht hat, in der Lage ist, zügig Entscheidungen herbeizuführen.

Die weitere Selektion und Vorgehensweise im Prozess bestimmt sich demnach maßgeblich nach der Anzahl und der Qualität der ernsthaft interessierten Bieter sowie der Streuung der Gebote. Es ist jedoch nicht mit Sicherheit gewährleistet, dass Bieter, die mit dem Eintritt in die zweite Stufe des Prozesses lediglich die Akquisition wettbewerbsrelevanter Informationen verfolgen, vom Prozess ausgeschlossen werden.[727] Auf Grundlage der eingehenden Analysen der Berater wird mit dem Verkäufer abgestimmt, welche Interessenten zur zweiten Stufe des Prozesses zugelassen werden sollten. An dieser Stelle verwiesen die Gesprächspartner erneut auf den Sachverhalt, dass hierbei die Rolle emotionaler Faktoren nicht zu unterschätzen ist.

5.4.2.2 Abgleich mit der wissenschaftlichen Literatur

Die Ergebnisse der managementorientierten Literatur bzgl. der im Rahmen der indikativen Gebote abgefragten Sachverhalte, die in Abbildung 5.11 zusammengefasst sind, decken sich weitgehend mit denen der unternehmerischen Praxis. Die Ergebnisse der Experteninterviews erlauben jedoch die Präzisierung einiger bedeutender Aspekte. Übereinstimmend ist die obligatorische Nennung des Kaufpreises festzuhalten. Eine Ergänzung der managementorientierten Literatur ist dahingehend gegeben, dass zwecks Herstellung der Vergleichbarkeit der Gebote nach Angaben der Experten darüber hinausgehend die Bewertung sowie die ihr zugrunde liegenden Annahmen zu erläutern sind. Eine zusätzliche Anmerkung besteht ferner darin, dass vor dem Hintergrund des Ziels der Kaufpreismaximierung von strategischen Investoren identifizierte potenzielle Synergiebereiche erörtert werden müssen. Zudem werden in der unternehmerischen Praxis aus Perspektive der Bieter weitere Prüfungserfordernisse abgeklärt. Hierbei sind auch kritische Bereiche, die nach Ansicht der Interessenten zu einer Minderung des Kaufpreises führen können, darzulegen.

[727] Laut Angaben der Gesprächspartner besteht die einzige Möglichkeit, den Verkäufer hiervor zu schützen, in der Durchführung einer sog. Confirmatory Due Diligence; vgl. hierzu auch S. 250 der vorliegenden Arbeit. Einschränkend verwies ein Gesprächspartner auf die Reputation der Bieter, die im Fall der Teilnahme an mehreren Transaktionen Schaden nehmen kann, so dass der Bieter zukünftig nicht mehr berücksichtigt wird.

Abb. 5.11 Inhalte indikativer Gebote: Würdigung zentraler Erkenntnisse der managementorientierten Literatur

Entscheidungsvariable	Erkenntnis managementorientierte Literatur	Würdigung
Ausgestaltung des/der Auktionsprozesses/-regel		
Gebotsinhalte	–*Indikative Gebote:* Angebotshöhe, Indikatoren bzgl. der Ernsthaftigkeit des Kaufinteresses, strategisches Konzept, beabsichtigte Finanzierung, etwaige Gremienvorbehalte, evtl. kartellrechtliche Situation	–Die einzelnen inhaltlichen Komponenten der Gebote legen nahe, dass die Selektionsentscheidung nicht ausschließlich auf Basis des offerierten Kaufpreises getroffen wird

Eigene Darstellung.

Weiterhin verweist die managementorientierte Literatur auf die Nennung von Indikatoren für die Ernsthaftigkeit des Kaufinteresses. Diese wurden von den Experten dahingehend präzisiert, dass hierbei zum Einen das strategische Konzept sowie die Motivation des Bieters für den Erwerb einfließen. In der managementorientierten Literatur wird das strategische Konzept ebenfalls als ein Bestandteil eines indikativen Gebots genannt. Der sich hieraus ergebende Zusammenhang mit der Einschätzung der Seriosität des Kaufinteresses wird jedoch nicht hergestellt. Zum Anderen ist gemäß Angaben der Experten insbesondere bei Finanzinvestoren in der frühzeitigen Einbindung von externen Beratern ein Indikator für die Ernsthaftigkeit der Erwerbsabsichten zu sehen. Die Beteiligung externer Berater wird daher in der unternehmerischen Praxis in einigen Fällen gesondert abgefragt.

Im Hinblick auf die Transaktionssicherheit werden nach der managementorientierten Literatur Gremienvorbehalte, evtl. kartellrechtliche Bedenken sowie die beabsichtigte Kaufpreisfinanzierung überprüft. Dies korrespondiert mit den Ergebnissen der Experteninterviews. Darüber hinaus wird in der unternehmerischen Praxis konkretisiert, welche Angaben hinsichtlich der beabsichtigten Kaufpreisfinanzierung vonnöten sind. Demnach werden keine detaillierten Aussagen hinsichtlich der Struktur oder aber bereits vorhandener Finanzierungspartner gefordert, sondern lediglich Angaben über die Verwendung interner und externer Quellen sowie notwendige Prozessschritte bis zur Sicherstellung der Finanzierung und den damit verbundenen Zeitrahmen. Dies wird damit begründet, dass auch die finanzierenden Banken zu diesem Zeitpunkt des Verkaufsprozesses über eine unzureichende Informationsbasis verfügen, um ein Angebot unterbreiten zu können.

Hinsichtlich der Transaktionsgeschwindigkeit ist in der unternehmerischen Praxis zudem der vom potenziellen Erwerber avisierte Zeitrahmen, innerhalb dessen die Transaktion voraussichtlich abgeschlossen werden kann, in einem indikativen Gebot zu nennen. Ferner werden laut Angaben der Experten auch weitere Informationen bzgl. der beabsichtigten Erwerbsmethode sowie der Art der Zahlungsmittel eingeholt. Hierbei erhalten die Bieter Informationen über etwaige Präferenzen des Verkäufers, so dass sie diese bei der Gebotsformulierung berücksichtigen können.

Aufgrund der Tatsache, dass ein indikatives Gebot mehrere Bestandteile beinhaltet ist, wie in der Würdigung der Erkenntnisse der managementorientierten Literatur angenommen, von deren Relevanz für die Entscheidung zur Einengung des Bieterkreises auszugehen. Die konkrete Selektion der weiterhin zum Prozess zugelassenen Interessenten wird in der managementorientierten Literatur jedoch nicht eingehender betrachtet. Die nachfolgenden Ausführungen sind demnach als Präzisierung der managementorientierten Literatur festzuhalten.

Gemäß Angaben der Experten ist in der unternehmerischen Praxis üblicherweise der indikative Kaufpreis unter Berücksichtigung der Nebenbedingungen der Transaktionssicherheit und -geschwindigkeit das zentrale Selektionskriterium. In Bezug auf die Kaufpreismaximierung wird bei strategischen Investoren besonders auf die zu den Synergiepotenzialen getätigten Angaben geachtet. Ein weiteres Augenmerk liegt in der unternehmerischen Praxis zudem auf der Reputation der Bieter. Sind diese dafür bekannt, ein hohes indikatives Gebot abzugeben, um in die nächste Stufe des Verkaufsprozesses eintreten zu können und dieses nach erhaltenem Zugang erheblich zu reduzieren, finden diese bei der Einengung des Bieterkreises keine Berücksichtigung.

Hinsichtlich der Transaktionssicherheit werden die zur Abschätzung der Seriosität und der Ernsthaftigkeit des Kaufinteresses abgefragten Indikatoren ausgewertet. Der vom Berater des Verkäufers wahrgenommene strategische Fit, der bereits im Rahmen der Investorenansprache zwecks einer ersten Einschätzung der Erwerbsabsicht herangezogen wurde, wird nun durch die Perspektive der Bieter ergänzt. Dies geschieht durch das von den potenziellen Käufern eigens formulierte strategische Konzept und die Darlegung ihrer Motivation. Für eine abschließende Beurteilung und Auswahl werden vor diesem

Hintergrund zudem die Strategie und Zielsetzungen der Transaktion erläuternde persönliche Gespräche mit den Interessenten geführt. Nach Abgabe des indikativen Gebots sind ferner sowohl bei strategischen Käufern als auch bei Finanzinvestoren Rückschlüsse möglich, welche Entscheidungsträger bei der Formulierung und Unterzeichnung des indikativen Angebots beteiligt waren. Diese wiederum liefern eine weitere Indikation, mit welcher Intensität der Erwerb bei einem spezifischen Bieter verfolgt wird.

Die Transaktionsgeschwindigkeit betreffend ist neben ausstehenden Gremienbeschlüssen der Track Record eines potenziellen Käufers von Relevanz. Für die Auswahlentscheidung positiv wirkt sich die Anzahl bereits erfolgreich vom jeweiligen Interessenten abgeschlossener Transaktionen aus, da hier in der unternehmerischen Praxis ein Zusammenhang mit der Entscheidungsfähigkeit eines Bieters wahrgenommen wird.

Die Einengung des Bieterkreises erfolgt letztlich in Abstimmung mit dem Verkäufer. Ähnlich wie bei der Selektionsentscheidung im Rahmen der Erstansprache sind nach Angaben der Experten emotionale Faktoren ein nicht zu vernachlässigender Aspekt. Während Vorbehalte gegen bestimmte Käufer bereits bei der Erstauswahl der zu kontaktierenden Parteien berücksichtigt werden können, sind zu diesem Zeitpunkt auch Vorbehalte, die sich auf das vom potenziellen Erwerber verfolgte Konzept für das Zielunternehmen beziehen, von Bedeutung. Beispielhaft lassen sich die Entscheidung über eine Fortführung des Unternehmens im Vergleich zur Schließung von Teilbereichen oder aber die Entlassung von Mitarbeitern anführen.

5.4.3 Due Diligence und Management-Präsentationen

5.4.3.1 Ergebnisse der Experteninterviews

In der Phase der Due Diligence sowie der Management-Präsentationen erfolgt unter Berücksichtigung der zu wahrenden Vertraulichkeit die Bereitstellung sämtlicher Informationen, die zur Vertrauensbildung bei den potenziellen Erwerbern und für die abschließende Bewertung des Zielunternehmens notwendig sind. Die Informationspolitik des Verkäufers und seiner Berater ist hierbei von zentraler Bedeutung für die Vergleichbarkeit der bindenden Gebote und auch die Schnelligkeit, mit der die Transaktion zum Abschluss gebracht werden kann. Ein in zeitlicher Hinsicht eng getakteter

Prozess signalisiert gemäß den Experten zudem einen ausreichend hohen Wettbewerb zwischen den Kaufinteressenten.

Nach Unterschrift der Datenraumregeln erhalten die Kaufinteressenten Zugang zu selbigem. Prinzipiell kann es sich dabei um einen physischen oder einen elektronischen Datenraum oder aber eine Kombination aus den ersten beiden Varianten handeln. Im Fall eines physischen Datenraums werden entweder mehrere Datenräume an verschiedenen Orten eingerichtet, so dass die Bieter parallel Zutritt zu den bewertungsrelevanten Informationen erhalten, oder aber die Bieter werden sequenziell durch einen Datenraum geschleust. Dies geschieht, um die Intransparenz des Prozesses bzgl. der Anzahl und der Identität der Mitwettbewerber aufrechtzuerhalten. Bei einem elektronischen Datenraum ist diese Notwendigkeit nicht gegeben.

Die Auswahlentscheidung für eine bestimmte Alternative hängt sowohl vom geographischen Sitz der Kaufinteressenten als auch von zeitlichen Restriktionen, die mit steigender Bieteranzahl schwieriger zu erfüllen sind, ab. Vorteile eines elektronischen im Vergleich zu einem physischen Datenraum werden insbesondere gesehen, wenn internationale Bieter angesprochen wurden oder aber die Anzahl der zur Due Diligence zugelassenen Bieter eher hoch ist.[728] In diesem Fall ist eine Zeitersparnis denkbar. Ein Gesprächspartner nannte zusätzlich, dass bei sehr komplexen Zielunternehmen ein elektronischer Datenraum eine sinnvolle Option darstellt. Dies liegt darin begründet, dass bei einem elektronischen Datenraum die Zugriffsmöglichkeit auch zu Zeiten besteht, in denen der physische Datenraum bereits geschlossen ist.

Die Fragestellung, inwiefern durch Nutzung eines elektronischen Datenraums ein Monitoring der Bieter und ggf. sogar ein Rückschluss auf die Ernsthaftigkeit des Kaufinteresses möglich ist, wurde jedoch unterschiedlich beantwortet. Einerseits ist das Aktivitätsniveau der Bieter, ausgedrückt in der Anzahl und Dauer der Logins oder der aufgerufenen Seiten, relativ einfach zu überprüfen. Andererseits sagen diese Merkmale nur wenig darüber aus, inwiefern der Interessent sich tatsächlich eingehend mit den Daten auseinandergesetzt hat. Im Gegenzug zum elektronischen Datenraum kann bei einem physischen Datenraum gemäß Angaben der Experten mitunter genauer beobachtet werden, wie viele Personen sowie welche Personen seitens des Käufers bei der Due Diligence eingebunden sind.

[728] Eine exakte Anzahl konnte in den meisten Gesprächen jedoch nicht genannt werden.

Schließlich ist in der unternehmerischen Praxis auch zu berücksichtigen, dass bei einem virtuellen Datenraum üblicherweise Kosten für die Inanspruchnahme externer Anbieter anfallen, die dessen technische Einrichtung vornehmen. Insofern wird nicht bei jeder kontrollierten Auktion ein elektronischer Datenraum genutzt. Vielmehr erfolgt eine Evaluierung der Kosten-Nutzen-Relation.

Im Hinblick auf die zu wahrende Vertraulichkeit der im Datenraum offengelegten Daten wird in der unternehmerischen Praxis häufig ein zweistufiges Verfahren der Due Diligence gewählt. Sensible Unternehmensdaten, die für einen direkten Wettbewerber auch bei Nicht-Zuteilung der Auktion verwertbar sind, werden diesem erst zu einem Zeitpunkt zugänglich gemacht, in dem bereits die Vertragsverhandlungen begonnen haben. Dies können z.B. Kunden- und Lieferantenverträge sein.[729] Diese Vorgehensweise wird auch als Confirmatory Due Diligence bezeichnet. Zwei Gesprächspartner verwiesen auf die alternative Möglichkeit, zwei separate Datenräume mit unterschiedlichem Informationsgehalt einzurichten. Der Datenraum mit besonders wettbewerbsrelevanten Daten ist in diesem Fall nur Personen zugänglich, die standesgemäß zur Verschwiegenheit verpflichtet sind. Hierzu gehören bspw. Wirtschaftsprüfer und Rechtsanwälte.

Im Rahmen der Management-Präsentationen findet eine umfassende Darstellung des Unternehmens sowie aller wesentlichen Funktionsbereiche statt. Ein Interviewpartner verwies auf die Möglichkeit, die Management-Präsentationen käuferspezifisch zu gestalten. Dies geschieht für strategische Interessenten, indem Synergiepotenziale besonders herausgestellt werden. Da bei Finanzinvestoren i.d.R. eine Bankenfinanzierung erforderlich ist, werden vornehmlich Elemente, die für den Kreditentscheidungsprozess von Relevanz sind, dargelegt.

Zudem ist es bedeutend, den Bietern einen Eindruck von der Unternehmensleitung zu vermitteln. Der rasche Zugang zum Management des Unternehmens ist v.a. für Finanzinvestoren von Relevanz, damit sich diese ein Bild darüber machen können, inwiefern die Transaktion weiter verfolgt werden sollte. Das Management steht jedoch auch strategischen Investoren für weitere Fragen offen. Damit es weiterhin seinem Tagesgeschäft

---

729 Ein Gesprächspartner wies explizit darauf hin, dass sich die Herstellung einer vollständigen Informationssymmetrie vor diesem Hintergrund als problematisch erweist. Denkbar ist, dass die Konkurrenten ihre Kenntnis der Unternehmensinterna nach Abschluss des Verkaufsverfahrens zum Nachteil des tatsächlichen Erwerbers nutzen. Insofern besteht ein Tradeoff des Verkäufers zwischen einer vollständigen Offenlegung der Information, die die Abgabe von auf einer präziseren Informationsbasis hergeleiteten Geboten ermöglicht und der Motivation, sensitive Informationen zurückzuhalten.

nachkommen kann, ist die Anzahl der pro Bieter zulässigen Anfragen zu limitieren. Inhaltlich angesprochene Themenbereiche sind häufig die unterstellten Planungsprämissen sowie die strategische Ausrichtung des Zielunternehmens.

5.4.3.2 Abgleich mit der wissenschaftlichen Literatur

Die Ergebnisse der Experteninterviews korrespondieren weitgehend mit denen der managementorientierten Literatur. Auch in der unternehmerischen Praxis gelangen die beiden Alternativen eines physischen oder aber eines virtuellen Datenraums zur Anwendung. Die Gesprächspartner gaben ergänzend an, dass im Rahmen der erstgenannten Variante entweder eine sequenzielle Abfolge der Bieter in ein und demselben Datenraum oder aber die parallele Öffnung mehrerer, an unterschiedlichen Orten eingerichteter Datenräume gegeben ist. Diese Vorgehensweise wird im Rahmen einer kontrollierten Auktion als bedeutsam erachtet, da hierdurch die Intransparenz des Prozesses hinsichtlich der Anzahl und der Identität der Mitbieter gewährleistet ist.

Da virtuelle Datenräume im Gegensatz zu physischen Datenräumen primär im Rahmen von Auktionsverfahren eingesetzt werden, erfolgte eine eingehende Betrachtung dieses Themenbereichs in Abschnitt 2.4.2.2 des Überblicks über die managementorientierte Literatur. Die hieraus resultierenden Ergebnisse sind zwecks Abgleich mit denen der Experteninterviews in Abbildung 5.12 nochmals veranschaulichend dargestellt. Eine Übereinstimmung besteht dahingehend, dass die Entscheidung für die Bereitstellung eines physischen oder aber eines virtuellen Datenraums vorwiegend anhand der Kriterien des geographischen Sitzes der Kaufinteressenten sowie der Bieteranzahl getroffen wird. Der im elektronischen Datenraum vergleichsweise einfach darstellbare simultane und bzgl. der Öffnungszeiten nicht limitierte Zugang resultiert in einer zügigen Durchführung der Due Diligence und hat somit positive Auswirkungen auf die Transaktionsgeschwindigkeit. Dies gilt auch für Situationen, in denen am Verkaufsprozess verhältnismäßig viele Bieter teilnehmen. Zudem besteht bei einem elektronischen Datenraum nicht die Gefahr, dass die Interessenten durch zufällige Begegnungen im Datenraum Kenntnis über ihre gegenseitige Teilnahme am Veräußerungsprozess erlangen.

Das in der managementorientierten Literatur angeführte Kriterium des Monitoring der Erwerbsinteressenten durch Auswertung der Dauer und Art des Dokumentenabrufs wird in der unternehmerischen Praxis allerdings kontrovers diskutiert. Einschränkend ist demnach die Tatsache zu sehen, dass auch in einem virtuellen Datenraum die Inten-

Abb. 5.12 Virtuelle Datenräume: Würdigung zentraler Erkenntnisse der managementorientierten Literatur

Entscheidungsvariable	Erkenntnis managementorientierte Literatur	Würdigung
Einsatz unterstützender Produkte		
Virtuelle Datenräume	– Dezentrale Zugangsmöglichkeiten erlauben eine simultane und somit zügige Durchführung vieler potenzieller Erwerber – Keine Rückschlüsse der Interessenten auf die Stärke des Bieterwettbewerbs möglich, da sich die potenziellen Käufer nicht zufällig begegnen können. Allerdings Rückschlüsse des Verkäufers bzgl. des Kaufinteresses durch Analyse der Art der aufgerufenen Dokumente und deren Nutzungsdauer denkbar – I.d.R. fallen Kosten für Einrichtung des virtuellen Datenraums durch externen Anbieter an, die der Verkäufer trägt	– Der Zusatznutzen eines virtuellen Datenraums ist v.a. zu vermuten, sofern relativ viele oder aber ausländische Bieter in den Prozess involviert sind – Für die unternehmerische Praxis ist anzunehmen, dass die Entscheidung bzgl. eines virtuellen Datenraums vor dem jeweiligen transaktionsspezifischen Kontext getroffen wird. Dies ist darauf zurückzuführen, dass die Einrichtung des virtuellen Datenraums verkäuferseitig mit Kosten verbunden ist, die denen eines physischen Datenraums sowie dem Zusatznutzen (zügigerer Veräußerungsprozess) gegenübergestellt werden

Eigene Darstellung.

sität, mit der sich der potenzielle Erwerber mit den Daten auseinandergesetzt hat, nicht nachvollzogen werden kann. Erweiternd wurde vor diesem Hintergrund ein Vorteil des physischen Datenraums hervorgehoben. Dieser besteht darin, dass für den Verkäufer resp. seinen Berater offenkundig wird, wie viele sowie welche Personen auf Käuferseite in die Due Diligence involviert sind.

Der vorgenommenen Würdigung der Erkenntnisse der managementorientierten Literatur entsprechend fließen auch gemäß Angaben der Experten die beim Verkäufer anfallenden Kosten für Drittanbieter in die Entscheidung zur Einrichtung eines virtuellen Datenraums ein. Insofern wird letzterer nicht immer bei kontrollierten Auktion genutzt. Vielmehr erfolgt ein Abgleich der damit verbundenen Vor- und Nachteile in jeder spezifischen Veräußerungssituation.

Unabhängig von der gewählten Art des Datenraums wird die Informationsoffenlegung im Rahmen der Due Diligence ebenso wie die Bietrunden in der unternehmerischen Praxis üblicherweise als zweistufiger Prozess aufgesetzt. Analog zu den Erkenntnissen der managementorientierten Literatur gehen wettbewerbsrelevante Informationen erst den in der Phase der Vertragsverhandlungen verbliebenen Bietern in der Confirmatory Due Diligence zu. Ergänzend ist die im Rahmen der Expertengespräche genannte Option, zeitgleich zwei Datenräume mit unterschiedlichen Informationsinhalten und Zugangsrechten bereitzustellen, zu nennen. In den Datenraum, der die besonders sensitiven Daten enthält, dürfen dabei nur Personen eintreten, die qua Berufsstand einer Verschwiegenheitspflicht unterliegen.

Eine weitere Möglichkeit der Bieter, entscheidungsrelevante Informationen im Hinblick auf ihre Kaufabsicht zu generieren, besteht in der Teilnahme an Management-Präsentationen. Dieser Sachverhalt wird auch in der managementorientierten Literatur genannt. In der unternehmerischen Praxis wird zudem auf die hohe Bedeutung der Management-Präsentationen für die Kaufentscheidung von Finanzinvestoren verwiesen. Dies geht mit dem Ergebnis der managementorientierten Literatur einher, dass Finanzinvestoren i.d.R. nach dem Erwerb auf die Ressourcen des bereits im Zielunternehmen angestellten Managements zurückgreifen. Vervollständigend ist ferner die von den Experten angegebene inhaltliche Ausrichtung der Management-Präsentationen zu sehen. Vorwiegend abgedeckte Themenbereiche betreffen die Unternehmensplanung und die ihr zugrunde liegenden Annahmen sowie die strategische Ausrichtung, wobei eine adressatenspezifische Adaption möglich ist. Demnach werden bei strategischen Käufern denkbare Synergiebereiche oder aber bei Finanzinvestoren für den Kreditentscheidungsprozess einer finanzierenden Bank relevante Aspekte explizit hervorgehoben.

Den Abgleich mit der managementorientierten Literatur abschließend wurde von den Experten ergänzend ein Zusammenhang zwischen der engen Taktung von Due Diligence und Management-Präsentationen, dem daraus resultierenden Druck auf die Bieter und der Intensität des Bieterwettbewerbs hergestellt. Dieser lässt sich damit begründen, dass eine enge Taktung eine ausreichende Anzahl interessierter Erwerber signalisiert, mit der der Prozess zügig abgeschlossen werden kann.

In der auktionstheoretischen Literatur werden organisatorische Aspekte der Due Diligence resp. die Durchführung von Management-Präsentationen ausgeblendet. Üblicherweise erhalten die Bieter Signale, die ihre Wertschätzung beeinflussen und somit den Prozess der Due Diligence ersetzen. Unterschiede bestehen im Hinblick darauf, ob die Signale den Bietern kostenfrei zugehen oder aber Bietkosten aufgebracht werden müssen, welche sowohl monetärer Art sein können oder aber in Form von Opportunitätskosten anfallen. Wie im Modell von Ye (2007) angeführt, trägt die Unterstellung positiver Bietkosten dem Sachverhalt Rechnung, dass die Bieter in der Realität Prüfungshandlungen im Rahmen der Due Diligence vornehmen.[730]

In den grundlegenden auktionstheoretischen Beiträgen werden jedoch Handlungsoptionen des Verkäufers analysiert, die dessen Informationspolitik betreffen. In den Fokus des Interesses rücken die Fragestellungen, inwiefern sich der Abbau von ggf. zwischen den Bietern vorhandenen Informationsasymmetrien für den Verkäufer als vorteilhaft erweist und ob dem Verkäufer bekannte wertrelevante Eigenschaften über das Zielunternehmen offengelegt oder geheim gehalten werden sollten. Diese Themenbereiche wurden in Kapitel 3 sowohl bei Annahme übereinstimmender Wertschätzung als auch bei affiliierten Wertschätzungen analysiert. Zwecks Abgleich mit den im vorherigen Abschnitt erarbeiteten Ergebnissen der Expertengespräche findet sich in Abbildung 5.13 eine zusammenfassende Darstellung der Würdigung der entsprechenden auktionstheoretischen Ergebnisse. Bei Annahme übereinstimmender Wertschätzung resultiert der

Abb. 5.13 Informationspolitik des Verkäufers: Würdigung zentraler Erkenntnisse der auktionstheoretischen Literatur

Entscheidungsvariable/ Modellannahme	Erkenntnis auktionstheoretische Literatur	Würdigung
Informationspolitik		
*Unterschiedliche Informationsstände potenzieller Käufer***	–Die Offenlegung wertrelevanter Merkmale des Verkaufsobjekts resultiert in einem geringeren Risiko der Bieter, einen Fluch des Gewinners zu erleiden und führt somit zu einem intensiveren Bieterwettbewerb	–Bei M&A-Transaktionen i.d.R. Abbau von Informationsasymmetrien über Due Diligence. Auktionstheoretische Begründung liegt in verstärktem Bieterwettbewerb. In praktischer Hinsicht zudem bessere Vergleichbarkeit der Gebote gegeben

*** Annahme übereinstimmender Wertschätzung*
**** Annahme affiliierter Wertschätzungen*

Fortsetzung Abb. 5.13 auf der nachfolgenden Seite.

[730] Vgl. Ye (2007), S. 182 sowie zu den hieraus resultierenden Schlussfolgerungen auch die Ausführungen zur allgemeinen Ausgestaltung des Auktionsprozesses und der Auktionsregel auf S. 238 der vorliegenden Arbeit.

Abb. 5.13 (fortges.) Informationspolitik des Verkäufers: Würdigung zentraler Erkenntnisse der auktionstheoretischen Literatur

Entscheidungsvariable/ Modellannahme	Erkenntnis auktionstheoretische Literatur	Würdigung
Informationspolitik		
*Geheimhaltung/Offenlegung wertrelevanter Merkmale****	– *Risikoneutrale Bieter:* Strategie der vollständigen und wahrheitsgemäßen Offenlegung führt im Durchschnitt in allen vier Standard-Auktionsregeln zu höherem erwarteten Einkommen des Verkäufers – *Konstant absolut risikoaverse Bieter:* Strategie der vollständigen und wahrheitsgemäßen Offenlegung führt im Durchschnitt in der Englischen sowie in der Vickrey-Auktion zu höherem erwarteten Einkommen. Keine eindeutige Auswirkung für die Höchstpreis-Auktion ableitbar	– *Risikoneutrale Bieter:* Vollständige und wahrheitsgemäße Offenlegung ist vorteilhaft für den Verkäufer, allerdings müssen sämtliche Bieter gleich behandelt werden – *Konstant absolut risikoaverse Bieter:* Vorteilhaftigkeit der vollständigen und wahrheitsgemäßen Offenlegung abhängig von Auktionsregel, zudem ist wie bei risikoneutralen Bietern eine Gleichbehandlung der potenziellen Käufer erforderlich – Modellannahmen vernachlässigen den Sachverhalt, dass die Informationen des Verkäufers bspw. auch bei Nicht-Zuteilung von den Bietern gegen den Verkäufer resp. den neuen Eigentümer verwendet werden könnten. Daher ist anzunehmen, dass eine vollständige Offenlegung nicht im Interesse des Verkäufers und somit für die Praxis von untergeordneter Relevanz ist

** *Annahme übereinstimmender Wertschätzung*
*** *Annahme affiliierter Wertschätzungen*

Eigene Darstellung.

verkäuferseitig initiierte Abbau von Informationsasymmetrien zwischen den Bietern in einer Reduktion der Gefahr, einen Fluch des Gewinners zu erleiden. Hierdurch wird der Bieterwettbewerb intensiviert. Dieser Zusammenhang wurde weder in der managementorientierten Literatur noch in den Expertengesprächen adressiert.[731] Einschränkend sei angemerkt, dass die Annahmen des Grundmodells übereinstimmender Wertschätzung in ihrer Reinform nur in den seltensten Fällen auf reale Veräußerungssituationen zutreffen, da in M&A-Transaktionen das Zielunternehmen nicht für sämtliche Erwerber exakt

[731] Dies geht mit dem in Abschnitt 5.4.1.2 festgehaltenen Ergebnis zur Ausgestaltung des Auktionsprozesses und der Auktionsregel einher, dass in der managementorientierten Literatur sowie in der unternehmerischen Praxis kein expliziter Abgleich der jeweiligen Veräußerungssituation mit den in auktionstheoretischen Analysen unterstellten Modellannahmen erfolgt.

denselben Wert besitzt. Prinzipiell verfügt der Verkäufer jedoch über Informationen, die für alle potenziellen Käufer gleichermaßen von Interesse sind.[732] Gemäß Angaben der Gesprächspartner ist eine Angleichung unterschiedlicher Informationsstände daher erforderlich, um eine hinreichende Vergleichbarkeit der eingereichten Gebote herzustellen. In Konsequenz lässt sich ein Abschluss somit zügiger realisieren.

Vor diesem Kontext muss der Verkäufer auch entscheiden, welche Art von Informationen und in welchem Umfang er diese mit den Interessenten teilt. Bei Annahme von affiliierten Wertschätzungen lässt sich modelltheoretisch zeigen, dass i.d.R. die vollständige und wahrheitsgemäße Aufdeckung sowohl vorteilhafter als auch nachteiliger Informationen zu höheren erwarteten Verkaufserlösen führt.[733] Allerdings sind laut den auktionstheoretischen Erkenntnissen hierbei sämtliche Bieter gleich zu behandeln. Diese Vorgehensweise stimmt nicht mit den von den Experten getätigten Angaben überein. Dies ist v.a. darauf zurückzuführen, dass in den grundlegenden modelltheoretischen Analysen keine explizite Unterscheidung dahingehend erfolgt, ob die offengelegten Informationen von einzelnen Bietern auch bei Nicht-Zuteilung gegen den Verkäufer oder den endgültigen Erwerber verwendet werden können oder nicht. In der unternehmerischen Praxis wird diesem Sachverhalt Rechnung getragen, indem bestimmten Interessenten besonders sensitive Daten erst mit einer zeitlichen Verzögerung zugehen resp. mehrere Datenräume mit unterschiedlichen Informationsinhalten eingerichtet werden.

Eine Ausnahme stellt die Arbeit von Hansen (2001) dar. Unter der Prämisse, dass die Aufdeckung sämtlicher wettbewerbsrelevanter Daten den erwarteten Gewinn der Bieter aus der Zuteilung schmälert, reduzieren diese ihre Offerte. Dies hat wiederum negative Rückwirkungen auf den Kaufpreis. Folglich ist eine Einengung des Bieterkreises empfehlenswert, dem die wettbewerbsrelevanten Daten zugänglich gemacht werden. Dieser Ansatz entspricht der in der unternehmerischen Praxis implementierten und in der managementorientierten Literatur angeführten Vorgehensweise.

---

[732] Vgl. hierzu auch die vorgenommene Würdigung auktionstheoretischer Erkenntnisse bei übereinstimmender Wertschätzung in Abschnitt 3.3.3 der vorliegenden Arbeit.

[733] Hierbei wird nochmals eine differenzierte Betrachtung hinsichtlich der Risikopräferenzen der Beteiligten vorgenommen. Wie auf S. 188 angeführt, wurde dieser Aspekt im Rahmen der Expertengespräche jedoch nicht adressiert.

5.4.4 Bindende Gebote und weitere Einengung des Bieterkreises

5.4.4.1 Ergebnisse der Experteninterviews

Nach Durchführung von Due Diligence und Management-Präsentationen wird eine weitere Einengung des Bieterkreises anhand der bindenden Gebote vorgenommen. Vor diesem Hintergrund werden laut Angaben der Experten die in den indikativen Geboten getätigten Angaben der Bieter konkretisiert. Auch an dieser Stelle hängt die Art der eingeforderten Informationen von der jeweiligen Situation und den Spezifika der Transaktion ab. Der auf Grundlage einer wesentlich umfangreicheren Datenbasis abgeleitete Kaufpreis spielt jedoch nach wie vor eine bedeutende Rolle für die weitere Selektion der Bieter. Insbesondere bei Finanzinvestoren ist i.d.R. das Commitment einer oder mehrerer finanzierender Banken nachzuweisen. Alternativ können Finanzierungsbedingungen auch in den Kaufvertrag aufgenommen werden, bei deren Nicht-Erfüllung eine Zahlung an den Verkäufer zu leisten ist. Weiterhin ist das mit der Transaktion verfolgte Konzept sowie eine Abstimmung mit der eigenen Unternehmensstrategie zu detaillieren.

Hinsichtlich der Abschlusssicherheit rücken neben der Finanzierung auch kartellrechtliche Fragestellungen in den Vordergrund. Gerade bei Finanzinvestoren auf der Verkäuferseite herrscht oftmals ein Interesse an einem zügigen Closing der Transaktion, damit die Erlöse aus dem Verkauf zeitnah ausgeschüttet werden können. Eine Möglichkeit des Käufers, diesen Präferenzen zu entsprechen, besteht nach Angabe eines Gesprächspartners in der Abgabe eines sog. „fully unconditional bid“, so dass der Erwerber kartellrechtliche Risiken komplett übernimmt. In diesem Fall wird der Verkauf vollständig abgewickelt. Sollte die Genehmigung des Kartellamts nicht erfolgen, obliegt es dem Käufer, das Unternehmen wieder am Markt anzubieten.

Ein Gesprächspartner gab zudem an, dass im Hinblick auf die Schnelligkeit des Abschlusses die beabsichtigte Dauer einer Confirmatory Due Diligence erfragt wird. Eine von der Mehrheit der Experten genannte Erweiterung im Vergleich zu den Pflichtangaben des indikativen Gebots findet außerdem dahingehend statt, dass die Bieter ferner einen von ihnen überarbeiteten Entwurf des Kaufvertrags einreichen müssen. Dies ist insofern erforderlich, als dass eine Vergleichbarkeit der Angebote nicht nur in wirtschaftlicher sondern auch in rechtlicher Hinsicht sicherzustellen ist.

Vor diesem Kontext spielt auch der Aspekt vom Verkäufer einzuräumender Gewährleistungen und Garantien eine Rolle. Zwei Gesprächspartner gaben an, dass z.B. ein sehr hoher angebotener Kaufpreis gegen die Forderung, diesen teilweise auf ein ESCROW-Konto einzuzahlen, abgewogen werden muss.[734] Mittels der Unterstützung eines Rechtsbeistands geht es zu diesem Zeitpunkt daher auch darum, eine erste Einschätzung hinsichtlich des Zeitrahmens zu erhalten, innerhalb dessen ein Vertrag auf Grundlage der vom Kaufinteressenten vorgeschlagenen Änderungen unterzeichnet werden kann.

Den Themenkomplex der bindenden Gebote und der weiteren Einengung des Bieterkreises abschließend merkte ein Gesprächspartner einschränkend an, dass auch ein „bindendes“ Gebot keine rechtsverbindliche Wirkung hat.

5.4.4.2 Abgleich mit der wissenschaftlichen Literatur

Die Ergebnisse der managementorientierten Literatur bzgl. der im Rahmen der bindenden Gebote abgefragten Sachverhalte, die in Abbildung 5.14 zusammengefasst sind, decken sich mit denen der unternehmerischen Praxis. Übereinstimmend ist zu nennen,

Abb. 5.14 Inhalte bindender Gebote: Würdigung zentraler Erkenntnisse der managementorientierten Literatur

Entscheidungsvariable	Erkenntnis managementorientierte Literatur	Würdigung
Ausgestaltung des/der Auktionsprozesses/-regel		
Gebotsinhalte	–*Bindende Gebote:* Präzisierung der Inhalte der indikativen Gebots, in jedem Fall Angaben zur kartellrechtlichen Situation sowie Überarbeitung des Kaufvertragsentwurfs	–Die einzelnen inhaltlichen Komponenten der Gebote legen nahe, dass die Selektionsentscheidung nicht ausschließlich auf Basis des offerierten Kaufpreises getroffen wird

Eigene Darstellung.

[734] Bei einem ESCROW-Konto handelt es sich um ein von einer Bank oder aber einem Notar verwaltetes Konto, das als Absicherung im Fall von Kaufpreiskorrekturen oder aber eingetretenen Gewährleistungsansprüchen dient. Möchte der Käufer diese geltend machen, muss er sowohl den Verwalter des Kontos als auch den Verkäufer hiervon in Kenntnis setzen. Stimmt der Verkäufer nicht zu, versucht der Verwalter eine Schlichtung herbeizuführen oder aber es wird das Urteil eines Gerichts abgewartet; vgl. Martinius (2005), S. 40.

dass die bindenden Gebote inhaltlich betrachtet i.d.R. eine Präzisierung der indikativen Gebote darstellen und keine rechtsverbindliche Wirkung haben. Eine zuvor nicht in den indikativen Geboten angefragte Ergänzung betrifft sowohl in der managementorientierten Literatur als auch in der unternehmerischen Praxis die einzureichende überarbeitete Version des Kaufvertrags. Zudem rücken in beiden Fällen ggf. vorhandene kartellrechtliche Bedenken stärker in den Fokus des Interesses.

Wie in der in Abschnitt 2.4.2.3 vorgenommenen Würdigung der Erkenntnisse der managementorientierten Literatur angeführt ist davon auszugehen, dass die weitere Einengung des Bieterkreises nicht allein anhand des Kriteriums des Kaufpreises vorgenommen wird. Argumentativ wurde diese Annahme dadurch begründet, dass auch die bindenden Gebote in inhaltlicher Hinsicht mehrere Komponenten umfassen. In der managementorientierten Literatur unterbleibt jedoch eine Betrachtung, nach welchen Kriterien die Bieter für die finale Phase der Verhandlungen und des Abschlusses ausgewählt werden. Die nachfolgenden Ausführungen sind daher erweiternd zur managementorientierten Literatur zu verstehen.

Prinzipiell ist auch in dieser Phase des Prozesses der von den Interessenten offerierte Kaufpreis von gesondert hervorzuhebender Relevanz. Ferner wird gemäß den Experten gesteigerter Wert auf Sachverhalte gelegt, die die Abschlusssicherheit beeinträchtigen können. Hierbei wurde zum Einen auf die Erfordernis des Nachweises einer Finanzierungszusage verwiesen, was v.a. bei Finanzinvestoren zum Tragen kommt. Alternativ existiert die Möglichkeit, die Sicherstellung der Finanzierung als aufschiebende Bedingung in den Kaufvertrag aufzunehmen. Bei einem Scheitern des Abschlusses ist eine Strafzahlung an den Verkäufer zu entrichten. Zum Anderen erfolgt eine eingehende Prüfung der die kartellrechtlichen Risiken betreffenden Angaben, was insbesondere bei strategischen Investoren von Bedeutung ist. Zudem wird der von den Bietern zu nennende, voraussichtlich verbleibende Zeitrahmen bis zur endgültigen Vertragsunterzeichnung in die Selektionsentscheidung einbezogen.

Ferner werden die von den Bietern überarbeiteten Kaufvertragsentwürfe verglichen. Die finale Selektionsentscheidung wird daher letztlich auch unter Berücksichtigung rechtlicher Aspekte getroffen. Diese können v.a. hinsichtlich der Art und des Umfangs der von den Bietern eingeforderten Garantien und Gewährleistungen differieren.

5.4.5 Bieterwettbewerb

5.4.5.1 Ergebnisse der Experteninterviews

In der zweiten Bietrunde der kontrollierten Auktion ist es von Interesse, inwiefern dem Verkäufer resp. seinen Beratern abhängig von der Entwicklung des Bieterwettbewerbs Maßnahmen zur Verfügung stehen, mittels derer steuernd in selbigen eingegriffen werden kann. Grundsätzlich ist es Aufgabe des Beraters, den bei einem optimal verlaufenden Prozess herrschenden Druck ständig aufrechtzuerhalten, um ein gewisses Niveau der bindenden Gebote zu erreichen. In diesem Fall wird es als essenziell erachtet, enge, aber machbare Deadlines zu setzen und diese auch einzuhalten. Diese Vorgehensweise signalisiert, dass noch andere ernsthaft interessierte Parteien am Prozess beteiligt sind, mit denen der Verkäufer alternativ fortfahren könnte. Daher verfügen die Bieter in dieser Hinsicht nur in begründeten Ausnahmefällen über einen gewissen Spielraum. Dies kann z.B. gegeben sein, wenn externe Faktoren, wie die ausstehende Finanzierungszusage einer Bank, eine Rolle spielen.

In einem fortgeschrittenen Stadium ist es in Abhängigkeit vom Einzelfall sowie von den jeweiligen Vertraulichkeitsbedürfnissen mitunter sinnvoll, den Teilnehmern Informationen hinsichtlich der Mitwettbewerber offenzulegen. Gelegentlich ist auch der Wirtschaftspresse zu entnehmen, wer an einem bestimmten Zielunternehmen Interesse zeigt. Ebenfalls ist es nicht unüblich, den Bietern die Tatsache zu kommunizieren, dass es weitere interessierte Parteien gibt oder aber dass ihr Gebot in Relation zu denen der Konkurrenten noch verbesserungsfähig ist.

Im Sinne eines verlässlichen und fairen Verkaufsverfahrens müssen die vom Berater getätigten Aussagen jedoch stets wahrheitskonform sein. Ein Gesprächspartner merkte an, dass nicht der Realität entsprechende Angaben über die Anzahl der verbleibenden Bieter oder aber die Gebotsrelationen auch von juristischer Seite her bedenklich sind.[735] Darüber hinaus haben die M&A-Berater ein Eigeninteresse daran, ihre Reputation im Markt zu wahren, um auch in zukünftigen Transaktionen auf eine ausreichende Anzahl an möglichen Käufern zurückgreifen zu können.

Entwickelt sich der Bieterwettbewerb nicht wie geplant, bietet gemäß Angaben der Experten die Erweiterung des Interessentenkreises u.U. eine Option. Diese Möglichkeit

[735] Vgl. hierzu auch Abschnitt 2.5 der vorliegenden Arbeit.

wird nicht unkritisch gesehen, da die neu eingetretenen potenziellen Käufer erst auf den Wissensstand der Konkurrenten gelangen müssen und somit eine Verzögerung im Prozess resultiert. Weiterhin kann ein Tradeoff zwischen der Maximierung des Kaufpreises sowie der Abschlusssicherheit und der Schnelligkeit des Abschlusses verfolgt werden, indem einem der Bieter mitgeteilt wird, dass er unter der Bedingung, dass er das Angebot bis zu einem bestimmten Datum finalisiert, die Zuteilung erhält. Zudem kann sich auch die Freigabe bewertungsrelevanter Informationen, die ursprünglich erst zu einem späteren Zeitpunkt offengelegt werden sollten, positiv auf die Motivation der Interessenten auswirken. Letztlich verbleibt dem Verkäufer immer noch die Entscheidung, das Verkaufsverfahren komplett abzubrechen. Nicht im Entscheidungsbereich des Beraters liegt das plötzliche Auftauchen eines zuvor nicht an der kontrollierten Auktion beteiligten Bieters, das zu einer kompletten Veränderung der Gesamtsituation führt.

In dieser Phase des Prozesses, in der der Bieterkreis bereits sehr limitiert ist, können theoretisch auch Bieterabsprachen außerhalb eines Konsortiums auftreten. Generell werden die Bieter zwar im Rahmen der Vertraulichkeitserklärung dazu verpflichtet, nicht mit den anderen Teilnehmern in direkten Kontakt zu treten. Sollte der Kontakt seitens des potenziellen Erwerbers erwünscht sein, so hat dieser ausschließlich über den Berater des Verkäufers zu erfolgen. In der unternehmerischen Praxis wird die Gefahr von Bieterabsprachen unterschiedlich stark bewertet. Aufgrund der Erfahrungen und Kontakte der Berater auf der Käuferseite und der hierdurch resultierenden begrenzten Markttransparenz räumen die Experten ein, dass die Bieter in späten Phasen des Prozesses häufig ein Gefühl dafür entwickeln, mit wem und mit wie vielen anderen Interessenten sie konkurrieren. Während dies bei strategischen Käufern, die z.B. in konzentrierten Branchen tätig sind, einfacher erscheint, kann bei Finanzinvestoren eine Abschätzung anhand deren Fokussierung auf bestimmte Dealvolumina erfolgen. Weiterhin lassen auch Finanzierungsanfragen bei Banken, die mit dem Verweis auf bestehende Konflikte abgelehnt werden, Rückschlüsse zu.

Einige der Gesprächspartner messen Bieterabsprachen ohnehin jedoch nur eine geringe Relevanz bei. Probleme werden vorwiegend in deren praktischer Umsetzung gesehen. Zum Einen müssten sich beide Parteien von vornherein auf eine vorläufige Bewertung sowie eine Finanzierung einigen. Zum Anderen wäre einer der beiden Interessenten in der Situation, sich vollständig auf die Due Diligence des Partners verlassen zu müssen. An dieser Stelle wurde darauf verwiesen, dass selbst für die Konstellation, dass ein Unternehmen unterschiedliche Geschäftsbereiche hat, an denen jeweils zwei unterschiedliche Parteien interessiert sind, der Käufer besser beraten ist, im Anschluss selber eine Auktion durchzuführen.

Andere Gesprächspartner haben Bieterabsprachen hingegen entweder schon selbst beobachtet oder zumindest vermutet. Da der Nachweis i.d.R. jedoch kaum zu führen ist, bestehen außer der Androhung oder des tatsächlichen Ausschlusses vom Prozess keinerlei Sanktionsmöglichkeiten des Verkäufers. Diese Maßnahme ist in Abhängigkeit davon, wie breit die Auktion ursprünglich angelegt war sowie wie sich der Bieterwettbewerb insgesamt entwickelt hat, u.U. nicht zielführend. Bei einer ohnehin geringen Anzahl an verbliebenen Bietern ist es eher unwahrscheinlich, dass einem potenziellen Erwerber, der sich zwar abgesprochen aber dennoch ein vernünftiges Gebot eingereicht hat, die weitere Teilnahme versagt wird.

5.4.5.2 Abgleich mit der wissenschaftlichen Literatur

In der managementorientierten Literatur werden Maßnahmen, die auf eine Beeinflussung des Bieterwettbewerbs zielen, nicht diskutiert. Die in den Interviews in dieser Hinsicht getätigten Angaben sind demnach als Erweiterung dieses Literaturstrangs zu verstehen. Laut den Experten kann ähnlich wie bereits im Rahmen der Due Diligence und der Management-Präsentationen angeführt der Wettbewerbsdruck durch die Setzung enger, aber für die Bieter machbarer Fristen erhöht werden, da dieser Vorgehensweise eine Signalwirkung im Hinblick auf die Intensität des Bieterwettbewerbs zukommt. Demnach ist es aus Perspektive des Verkäufers sinnvoll, die zeitliche Verschiebung eines einmal gesetzten Termins nur in begründeten Ausnahmesituationen zuzulassen, die nicht auf das Verschulden des Bieters zurückzuführen sind.

Mitunter ist es nach Angabe der Gesprächspartner zu diesem Zeitpunkt des Prozesses empfehlenswert, den Bietern Informationen in Bezug auf dessen Verlauf und deren Positionierung im Vergleich zu den Wettbewerbern zukommen zu lassen. Während der letztgenannte Aspekt bereits im Rahmen der grundsätzlichen Ausgestaltung der Auktionsregel diskutiert wurde und die Möglichkeit zur Nachbesserung der Gebote impliziert, stellen Angaben über die Anzahl der Mitbieter eine Neuerung und Abweichung zur managementorientierten Literatur dar. Im Hinblick auf die Reputation des Beraters des Verkäufers sowie aufgrund einzuhaltender rechtlicher Verpflichtungen ist hierbei jedoch stets auf die Wahrheitskonformität und die Art der Informationsinhalte zu achten.

Lässt die Intensität des Bieterwettbewerbs nach, verfügt der Berater des Verkäufers über mehrere Optionen, dieser Entwicklung entgegenzuwirken. Allerdings sind sie alle mit Einschränkungen hinsichtlich anderer Ziele des Verkäufers als dem der Kaufpreismaximierung verbunden und daher nur als zweitbeste Lösung anzusehen. Zum Einen kann der Bieter den zuvor limitierten Bieterkreis bei mangelnder Anzahl an Kaufinteressenten im Nachhinein wieder erweitern. Hierdurch resultiert ein Konflikt mit dem Ziel der Zügigkeit des Abschlusses. Zum Anderen kann das Erwerbsinteresse durch die vorgezogene Offenlegung von Informationen, die den Bietern gemäß der ursprünglichen Strukturierung des Verkaufsprozesses erst zu einem späteren Zeitpunkt zugehen sollten, wieder angeregt werden. Diese Vorgehensweise beeinträchtigt jedoch das Ziel der Wahrung der Vertraulichkeit.

Ist der Verkäufer bereit, in seiner Zielhierarchie die Maximierung des Kaufpreises zu Gunsten der Ziele der Transaktionsgeschwindigkeit und Abschlusssicherheit geringer zu gewichten, eröffnet sich eine weitere Alternative zur erneuten Belebung des Bieterwettbewerbs. Diese besteht darin, dass ein Bieter unter der Voraussetzung, dass er den Kaufvertrag bis zu einem bestimmten Datum unterzeichnet, die Zuteilung erhält und somit die kontrollierte Auktion beendet wird.

Die in den Expertengesprächen genannten taktischen Maßnahmen zur Steuerung des Bieterwettbewerbs widersprechen dem grundlegenden Auktionsverständnis in der theoretischen Literatur. In den modelltheoretischen Analysen kommt dem Auktionator in dieser Hinsicht vornehmlich eine passive Rolle zu. Der Bieterwettbewerb wird vielmehr durch das vor Beginn der Auktion zu strukturierende Auktionsdesign resp. die Selektion einer konkreten Auktionsregel vor dem Hintergrund des Auktionsmodells optimiert. Durch Festsetzung der Auktionsregel wird die Disziplin und Verlässlichkeit des Prozesses für die Bieter stets gewährleistet. Demzufolge ist eine nachträgliche Anpassung der Gebotshöhe oder aber gar eine Erweiterung des Teilnehmerkreises nicht möglich.[736]

Ein anderer Aspekt, der jedoch auch in der Auktionstheorie Interesse findet, ist der der Gefahr von Bieterabsprachen. Die Würdigung der entsprechenden auktionstheoretischen Erkenntnisse ist in Abbildung 5.15 zusammenfassend dargestellt. Im Ergebnis ist das Risiko für ein kollusives Verhalten der Bieter bei einer Auktion mit offenen Geboten als höher einzustufen denn bei Auktionen mit verdeckten Geboten. Dieser

---

[736] Zur Nachbesserung der Gebote vgl. auch die Ausführungen zur generellen Ausgestaltung der Auktionsregel auf S. 234 der vorliegenden Arbeit.

Abb. 5.15 Kollusion: Würdigung zentraler Erkenntnisse der auktionstheoretischen Literatur

Entscheidungsvariable/ Modellannahme	Erkenntnis auktionstheoretische Literatur	Würdigung
Selektion/Modifikation Standard-Auktionsregeln		
*Kollusion**	–Geringere Anfälligkeit von verdeckten Auktionen	–Selektion Höchstpreis- oder Vickrey Auktion –I.d.R. aber mehrmalige Teilnahme an Verkaufsprozessen und somit Reaktionen von Kartellteilnehmern auf Defektion möglich. Zudem sind Sanktionierungsmaßnahmen des Verkäufers, z.B. der Ausschluss von zukünftigen Verkaufsprozessen, denkbar. Insofern Vermutung einer untergeordneten Relevanz von kollusivem Verhalten für die unternehmerische Praxis

* *Annahme unabhängiger, privater Wertschätzungen*

Eigene Darstellung.

Sachverhalt wurde im Rahmen der Ausführungen zur grundsätzlichen Ausgestaltung der Auktionsregel jedoch nur von einem Gesprächspartner explizit hervorgehoben. Gemäß den Erkenntnissen der managementorientierten Literatur sowie der Experteninterviews erfolgt die Gebotsabgabe bei M&A-Transaktionen aber ohnehin stets verdeckt. Ursächlich hierfür wird dabei abweichend von den oben genannten auktionstheoretischen Resultaten primär auf die verkäuferseitig gewünschte Intransparenz des Prozesses bzgl. der Bieteranzahl und der Gebotshöhe verwiesen.[737]

Wie in der Würdigung der auktionstheoretischen Erkenntnisse zu Bieterabsprachen diskutiert, wurde ferner von deren untergeordneter Bedeutung für die unternehmerische Praxis ausgegangen. Dies wurde zum Einen damit begründet, dass die Käufer üblicherweise mehrfach an Verkaufsprozessen teilnehmen. Insofern kann die zu einem bestimmten Zeitpunkt festgestellte Defektion eines Kartellmitglieds ggf. zu einem späteren Zeitpunkt durch die anderen Kartellmitglieder geahndet werden. Zum Anderen sind auch Sanktionierungmaßnahmen seitens des Verkäufers denkbar.

Die Gefahr von Bieterabsprachen wird in der unternehmerischen Praxis unterschiedlich eingeschätzt. Unstrittig ist die Tatsache, dass die Bieter in einer späten Phase des

[737] Vgl. hierzu auch Abschnitt 5.4.1.2 zur allgemeinen Ausgestaltung des Auktionsprozesses und der Auktionsregel.

Prozesses häufig erahnen, welche Parteien noch in der kontrollierten Auktion involviert sind. Die Kenntnis der weiteren Bieter stellt eine grundlegende Voraussetzung für die Formierung von Bieterabsprachen dar. Einige Gesprächspartner haben Bieterabsprachen bereits beobachtet oder vermutet. Allerdings erweist sich der Nachweis als sehr schwierig und dem Verkäufer stehen, anders als in der Würdigung der betreffenden auktionstheoretischen Erkenntnisse vermutet, nur begrenzte Sanktionsmöglichkeiten zur Verfügung. Insbesondere juristische Maßnahmen sind sehr schwer durchsetzbar. Alternativ kann der Verkäufer die entsprechenden Bieter vom gegenwärtigen oder aber von zukünftigen Verkaufsprozessen ausschließen. Andere Gesprächspartner verweisen auf die Probleme bei der Implementierung von Bieterabsprachen. Diese liegen v.a. darin begründet, dass sich der aus der Auktion ausscheidende Interessent vollständig auf den aktiven Bieter verlassen muss.

5.4.6 Kritische Faktoren der Durchführung

In der Phase der Durchführung ist es gemäß Angaben der Experten von zentraler Bedeutung, dass der Berater stets die Kontrolle über den Prozess inne hat, so dass der den Interessenten einmal aufgezeigte Transaktionsverlauf im Optimalfall beibehalten werden kann. Vor diesem Hintergrund wurde nochmals betont, dass die im Vorfeld stattfindende sorgfältige Vorbereitung und Analyse eine notwendige Voraussetzung für die erfolgreiche Durchführung und den Abschluss der Transaktion ist. In dieser Hinsicht wurden insbesondere die Vollständigkeit sowie die Konsistenz der in dieser Phase zur Verfügung gestellten Informationen hervorgeboben. Fehlende, aber bewertungsrelevante Daten sowie die nicht antizipierte Verschlechterung der Ergebniszahlen können den gesamten Prozess in zeitlicher Hinsicht verzögern sowie die Glaubwürdigkeit des Verkäufers und seines Beraters beschädigen.

Als weiterer kritischer Punkt wurde die Aufrechterhaltung der Dynamik des Auktionsprozesses durch das Aufbauen von Druck gesehen. In diesem Zusammenhang verwiesen die Experten mehrfach auf die Kommunikation und die Einhaltung straffer, aber realistischer Zeitpläne. Dies führt einerseits dazu, dass die Bieter bemerken, dass der Prozess ernsthaft vorangetrieben wird und erfordert eine gewisse Härte und Konsequenz. Andererseits wird hierdurch signalisiert, dass mehrere interessierte Parteien am Prozess teilnehmen, da bei Verzögerungen seitens eines Bieters umgehend auf andere Interessenten zurückgegriffen werden kann.

Auf der anderen Seite ist aber auch das entsprechende Fingerspitzengefühl im Umgang mit den Investoren erforderlich, da der Zeitrahmen zu erreichender Ergebnisse auch von den individuellen Gegebenheiten einzelner Bieter abhängt. Beispielhaft kann angeführt werden, dass bei einem Finanzinvestor z.B. die Einholung einer Finanzierungszusage zusätzlich Zeit in Anspruch nimmt.[738] Hierzu gehört auch die Flexibilität im Umgang mit den Bietern. Beispielhaft ist die Modifikation des ursprünglich determinierten Zeitplans dahingehend zu nennen, dass evtl. ein Termin für Management-Präsentationen umgelegt wird, um von einem potenziellen Erwerber ein gutes Angebot zu erhalten. Als nicht zielführend wird jedoch die Verschiebung des Termins, zu dem die Gebote endgültig eingereicht werden sollen, erachtet.

Zwecks Aufrechterhaltung des Drucks gilt es auch, die Balance zwischen der notwendigen Transparenz der Informationen auf der einen Seite und der gewünschten Intransparenz des Prozesses auf der anderen Seite zu finden. Hinsichtlich der Informationspolitik des Verkäufers gaben die Experten an, dass sich eine „parallele Führung“ der Bieter empfiehlt. Dies betrifft zum Einen den Inhalt der Informationen, der den Bietern verfügbar gemacht wird. An dieser Stelle sollte darauf geachtet werden, dass die Bieter mit Einschränkungen alle über die gleichen Daten verfügen. Zum Anderen sind unter Berücksichtigung der Sensitivität der Daten in zeitlicher Hinsicht Unterschiede in der Informationsversorgung der Bieter zu vermeiden.[739] Andernfalls ist die zeitnahe Vergleichbarkeit alternativer Angebote nicht zu gewährleisten. Die beabsichtigte Intransparenz des Prozesses wird durch die Verdecktheit der Gebote erreicht. Die Ausgestaltung der Auktionsregel wird explizit als Wettbewerbselement verstanden, da eine nachlassende Bieterintensität aufgrund ausscheidender Teilnehmer für die potenziellen Erwerber nicht beobachtbar ist. Ferner besteht Unsicherheit bzgl. der Zuteilungswahrscheinlichkeit, da auch die Gebotshöhe der Konkurrenten nicht ersichtlich ist.

Abschließend bleibt festzuhalten, dass die für den Erfolg einer spezifischen Transaktion relevanten Faktoren nicht im Sinne einer Rangordnung verallgemeinerbar sind. Eine konkrete Gewichtung kann nur im Einzelfall vorgenommen werden.

---

[738] Dieser Faktor spielt bei strategischen Investoren, die solide finanziert sind, ein entsprechendes Rating haben und über ein funktionsfähiges Geschäft verfügen, eine geringere Rolle, da Mittel der Innenfinanzierung genutzt werden können.

[739] Ausnahmen ergeben sich für den Fall besonders wettbewerbsrelevanter Daten oder aber der Einrichtung nur eines physischen Datenraums, zu denen den Bietern sequenziell Zugang gestattet wird; vgl. hierzu Abschnitt 5.4.3 der vorliegenden Arbeit.

Jedes erfolgreiche Projekt erfordert in der ersten Phase eine detaillierte Analyse der Unternehmensdaten, ein straffes Projektmanagement mit klaren Prozessschritten sowie eine sorgfältige Selektion der einzuladenden Kandidaten. Die Bedeutung des Kriteriums der Vorbereitung des Verkäufers variiert zusätzlich in Abhängigkeit von dessen Transaktionserfahrung, seiner Person sowie seines Typus. Kennt der Eigentümer die Funktionsweise des Prozesses aus früheren Verkäufen, ist dieser Aspekt als unkritischer einzustufen. Inwiefern die Bildung einer gemeinsamen Vertrauensbasis gelingt, wird stärker durch die persönliche Beziehung zwischen Berater und dem jeweiligen Verkäufer determiniert. Im Hinblick auf den Verkäufertypus ist zudem anzumerken, dass eine Notwendigkeit zur Abklärung der tatsächlichen Verkaufsabsicht bei Finanzinvestoren eher seltener ins Gewicht fällt als bspw. bei einem familiengeführten oder mittelständischen Unternehmen.

Die kritischen Faktoren der Phase der Vorbereitung und Analyse sind insofern ebenfalls für die der Phase der Durchführung von Relevanz, da sie eine notwendige Voraussetzung für die Effektivität und Effizienz letzterer darstellen. Im Rahmen seiner Aufgabe, die Bieterintensität im Prozess aufrechtzuerhalten, muss der Berater auch in der Phase der Durchführung die spezifischen Eigenschaften der Bieter berücksichtigen. Unterschiede zwischen Finanzinvestoren und strategischen Investoren ergeben sich z.B. aufgrund differierender Informationsbedürfnisse und Zeiterfordernisse zur Abgabe eines bindenden Gebots. Ein Ausgleich erfolgt über die Informationspolitik und die gezielte Prozesssteuerung des Beraters.

5.5 Phase der Verhandlungen und des Abschlusses

5.5.1 Ergebnisse der Experteninterviews

In dieser Phase des Prozesses werden unter Einbezug der jeweils beauftragten Anwälte v.a. die überarbeiteten Entwürfe der Verkaufsverträge verhandelt. Hierbei setzt der Berater des Verkäufers seine Kenntnisse und Erfahrungen mit den potenziellen Erwerbern gezielt taktisch ein. Grundsätzlich besteht die Möglichkeit, die Verhandlungen sequenziell oder aber parallel zu führen. Eine parallele Verhandlungsführung ist gemäß den Experten dabei die präferierte Vorgehensweise. Dies liegt daran, dass auch zu diesem Zeitpunkt die Aufrechterhaltung des Wettbewerbsdrucks von zentraler Bedeutung ist, um eine Abschwächung der Verhandlungsmacht des Verkäufers zu vermeiden. Allerdings nimmt eine parallele Verhandlungsführung verglichen mit einer sequenziellen wesentlich mehr Zeit in Anspruch. Zudem fallen beim Verkäufer deutlich höhere Verhandlungskosten an, weshalb in manchen Veräußerungssituationen eine sequenzielle Vorgehensweise gewählt wird. Aus eben diesen Gründen sind laut den Gesprächspartnern aber auch bei parallelen Verhandlungen im Idealfall lediglich zwei Bieter beteiligt. Eine höhere Anzahl an involvierten Parteien stellt eher die Ausnahme dar.

Der durch die parallelen Verhandlungen resultierende, für den Verkäufer vorteilhafte Wettbewerb zwischen den Interessenten beeinflusst jedoch deren Zuteilungswahrscheinlichkeit. Daher wird von letzteren oftmals versucht, für diese abschließende Phase der kontrollierten Auktion Exklusivität zu erhalten. Vor diesem Kontext ist anzumerken, dass den Bietern sowohl durch die Einbindung externer Berater als auch ggf. durch die Durchführung einer sog. „Confirmatory Due Diligence" erhebliche Kosten entstehen. Dieser Aspekt spielt, wie bereits als Ergebnis im Rahmen der Vendor Due Diligence festgehalten, v.a. bei Finanzinvestoren eine bedeutende Rolle, deren operatives Geschäft darin besteht, in Unternehmen zu investieren. Demnach können sie ihre Fixkosten, wie z.B. Büromieten und Personalkosten sowie im Rahmen spezifischer Transaktionen anfallende variable Kosten, wie z.B. Anwaltshonorare, nur decken, sofern sie auf der Kaufseite zum Zug kommen.[740]

Vor diesem Hintergrund gilt es zusätzlich zu berücksichtigen, dass die Vergabe von Exklusivität neben den unvorteilhaften Effekten auf den Bieterwettbewerb ebenso Auswirkungen auf die Schnelligkeit des Abschlusses und die Transaktionssicherheit haben kann. Zieht sich der Interessent, dem Exklusivität gewährt wurde, nach dieser Exklusivitätsphase aus dem Prozess zurück, muss mit einem anderen Bieter verhandelt werden, weshalb sich der Verkauf verzögert. Prinzipiell besteht die Möglichkeit, mehrere, kurze Exklusivitätsfristen zu setzen, um denkbare Optionen auszuschöpfen. Allerdings liefert dies einem Bieter, der zu einem späteren Zeitpunkt angesprochen wird, die Information, dass die Transaktion mit den vorherigen Interessenten nicht zustande gekommen ist. Kann der Verkäufer auf keine weiteren Interessenten zurückgreifen, muss der Verkauf im schlimmsten Fall gänzlich abgebrochen werden.

[740] Variable Kosten fallen ebenso bei einem strategischen Käufer an. Allerdings können dessen Fixkosten unabhängig von einem Zukauf aus dem operativen Geschäft gedeckt werden. Ferner besteht die Möglichkeit, dass ein strategischer Käufer trotz Nicht-Zuteilung von im Rahmen des Verkaufsprozesses gewonnenen wettbewerbsrelevanten Unternehmensdaten profitiert.

Alternativ zu Exklusivitätsvereinbarungen kann der Verkäufer die verbliebenen Bieter für ihnen anfallende Kosten finanziell kompensieren, um die weitere Teilnahme an der kontrollierten Auktion attraktiv zu gestalten und somit den Bieterwettbewerb zu fördern. In der unternehmerischen Praxis ist eine sog. „Cost Coverage“ gemäß Angaben der Experten allerdings seltener vorzufinden als Exklusivitätsvereinbarungen.[741] Diese kann z.B. derart ausgestaltet sein, dass die Höhe der Kostenerstattung davon abhängt, zu welchem Zeitpunkt der Verhandlungen der Abbruch stattfindet, weil der konkurrierende Bieter die Zuteilung erhält. Bei der Fragestellung, ob der Verkäufer einen Teil der Bietkosten übernehmen sollte, ist die Verhandlungsmacht beider Parteien zu berücksichtigen. Üblicherweise bietet der Verkäufer nach Einschätzung der Interviewpartner eine Kostenübernahme nicht freiwillig an. Sie resultiert vielmehr aus der Überlegung, den potenziellen Käufer doch noch im Prozess zu halten resp. der Einschätzung der Wahrscheinlichkeit, dass er ohne Cost Coverage abspringt.

In diesem Prozessstadium werden auch in den Kaufvertrag aufzunehmende Gewährleistungen und Garantien final verhandelt. Bei der Auswahl des Käufers spielen neben dem gebotenen Preis wiederum vom Verkäufer geforderte Zugeständnisse eine Rolle. Nach Abschluss der Endverhandlungen sowie Vertragsunterzeichnung besteht für den Käufer keine Möglichkeit mehr, vom Vertrag zurückzutreten.

5.5.2 Abgleich mit der wissenschaftlichen Literatur

Die Ergebnisse der Experteninterviews korrespondieren weitgehend mit denen der managementorientierten Literatur, letztere sind in Abbildung 5.16 nochmals zusammenfassend dargestellt. Sowohl in der unternehmerischen Praxis als auch in der managementorientierten Literatur wird auf die beiden Alternativen einer parallelen oder aber eine sequenziellen Verhandlungsführung verwiesen. Ähnlich der managementorientierten Literatur gaben die Experten an, dass bei parallelen Verhandlungen üblicherweise eine Anzahl von höchstens zwei Bietern involviert ist. In der Literatur wird eine Eingrenzung auf die maximal drei präferierten Bieter genannt. Eine weitere Übereinstimmung besteht dahingehend, dass eine parallele Verhandlungsführung auf der einen Seite am besten dazu geeignet ist, den Wettbewerbsdruck zwischen den Bietern aufrechtzuerhalten. Auf der anderen Seite ist hiermit jedoch für den Verkäufer ein erhöhter

[741] Einige Gesprächspartner gaben an, dass eine Kostenübernahme eher in Prozessen eingesetzt wird, an denen Finanzinvestoren beteiligt sind.

Abb. 5.16 Verhandlungen und Abschluss: Würdigung zentraler Erkenntnisse der managementorientierten Literatur

Entscheidungsvariable	Erkenntnis managementorientierte Literatur	Würdigung
Verhandlungsführung		
Sequenzielle/parallele Verhandlungsführung	- Bei sequenzieller Verhandlungsführung wird dem präferierten Bieter zeitlich begrenzt Exklusivität eingeräumt - Eine parallele Verhandlungsführung erhöht den Wettbewerbsdruck, sie ist daher dem Ziel der Kaufpreismaximierung förderlich. Nachteilig ist jedoch ein höherer organisatorischer Aufwand, da alle Bieter eine Confirmatory Due Diligence durchführen. Ferner sind die Verhandlungskosten im Vergleich zur sequenziellen Vorgehensweise höher	- Eine sequenzielle Verhandlungsführung kann sich positiv auf die Transaktionsgeschwindigkeit auswirken, da nur ein Bieter involviert ist. Allerdings sind negative Rückwirkungen bzgl. der Wettbewerbsintensität gegeben - In der unternehmerischen Praxis werden die der der parallelen Verhandlungsführung inhärenten Vorteile (stärkere Verhandlungsmacht Verkäufer) vermutlich situationsspezifisch gegen deren Nachteile (höherer organisatorischer und zeitlicher Aufwand, höhere Verhandlungskosten) abgewogen

Eigene Darstellung.

organisatorischer und finanzieller Aufwand verbunden, weshalb deren Kosten-Nutzen-Relation situationsspezifisch abgeschätzt wird.

Aus Bieterperspektive wird ein hoher Wettbewerbsdruck bis zur endgültigen Vertragsunterzeichnung jedoch als nicht erstrebenswert erachtet. Grundsätzlich ist festzuhalten, dass die Bieter daher in dieser Phase des Verkaufsprozesses häufig versuchen, eine Exklusivitätsvereinbarung abzuschließen. Dieses Anliegen lässt sich gemäß Angaben der Gesprächspartner damit begründen, dass neben der generell verringerten Intensität des Bieterwettbewerbs die Durchführung einer Confirmatory Due Diligence für die Erwerbsinteressenten mit einem hohen Kostenaufwand verbunden ist. Diese Kosten werden insbesondere von Finanzinvestoren oftmals nur aufgebracht, sofern die Wahrscheinlichkeit für den tatsächlichen Abschluss der Transaktion hinreichend hoch ist.

Vor diesem Hintergrund bietet sich die zweite Alternative einer sequenziellen Vorgehensweise an, in der einzelnen Bietern nacheinander befristet Exklusivität gewährt wird. Abweichend zu der vorgenommenen Würdigung der Erkenntnisse der managementorientierten Literatur, in der von einer hieraus resultierenden Zeitersparnis ausgegangen wurde, verwiesen die Experten jedoch vorwiegend auf potenzielle zeitliche Verzögerungen des Verkaufsprozesses. Einschränkend sei angemerkt, dass letztere aber nur unter der Voraussetzung gegeben ist, dass mit dem präferierten Bieter kein Abschluss erzielt werden konnte. Ergänzend zur managementorientierten Literatur wurde seitens der Experten ferner auf die Tatsache verwiesen, dass der Staffelung der Exklusivitätsfristen eine Signalwirkung zukommt. Dies ist gegeben, da Bieter, denen vergleichsweise spät eine exklusive Stellung eingeräumt wird, hieraus Rückschlüsse auf den Erfolg resp. Misserfolg bisherig geführter Verhandlungen ziehen.

Eine Erweiterung der managementorientierten Literatur besteht zudem darin, dass in der unternehmerischen Praxis zusätzlich die Option einer teilweisen oder gänzlichen Kostenkompensation der Bieter durch den Verkäufer betrachtet wird. Zielsetzung ist es, das weitere Teilnahmeinteresse mehrerer Parteien zu bestärken, woraus positive Effekte auf den Bieterwettbewerb resultieren. Letztlich wird somit die Voraussetzung für eine parallele Verhandlungsführung geschaffen. Eine Kostenübernahme bietet sich insbesondere bei Verkaufsprozessen an, bei denen Finanzinvestoren involviert sind. Allerdings ist diese gemäß Angaben der Gesprächspartner wesentlich seltener vorzufinden als Exklusivitätsvereinbarungen und wird üblicherweise nicht vom Verkäufer initiiert. Die tatsächliche Übernahme der Kosten seitens des Veräußerers ist demnach vielmehr als Folge der relativen Verhandlungsmacht von Verkäufer und potenziellen Käufern in der Phase der Vertragsverhandlungen zu verstehen.

5.6 Diskussion der Ergebnisse

Im Gegensatz zur managementorientierten Literatur, in der insbesondere der Prozess einer kontrollierten Auktion untersucht wird, fokussiert sich die auktionstheoretische Literatur vorwiegend auf die Ausgestaltung des Auktionsdesigns und damit verbundene Auswirkungen auf den Bieterwettbewerb resp. den zu erzielenden Verkaufserlös. Die Ergebnisse der Experteninterviews zeigen, dass in der unternehmerischen Praxis beide Aspekte für den erfolgreichen Abschluss einer Transaktion von Relevanz sind.

Während die Erkenntnisse der Gespräche weitgehend mit denen der managementorientierten Literatur korrespondieren, existieren im Vergleich zur Auktionstheorie signifikante Abweichungen. Letztere sind jedoch nicht ausschließlich auf die unterschiedlichen Schwerpunkte beider Literaturstränge zurückzuführen. Grundlegend ist vor diesem Hintergrund das differierende Verständnis des *Auktionsbegriffs* anzuführen, das zahlreiche Implikationen für die Strukturierung des Verkaufsprozesses hat.

Aus den in den Interviews getätigten Angaben folgt, dass sich der Verkäufer im Prozessbrief explizit eine Ermessensentscheidung bei der Selektion der Bieter vorbehält. Gemäß dem der auktionstheoretischen Literatur zugrunde liegenden Begriffsverständnis einer Auktion erfolgt die Einengung des Bieterkreises resp. die Zuteilung allein auf Grundlage der von den Interessenten abgegebenen Geboten.

Dieser in der unternehmerischen Praxis vorzufindende Unterschied zu den auktionstheoretischen Erkenntnissen wird auch in der managementorientierten Literatur nicht ausdrücklich hervorgehoben. Er impliziert jedoch, dass bei realen M&A-Transaktionen die Kontrolliertheit nicht nur durch eine Zugangsbeschränkung der Teilnehmer sowie die Prozessstrukturierung hergestellt wird. Ferner ist die Kontrolliertheit dahingehend gegeben, dass eine vollständige Kontrolle des Verkäufers bzgl. der Auswahl der weiterhin zum Prozess zuzulassenden Parteien bzw. des finalen Käufers stets gegeben ist. Insofern können auch persönliche Präferenzen des Verkäufers berücksichtigt werden. Letztere spielen aufgrund der in der Auktionstheorie postulierten Anonymität von Auktionen in den modelltheoretischen Analysen jedoch keine Rolle.

Eine weitere Dimension der Kontrolliertheit betrifft die der sukzessiven und somit kontrollierten Weitergabe von Informationen an die potenziellen Käufer. Dieser Zusammenhang wird weder in den Erkenntnissen der managementorientierten Literatur noch in denen der Expertengespräche explizit herausgestellt.[742]

Daher wird der Begriff „kontrolliert“ um die beiden oben angeführten zusätzlichen Dimensionen erweitert. Zusammenfassend können folgende konstituierenden Merkmale einer kontrollierten Auktion festgehalten werden:

- Es handelt sich um einen klar strukturierten Prozess, dessen Verlauf permanent überprüft und gesteuert wird,
- in den Prozess sind mindestens zwei Bieter parallel involviert,

[742] Wie auf S. 199 der Analyse angeführt, wird in der auktionstheoretischen Literatur der Begriff der Kontrolle nicht verwendet. Folglich entfällt auch eine Konkretisierung verschiedener Aspekte der Kontrolliertheit.

- die Anzahl der Bieter wird aufgrund einer Selektion kontrolliert und ist daher nach oben begrenzt,
- für potenzielle Käufer relevante Informationen werden stufenweise offengelegt,
- der Verkäufer behält sich bei der Selektion der Bieter innerhalb der einzelnen Bietrunden sowie bei der finalen Zuteilung eine Ermessensentscheidung vor.

Durch den Zusatz der „Kontrolliertheit“ und v.a. das letztgenannte konstitutive Merkmal wird die strenge Auslegung des Terminus „Auktion“ im Sinne der Auktionstheorie folglich aufgeweicht und der Begriff neu definiert. Dies wird noch dadurch bestärkt, dass gemäß den Erkenntnissen der managementorientierten Literatur sowie der Expertengespräche die Zuteilung letztlich nicht auf Basis des zweistufigen Bietprozesses, sondern anhand von Vertragsverhandlungen vorgenommen wird. Obgleich auktionstheoretische Modelle definitionsgemäß eine explizite Analyse von Vertragsverhandlungen ausschließen, ist nach Ansicht einiger Vertreter dieses Literaturstrangs in bestimmten Situationen die Durchführung einer Kombination aus Verhandlungen und Auktionen aus Verkäuferperspektive zielführend. Dies ist der Fall, sofern in die Entscheidungsfindung des Verkäufers neben dem gebotenen Kaufpreis weitere Kriterien einfließen.[743] Insofern steht der in der managementorientierten Literatur sowie in den Expertengesprächen dargelegte Verkaufsmechanismus nicht gänzlich im Gegensatz zu den Erkenntnissen der Modelltheorie.

Wie oben dargelegt wird bei kontrollierten Auktionen der Zugang zum eigentlichen *Auktionsprozess* zwecks Beachtung spezifischer Vertraulichkeitsanforderungen sowie aus organisatorischen Gründen prinzipiell limitiert. Im Hinblick auf die Vertraulichkeit hat der Verkäufer erstens ein Interesse daran, die Veräußerungsabsicht per se geheim zu halten. Zweitens gehen den potenziellen Erwerbern im Verlauf des Prozesses sensitive Unternehmensdaten zu, die der Verkäufer i.d.R. keiner breiten Personenanzahl zugänglich machen möchte. In organistorischer Hinsicht sind zudem die begrenzt zur Verfügung stehenden personellen Ressourcen sowohl auf Seite des Zielunternehmens als auch auf Seite der Berater zu nennen. Darüber hinaus könnte die Ansprache einer Vielzahl an Bietern implizieren, dass das Unternehmen schwer verkäuflich ist. Würden die Käufer hiervon Kenntnis erlangen, wäre ggf. ein für den Verkäufer nachteiliger

743 Vgl. hierzu Milgrom (1989), S. 20 sowie Rothkopf/Harstad (1994), S. 378.

Signaling-Effekt gegeben. Folglich sind negative Rückwirkungen auf das Erwerbsinteresse und die Zahlungsbereitschaft der Bieter denkbar.

Eine Einschränkung der Bieteranzahl ist in den grundlegenden auktionstheoretischen Beiträgen unüblich. Im Rahmen der mehrstufigen Modelle, die explizit die Veräußerung von Unternehmen analysieren, wird eine Begrenzung der Bieteranzahl unter bestimmten Voraussetzungen jedoch empfohlen. Vor diesem Kontext sind zum Einen auch die von den Experten angeführten zu berücksichtigenden Vertraulichkeitsaspekte zu nennen. Zum Anderen lässt sich eine Einschränkung der teilnehmenden Parteien auktionstheoretisch ferner durch die Existenz positiver Bietkosten legitimieren. Gemäß den Angaben der Experten führen die Käufer eine Due Diligence durch, um eine Grundlage für die endgültige Kaufentscheidung zu schaffen. Dieser Sachverhalt liefert eines der Argumente, warum in der unternehmerischen Praxis positive Bietkosten gegeben sind.

Die Beschränkung des Zugangs zum Verkaufsprozess erhöht hierbei die Zuteilungswahrscheinlichkeit eines einzelnen Bieters. Ziehen die Bieter keinen Nutzen aus der bloßen Teilnahme an der Auktion, z.B. da sie die hierbei gewonnenen Informationen ausschließlich bei erfolgter Zuteilung weiter verwerten können, beeinflusst die wahrgenommene Zuteilungswahrscheinlichkeit das Erwerbsinteresse. Daher sind potenzielle Käufer eher bei einer begrenzten Anzahl an Mitwettbewerbern geneigt, die Bietkosten auf sich zu nehmen. Dies trifft insbesondere zu, wenn die Ansprache von Finanzinvestoren beabsichtigt ist. Deren Vorteil aus der Erlangung wettbewerbsrelevanter Daten ist im Falle einer Nicht-Zuteilung im Vergleich zu dem von strategischen Käufern von untergeordneter Bedeutung. Letztlich können durch die Zugangskontrolle somit Interessen des Verkäufers geschützt werden und gleichzeitig positive Auswirkungen auf die Teilnahmebereitschaft etwaiger Erwerber und ergo den Bieterwettbewerb gegeben sein.

Bei kontrollierten Auktionen wird zudem eine Untergliederung des eigentlichen Auktionsprozesses in mindestens zwei Bietrunden vorgenommen. Die daraus resultierende Mehrstufigkeit des Verfahrens erlaubt es, in Ergänzung zur Maßnahme einer Begrenzung des Teilnehmerkreises den Vertraulichkeitsanforderungen des Verkäufers zu entsprechen. Die stufenweise Einengung des Bieterkreises geht dabei mit einer sukzessiven Datenfreigabe einher. Diese Vorgehensweise ist neben der Zugangskontrolle die einzige Möglichkeit des Veräußerers zum Schutz vor Erwerbsinteressenten, die lediglich aus Gründen der Informationsgewinnung am Verkaufsprozess teilnehmen. Sie ist jedoch auch aus Perspektive der potenziellen Käufer von Vorteil. Dies ist der Fall, da ehemalige Mitkonkurrenten im Veräußerungsprozess die dabei erhaltenen Informationen auch in ihrer Eigenschaft als Kunden, Lieferanten oder aber direkte Wettbewerber gegen den neuen Eigentümer verwenden könnten.

Im Hinblick auf die Selektion resp. Ausgestaltung der *Auktionsregel* kann eine Entscheidungsfindung gemäß den Erkenntnissen der auktionstheoretischen Literatur nicht losgelöst von dem unterstellten Modellrahmen betrachtet werden. Vielmehr hängt diese von den jeweils getroffenen Annahmen ab, so dass die aus Sicht des Verkäufers optimale Auktionsregel variiert. Prinzipiell bildet dabei das Grundmodell affiliierter Wertschätzungen, das eine Generalisierung der beiden Grundmodelle unabhängiger, privater Wertschätzungen und übereinstimmender Wertschätzung darstellt, die Realität am besten ab. Dies trifft zu, da die den Bietern zunächst unbekannte eigene Wertschätzung sowohl von einer privaten Komponente als auch von der tatsächlichen Qualität des Verkaufsobjekts abhängt.

Diese Kombination aus Präferenz- und Qualitätsunsicherheit ist im Rahmen von M&A-Transaktionen häufig gegeben. Werden z.B. Kundenverträge betrachtet, sucht der Bieter ausgehend von seinen bereits existierenden Kundenbeziehungen nach einem komplementären Kundenstamm. Insofern spiegelt dieser Sachverhalt eine Komponente unabhängiger, privater Wertschätzungen wider. Gleichwohl ist für denselben Interessenten bspw. aber auch die Höhe der zukünftig erzielbaren Kostensenkungen, die unabhängig von der Identität des Eigentümers realisiert werden können, für die Kaufentscheidung von Relevanz. Der letztgenannte Aspekt korrespondiert mit der Annahme übereinstimmender Wertschätzung. Unter diesen Voraussetzungen wird im Grundmodell affiliierter Wertschätzungen abgeleitet, dass für den Verkäufer die Durchführung einer Englischen Auktion von Vorteil ist.

Entgegen den Empfehlungen der Auktionstheorie wird der Zusammenhang zwischen den im Modellrahmen unterstellten Prämissen und den innerhalb des Modellrahmens abgeleiteten optimalen Auktionsregeln in der unternehmerischen Praxis sowie der managementorientierten Literatur nicht thematisiert. Vielmehr wird stets die gleiche Auktionsregel angewandt. Diese entspricht im Vergleich zu den in der auktionstheoretischen Literatur angeführten Auktionsregeln am ehesten einer mehrstufigen Höchstpreis-Auktion. Dies ist darauf zurückzuführen, dass auch im Rahmen einer kontrollierten Auktion bei der Einengung des Bieterkreises die höchsten resp. die präferierten Gebote selektiert werden und bei Zuteilung ein Preis in Höhe des abgegebenen Gebots zu entrichten ist. Einschränkend sei angemerkt, dass der Terminus Höchst*preis*-Auktion in diesem Zusammenhang missverständlich ist. Während in modelltheoretischen Analysen das Gebot auf eine einzige Zahl, nämlich den Kaufpreis, reduziert wird, finden gemäß der managementorientierten Literatur sowie den Angaben der Interviewpartner zusätzliche Faktoren bei der Auswahlentscheidung und finalen Zuteilung Eingang.[744]

Insofern gilt es zu klären, weshalb in der unternehmerischen Praxis immer eine Höchstpreis-Auktion durchgeführt wird. Dies hängt v.a. mit dem Interesse des Verkäufers zusammen, eine Intransparenz bzgl. des Prozessverlaufs im Allgemeinen sowie der Entwicklung des Bieterwettbewerbs im Speziellen herzustellen. Die Herausforderung des Verkäufers resp. seiner Berater liegt bei einer kontrollierten Auktion darin, dass der Bieterwettberb nicht nur zu einem einmaligen Zeitpunkt, sondern über sämtliche Bietrunden aufrechtzuerhalten ist. Würden in der ersten Stufe des Auktionsverfahrens offene Gebote eingeholt, könnten die Bieter Rückschlüsse über die Identität, die Anzahl und die offerierten Kaufpreisindikationen der Mitwettbewerber ziehen. Zudem wäre aber auch das Ausscheiden von Konkurrenten direkt beobachtbar. Hierdurch ggf. resultierende, nicht mehr revidierbare Auswirkungen auf den weiteren Bieterwettbewerb sollen demnach durch das Einholen verdeckter Gebote von vornherein vermieden werden.

Die Verdecktheit der Gebote ist ferner aus dem Grund erforderlich, dass der Verkäufer resp. sein Berater auch den Interessenten gegenüber einer Vertraulichkeitsverpflichtung unterliegt. Diese Verpflichtung bezieht sich einerseits auf die Identität der Bieter. Andererseits ist vor diesem Kontext die Höhe der von den potenziellen Käufern eingereichten Gebote zu nennen. In dieser Hinsicht ist eine Auktion mit verdeckten Geboten auch aus Bieterperspektive von Vorteil. Dies liegt daran, dass die potenziellen Käufer u.U. nicht einmalig an einem Verkaufsprozess teilnehmen, wodurch Interrelationen mit weiteren Transaktionen gegeben sind. Durch die Geheimhaltung der Gebote wird sichergestellt, dass ehemalige Mitbieter nicht auf das zukünftige Verhalten in Auktionen schließen können. Zudem kann sich die Bekanntgabe der Gebotshöhe resp. des Kaufpreises auch auf sich an die Transaktion anschließende Verhandlungen mit zuvor nicht in den Verkaufsprozess involvierten Parteien, z.B. Lieferanten oder Arbeitnehmern, auswirken.[745]

---

[744] Im Rahmen der weiteren Diskussion wird aus Vereinfachungsgründen dennoch der Begriff Höchst*preis*-Auktion beibehalten.

[745] Vgl. zu diesen Aspekten auch Rothkopf/Harstad (1994), S. 365 sowie S. 374. Einschränkend sei darauf verwiesen, dass bei wiederholter Teilnahme an Verkaufsprozessen durch die Verdecktheit der Gebote zwar gewährleistet wird, dass die anderen Bieter keine Rückschlüsse auf das zukünftige Bietverhalten ziehen können. Dies trifft aber nicht auf den Berater des Verkäufers zu.

Alternativ zur Höchstpreis-Auktion könnte ein Verkäufer auch eine Vickrey-Auktion verwenden, da durch letztere ebenfalls eine Verdecktheit der Gebote gewährleistet wäre. Allerdings besteht hierbei die Gefahr, dass die Bieter durch ein fingiertes Gebot oder aber Falschinformationen seitens des Verkäufers hinsichtlich der offerierten Kaufpreise der Mitbieter geschädigt werden. Die Offenlegung sämtlicher Gebote wäre daher sinnvoll, widerspräche aber den oben beschriebenen Ausführungen im Hinblick auf die Wahrung der Vertraulichkeit sowie die Vorteile, die die Verdecktheit in Bezug auf künftige Transaktionen resp. Verhandlungen mit sich bringt. Einschränkend sei angemerkt, dass der endgültige Käufer zumindest den im zweithöchsten Gebot genannten Kaufpreis erfahren würde. Dieser entspricht bekanntlich der Zahlung, die der neue Eigentümer an den Veräußerer leisten muss. Aus diesen Gründen ist insgesamt nachvollziehbar, warum in der unternehmerischen Praxis die Auktionsregel der Höchst*preis*-Auktion gängig ist.

Aus auktionstheoretischer Perspektive können durch die kontinuierliche Anwendung der gleichen Auktionsregel Ineffizienzen im Hinblick auf den erzielbaren Kaufpreis resultieren. Vor diesem Hintergrund sei jedoch erwähnt, dass sich die Ergebnisse modelltheoretischer Analysen mitunter signifikant ändern, sobald die jeweils zugrunde liegenden Annahmen abgeändert werden. Daher ist die Übertragbarkeit von Ergebnissen, die auf zahlreichen restriktiven Prämissen basieren, auf reale Transaktionssituationen nur in ihrer Tendenz möglich.[746] In dieser Hinsicht legen die Erkenntnisse der managementorientierten Literatur sowie der Expertengespräche nahe, dass eine Modifikation der in der Theorie getroffenen Annahmen erforderlich wäre, um Veräußerungssituationen im M&A-Bereich besser erfassen und Handlungsempfehlungen für den Verkäufer ableiten zu können. Ansatzpunkte finden sich insbesondere bzgl. der in auktionstheoretischen Analysen unterstellten Nutzenfunktion sowie dem Sachverhalt, dass in der Praxis üblicherweise asymmetrische Bieter involviert sind, deren Gebotsabgabe mit positiven Bietkosten verbunden ist.

In der unternehmerischen Praxis wird die Einengung des Bieterkreises sowie die finale Zuteilung nicht allein auf Basis des Kaufpreises vorgenommen. Diese Tatsache wird z.T. auch in der auktionstheoretischen Literatur gewürdigt. Vor diesem Kontext erfolgt ein Verweis darauf, dass im Rahmen der Veräußerung von Unternehmen neben dem Kriterium des Kaufpreises weitere spezifische Charakteristika der Bieter von Relevanz

---

[746] Zur generellen Diskussion des Zusammenhangs der getroffenen Modellannahmen sowie der hieraus resultierenden Allgemeingültig- und Übertragbarkeit der Ergebnisse auf die unternehmerische Praxis vgl. ähnlich Rothkopf/Harstad (1994), S. 365.

sind.[747] Diese werden in der modelltheoretischen Analyse üblicherweise jedoch mit dem Argument vernachlässigt, dass sie bereits bei der Erstellung der Short List resp. der erstmaligen Kontaktaufnahme mit den Bietern Eingang finden. Daher wird der weitere Prozess derart ausgestaltet, dass in der Phase der Durchführung lediglich der von den Erwerbsinteressenten genannte Kaufpreis bei der Auswahl berücksichtigt wird.

In der unternehmerischen Praxis trifft diese Beschränkung auf die Phase der Vorbereitung und Analyse nicht zu. Gemäß den Erkenntnissen der Experteninterviews müssen die Bieter auch im Rahmen der indikativen und bindenden Gebote rein über den Kaufpreis hinausgehende Angaben tätigen. Die bei der Erstellung der Short List vermuteten Ausprägungen bestimmter Eigenschaften der Bieter werden für den Verkäufer resp. seinen Berater erst mit fortgeschrittenem Prozessverlauf hinreichend abschätzbar. Daher sind selbige auch noch in der Phase der Durchführung für die Entscheidungsfindung des Verkäufers von Bedeutung.

Eine modelltheoretische Analyse würde unter diesen Voraussetzungen jedoch eine Optimierung der Nutzenfunktion des Verkäufers unter zahlreichen Nebenbedingungen erfordern. Wird hierzu die in Abschnitt 2.3.1 erarbeitete Zielhierarchie des Veräußerers herangezogen, wären neben dem Ziel der Kaufpreismaximierung auch die Ziele der Wahrung der Vertraulichkeit, der Realisierung eines zügigen Abschlusses sowie der Gewährleistung der Transaktionssicherheit zu berücksichtigen.[748] Auf emotionale Einflussfaktoren zurückzuführende persönliche Präferenzen des Verkäufers, die gemäß den Expertenangaben in der Praxis oftmals eine nicht zu vernachlässigende Rolle spielen, lassen sich in modelltheoretischen Analysen gar nicht darstellen.

Ferner wären im Hinblick auf die Gewichtung der Ober- und der Unterziele weitere Annahmen zu treffen, die immer nur einen spezifischen Verkäufertypus reflektieren können. Die Allgemeingültigkeit der Ergebnisse in diesem komplexen und abstrakten Modell-

[747] Vgl. hierzu die Ausführungen auf S. 220 der vorliegenden Arbeit sowie Ye (2007) S. 182, Fußnote 1.

[748] Einschränkend sei angemerkt, dass im Hinblick auf das Ziel der Wahrung der Vertraulichkeit ein erster Schritt in der in Abschnitt 3.5.2 des Überblicks über die auktionstheoretische Literatur dargelegten Analyse von Hansen (2001) vorgenommen wird. Die Aspekte der Transaktionsgeschwindigkeit und -sicherheit sind in auktionstheoretischen Betrachtungen i.d.R. jedoch von untergeordneter Relevanz. Dies ist zum Einen darauf zurückzuführen, dass die Informationsgewinnung der Bieter auf den Erhalt von Signalen reduziert wird, die ihre Wertschätzung beeinflussen. Zeitliche Verzögerungen, die aus unterschiedlichen Informationsständen der Bieter resultieren, werden zudem nicht thematisiert. Zum Anderen wird üblicherweise implizit unterstellt, dass die Bieter ihren bei Zuteilung entstehenden Zahlungsverpflichtungen auch nachkommen können resp. eine weitere Genehmigung des Kaufs durch externe Dritte, wie z.B. das Kartellamt, nicht erforderlich ist.

rahmen ist demnach fragwürdig. Neben der Modifikation des Optimierungsproblems des Verkäufers würde eine realitätsgetreue modelltheoretische Analyse jedoch weitere Anpassungen der grundlegenden Annahmen erfordern. Vor diesem Hintergrund sei insbesondere auf die in der unternehmerischen Praxis vorzufindenden Gegebenheiten in Bezug auf Bieterasymmetrien und die bereits angesprochenen positiven Bietkosten verwiesen. Beide Aspekte werden zwar in einigen auktionstheoretischen Beiträgen separat adressiert. Die im Rahmen von M&A-Transaktionen typischen Veräußerungssituationen legen jedoch die Erfordernis einer kombinierten Betrachtung nahe.

In Bezug auf Bieterasymmetrien implizieren die Ergebnisse der Expertengespräche sowie der managementorientierten Literatur, dass strategische Investoren und Finanzinvestoren in ihren charakteristischen Eigenschaften differieren. Vor diesem Hintergrund werden bspw. Divergenzen hinsichtlich der Realisierungsmöglichkeiten von Synergiepotenzialen oder aber in den spezifischen Informationsbedürfnissen gesehen. Insofern wären im Rahmen modelltheoretischer Analysen für beide Käufertypen unterschiedliche Verteilungsfunktionen zu unterstellen.[749]

Hinsichtlich positiver Bietkosten wird in den entsprechenden auktionstheoretischen Modellen meist unterstellt, dass diese für sämtliche Bieter gleich hoch sind. Bezugnehmend auf die vorhergehenden Ausführungen zu in der Praxis vorhandenden Bieterasymmetrien sowie auf die von den Gesprächspartnern getätigten Angaben zu differierenden Informationsanforderungen von strategischen Käufern und Finanzinvestoren ist eher davon auszugehen, dass ein Zusammenhang zwischen der Höhe der Bietkosten und dem jeweiligen Käufertyp besteht. Dementsprechend wären Unterschiede in den Bietkosten zu beachten. Dieser Aspekt stellt eine weitere Anreicherung der Komplexität der Untersuchung dar.

Die Optimalität einer spezifischen Auktionsregel, die demnach nicht mehr nur im Hinblick auf ein Ziel sondern auf mehrere Ziele des Verkäufers gewährleistet werden müsste, wäre folglich vor dem Hintergrund des oben andiskutierten modifizierten Modellrahmens erneut zu überprüfen. Die Ableitung einer optimalen Auktionsregel gestaltet sich aber bereits bei den in der Auktionstheorie bisher vereinfachend getroffenen Annahmen als sehr schwierig und resultiert in einem komplexen Auktionsdesign. Einige Vertreter der Auktionstheorie würdigen diesen Sachverhalt und verweisen auf damit verbundene

---

[749] Dies wäre streng betrachtet jedoch bereits bei einer Untersuchung von ausschließlich strategischen Bietern, die Synergiepotenziale unterschiedlich gut umsetzen können, der Fall.

Implementierungsschwierigkeiten in realen Veräußerungssituationen. Insbesondere steigen durch die Wahl einer vergleichsweise komplizierten Auktionsregel die Kosten für die Bieter, ein Gebot zu formulieren und abzugeben.[750] Wie in den Expertengesprächen sowie der auktionstheoretischen Literatur dargelegt, hat die Höhe der Bietkosten wiederum negative Rückwirkungen auf das Teilnahmeinteresse am Verkaufsprozess.

Darüber hinaus stellt ein komplexes Auktionsdesign hohe Anforderungen an die Informationsverarbeitungsfähigkeit der Bieter. Als Konsequenz muss die in der spieltheoretischen Betrachtung unterstellte Rationalität der Erwerbsinteressenten in der unternehmerischen Praxis nicht zwingend gegeben sein. Dies bedeutet jedoch im Umkehrschluss, dass der Verkäufer nicht mehr wie bei Vorliegen einer relativ simplen Auktionsregel aufgrund der eingereichten Gebote Rückschlüsse auf die Wertschätzungen der Teilnehmer ziehen kann, da diese sich ggf. nicht rational verhalten.

Die Komplikationen bei der Umsetzung einer unter realitätsgetreuen Annahmen abgeleiteten optimalen Auktionsregel könnte daher ein weiterer Grund sein, warum in der Praxis die vergleichsweise einfache Höchstpreis-Auktion zum Einsatz gelangt. Darüber hinaus ist anzumerken, dass in der Praxis neben der Ausgestaltung der Auktionsregel weitere Schritte ergriffen werden, die einer Intensivierung des Bieterwettbewerbs dienen. Vor diesem Hintergrund sind v.a. Handlungsoptionen zu nennen, die die Strukturierung des Prozesses, die Bieterselektion sowie den Einsatz unterstützender Produkte, wie z.B. das des Stapled Finance oder aber der Vendor Due Diligence, betreffen. Zum Anderen kommt dem Auktionator in der Praxis keine passive Rolle zu, so dass dieser durch gezielte taktische Maßnahmen steuernd in den Wettbewerb zwischen den Interessenten eingreifen kann. Insofern besteht die Möglichkeit, das aus theoretischer Perspektive existierende Unzulänglichkeiten durch diese Mittel kompensiert werden.

Erstens kann der Bieterwettbewerb über die Ausgestaltung des Prozesses, der im Fokus der Betrachtungen der managementorientierten Literatur steht, gefördert werden. Daher gewinnt die Phase der Vorbereitung und Analyse an Bedeutung, wohingegen in der auktionstheoretischen Analyse vornehmlich die Phase der Durchführung untersucht wird. Bei der Formulierung des Prozessbriefs wird hierbei durch die Taktung der von den Bietern einzuhaltenden Fristen bewusst Druck aufgebaut. Im Rahmen der Bieterselektion gehen in die Auswahlentscheidung explizit auch die Reputation eines Bieters und sein Bietverhalten bei vergangenen Transaktionen oder aber bereits im Vorhinein

[750] Vgl. zu diesen Aspekten auch Rothkopf/Harstad (1994), S. 373; Milgrom (1989), S. 17.

bestehende Rivalitäten zwischen einzelnen Teilnehmern ein. Weiterhin lässt sich durch ein Stapled-Finance-Angebot eine Preisuntergrenze signalisieren. Letztere sollte aber nicht zu aggressiv gewählt werden, um negative Rückwirkungen auf das Erwerbsinteresse zu vermeiden. Zudem kann sich die Durchführung einer Vendor Due Diligence positiv auf die Wahrnehmung der Bieter bzgl. der Stärke des Bieterwettbewerbs auswirken. In der Phase der Durchführung wird die Einschätzung der potenziellen Käufer hinsichtlich der Wettbewerbsintensität durch die Festsetzung enger, aber machbarer Deadlines für die Abgabe der indikativen resp. bindenden Gebote und somit auch für die Durchführung der Due Diligence beeinflusst.

Zweitens erfolgt eine aktive Steuerung des Bieterwettbewerbs durch den Berater. Vor diesem Hintergrund sind zum Einen Hinweise bzgl. der relativen Positionierung eines Kaufinteressenten im Vergleich zu seinen Mitwettbewerbern, die entweder auf Anfrage oder gar auf Initiative des Beraters erteilt werden, zu nennen. Wie bereits in Abschnitt 5.4.1.1 angeführt impliziert dies, dass ein einmal abgegebenes Gebot nachgebessert werden kann. Für die Bieter resultiert somit ein Tradeoff zwischen der Wahrscheinlichkeit, das Gebot nachbessern zu dürfen sowie der Chance, mit einem gemessen an ihrer tatsächlichen Wertschätzung zu niedrigen Gebot in die nächste Runde zu gehen.

Einschränkend sei angemerkt, dass diese Vorgehensweise dem Interesse des Verkäufers zuwider läuft, im Rahmen eines Auktionsverfahrens Rückschlüsse auf die wahre Wertschätzung der Interessenten ziehen zu können. Zudem verzögert sich in diesem Fall auch der weitere Prozess, da die Entscheidungsgrundlage für die anstehende Selektion der Bieter erst nach einer Korrektur der Angebote zur Verfügung steht. Grundsätzlich wird durch die Option der Nachbesserung die Disziplin und Verlässlichkeit des Prozesses untergraben. Nutzen sämtliche Bieter diese Möglichkeit, sieht sich der Verkäufer dem Problem gegenübergestellt, dass das Niveau aller Gebote ähnlich wie beim Vorliegen eines Bieterkartells sinkt. Insofern erscheint die Erlaubnis zur Nachbesserung daher nur in Ausnahmefällen sinnvoll, z.B. wenn ein Bieter den Präferenzen des Verkäufers in anderer Hinsicht als der des offerierten Kaufpreises besonders gut entspricht.

Zum Anderen setzt der Berater des Verkäufers bei nachlassender Intensität des Bieterwettbewerbs diese Entwicklung konterkarierende Maßnahmen ein. Hierzu gehören die Erweiterung des Bieterkreises sowie die vorgezogene Offenlegung von für den Käufer entscheidungsrelevanten Informationen, die den Bietern gemäß der ursprünglichen Planung des Prozesses erst zu einem späteren Zeitpunkt hätten zugehen sollen. Allerdings resultieren hieraus Konflikte mit den weiteren Zielen des Verkäufers, wie z.B. der Zügigkeit des Abschlusses oder aber der Wahrung der Vertraulichkeit. Folglich muss im jeweiligen Einzelfall abgeschätzt werden, inwiefern eine derartige Vorgehensweise vor dem Hintergrund der Gewichtung der einzelnen Ziele in der Zielhierarchie des Verkäufers sinnvoll ist.

Zusammenfassend bleibt festzuhalten, dass die in der unternehmerischen Praxis vorzufindende und weitgehend den Ergebnissen der managementorientierten Literatur entsprechende Auktionsregel einer kontrollierten Auktion nicht mit der strengen Auslegung des Auktionsbegriffs im Sinne der Auktionstheorie korrespondiert. Die konkrete Strukturierung des Veräußerungsverfahrens gleicht zudem eher einer Kombination aus einer „Auktion“ und Verhandlungen.

Die in diesem Abschnitt dargelegten Ausführungen verdeutlichen, warum die in der unternehmerischen Praxis gewählte Vorgehensweise resp. Ausgestaltung von kontrollierten Auktionen bei der Veräußerung von Unternehmen gängig ist. Ferner wurde aufgezeigt, welche Adaptionen im Vergleich zu den in der Theorie abgeleiteten Handlungsempfehlungen in der Praxis vorgenommen werden. Diese in der Praxis vorzufindenden Abweichungen von den theoretischen Erkenntnissen können aus theoretischer Perspektive resultierende Ineffizienzen, wenn auch vielleicht unbewusst, kompensieren. Dieser Aspekt wäre in weitergehenden modelltheoretischen Analysen näher zu beleuchten. Aufgrund der im Rahmen von M&A-Transaktionen gegebenen hohen Komplexität sowie der Vielzahl an in diesem Zusammenhang zu berücksichtigenden Aspekten erscheint eine allumfassende Modifikation der in der Auktionstheorie unterstellten Annahmen jedoch sehr schwierig.

Letztgenannter Aspekt ist zudem vor dem Kontext zu sehen, dass auch die Ergebnisse der Expertengespräche sowie die der managementorientierten Literatur keine allgemeingültigen Handlungsempfehlungen bzgl. einer optimalen Ausgestaltung des Prozesses zulassen. Es sind lediglich Tendenzaussagen möglich, die vor dem Hintergrund der spezifischen Erfordernisse der jeweiligen Transaktionen zu überprüfen sind und im Einzelfall in einer Anpassung der idealtypisch zu leistenden Prozessschritte resultieren.

6 Schlussbetrachtung

6.1 Zusammenfassung der Ergebnisse

Bei privaten M&A-Transaktionen unterliegt der Veräußerer keinen gesetzlichen Restriktionen im Hinblick auf die Strukturierung des Verkaufsverfahrens. Insofern kann dieses derart ausgestaltet werden, dass die mit der Transaktion verfolgten Zielsetzungen des Verkäufers im Idealfall voll erreicht werden.

Grundlegend ist vor diesem Hintergrund zunächst die Festlegung des Verkaufsverfahrens an sich, bevor die konkrete Definition einzelner Prozessschritte erfolgt. Bei der Selektion eines spezifischen Veräußerungsverfahrens werden hierbei die z.T. konfliktären Ziele des Verkäufers, die im Rahmen einer Zielhierarchie Eingang finden, berücksichtigt. In die Zielhierarchie üblicherweise einfließende Variablen betreffen die Maximierung des Kaufpreises, die Wahrung der Vertraulichkeit, die Transaktionsgeschwindigkeit und -sicherheit sowie in Einzelfällen auch emotionale Faktoren.

In dieser Arbeit vorgestellte Alternativen, die sich in Abhängigkeit der Gewichtung einzelner Ziele als Veräußerungsverfahren empfehlen, sind das Exklusivverfahren, die offene Auktion sowie die kontrollierte Auktion. Der Einsatz einer kontrollierten Auktion ist in der Regel in Situationen sinnvoll, in denen der Verkäufer einerseits das Ziel der Maximierung des Verkaufspreises relativ stark gewichtet, andererseits aber die Verkaufsabsicht geheim halten und die Offenlegung vertraulicher Unternehmensdaten aktiv steuern möchte.

Sowohl in der wissenschaftlichen Literatur als auch in der unternehmerischen Praxis ist der Begriff der kontrollierten Auktion jedoch nicht einheitlich definiert. In der vorliegenden Untersuchung wurden daher die konstitutiven Merkmale dieses Verkaufsverfahrens erarbeitet. Sie beziehen sich auf die bereits in dessen Bezeichnung aufgegriffenen Aspekte der „Kontrolle“ und der „Auktion“.

In Bezug auf die Auktionskomponente ist erforderliches Kriterium die Beteiligung von mindestens zwei Erwerbsinteressenten. Hierdurch wird gewährleistet, dass zwischen den potenziellen Käufern ein Bieterwettbewerb herrscht. Die Komponente der Kontrolle hat mehrere Dimensionen. Die erste Dimension ist durch die Errichtung einer

Zugangskontrolle für die Erwerbsinteressenten charakterisiert, die folglich eine Begrenzung des Bieterkreises impliziert. Die zweite Dimension ist in der Kontrolle über den Verkaufsprozess an sich zu sehen, die durch dessen klare Strukturierung sowie die permanente Überprüfung und Steuerung von dessen Verlauf erreicht wird. Die dritte Dimension betrifft die Kontrolle über die Weitergabe sensitiver, aber für die Käufer entscheidungsrelevanter Informationen. Sie wird durch die sukzessive Offenlegung der entsprechenden Daten hergestellt. Die vierte Dimension spiegelt den Sachverhalt wider, dass sich der Verkäufer bei der Auswahl der Bieter sowie des tatsächlichen Erwerbers eine Ermessensentscheidung vorbehält. Daher hat ersterer zu jedem Zeitpunkt die Kontrolle über die Selektion.

Dieses auch durch die Ergebnisse der Expertengespräche erweiterte Begriffsverständnis korrespondiert prinzipiell mit den Erkenntnissen der managementorientierten Literatur. Wie in der vorliegenden Untersuchung erarbeitet, ist jedoch eine signifikante Abweichung zu auktionstheoretischen Analysen festzustellen, in denen die Komponente der Kontrolle zudem nicht explizit als solche erfasst und benannt wird. Die Auktionstheorie definiert eine Auktion als einen Mechanismus, der klare Regeln vorgibt und anhand der Gebote der Teilnehmer den Kaufpreis sowie den endgültigen Käufer bestimmt. Dem steht die Vorgehensweise der kontrollierten Auktion entgegen, gemäß der der Verkäufer anstelle eines Mechanismusses die Entscheidung über die Zuteilung trifft.

Hinsichtlich der in der kontrollierten Auktion angewandten Auktionsregel entspricht diese verglichen mit den in der auktionstheoretischen Literatur gängigen Auktionsformen am ehesten einer mehrstufigen Höchst*preis*-Auktion. Im Rahmen dieser Arbeit wurde klärend herausgestellt, dass bei der im Transaktionsverlauf stattfindenden weiteren Selektion der Bieter neben dem Kaufpreis zusätzliche Kriterien angelegt werden. Dies ist vor dem Hintergrund zu sehen, dass der Verkäufer nicht ausschließlich auf die Maximierung des Kaufpreises fokussiert ist, sondern vielmehr eine Zielhierarchie vorliegt. Daher werden von den Bietern in ihren indikativen und bindenden Geboten Angaben eingefordert, die Indikatoren für die Realisierungspotenziale einzelner Ziele durch einen spezifischen Erwerber liefern.

Die einzelnen Phasen einer kontrollierten Auktion lassen sich in die der Vorbereitung und Analyse, der Durchführung sowie die der Vertragsverhandlungen und des Abschlusses untergliedern. Die Auktionskomponente des Verkaufsverfahrens kommt insbesondere in der Phase der Durchführung zum Tragen, da die potenziellen Käufer zu diesem

Zeitpunkt ihre Gebote einreichen sollen. Es werden mehrere Bietrunden angesetzt, wobei mit zunehmendem Fortschreiten des Prozesses immer vertraulichere Informationen offengelegt und der Bieterkreis weiter eingegrenzt wird. Damit einhergehend müssen die Bieter ihre bisher getätigten Gebotsangaben sukzessive präzisieren resp. durch vom Verkäufer zusätzlich angefragte Sachverhalte ergänzen.

Da sich die auktionstheoretische Literatur vornehmlich mit der Ausgestaltung der Auktionsregel sowie deren Implikationen für den Bieterwettbewerb und folglich auch für den erwarteten Verkaufserlös beschäftigt, unterbleibt in diesem Literaturstrang die Betrachtung der Phasen der Vorbereitung und Analyse sowie der Vertragsverhandlungen und des Abschlusses. In Abhängigkeit der durch die Modellprämissen reflektierten Ausgangssituation ändert sich das aus Perspektive des Verkäufers optimale Auktionsdesign.

Dieser Gegebenheit wird in der unternehmerischen Praxis jedoch nicht Rechnung getragen, da stets die gleiche Auktionsregel verwendet wird. Dies ist primär auf folgende Faktoren zurückzuführen: Ein Grund liegt in der Vorteilhaftigkeit verdeckter Gebote für den Verkäufer. Die Verdecktheit der Gebote erleichtert es dem Veräußerer, die Intransparenz des Prozesses im Hinblick auf den tatsächlichen Verlauf des Bieterwettbewerbs sowie die Höhe der eingereichten Gebote aufrechtzuerhalten. Eine Alternative zur Höchst*preis*-Auktion, die ebenfalls auf verdeckten Geboten basiert, ist die Vickrey-Auktion. Allerdings besteht hierbei die Gefahr, dass die Bieter durch fingierte Gebote oder aber Falschinformationen bzgl. des Betrags des zweithöchsten Gebots seitens des Verkäufers getäuscht werden. Eine kontrollierte Auktion ist aber nur unter der Prämisse durchführbar, dass eine ausreichende Grundgesamtheit an zur Teilnahme bereiten Käufern existiert. Das Erwerbsinteresse wird zudem durch die Höhe der den Bietern anfallenden Kosten negativ beeinträchtigt. Die Bietkosten steigen aber mit zunehmender Komplexität der Auktionsregel, die im Fall modelltheoretisch abgeleiteter optimaler Auktionsformen als sehr hoch einzustufen ist. Im Verlauf der Untersuchung wurden daher alternative Maßnahmen aufgezeigt, die auf die Vernachlässigung theoretischer Erkenntnisse zurückzuführende eventuelle Einbußen in der Stärke des Bieterwettbewerbs resp. der Höhe des erwarteten Verkaufserlöses auszugleichen vermögen.

Vor diesem Hintergrund gewinnt zum Einen die auch in der managementorientierten Literatur dargestellte Phase der Vorbereitung und Analyse an Relevanz. Durch die gezielte Selektion der anzusprechenden Bieter unter Berücksichtigung der Markt- und Branchenkenntnisse sowie der Transaktionserfahrung des Beraters wird die Ausgrenzung wenig erfolgversprechender Kandidaten vorgenommen. In der vorliegenden Arbeit wurde hierbei eine explizite Differenzierung in Finanzinvestoren und strategische Investoren getroffen, da beide Käufertypen spezifische Charakterista aufweisen, die den unterschiedlichen Zielen des Verkäufers unterschiedlich gut genügen.

Darüber hinaus stellt der in dieser Phase formulierte Prozessbrief ein Instrument dar, mit dem durch enge zeitliche Vorgaben Druck auf die Bieter ausgeübt werden kann. Weitere Steuerungsvariablen bestehen in der Einbindung von Produkten wie dem der Vendor Due Diligence oder aber von Stapled Finance in den Verkaufsprozess. Beide Varianten bieten sich v.a. bei Verkaufstransaktionen an, bei denen Finanzinvestoren involviert sind. Während die Bereitstellung eines Vendor-Due-Diligence-Berichts das Erwerbsinteresse sowie die Wahrnehmung der Bieter bzgl. der Stärke des Bieterwettbewerbs positiv beeinflussen kann, resultieren Stapled-Finance-Angebote in der Signalisierung eines Mindestpreises. Letzterer sollte allerdings nicht zu aggressiv angesetzt werden, da ansonsten die Gefahr der Abschreckung potenzieller Interessenten besteht.

Aufgrund der weniger strengen Auslegung des Auktionsbegriffs können zum Anderen in der Phase der Durchführung direkte Eingriffe in den Bieterwettbewerb vorgenommen werden. Erstens besteht die Möglichkeit, bei mangelndem Konkurrenzdruck der zugelassenen Parteien den Bieterkreis nachträglich zu erweitern. Allerdings resultiert diese Vorgehensweise auch in einer zeitlichen Verzögerung des gesamten Prozesses. Zweitens kann das Interesse der Bieter ggf. durch die vorzeitige Offenlegung vertraulicher Informationen wieder geweckt werden. Einschränkend sei auf negative Rückwirkungen für das Ziel der Wahrung der Vetraulichkeit verwiesen. Drittens besteht die Möglichkeit, dass der Verkäufer resp. sein Berater bestimmte Erwerbsinteressenten auf deren relative Positionierung im Bieterwettbewerb hinweist und somit eventuell eine Anhebung von deren Geboten erwirkt. An dieser Stelle sind jedoch auch die im Rahmen der vorliegenden Arbeit dargestellten Einschränkungen von juristischer Seite zu beachten.

Die finalen Vertragsverhandlungen, die in dem Abschluss der kontrollierten Auktion münden, können sowohl sequenziell als auch simultan erfolgen. Eine sequenzielle Vorgehensweise impliziert, dass einem der verbliebenen Bieter zeitlich befristet Exklusivität gewährt wird. Als nachteilig ist die hiermit für den Verkäufer verbundene Aufgabe einer wettbewerblichen Situation zwischen den Interessenten zu beurteilen. Ferner kann ein Bieter, mit dem die Verhandlungen zu einem vergleichsweise späten Zeitpunkt aufgenommen werden, hieraus folgern, dass die Transaktion mit einem vorhergehenden

Erwerbsinteressenten nicht zustande gekommen ist. Im Gegensatz dazu ist durch die parallele Verhandlungsführung die Aufrechterhaltung des Wettbewerbsdrucks gewährleistet. Allerdings ist diese auch mit einem höheren zeitlichen und finanziellen Aufwand verbunden. Letztlich müssen in allen Phasen des Prozesses konkret zu tätigende Schritte sowie zu ergreifende Maßnahmen immer vor dem Hintergrund der spezifischen Transaktionssituation abgewogen und dementsprechend strukturiert werden.

6.2 Kritische Würdigung und weiterer Forschungsbedarf

Die wissenschaftliche Motivation der vorliegenden Arbeit liegt zum Einen darin begründet, dass der Untersuchungsgegenstand der kontrollierten Auktion noch nicht ausreichend erforscht ist. Zum Anderen ist sie durch die Existenz zweier unterschiedlicher Literaturstränge bedingt, die zwar verschiedene Einzelaspekte des Untersuchungsgegenstands beleuchten, jedoch keine ganzheitliche Betrachtung ermöglichen. Darüber hinaus ist es von Interesse, inwiefern die bisher in der managementorientierten und auktionstheoretischen Betrachtung abgeleiteten Erkenntnisse in der unternehmerischen Praxis zur Strukturierung des Verkaufsverfahrens herangezogen werden.

Im Rahmen der vorliegenden Arbeit wurde daher eine umfassende Analyse des Untersuchungsgegenstands vorgenommen. Dies geschah unter Berücksichtigung der bis dato vorliegenden Ergebnisse der managementorientierten Literatur, die sich vornehmlich mit prozessualen Aspekten von kontrollierten Auktionen beschäftigt sowie denen der auktionstheoretischen Literatur, deren Fokus auf der konkreten Ausgestaltung von Auktionsregeln liegt. Hierauf aufbauend wurden zusätzlich Expertengespräche geführt. Die derartige Vorgehensweise erlaubt eine Verknüpfung der wissenschaftlichen (z.T. modelltheoretischen) Resultate mit praxisorientierten Erkenntnissen.

Anhand des Abgleichs der Ergebnisse der Experteninterviews mit denen der wissenschaftlichen Literatur konnte erstens die Anwendungsverbreitung existierender Theorien in der unternehmerischen Praxis analysiert werden. Darüber hinaus wurde nicht nur der Abgleich der Ergebnisse der empirischen Untersuchung mit denen der Literatur geleistet, sondern auch der der managementorientierten mit der auktionstheoretischen Betrachtung. Somit wurde eine Synthese beider Literaturstränge erreicht. Ferner wurde insbesondere die managementorientierte Literatur durch die im Rahmen der Gespräche zusätzlich gewonnenen Erkenntnisse ergänzt und durch eigene Überlegungen erweitert. Für die auktionstheoretische Literatur stand die Erarbeitung von Vorschlägen im Hinblick auf eine realitätsnähere Ausgestaltung des Modellrahmens im Vordergrund. Derartige Empfehlungen wurden im Rahmen der Diskussion der Ergebnisse entwickelt.

Eine Kehrseite der breit angelegten Betrachtungsweise, die den Verkaufsprozess der kontrollierten Auktion von der Phase der Vorbereitung und Analyse bis hin zu den Vertragsverhandlungen und dem Abschluss untersucht, ist in deren vergleichsweise geringeren Tiefenperspektive bzgl. einzelner Themenbereiche zu sehen. Die in der vorliegenden Arbeit erfolgte Synthese der managementorientierten und der auktionstheoretischen Literatur hätte bei stärkerer Fokussierung auf einzelne, innerhalb der Phasen erfolgende Prozessschritte jedoch nicht vorgenommen werden können. Dies ist dadurch bedingt, dass die unterschiedlichen Interessenschwerpunkte beider Literaturstränge auch mit der Analyse unterschiedlicher Phasen der kontrollierten Auktion einhergehen, die sich nur begrenzt überschneiden. Da das Ziel der Untersuchung aufgrund der wenig entwickelten Literatur eine umfassende Bearbeitung war, wurde zugunsten der ganzheitlichen Perspektive bewusst auf eine detailliertere Betrachtung von Einzelaspekten verzichtet.

Ausgehend von den Ergebnissen dieser Untersuchung ergeben sich in verschiedene Richtungen Ansatzpunkte für die zukünftige Forschung. Erstens verspricht eine Analyse, inwiefern bestimmte Charakteristika des zu veräußernden Unternehmens für oder gegen den Einsatz einer kontrollierten Auktion sprechen, interessante Ergebnisse. Dies ist auch vor dem Hintergrund von Relevanz, dass zur Durchführung einer kontrollierten Auktion eine gewisse Teilnahmebereitschaft im Markt erforderlich ist.

Zweitens könnten kontrollierte Auktionen in Form von wiederholten Spielen untersucht werden. Grundsätzlich besteht die Möglichkeit, dass ein potenzieller Käufer mehrfach auf ein und denselben Verkäufer resp. Berater trifft, wie es z.B. bei Finanzinvestoren der Fall ist. In derartigen Situation gewinnt die Reputation des Bieters, die auf sein Verhalten in vorhergehenden Transaktionen zurückzuführen ist, an Bedeutung und wird vermutlich in die Selektionsentscheidung des Verkäufers einfließen.

Schließlich zeigt die Arbeit, dass bei der Selektion der potenziellen Käufer durch den Veräußerer emotionalen Faktoren eine nicht zu vernachlässigende Rolle zukommt. Vor diesem Hintergrund wäre drittens eine Untersuchung dieses Sachverhalts unter Rückgriff auf die Erkenntnisse der Verhaltensökonomik (Behavioral Finance), die abweichend von der neoklassischen Theorie eine verhaltensveranlasste Irrationalität in ihren Modellen unterstellt, von Interesse.

Literaturverzeichnis

ACHARYA, Viral V./HAHN, Moritz/KEHOE, Conor (2009): *Corporate Governance and Value Creation: Evidence from Private Equity.* LBS, NYU-Stern, CEPR/LMU/McKinsey & Company, Inc. – Working Paper.

ACHLEITNER, Ann-Kristin (2001): *Handbuch Investment Banking.* 2. Auflage. Wiesbaden: Gabler Verlag.

ACHLEITNER, Paul/DRESIG, Tilo (2001): Mergers & Acquisitions. In GERKE, Wolfgang/STEINER, Manfred (Hrsg.): *Handwörterbuch des Bank- und Finanzwesens, Bd. VI.* Stuttgart: Schäffer-Poeschel, S. 1559–1570.

AKERLOF, George A. (1970): The Market for “Lemons”: Quality Uncertainty and the Market Mechanism. In: *The Quarterly Journal of Economics*, Jg. 84, S. 488–500.

AKTAS, Nihat/BODT, Eric de/ROLL, Richard (2009): *Negotiation Under the Threat of an Auction.* EMLYON Business School/Lille School of Management/University of California, Los Angeles – Working Paper.

ALCHIAN, Armen A./DEMSETZ, Harold (1973): The Property Right Paradigm. In: *The Journal of Economic History*, Jg. 33, S. 16–27.

ALTHEIDE, David L./JOHNSON, John M. (1998): Criteria for Assessing Interpretative Validity in Qualitative Research. In DENZIN, Norman K./LINCOLN, Yvonna S. (Hrsg.): *Collecting and Interpreting Qualitative Materials.* 1. Auflage. Thousand Oaks, CA/London/New Delhi: Sage Publications, S. 283–312.

AMIHUD, Yakov/LEV, Baruch (1981): Risk Reduction as a Managerial Motive for Conglomerate Mergers. In: *The Bell Journal of Economics*, Jg. 12, S. 605–617.

AMIHUD, Yakov/LEV, Baruch/TRAVLOS, Nickolaos G. (1990): Corporate Control and the Choice of Investment Financing: The Case of Corporate Acquisitions. In: *The Journal of Finance*, Jg. 45, S. 603–616.

ANILOWSKI, Carol L./MACIAS, Antonio J./SANCHEZ, Juan Manuel (2009): *Target Firm Earnings Management and the Method of Sale: Evidence from Auctions and Negotiations.* Purdue University/University of Arkansas – Working Paper.

ANSOFF, H. Igor (1966): *Management-Strategie.* 1. Auflage. München: Verlag Moderne Industrie.

ANTON, James J./YAO, Dennis A. (1989): Split Awards, Procurement, and Innovation. In: *The RAND Journal of Economics*, Jg. 20, S. 538–552.

ANTON, James J./YAO, Dennis A. (1992): Coordination in Split Award Auctions. In: *The Quarterly Journal of Economics*, Jg. 107, S. 681–707.

ARROW, Kenneth J. (1991): The Economics of Agency. In PRATT, John W./ ZECKHAUSER, Richard J. (Hrsg.): *Principals and Agents: The Structure of Business.* Boston, MA: Harvard Business School Press, S. 37–51.

ASHENFELTER, Orley (1989): How Auctions Work for Wine and Art. In: *Journal of Economic Perspectives*, Jg. 3, Nr. 3, S. 23–36.

ATTESLANDER, Peter (2003): *Methoden der empirischen Sozialforschung.* 10. Auflage. Berlin/New York, NY: Walter de Gruyter.

ATTESLANDER, Peter/KOPP, Manfred (1999): Befragung. In ROTH, Erwin/HOLLING, Heinz (Hrsg.): *Sozialwissenschaftliche Methoden: Lehr- und Handbuch für Forschung und Praxis.* 5. Auflage. München/Wien: R. Oldenbourg Verlag, S. 146–174.

AUSUBEL, Lawrence M./MILGROM, Paul (2002a): Ascending Auctions with Package Bidding. In: *Frontiers of Theoretical Economics*, Jg. 1, S. 1–42.

AUSUBEL, Lawrence M./MILGROM, Paul R. (2002b): Package Bidding: Vickrey vs. Ascending Auctions. In: *Revue économique*, Jg. 53, S. 391–402.

AVERY, Christopher (1998): Strategic Jump Bidding in English Auctions. In: *The Review of Economic Studies*, Jg. 65, S. 185–210.

AVERY, Christopher/KAGEL, John H. (1997): Second-Price Auctions with Asymmetric Payoffs: An Experimental Investigation. In: *Journal of Economics & Management Strategy*, Jg. 6, S. 573–603.

AXELSON, Ulf et al. (2008): *Leverage and Pricing in Buyouts: An Empirical Analysis.* SIFR, Stockholm School of Economics/Said Business School (University of Oxford), CEPR/SIFR, Stockholm School of Economics, CEPR, NBER/University of Illinois at Urbana-Champaign, NBER – Working Paper.

BACK, Kerry/ZENDER, Jaime F. (1993): Auctions of Divisible Goods: On the Rationale for the Treasury Experiment. In: *The Review of Financial Studies*, Jg. 6, S. 733–764.

BARGERON, Leonce L. et al. (2008): Why do Private Acquirers Pay so Little Compared to Public Acquirers? In: *Journal of Financial Economics*, Jg. 89, S. 375–390.

BASTIAN, Nicole/BENDERS, Rolf/NAGL, Hans G. (2008): Post macht Ernst mit Postbank-Verkauf. In: *Handelsblatt*,, Nr. 107, S. 1, 05. Juni 2008.

BAUMOL, William J./PANZAR, John C./WILLIG, Robert D. (1982): *Contestable Markets and the Theory of Industry Structure.* 1. Auflage. New York, NY et al.: Harcourt Brace Jovanovich, Inc.

BAZERMAN, Max H./SAMUELSON, William F. (1983): I Won the Auction but Don't Want the Prize. In: *The Journal of Conflict Resolution*, Jg. 27, S. 618–634.

BECK, Ralf/KLAR, Michael (2007): Asset Deal versus Share Deal - Eine Gesamtbetrachtung unter expliziter Berücksichtigung des Risikoaspekts. In: *Der Betrieb*, Jg. o. Jg., Nr. 51/52, S. 2819–2826.

BECKMANN, Michael (1999): *Ökonomische Analyse deutscher Auktionen.* Dissertation Albert-Ludwigs-Universität, Freiburg im Breisgau, Wiesbaden: Deutscher Universitäts-Verlag.

BENOÎT, Jean-Pierre/KRISHNA, Vijay (2001): Multiple-Object Auctions with Budget Constrained Bidders. In: *The Review of Economic Studies*, Jg. 68, S. 155–179.

BERENS, Wolfgang/MERTES, Martin/STRAUCH, Joachim (2005): Unternehmensakquisitionen. In BERENS, Wolfgang/BRAUNER, Hans U./STRAUCH, Joachim (Hrsg.): *Due Diligence bei Unternehmensakquisitionen.* 4. Auflage. Stuttgart: Schäffer-Poeschel, S. 25–74.

BERENS, Wolfgang/SCHMITTING, Walter/STRAUCH, Joachim (2005): Funktionen, Terminierung und rechtliche Einordnung der Due Diligence. In BERENS, Wolfgang/BRAUNER, Hans U./STRAUCH, Joachim (Hrsg.): *Due Diligence bei Unternehmensakquisitionen.* 4. Auflage. Stuttgart: Schäffer-Poeschel, S. 75–118.

BERENS, Wolfgang/STRAUCH, Joachim (2002): Due Diligence bei Unternehmensakquisitionen - Eine empirische Untersuchung. In: *Die Wirtschaftsprüfung*, Jg. 55, S. 511–525.

BERENS, Wolfgang/STRAUCH, Joachim (2005): Herkunft und Inhalt des Begriffes Due Diligence. In BERENS, Wolfgang/BRAUNER, Hans U./STRAUCH, Joachim (Hrsg.): *Due Diligence bei Unternehmensakquisitionen.* 4. Auflage. Stuttgart: Schäffer-Poeschel, S. 3–23.

BERNHEIM, B. Douglas/WHINSTON, Michael D. (1986): Menu Auctions, Resource Allocation, and Economic Influence. In: *The Quarterly Journal of Economics*, Jg. 101, S. 1–32.

BIKHCHANDANI, Sushil (1999): Auctions of Heterogeneous Objects. In: *Games and Economic Behavior*, Jg. 26, S. 193–220.

BIKHCHANDANI, Sushil/OSTROY, Joseph M. (2002): The Package Assignment Model. In: *Journal of Economic Theory*, Jg. 107, S. 377–406.

BOETTCHER, Max (2006): Virtuelle Datenräume: Weniger Fehler, mehr Transparenz. In: *Immobilienwirtschaft*, Jg. o. Jg., Nr. 6, S. 45–47.

BOONE, Audra L./MULHERIN, J. Harold (2003): *Corporate Restructuring and Corporate Auctions.* College of William & Mary/Claremont McKenna College – Working Paper.

BOONE, Audra L./MULHERIN, J. Harold (2007): How Are Firms Sold? In: *The Journal of Finance*, Jg. 62, S. 847–875.

BOONE, Audra L./MULHERIN, J. Harold (2008): Do Auctions Induce a Winner's Curse? New Evidence from the Corporate Takeover Market. In: *Journal of Financial Economics*, Jg. 89, S. 1–19.

BOONE, Audra L./MULHERIN, J. Harold (2009): *Do Private Equity Consortiums Facilitate Collusion in Takeover Bidding?* University of Kansas/University of Georgia – Working Paper.

BORGHESE, Robert J./BORGESE, Paul F. (2002): *M&A form Planning to Integration: Executing Acquisitions and Increasing Shareholder Value.* 1. Auflage. Martinsburg, W Va: McGraw-Hill, Copublished with Association for Financial Professionals.

BORTZ, Jürgen/DÖRING, Nicola (2002): *Forschungsmethoden und Evaluation für Human- und Sozialwissenschaftler: Mit 80 Abbildungen und 70 Tabellen.* 3. Auflage. Berlin et al.: Springer.

BREALEY, Richard A./MYERS, Stewart C. (2000): *Principles of Corporate Finance.* 6. Auflage. New York, NY et al.: McGraw-Hill.

BRÜSEMEISTER, Thomas (2000): *Qualitative Forschung: Ein Überblick.* 1. Auflage. Wiesbaden: Westdeutscher Verlag.

BT-DRUCKSACHE 14/7034: *Gesetzentwurf der Bundesregierung: Entwurf eines Gesetzes zur Regelung von öffentlichen Angeboten zum Erwerb von Wertpapieren und von Unternehmensübernahmen* (17.08.2001)..

BULOW, Jeremy/HUANG, Ming/KLEMPERER, Paul (1999): Toeholds and Takeovers. In: *The Journal of Political Economy*, Jg. 107, S. 427–454.

BULOW, Jeremy/KLEMPERER, Paul (1994): Rational Frenzies and Crashes. In: *The Journal of Political Economy*, Jg. 102, S. 1–23.

BULOW, Jeremy/KLEMPERER, Paul (1996): Auctions Versus Negotiations. In: *The American Econonomic Review*, Jg. 86, S. 180–194.

BULOW, Jeremy/KLEMPERER, Paul (2002): Prices and the Winner's Curse. In: *The RAND Journal of Economics*, Jg. 33, S. 1–21.

BURGUET, Roberto/SÁKOVICS, József (1996): Reserve Prices without Commitment. In: *Games and Economic Behavior*, Jg. 15, S. 149–164.

BURKART, Mike (1995): Initial Shareholdings and Overbidding in Takeover Contests. In: *The Journal of Finance*, Jg. 50, S. 1491–1515.

CAMPBELL, Colin M./LEVIN, Dan (2000): Can the Seller Benefit from an Insider in Common-Value Auctions? In: *Journal of Economic Theory*, Jg. 91, S. 106–120.

CANTILLON, Estelle (2008): The Effect of Bidders' Asymmetries on Expected Revenue in Auctions. In: *Games and Economic Behavior*, Jg. 62, S. 1–25.

CAPRON, Laurence/SHEN, Jung-Chin (2007): Acquisitions of Private vs. Public Firms: Private Information, Target Selection, and Acquirer Returns. In: *Strategic Management Journal*, Jg. 28, S. 891–911.

CASSADY, Ralph (1967): *Auctions and Auctioneering.* 1. Auflage. Berkeley, CA/Los Angeles, CA: University of California Press.

CHANG, Saeyoung (1998): Takeovers of Privately Held Targets. In: *The Journal of Finance*, Jg. 53, S. 773–784.

CHE, Yeon-Koo/GALE, Ian (1996): Expected Revenue of All-Pay Auctions and First-Price Sealed-Bid Auctions with Budget Constraints. In: *Economics Letters*, Jg. 50, S. 373–379.

CHE, Yeon-Koo/GALE, Ian (1998): Standard Auctions with Financially Constrained Bidders. In: *The Review of Economic Studies*, Jg. 65, S. 1–21.

CHO, Jeasik/TRENT, Allen (2006): Validity in Qualitative Research Revisited. In: *Qualitative Research*, Jg. 6, S. 319–340.

CHOWDRY, Bhagwan/NANDA, Vikram (1993): The Strategic Role of Debt in Takeover Contests. In: *The Journal of Finance*, Jg. 48, S. 731–745.

COASE, Ronald H. (1937): The Nature of the Firm. In: *Economica*, Jg. 4, S. 386–405.

COENENBERG, Adolf G./SAUTTER, Michael T. (1988): Strategische und finanzielle Bewertung von Unternehmensakquisitionen. In: *DBW*, Jg. 48, S. 691–710.

COMANOR, William S. (1967): Vertical Mergers, Market Powers, and the Antitrust Laws. In: *The American Economic Review*, Jg. 57, S. 254–265.

COPELAND, Thomas E./WESTON, J. Fred (1992): *Financial Theory and Corporate Policy*. 3. Auflage. Reading, MA et al.: Addison-Wesley.

COPELAND, Tom/KOLLER, Tim/MURRIN, Jack (2000): *Valuation: Measuring and Managing the Value of Companies*. 3. Auflage. New York, NY et al.: John Wiley & Sons, Inc.

CORSTEN, Hans (1995): *Lexikon der Betriebswirtschaftslehre*. 3. Auflage. München/Wien: R. Oldenbourg Verlag.

COUCH, Arthur/KENISTON, Kenneth (1960): Yeasayers and Naysayers: Agreeing Response Set as a Personality Variable. In: *Journal of Abnormal and Social Psychology*, Jg. 60, S. 151–174.

COX, James C./ISAAC, R. Mark (1984): In Search of the Winner's Curse. In: *Economic Inquiry*, Jg. 22, S. 579–592.

CROWLEY, Colm/HARRÉ, Rom/TAGG, Clare (2002): Editorial: Qualitative Research and Computing: Methodological Issues and Practices in Using QSR NVivo and NUDIST. In: *International Journal of Social Research Methodology*, Jg. 5, S. 193–197.

DANIEL, Kent D./HIRSHLEIFER, David (1998): *A Theory of Costly Sequential Bidding*. University of Michigan Business School – Working Paper 98028.

DAS, Sanjiv Ranjan/SUNDARAM, Rangarajan K. (1997): *Auction Theory: A Summary With Applications To Treasury Markets*. NBER – Working Paper 5873.

DASGUPTA, Partha/MASKIN, Eric (2000): Efficient Auctions. In: *The Quarterly Journal of Economics*, Jg. 115, S. 341–388.

DASGUPTA, Sudipto/HANSEN, Robert G. (2007): Auctions in Corporate Finance. In ECKBO, B. Espen (Hrsg.): *Handbook of Corporate Finance: Empirical Corporate Finance*. Jg. 1, 1. Auflage. Amsterdam/New York, NY/Oxford: North-Holland, Elsevier Science Publishers B.V., S. 87–144.

DATAR, Srikant/FRANKEL, Richard/WOLFSON, Mark (2001): Earnouts: The Effects of Adverse Selection and Agency Costs on Acquisition Techniques. In: *The Journal of Law, Economics & Organization*, Jg. 17, S. 201–238.

DEMARZO, Peter M./KREMER, Ilan/SKRZYPACZ, Andrzej (2005): Bidding with Securities: Auctions and Security Design. In: *The American Economic Review*, Jg. 95, S. 936–959.

DEPAMPHILIS, Donald (2001): *Mergers, Acquisitions, and Other Restructuring Activities: An Integrated Approach to Process, Tools, Cases, and Solutions.* 1. Auflage. San Diego, CA et al.: Academic Press.

DIBELIUS, Alexander/HUFNAGEL, Till (2002): Mergers & Acquisitions: Schnittstelle zwischen Unternehmen und Kapitalmärkten. In SIEGWART, Hans/MAHARI, Julian (Hrsg.): *Corporate Governance, Shareholder Value & Finance, Meilensteine im Management, Vol. 9.* Basel et al.: Helbing & Lichtenhahn et al., S. 485–513.

DIEHL, Oliver/BOZICEVIC, Falko (2006): Dual Track-Prozesse: Die bevorzugte Exit-Alternative für Finanzinvestoren. In: *Die Aktiengesellschaft*, Jg. 51, S. R493–R494.

DIEKMANN, Andreas (2004): *Empirische Sozialforschung: Grundlagen, Methoden, Anwendungen.* 12. Auflage. Reinbek: Rowohlt Taschenbuch Verlag.

DIETRICH, Michael/HARTMANN-RÜPPEL, Marco (2008): Der erfolgreiche Umgang mit den Kartellbehörden. In LUCKS, Kai (Hrsg.): *Mergers & Acquisitions Jahrbuch 2008.* 1. Auflage. Frankfurt am Main: Financial Gates, S. 83–85.

DILGER, Alexander (1998): *Auktionen in Insolvenzen: Ein Vorschlag zur optimalen Gestaltung von Insolvenzverfahren.* Dissertation Humboldt-Universität zu Berlin, Berlin: Logos Verlag.

DIXIT, Avinash/SKEATH, Susan (1999): *Games of Strategy.* 1. Auflage. New York, NY/London: W.W. Norton & Company.

DRILL, Michael (2008): Private Equity aus Sicht eines Unternehmensverkäufers. In LUCKS, Kai (Hrsg.): *Mergers & Acquisitions Jahrbuch 2008.* 1. Auflage. Frankfurt am Main: Financial Gates, S. 72–73.

DRUKARCZYK, Jochen (1993): *Theorie und Politik der Finanzierung.* 2. Auflage. München: Verlag Franz Vahlen.

DRUKARCZYK, Jochen (2003): *Unternehmensbewertung.* 4. Auflage. München: Verlag Franz Vahlen.

DUFEY, Gunter/HOMMEL, Ulrich (2000): Mergers & Acquisitions. In HAGEN, Jürgen von/STEIN, Johann Heinrich von (Hrsg.): *Geld-, Bank- und Börsenwesen: Handbuch des Finanzsystems.* Stuttgart: Schäffer-Poeschel, S. 963–986.

DUTRA, Joisa C./MENEZES, Flavio M. (2002): Hybrid Auctions. In: *Economics Letters*, Jg. 77, S. 301–307.

ECKBO, B. Espen (1983): Horizontal Mergers, Collusion, and Stockholder Wealth. In: *Journal of Financial Economics*, Jg. 11, S. 241–273.

ECKER, Martina (2008): Wertschöpfend akquirieren in einem hochpreisigen Marktumfeld. In LUCKS, Kai (Hrsg.): *Mergers & Acquisitions Jahrbuch 2008.* 1. Auflage. Frankfurt am Main: Financial Gates, S. 29–31.

ELTON, Edwin J. et al. (2003): *Modern Portfolio Theory and Investment Analysis.* 1. Auflage. New York, NY/London: John Wiley & Sons.

ENGELBRECHT-WIGGANS, Richard (1980): Auctions and Bidding Models: A Survey. In: *Management Science*, Jg. 26, S. 119–142.

ENGELBRECHT-WIGGANS, Richard (1987): On Optimal Reservation Prices in Auctions. In: *Management Science*, Jg. 33, S. 763–770.

ENGELBRECHT-WIGGANS, Richard (1993): Optimal Auctions Revisited. In: *Games and Economic Behavior*, Jg. 5, S. 227–239.

ENGELBRECHT-WIGGANS, Richard/KAHN, Charles M. (1991): Protecting the Winner: Second-Price versus Oral Auctions. In: *Economics Letters*, Jg. 35, S. 243–248.

ENGELBRECHT-WIGGANS, Richard/MILGROM, Paul R./WEBER, Robert J. (1983): Competitive Bidding and Proprietary Information. In: *Journal of Mathematical Economics*, Jg. 11, S. 161–169.

ENGELBRECHT-WIGGANS, Richard/WEBER, Robert J. (1979): An Example of a Multi-Object Auction Game. In: *Management Science*, Jg. 25, S. 1272–1277.

ENGELBRECHT-WIGGANS, Richard/WEBER, Robert J. (1983): A Sequential Auction Involving Asymmetrically-Informed Bidders. In: *International Journal of Game Theory*, Jg. 12, S. 123–127.

ERLEI, Mathias/LESCHKE, Martin/SAUERLAND, Dirk (1999): *Neue Institutionenökonomik.* 1. Auflage. Stuttgart: Schäffer-Poeschel.

ESÖ, Péter/WHITE, Lucy (2004): Precautionary Bidding in Auctions. In: *Econometrica*, Jg. 72, S. 77–92.

FACCIO, Mara/MASULIS, Ronald W. (2005): The Choice of Payment Method in European Mergers and Acquisitions. In: *The Journal of Finance*, Jg. 60, S. 1345–1388.

FADEN, Christoph (2008): *Das Pflichtangebot nach dem Wertpapiererwerbs- und Übernahmegesetz (WpÜG).* Dissertation Universität Hamburg, Göttingen: Cuvillier Verlag.

FAMA, Eugene F./JENSEN, Michael C. (1983a): Agency Problems and Residual Claims. In: *The Journal of Law and Economics*, Jg. 26, S. 327–349.

FAMA, Eugene F./JENSEN, Michael C. (1983b): Separation of Ownership and Control. In: *The Journal of Law and Economics*, Jg. 26, S. 301–325.

FEESS, Eberhard (1997): *Mikroökonomie: Eine spieltheoretisch- und anwendungsorientierte Einführung.* 1. Auflage. Marburg: Metropolis.

FELDMAN, Robert A./MEHRA, Rajnish (1993): Auctions: Theory and Applications. In: *IMF Staff Papers*, Jg. 40, S. 485–511.

FISHMAN, Michael J. (1988): A Theory of Preemptive Takeover Bidding. In: *The RAND Journal of Economics*, Jg. 19, S. 88–101.

FISHMAN, Michael J. (1989): Preemptive Bidding and the Role of Medium of Exchange in Acquisitions. In: *The Journal of Finance*, Jg. 44, S. 41–57.

FLECK, Andree (1995): *Hybride Wettbewerbsstrategien: Zur Synthese von Kosten- und Differenzierungsvorteilen.* Dissertation Ludwig-Maximilians-Universität München, Wiesbaden: Deutscher Universitäts-Verlag.

FLEISCHER, Holger/KÖRBER, Torsten (2005): Due Diligence im Gesellschafts- und Kapitalmarktrecht. In BERENS, Wolfgang/BRAUNER, Hans U./STRAUCH, Joachim (Hrsg.): *Due Diligence bei Unternehmensakquisitionen.* 4. Auflage. Stuttgart: Schäffer-Poeschel, S. 199–312.

FLICK, Uwe (1992): Entzauberung der Intuition: Systematische Perspektiven-Triangulation als Strategie der Geltungsbegründung qualitativer Daten und Interpretationen. In HOFFMEYER-ZLOTNIK, Jürgen H.P. (Hrsg.): *Analyse verbaler Daten: Über den Umgang mit qualitativen Daten.* 1. Auflage. Opladen: Westdeutscher Verlag, S. 11–55.

FLICK, Uwe (1995a): Stationen des qualitativen Forschungsprozesses. In FLICK, Uwe et al. (Hrsg.): *Handbuch Qualitative Sozialforschung: Grundlagen, Konzepte, Methoden und Anwendungen.* 2. Auflage. Weinheim: Beltz, PsychologieVerlagsUnion, S. 148–169.

FLICK, Uwe (1995b): Triangulation. In FLICK, Uwe et al. (Hrsg.): *Handbuch Qualitative Sozialforschung: Grundlagen, Konzepte, Methoden und Anwendungen.* 2. Auflage. Weinheim: Beltz, PsychologieVerlagsUnion, S. 432–434.

FLICK, Uwe (2004): *Qualitative Sozialforschung: Eine Einführung.* 2. Auflage. Reinbek: Rowohlt Taschenbuch Verlag.

FREYTAG, Bernd (2001): Das Gerangel auf dem Private-Equity-Markt nimmt zu. In: *Börsen-Zeitung*,, Nr. 94, S. 14, 17. Mai 2001.

FRIEDMAN, James W. (1986): *Game Theory with Applications to Economics.* 2. Auflage. New York, NY et al.: Oxford University Press.

FRIEDRICHS, Jürgen (1973): *Methoden der empirischen Sozialforschung.* Reinbek: Rowohlt, 1. Auflage.

FRIESE, Sebastian/MITTENDORF, Thomas/SCHULENBURG, J.-Matthias Graf von der (2005): Vendor Due Diligence: Modernes Bewertungsinstrument vs. theoretische Fundierung. In: *WiSt*, Jg. o. Jg., Nr. 10, S. 548–553.

FROSCHAUER, Ulrike/LUEGER, Manfred (1998): *Das qualitative Interview zur Analyse sozialer Systeme.* 2. Auflage. Wien: WUV Universitätsverlag.

FULLER, Kathleen/NETTER, Jeffry/STEGEMOLLER, Mike (2002): What Do Returns to Acquiring Firms Tell Us? Evidence from Firms that Make Many Acquisitions. In: *The Journal of Finance*, Jg. 57, S. 1763–1792.

FURUBOTN, Eirik G./PEJOVICH, Svetozar (1972): Property Rights and Economic Theory: A Survey of Recent Literature. In: *Journal of Economic Literature*, Jg. 10, S. 1137–1162.

FURUBOTN, Eirik G./RICHTER, Rudolf (1991): The New Institutional Economics: An Assessment. In FURUBOTN, Eirik G./RICHTER, Rudolf (Hrsg.): *The New Institutional Economics: A Collection of Articles from the Journal of Institutional and Theoretical Economics.* Tübingen: J.C.B. Mohr, S. 1–32.

GARVIN, Susan/KAGEL, John H. (1994): Learning in Common Value Auctions: Some Initial Observations. In: *Journal of Economic Behavior and Organization*, Jg. 25, S. 351–372.

GEORGIEFF, Alexander/BIAGOSCH, Maximilian (2005): Finanzierungsinstrumente von Finanzinvestoren. In BERENS, Wolfgang/BRAUNER, Hans U./ FRODERMANN, Jürgen (Hrsg.): *Unternehmensentwicklung mit Finanzinvestoren: Eigenkapitalstärkung, Wertsteigerung, Unternehmensverkauf.* 1. Auflage. Stuttgart: Schäffer-Poeschel, S. 172–210.

GIAMMARINO, Ronald M./HEINKEL, Robert L. (1986): A Model of Dynamic Takeover Behavior. In: *The Journal of Finance*, Jg. 41, S. 465–480.

GIBBONS, Robert (1992): *A Primer in Game Theory.* 1. Auflage. New York, NY et al.: Prentice Hall.

GILIBERTO, S. Michael/VARAIYA, Nikhil P. (1989): The Winner's Curse and Bidder Competition in Acquisitions: Evidence from Failed Bank Auctions. In: *The Journal of Finance*, Jg. 44, S. 59–75.

GILSON, Ronald/SCHWARTZ, Alan (2005): Understanding MACs: Moral Hazard in Acquisitions. In: *Journal of Law, Economics & Organization*, Jg. 21, S. 330–358.

GLÄSER, Jochen/LAUDEL, Grit (2004): *Experteninterviews und qualitative Inhaltsanalyse.* 1. Auflage. Wiesbaden: VS Verlag für Sozialwissenschaften.

GÖBEL, Elisabeth (2002): *Neue Institutionenökonomik: Konzeption und betriebswirtschaftliche Anwendung.* 1. Auflage. Stutgart: Lucius & Lucius.

GOEREE, Jacob K./OFFERMAN, Theo (2003): Winner's Curse without Overbidding. In: *European Economic Review*, Jg. 47, S. 625–644.

GRAHAM, Daniel A./MARSHALL, Robert C. (1987): Collusive Bidder Behavior at Single-Object Second-Price and English Auctions. In: *The Journal of Political Economy*, Jg. 95, S. 1217–1239.

GRANDIN, Christian/BROSE, Teresa (2005): Virtuelle Datenräume im M&A-Auktionsverfahren. In: *Going Public*, Jg. o. Jg., Nr. 10, S. 62–63.

GROEBEN, Norbert/RUSTEMEYER, Ruth (1995): Inhaltsanalyse. In KÖNIG, Eckard/ZEDLER, Peter (Hrsg.): *Bilanz Qualitativer Forschung: Bd. 2. Methoden.* Weinheim: Deutscher Studien Verlag, S. 523–554.

GUO, Shourun/HOTCHKISS, Edith S./SONG, Weihong (2009): *Do Buyouts (Still) Create Value?* Boston College/Boston College/ University of Cincinnati – Working Paper.

HAMMERMANN, Peter (2008): Der Mehrwert von Private Equity bei Buy-and-Build-Strategien. In LUCKS, Kai (Hrsg.): *Mergers & Acquisitions Jahrbuch 2008.* 1. Auflage. Frankfurt am Main: Financial Gates, S. 34–36.

HANSEN, Robert G. (1985): Auctions with Contingent Payments. In: *The American Economic Review*, Jg. 75, S. 862–865.

HANSEN, Robert G. (1988): Auctions with Endogenous Quantity. In: *The RAND Journal of Economics*, Jg. 19, S. 44–58.

HANSEN, Robert G. (2001): Auctions of Companies. In: *Economic Inquiry*, Jg. 39, S. 30–43.

HARRIS, Milton/RAVIV, Artur (1981a): Allocation Mechanisms and the Design of Auctions. In: *Econometrica*, Jg. 49, S. 1477–1499.

HARRIS, Milton/RAVIV, Artur (1981b): A Theory of Monopoly Pricing Schemes with Demand Uncertainty. In: *The American Economic Review*, Jg. 71, S. 347–365.

HARSTAD, Ronald M. (1990): Alternative Common-Value Auction Procedures: Revenue Comparisons with Free Entry. In: *The Journal of Political Economy*, Jg. 98, S. 421–429.

HAUSCH, Donald B. (1986): Multi-Object Auctions: Sequential vs. Simultaneous Sales. In: *Management Science*, Jg. 32, S. 1599–1610.

HENDRICKS, Kenneth/PORTER, Robert H./BOURDEAU, Bryan (1987): Information, Returns, and Bidding Behavior in OCS Auctions: 1954-1969. In: *The Journal of Industrial Economics*, Jg. 35, S. 517–542.

HENNES, Markus (2008): CVC vor Einstieg bei Evonik. In: *Handelsblatt*,, Nr. 105, S. 15, 03. Juni 2008.

HIRSHLEIFER, David (1992): Takeovers. In NEWMAN, Peter/MILGATE, Murray/ EATWELL, John (Hrsg.): *The New Palgrave Dictionary of Money and Finance, Vol. 3.* London/Basingstoke/New York, NY: The Macmillan Press, S. 638–645.

HIRSHLEIFER, David/P'NG, I.P.L. (1989): Facilitation of Competing Bids and the Price of a Takeover Target. In: *The Review of Financial Studies*, Jg. 2, S. 587–606.

HOCKMANN, Heinz J./THIESSEN, Friedrich (2002): *Investment Banking.* 1. Auflage. Stuttgart: Schäffer-Poeschel.

HOGAN, Joris M. (2006): Shareholder Rights Plans: Self-Limiting Features and Redemptions; What's up with Stapled Financing? In: *Securities Regulation Law Journal*, Jg. 34, S. 221–231.

HOLLER, Manfred J./ILLING, Gerhard (2000): *Einführung in die Spieltheorie.* 4. Auflage. Heidelberg et al.: Springer.

HOLMSTRÖM, Bengt/MYERSON, Roger B. (1983): Efficient and Durable Decision Rules with Incomplete Information. In: *Econometrica*, Jg. 51, S. 1799–1819.

HOLT, Charles A. (1979): Uncertainty and the Bidding for Incentive Contracts. In: *The American Economic Review*, Jg. 69, S. 697–705.

HOLT, Charles A. (1980): Competitive Bidding for Contracts under Alternative Auction Procedures. In: *The Journal of Political Economy*, Jg. 88, S. 433–445.

HÖLTERS, Wolfgang (2002): Teil I: Der Unternehmens- und Beteiligungskauf - Bedeutung, Grundfragen und Abwicklung. In HÖLTERS, Wolfgang (Hrsg.): *Handbuch des Unternehmens- und Beteiligungskaufs.* 5. Auflage. Köln: Verlag Dr. Otto Schmidt, S. 1–69.

HOLZAPFEL, Hans-Joachim/PÖLLATH, Reinhard (2005): *Unternehmenskauf in Recht und Praxis: Rechtliche und steuerliche Aspekte.* 12. Auflage. Köln: RWS Verlag Kommunikationsforum GmbH.

HONG, Han/SHUM, Matthew (2002): Increasing Competition and the Winner's Curse: Evidence from Procurement. In: *The Review of Economic Studies*, Jg. 69, S. 871–898.

HOPF, Christel (1995): Qualitative Interviews in der Sozialforschung. Ein Überblick. In FLICK, Uwe et al. (Hrsg.): *Handbuch Qualitative Sozialforschung: Grundlagen, Konzepte, Methoden und Anwendungen.* 2. Auflage. Weinheim: Beltz, PsychologieVerlagsUnion, S. 177–182.

HÖRMANN, Jens (2008): Die Due Diligence beim Unternehmenskauf. In BIRK, Dieter (Hrsg.): *Transaktionen, Vermögen, Pro Bono: Festschrift zum zehnjährigen Bestehen von P+P Pöllath + Partners.* 1. Auflage. München: Verlag C. H. Beck, S. 135–160.

ILLENBERGER, Stephan M./BERLAGE, Jan S. (1991): Verfahrenswahl beim Unternehmenskauf. In: *Die Bank*, Jg. o. Jg., Nr. 8, S. 441–445.

JANSEN, Stephan A. (2001): *Mergers & Acquisitions Unternehmensakquisitionen und -kooperationen: Eine strategische, organisatorische und kapitalmarkttheoretische Einführung.* 4. Auflage. Wiesbaden: Gabler Verlag.

JEHLE, Geoffrey A./RENY, Philipp J. (2001): *Advanced microeconomic theory.* 2. Auflage. Boston, MA et al.: Addison-Wesley.

JENSEN, Michael C. (1983): Organization Theory and Methodology. In: *The Accounting Review*, Jg. 58, S. 319–339.

JENSEN, Michael C. (1986): Agency Costs of Free Cash Flow, Corporate Finance, and Takeovers. In: *The American Economic Review*, Jg. 76, S. 323–329.

JENSEN, Michael C. et al. (1989): Editorial: Clinical Papers and their Role in the Development of Financial Economics. In: *Journal of Financial Economics*, Jg. 24, S. 3–6.

JENSEN, Michael C./MECKLING, William H. (1976): Theory of the Firm: Managerial Behavior, Agency Costs and Ownership Structure. In: *Journal of Financial Economics*, Jg. 3, S. 305–360.

KAGEL, John H./HARSTAD, Ronald M./LEVIN, Dan (1995): Comparative Static Effects of Number of Bidders and Public Information on Behavior in Second-Price Common Value Auctions. In: *International Journal of Game Theory*, Jg. 24, S. 293–319.

KAGEL, John H./LEVIN, Dan (1986): The Winner's Curse and Public Information in Common Value Auctions. In: *The American Economic Review*, Jg. 76, S. 894–920.

KAGEL, John H./LEVIN, Dan (2002): Bidding in Common Value Auctions: A Survey of Experimental Research. In KAGEL, John H./LEVIN, Dan (Hrsg.): *Common Value Auctions and the Winner's Curse*. 1. Auflage. Princeton, NJ/ Oxford: Princeton University Press, S. 1–84.

KAGEL, John H. et al. (1989): First-Price Common Value Auctions: Bidder Behavior and the Winner's Curse. In: *Economic Inquiry*, Jg. 27, S. 241–258.

KAGEL, John H./PEVNITSKAYA, Svetlana/YE, Lixin (2008): Indicative Bidding: An Experimental Analysis. In: *Games and Economic Behavior*, Jg. 62, S. 697–721.

KAPLAN, Steven N./STRÖMBERG, Per (2008): *Leveraged Buyouts and Private Equity*. NBER – Working Paper 14207, erscheint im Journal of Economic Perspectives.

KARDORFF, Ernst von (1995): Qualitative Sozialforschung - Versuch einer Standortbestimmung. In FLICK, Uwe et al. (Hrsg.): *Handbuch Qualitative Sozialforschung: Grundlagen, Konzepte, Methoden und Anwendungen*. 2. Auflage. Weinheim: Beltz, PsychologieVerlagsUnion, S. 3–8.

KASERER, Christoph et al. (2007): *Private Equity in Deutschland: Rahmenbedingungen, ökonomische Bedeutung und Handlungsempfehlungen*. 1. Auflage. Norderstedt: Books on Demand, Abdruck des Forschungsgutachtens fe 3/06 „Erwerb und Übernahme durch Finanzinvestoren (insbesondere Private-Equity-Gesellschaften)" für das Bundesministerium der Finanzen.

KASERER, Christoph/DILLER, Christian (2007): *Investitionen in Private Equity: Grundlagen, Ertragsprofile und Erfolgsfaktoren*. Oberhaching: RWB Rendite WertBeteiligungen AG, http://www.rwb-ag.de/downloads/7x_downloads/Schriftenreihe_3.pdf. Abrufdatum: 22. Oktober 2007.

KELLE, Udo/KLUGE, Susann/PREIN, Gerald (1993): *Strategien der Geltungssicherung in der qualitativen Sozialforschung. Zur Validitätsproblematik im interpretativen Paradigma*. Sfb186 der Universität Bremen (24). – Working Paper.

KELLER, Michael (2006): Das Reich der Mitte nimmt Expansionskurs auf den deutschen Mittelstand. In: *M&A-Review*, Jg. o. Jg., Nr. 4, S. 161–163.

KILLAT, Gerhard (2002): Entwicklungslinien im M&A-Geschäft. In KRUMNOW, Jürgen et al. (Hrsg.): *Gabler Bank Lexikon: Bank - Börse - Finanzierung*. Wiesbaden: Gabler Verlag, S. 967–970.

KINCAID, Harry V./BRIGHT, Margaret (1957): The Tandem Interview: A Trial of the Two-Interviewer Team. In: *The Public Opinion Quarterly*, Jg. 21, S. 304–312.

KLEINING, Gerhard (1995): Methodologie und Geschichte qualitativer Sozialforschung. In FLICK, Uwe et al. (Hrsg.): *Handbuch Qualitative Sozialforschung: Grundlagen, Konzepte, Methoden und Anwendungen.* 2. Auflage. Weinheim: Beltz, PsychologieVerlagsUnion, S. 11–22.

KLEMPERER, Paul (1998): Auctions with Almost Common Values: The "Wallet Game" and its Applications. In: *European Economic Review*, Jg. 42, S. 757–769.

KLEMPERER, Paul (1999): Auction Theory: A Guide to the Literature. In: *Journal of Economic Surveys*, Jg. 13, S. 227–286.

KLEMPERER, Paul (2002a): *Using and Abusing Economic Theory - Lessons from Auction Design.* Nuffield College (University of Oxford) – Working Paper.

KLEMPERER, Paul (2002b): What Really Matters in Auction Design. In: *Journal of Economic Perspectives*, Jg. 16, S. 169–189.

KLEMPERER, Paul (2004): Auctions. In KUPER, Adam/KUPER, Jessica (Hrsg.): *The Social Science Encyclopedia.* Jg. 1, 3. Auflage. New York, NY: Routledge, S. 48–50.

KOCH, Jens (2003): Der Erwerb eigener Aktien - kein Fall des WpÜG. In: *NZG*, Jg. 6, S. 61–70.

KREPS, David M. (1990): *A Course in Microeconomic Theory.* 1. Auflage. New York, NY et al.: Harvester Wheatsheaf.

KREPS, David M. (1991): *Game Theory and Economic Modelling.* 2. Auflage. Oxford et al.: Oxford University Press.

KRISHNA, Vijay (2002): *Auction Theory.* 1. Auflage. San Diego, CA/London: Academic Press.

KROMREY, Helmut (2002): *Empirische Sozialforschung: Modelle und Methoden der standardisierten Datenerhebung und Datenauswertung.* 10. Auflage. Opladen: Leske + Budrich.

KRUSCHWITZ, Lutz (1999): *Finanzierung und Investition.* 2. Auflage. München: R. Oldenbourg Verlag.

KRUSCHWITZ, Lutz (2004): *Finanzierung und Investition.* 4. Auflage. München et al.: Oldenbourg Wissenschaftsverlag.

KÜTING, Karlheinz/WIRTH, Johannes (2006): Bilanzierung eines negativen Unterschiedsbetrags nach IFRS 3 und die Bedeutung der Erfassung von Eventualschulden in der Kaufpreisallokation. In: *Zeitschrift für Internationale Rechnungslegung*, Jg. 1, S. 143–151.

KVALE, Steinar (1995a): The Social Construction of Validity. In: *Qualitative Inquiry*, Jg. 1, S. 19–40.

KVALE, Steinar (1995b): Validierung: Von der Beobachtung zu Kommunikation und Handeln. In FLICK, Uwe et al. (Hrsg.): *Handbuch Qualitative Sozialforschung: Grundlagen, Konzepte, Methoden und Anwendungen.* 2. Auflage. Weinheim: Beltz, PsychologieVerlagsUnion, S. 427–431.

LAMNEK, Siegfried (1995a): *Qualitative Sozialforschung: Bd. 1. Methodologie.* 3. Auflage. Weinheim: Beltz, PsychologieVerlagsUnion.

LAMNEK, Siegfried (1995b): *Qualitative Sozialforschung: Bd. 2. Methoden und Techniken.* 3. Auflage. Weinheim: Beltz, PsychologieVerlagsUnion.

LANDGRAF, Robert (2008): Neue Modelle beim Firmenkauf. In: *Handelsblatt*,, Nr. 110, S. 23, 10. Juni 2008.

LANDSBERGER, Michael et al. (2001): First-Price Auctions when the Ranking of Valuations is Common Knowledge. In: *Review of Economic Design*, Jg. 6, S. 461–480.

LEITZINGER, Jeffrey J./STIGLITZ, Joseph E. (1984): Information Externalities in Oil and Gas Leasing. In: *Contemporary Policy Issues*, Jg. 5, S. 44–57.

LENSKI, Gerhard E./LEGGETT, John C. (1960): Caste, Class, and Deference in the Research Interview. In: *The American Journal of Sociology*, Jg. 65, S. 463–467.

LEVIN, Dan/SMITH, James L. (1994): Equilibrium in Auctions with Entry. In: *The American Econonomic Review*, Jg. 84, S. 585–599.

LEVIN, Dan/SMITH, James L. (1996): Optimal Reservation Prices in Auctions. In: *The Econonomic Journal*, Jg. 106, S. 1271–1283.

LEWELLEN, Wilbur G. (1971): A Pure Financial Rationale for the Conglomerate Merger. In: *The Journal of Finance*, Jg. 26, S. 521–537.

LIND, Barry/PLOTT, Charles R. (1991): The Winner's Curse: Experiments with Buyers and Sellers. In: *The American Economic Review*, Jg. 81, S. 335–345.

LINTNER, John (1965): The Valuation of Risk Assets and the Selection of Risky Investments in Stock Portfolios and Capital Budgets. In: *Review of Economics and Statistics*, Jg. 47, S. 13–37.

LJUNGQVIST, Alexander/RICHARDSON, Matthew/WOLFENZON, Daniel (2007): *The Investment Behavior of Buyout Funds: Theory and Evidence.* ecgi – Finance Working Paper 174/2007.

LOUVEN, Christoph/BÖCKMANN, Tobias (2004): Ausgewählte Rechtsprobleme bei M&A-Auktionen. In: *Zeitschrift für Wirtschaftsrecht*, Jg. 2004, Nr. 10, S. 445–452.

LUCKING-REILEY, David (2000a): Auctions on the Internet: What's Being Auctioned, and How? In: *The Journal of Industrial Economics*, Jg. 48, S. 227–252.

LUCKING-REILEY, David (2000b): Vickrey Auctions in Practice: From Nineteenth-Century Philately to Twenty-First-Century E-Commerce. In: *Journal of Economic Perspectives*, Jg. 14, S. 183–192.

MAGNUS, Matthias (2008): Corporate Finance: Stapled Finance als Finanzierungsinstrument im Rahmen von Leveraged Buy-Outs. In: *M&A Review*, Jg. 2008, Nr. 3, S. 117–123.

MANTECON, Thomas (2008): An Analysis of the Implications of Uncertainty and Agency Problems on the Wealth Effects to Acquirers of Private Firms. In: *Journal of Banking & Finance*, Jg. 32, S. 892–905.

MARES, Vlad/HARSTAD, Ronald M. (2003): Private Information Revelation in Common-Value Auctions. In: *Journal of Economic Theory*, Jg. 109, S. 264–282.

MARKOWITZ, Harry M. (1991): *Portfolio Selection: Efficient Diversification of Investments.* 2. Auflage. Cambridge, MA/Oxford: Blackwell Publishers.

MARTIN, Kenneth J. (1996): The Method of Payment in Corporate Acquisitions, Investment Opportunities, and Management Ownership. In: *The Journal of Finance*, Jg. 51, S. 1227–1246.

MARTINIUS, Philip (2005): *M&A - Protecting the Purchaser.* Jg. 14, AIJA Law Series. 1. Auflage. Den Haag: Kluwer Law International.

MAS-COLELL, Andreu/WHINSTON, Michael D./GREEN, Jerry R. (1995): *Microeconomic Theory.* 1. Auflage. New York, NY: Oxford University Press.

MASKIN, Eric S. (1992): Auctions and Privatization. In SIEBERT, Horst (Hrsg.): *Privatization: Symposium in Honor of Herbert Giersch.* 1. Auflage. Tübingen: J.C.B. Mohr, S. 115–136.

MASKIN, Eric S. (2000): Auctions, Development, and Privatization: Efficient Auctions with Liquidity-Constrained Buyers. In: *European Economic Review*, Jg. 44, S. 667–681.

MASKIN, Eric S./RILEY, John G. (1984): Optimal Auctions with Risk Averse Buyers. In: *Econometrica*, Jg. 52, S. 1473–1518.

MASKIN, Eric S./RILEY, John G. (1985): Open and Sealed-Bid Auctions: Auction Theory with Private Values. In: *AEA Papers and Proceedings*, Jg. 75, S. 150–155.

MASKIN, Eric S./RILEY, John G. (1989): Optimal Multi-Unit Auctions. In HAHN, Frank (Hrsg.): *The Economics of Missing Markets, Information, and Games.* 1. Auflage. Oxford: Clarendon Press, S. 312–335.

MASKIN, Eric S./RILEY, John G. (2000): Asymmetric Auctions. In: *The Review of Economic Studies*, Jg. 67, S. 413–438.

MATTHEWS, Steven A. (1983): Selling to Risk Averse Buyers with Unobservable Tastes. In: *Journal of Economic Theory*, Jg. 30, S. 370–400.

MATTHEWS, Steven A. (1984): Information Acquisition in Discriminatory Auctions. In BOYER, Marcel/KIHLSTROM, Richard E. (Hrsg.): *Bayesian Models in Economic Theory.* Jg. 5, Amsterdam/New York, NY/Oxford: North-Holland, Elsevier Science Publishers B.V., S. 181–207.

MATTHEWS, Steven A. (1987): Comparing Auctions for Risk Averse Buyers: A Buyer's Point of View. In: *Econometrica*, Jg. 55, S. 633–646.

MATTHEWS, Steven A. (1995): *A Technical Primer on Auction Theory I: Independent Private Values.* Northwestern University – Discussion Paper No. 1096.

MAYER, Horst O. (2004): *Interview und schriftliche Befragung: Entwicklung, Durchführung und Auswertung.* 2. Auflage. München/Wien: R. Oldenbourg Verlag.

MAYRING, Philipp (2000): *Qualitative Inhaltsanalyse: Grundlagen und Techniken.* 7. Auflage. Weinheim: Deutscher Studien Verlag.

MAYRING, Philipp (2002): *Einführung in die qualitative Sozialforschung: Eine Anleitung zum qualitativen Denken.* 5. Auflage. Weinheim/Basel: Beltz Studium.

MCAFEE, R. Preston/MCMILLAN, John (1986): Bidding for Contracts: A Principal-Agent Analysis. In: *The RAND Journal of Economics*, Jg. 17, S. 326–338.

MCAFEE, R. Preston/MCMILLAN, John (1987a): Auctions and Bidding. In: *Journal of Economic Literature*, Jg. 25, S. 699–738.

MCAFEE, R. Preston/MCMILLAN, John (1987b): Auctions with a Stochastic Number of Bidders. In: *Journal of Economic Theory*, Jg. 43, S. 1–19.

MCAFEE, R. Preston/MCMILLAN, John (1987c): Auctions with Entry. In: *Economics Letters*, Jg. 23, S. 343–347.

MCAFEE, R. Preston/MCMILLAN, John (1992): Bidding Rings. In: *The American Economic Review*, Jg. 82, S. 579–599.

MCAFEE, R. Preston/MCMILLAN, John (1996): Competition and Game Theory. In: *Journal of Marketing Research*, Jg. 33, S. 263–267.

McAfee, R. Preston/McMillan, John/Reny, Philipp J. (1989): Extracting the Surplus in the Common-Value Auction. In: *Econometrica*, Jg. 57, S. 1451–1459.

McAfee, R. Preston/Reny, Philipp J. (1992): Correlated Information and Mechanism Design. In: *Econometrica*, Jg. 60, S. 395–421.

McAfee, R. Preston/Vincent, Daniel (1992): Updating the Reserve Price in Common-Value Auctions. In: *The American Economic Review*, Jg. 82, S. 512–518.

McMillan, John (1994): Selling Spectrum Rights. In: *Journal of Economic Perspectives*, Jg. 8, S. 145–162.

Meinecke, Reinhard/Meinecke, Philipp (2005): Wichtige Check-List-Punkte von Finanzinvestoren. In Berens, Wolfgang/Brauner, Hans U./Frodermann, Jürgen (Hrsg.): *Unternehmensentwicklung mit Finanzinvestoren: Eigenkapitalstärkung, Wertsteigerung, Unternehmensverkauf.* 1. Auflage. Stuttgart: Schäffer-Poeschel, S. 122–135.

Merton, Robert K. (1978): Insiders and Outsiders: A Chapter in the Sociology of Knowledge. In: *The American Journal of Sociology*, Jg. 78, S. 9–47.

Meuser, Michael/Nagel, Ulrike (1991): ExpertInneninterviews - vielfach erprobt, wenig bedacht: Ein Beitrag zur qualitativen Methodendiskussion. In Garz, Detlef/Kraimer, Klaus (Hrsg.): *Qualitativ-empirische Sozialforschung: Konzepte, Methoden, Analysen.* 1. Auflage. Opladen: Westdeutscher Verlag, S. 441–471.

Meuser, Michael/Nagel, Ulrike (1994): Expertenwissen und Experteninterview. In Hitzler, Ronald/Honer, Anne/Maeder, Christoph (Hrsg.): *Expertenwissen: Die institutionalisierte Kompetenz zur Konstruktion von Wirklichkeit.* 1. Auflage. Opladen: Westdeutscher Verlag, S. 180–192.

Middelhoff, Dirk (2007): Verwendung von digitalen Datenräumen im Rahmen der Due Diligence. In: *M&A Review*, Jg. o. Jg., Nr. 6, S. 278–282.

Middelmann, Ulrich/Helmes, Marion (2005): Management von Desinvestitionen: Ein Beispiel aus dem Desinvestitionsprogramm von ThyssenKrupp. In: *DBW*, Jg. 65, S. 503–519.

Milgrom, Paul/Roberts, John (1995): *Economics, Organization & Management.* 1. Auflage. Englewood Cliffs, NJ: Prentice Hall.

Milgrom, Paul R. (1981a): Good News and Bad News: Representation Theorems and Applications. In: *The Bell Journal of Economics*, Jg. 12, S. 380–391.

MILGROM, Paul R. (1981b): Rational Expectations, Information Acquisition, and Competitive Bidding. In: *Econometrica*, Jg. 49, S. 921–943.

MILGROM, Paul R. (1985): The Economics of Competitive Bidding: A Selective Survey. In HURWICZ, Leonid/SCHMEIDLER, David/SONNENSCHEIN, Hugo (Hrsg.): *Social Goals and Social Organization: Essays in Memory of Elisha Pazner*. Cambridge et al.: Cambridge University Press, S. 261–289.

MILGROM, Paul R. (1987): Auction Theory. In BEWLEY, Truman F. (Hrsg.): *Advances in Economic Theory Fifth World Congress*. Cambridge et al.: Cambridge University Press, S. 1–32.

MILGROM, Paul R. (1989): Auctions and Bidding: A Primer. In: *Journal of Economic Perspectives*, Jg. 3, S. 3–22.

MILGROM, Paul R./WEBER, Robert J. (1982a): A Theory of Auctions and Competitive Bidding. In: *Econometrica*, Jg. 50, S. 1089–1122.

MILGROM, Paul R./WEBER, Robert J. (1982b): The Value of Information in a Sealed Bid Auction. In: *Journal of Mathematical Economics*, Jg. 10, S. 105–114.

MILLER, Kevin (2006): In Defense of Stapled Finance. In: *The M&A Lawyer*, Jg. 10, S. 1–3.

MOELLER, Sara B./SCHLINGEMANN, Frederik P./STULZ, René M. (2004): Firm Size and the Gains from Acquisitions. In: *Journal of Financial Economics*, Jg. 73, S. 201–228.

MOELLER, Sara B./SCHLINGEMANN, Frederik P./STULZ, René M. (2007): How Do Diversity of Opinion and Information Asymmetry Affect Acquirer Returns? In: *The Review of Financial Studies*, Jg. 20, S. 2047–2078.

MOSSIN, Jan (1966): Equilibrium in a Capital Asset Market. In: *Econometrica*, Jg. 34, S. 768–783.

MUELLER, Dennis C. (1969): A Theory of Conglomerate Mergers. In: *The Quarterly Journal of Economics*, Jg. 83, S. 643–659.

MÜLLER-STEWENS, Günter/SPICKERS, Jürgen/DEISS, Christian (1999): *Mergers & Acquisitions: Markttendenzen und Beraterprofile*. 1. Auflage. Stuttgart: Schäffer-Poeschel.

MYERS, Stewart C. (1984): The Capital Structure Puzzle. In: *The Journal of Finance*, Jg. 39, S. 575–592.

MYERS, Stewart C./MAJLUF, Nicholas S. (1984): Corporate Financing and Investment Decisions when Firms Have Information that Investors do not Have. In: *Journal of Financial Economics*, Jg. 13, S. 187–221.

MYERSON, Roger B. (1981): Optimal Auction Design. In: *Mathematics of Operations Research*, Jg. 6, S. 58–73.

NARVER, John C. (1967): *Conglomerate Mergers and Market Competition.* 1. Auflage. Berkeley, CA/Los Angeles, CA: University of California Press.

NATUSCH, Ingo (2005): Unternehmensakquisitionen. In BERENS, Wolfgang/ BRAUNER, Hans U./STRAUCH, Joachim (Hrsg.): *Due Diligence aus Sicht einer Beteiligungsgesellschaft.* 4. Auflage. Stuttgart: Schäffer-Poeschel, S. 785–804.

NAWE, Dirk/NAGEL, Frank (2005): Vendor Due Diligence. In BERENS, Wolfgang/ BRAUNER, Hans U./STRAUCH, Joachim (Hrsg.): *Due Diligence bei Unternehmensakquisitionen.* 4. Auflage. Stuttgart: Schäffer-Poeschel, S. 757–783.

NIEWERTH, Johannes (2004): Ablauf von Bieterverfahren. In: *Immobilien Zeitung*, Jg. o. Jg., Nr. 9, S. 8, 22. April 2004.

NIEWIARRA, Manfred (2002): *Unternehmenskauf.* 2. Auflage. Baden-Baden: Nomos Verlagsgesellschaft.

OBERENDER, Peter (1987): Economies of Scope. In DICHTL, Erwin/ISSING, Ottmar (Hrsg.): *Vahlens Großes Wirtschaftslexikon, Bd. 1.* München: Verlag C.H. Beck/Verlag Franz Vahlen, S. 428–428.

OCKENFELS, Axel/ROTH, Alvin E. (2006): Late and Multiple Bidding in Second Price Internet Auctions: Theory and Evidence Concerning Different Rules for Ending an Auction. In: *Games and Economic Behavior*, Jg. 55, S. 297–320.

OFFICER, Micah S. (2007): The Price of Corporate Liquidity: Acquisition Discounts for Unlisted Targets. In: *Journal of Financial Economics*, Jg. 83, S. 571–598.

OFFICER, Micah S./POULSEN, Annette B./STEGEMOLLER, Mike (2008): *Target-Firm Information Asymmetry and Acquirer Returns.* Marshall School of Business, University of Southern California/Terry College of Business, University of Georgia/Rawls College of Business, Texas Tech University – Working Paper, erscheint in Review of Finance.

O.V. (2005): *M&A-Dienstleister (Stand April 2005).* 2005, http://www.finance-magazin.de/magazin/pdf/listen/berater_adressen.pdf, Abrufdatum: 23. Mai 2005.

O.V. (2007): Stada bleibt im Rennen um Merck-Sparte. In: *Handelsblatt*,, Nr. 91, S. 21, 11. Mai 2007.

PACK, Heinrich (2002): Due Diligence. In PICOT, Gerhard (Hrsg.): *Handbuch Mergers & Acquisitions: Planung, Durchführung, Integration.* Stuttgart: Schäffer-Poeschel, S. 267–299.

PALFREY, Thomas R. (1980): Multiple-Object, Discriminatory Auctions with Bidding Constraints: A Game-Theoretic Analysis. In: *Management Science*, Jg. 26, S. 935–946.

PALFREY, Thomas R. (1983): Bundling Decisions by a Multiproduct Monopolist with Incomplete Information. In: *Econometrica*, Jg. 51, S. 463–483.

PATTON, Michael Quinn (1990): *Qualitative Evaluation and Research Methods.* 2. Auflage. Newbury Park, CA/London/New Delhi: Sage Publications.

PERIN, Sinan (1996): *Synergien bei Unternehmensakquisitionen: Empirische Untersuchung von Finanz-, Markt- und Leistungssynergien.* Dissertation Universität Köln, Wiesbaden: Deutscher Universitäts-Verlag.

PERRIDON, Louis/STEINER, Manfred (2003): *Finanzwirtschaft der Unternehmung.* 12. Auflage. München: Vahlen Verlag.

PERRY, Motty/WOLFSTETTER, Elmar/ZAMIR, Shmuel (2000): A Sealed-Bid Auction that Matches the English Auction. In: *Games and Economic Behavior*, Jg. 33, S. 265–273.

PERSICO, Nicola (2000): Information Acquisition in Auctions. In: *Econometrica*, Jg. 68, S. 135–148.

PICOT, Arnold (1991): Ökonomische Theorien der Organisation - Ein Überblick über neuere Aufsätze und deren betriebswirtschaftliches Anwendungspotential. In ORDELHEIDE, Dieter/RUDOLPH, Bernd/BÜSSELMANN, Elke (Hrsg.): *Betriebswirtschaftslehre und ökonomische Theorie.* Stuttgart: C.E. Poeschel Verlag, S. 143–170.

PICOT, Arnold/DIETL, Helmut/FRANCK, Egon (2002): *Organisation: Eine ökonomische Perspektive.* 3. Auflage. Stuttgart: Schäffer-Poeschel.

PICOT, Gerhard (1998): *Unternehmenskauf und Restrukturierung.* 2. Auflage. München: C.H. Beck'sche Verlagsbuchhandlung.

PICOT, Gerhard (2002a): Wirtschaftliche und wirtschaftsrechtliche Parameter bei der Planung der Mergers & Acquisitions. In PICOT, Gerhard (Hrsg.): *Handbuch*

Mergers & Acquisitions: Planung, Durchführung, Integration. Stuttgart: Schäffer-Poeschel, S. 3–37.

PICOT, Gerhard (2002b): Wirtschaftsrechtliche Aspekte der Durchführung von Mergers & Acquisitions, insbesondere der Gestaltung des Transaktionsvertrages. In PICOT, Gerhard (Hrsg.): *Handbuch Mergers & Acquisitions: Planung, Durchführung, Integration.* Stuttgart: Schäffer-Poeschel, S. 115–266.

PICOT, Gerhard (2004): Teil I: Vertragsrecht. In PICOT, Gerhard (Hrsg.): *Unternehmenskauf und Restrukturierung.* 3. Auflage. München: Verlag C.H. Beck, S. 16–257.

PICOT, Gerhard (2005): Due Diligence und privatrechtliches Haftungssystem. In BERENS, Wolfgang/BRAUNER, Hans U./STRAUCH, Joachim (Hrsg.): *Due Diligence bei Unternehmensakquisitionen.* 4. Auflage. Stuttgart: Schäffer-Poeschel, S. 313–346.

POSTLEWAITE, A. (1987): Asymmetric Information. In EATWELL, John/MILGATE, Murray/NEWMAN, Peter (Hrsg.): *The New Palgrave: A Dictionary of Economics, Vol. 1.* London/Basingstoke: The Macmillan Press, S. 133–135.

POVEL, Paul/SINGH, Rajdeep (2006): Takeover Contests with Asymmetric Bidders. In: *The Review of Financial Studies*, Jg. 19, S. 1399–1431.

POVEL, Paul/SINGH, Rajdeep (2009): *Stapled Finance.* Bauer College of Business (University of Houston)/Carlson School of Management (University of Minnesota) – Working Paper.

PRATT, John W. (1964): Risk Aversion in the Small and in the Large. In: *Econometrica*, Jg. 32, S. 122–136.

PUHL, Oliver (1997): Aufgaben eines Merger & Acquisitions-Beraters beim Unternehmensverkauf. In ACHLEITNER, Ann-Kristin/THOMA, Georg F. (Hrsg.): *Handbuch Corporate Finance: Konzepte, Strategien und Praxiswissen für das moderne Finanzmanagement.* Köln: Deutscher Wirtschaftsdienst. – Kapitel 10.7.3, S. 1–36.

QSR INTERNATIONAL (2002): *Using NVivo in Qualitative Research.* 3. Auflage. Melbourne: QSR International.

RAPPAPORT, Alfred (1986): *Creating Shareholder Value: The New Standard for Business Performance.* 1. Auflage. New York, NY/London: The Free Press.

RASMUSEN, Eric (2001): *Games and Information: An Introduction to Game Theory.* 3. Auflage. Malden, MA: Blackwell Publishers.

Rhodes-Kropf, Matthew/Viswanathan, S. (2000): Corporate Reorganizations and Non-Cash Auctions. In: *The Journal of Finance*, Jg. 55, S. 1807–1849.

Rhodes-Kropf, Matthew/Viswanathan, S. (2005): Financing Auction Bids. In: *The RAND Journal of Economics*, Jg. 36, S. 789–815.

Richter, Rudolf/Furubotn, Eirik G. (2003): *Neue Institutionenökonomik: Eine Einführung und kritische Würdigung.* 3. Auflage. Tübingen: Mohr Siebeck.

Riley, John G. (1988): Ex Post Information in Auctions. In: *The Review of Economic Studies*, Jg. 55, S. 409–430.

Riley, John G. (1989): Expected Revenue from Open and Sealed Bid Auctions. In: *Journal of Economic Perspectives*, Jg. 3, S. 41–50.

Riley, John G./Samuelson, William F. (1981): Optimal Auctions. In: *The American Economic Review*, Jg. 71, S. 381–392.

Robinson, Marc S. (1985): Collusion and the Choice of Auction. In: *The RAND Journal of Economics*, Jg. 16, S. 141–145.

Roll, Richard (1986): The Hubris Hypothesis of Corporate Takeovers. In: *Journal of Business*, Jg. 59, S. 197–216.

Ross, Stephen A. (1973): The Economic Theory of Agency: The Principal's Problem. In: *The American Economic Review*, Jg. 63, S. 134–139.

Ross, Stephen A./Westerfield, Randolph W./Jaffe, Jeffrey (2002): *Corporate Finance.* 6. Auflage. Boston, MA et al.: McGraw-Hill Irwin.

Roth, Alvin E./Ockenfels, Axel (2002): Last-Minute Bidding and the Rules for Ending Second-Price Auctions: Evidence from eBay and Amazon Auctions on the Internet. In: *The American Economic Review*, Jg. 92, S. 1093–1103.

Rothkopf, Michael H./Harstad, Ronald M. (1994): Modeling Competitive Bidding: A Critical Essay. In: *Management Science*, Jg. 40, S. 364–383.

Rothkopf, Michael H./Harstadt, Ronald M. (1995): Two-Models of Bid-Taker Cheating in Vickrey Auctions. In: *Journal of Business*, Jg. 68, S. 257–267.

Rothkopf, Michael H./Teisberg, Thomas J./Kahn, Edward P. (1990): Why Are Vickrey Auctions Rare? In: *The Journal of Political Economy*, Jg. 98, S. 94–109.

Rothschild, Michael/Stiglitz, Joseph (1976): Equilibrium in Competitive Insurance Markets: An Essay on the Economics of Imperfect Information. In: *The Quarterly Journal of Economics*, Jg. 90, S. 629–649.

Samuelson, William F. (1985): Competitive Bidding with Entry Costs. In: *Economics Letters*, Jg. 17, S. 53–57.

SCHARLEMANN, Ulrich (1996): *Finanzwirtschaftliche Synergiepotentiale von Mergers und Acquisitions: Analyse und Bewertung nicht güterwirtschaftlicher Wertsteigerungseffekte von Unternemenstransaktionen.* Dissertation Universität Zürich, Bern/Stuttgart/Wien: Verlag Paul Haupt.

SCHLITT, Michael (2001): §6 Vertraulichkeitsvereinbarung, Absichtserklärung und sonstige Vorfeldvereinbarungen. In SEMLER, Johannes/VOLLHARD, Rüdiger (Hrsg.): *Arbeitshandbuch für Unternehmensübernahmen, Bd. 1.* München: Verlag Franz Vahlen, S. 199–234.

SCHMIDT, Ingo (2001): *Wettbewerbspolitik und Kartellrecht.* 7. Auflage. Stuttgart: Lucius & Lucius.

SCHMITTNER, Angelika (2005): MAC-Klauseln bei M&A-Transaktionen. In: *M&A-Review*, Jg. o. Jg., Nr. 7, S. 322–326.

SCHNELL, Rainer/HILL, Paul Bernhard/ESSER, Elke (2005): *Methoden der empirischen Sozialforschung.* 7. Auflage. München: Oldenbourg Wissenschaftsverlag.

SCHNITZER, Monika/SCHMIDT, Klaus (1997): Methods of Privatization: Auctions, Bargaining and Give-Aways. In GIERSCH, Herbert (Hrsg.): *Privatization at the End of the Century.* 1. Auflage. Berlin/Heidelberg: Springer, S. 97–133.

SCHOBER, Michael F./CONRAD, Frederick G. (1997): Does Conversational Interviewing Reduce Survey Measurement Error? In: *The Public Opinion Quarterly*, Jg. 61, S. 576–602.

SCHOLL, Armin (2003): *Die Befragung: Sozialwissenschaftliche Methode und kommunikationswissenschaftliche Anwendung.* 1. Auflage. Konstanz: UVK Verlagsgesellschaft.

SCHREIBER, Ulrich/MAI, Jan Markus (2008): Steuerwirkungen beim Unternehmenskauf - Eine ökonomische Analyse steuerrechtlicher Missbrauchsregeln. In: *zfbf*, Jg. 60, S. 2–28.

SCHÜLLER, Margot/SCHÜLER-ZHOU, Yun (2008): Chinesische Unternehmen kaufen in Deutschland. In LUCKS, Kai (Hrsg.): *Mergers & Acquisitions Jahrbuch 2008.* 1. Auflage. Frankfurt am Main: Financial Gates, S. 18–20.

SCHULZ, Norbert (2003): *Wettbewerbspolitik: Eine Einführung aus industrieökonomischer Perspektive.* 1. Auflage. Tübingen: Mohr Siebeck.

SEBASTIAN, Karl-Heinz/NIEDERDRENK, Ralph/TESCH, Andreas (2005): Market Due Diligence. In BERENS, Wolfgang/BRAUNER, Hans U./STRAUCH, Joachim

(Hrsg.): *Due Diligence bei Unternehmensakquisitionen.* 4. Auflage. Stuttgart: Schäffer-Poeschel, S. 489–511.

SEMLER, Franz-Jörg (2002): Teil VI: Der Unternehmens- und Beteiligungskaufvertrag. In HÖLTERS, Wolfgang (Hrsg.): *Handbuch des Unternehmens- und Beteiligungskaufs.* 5. Auflage. Köln: Verlag Dr. Otto Schmidt, S. 515–634.

SHARPE, William F. (1964): Capital Asset Prices: A Theory of Market Equilibrium under Conditions of Risk. In: *The Journal of Finance*, Jg. 19, S. 425–442.

SILVESTRE, Joaquim (1987): Economies and Diseconomies of Scale. In EATWELL, John/MILGATE, Murray/NEWMAN, Peter (Hrsg.): *The New Palgrave: A Dictionary of Economics, Vol. 2.* London/Basingstoke: The Macmillan Press Limited, S. 80–84.

SINGH, Rajdeep (1998): Takeover Bidding with Toeholds: The Case of the Owner's Curse. In: *The Review of Financial Studies*, Jg. 11, S. 679–704.

SIROWER, Mark L. (1997): *The Synergy Trap: How Companies Lose the Acquisition Game.* 1. Auflage. New York, NY: The Free Press.

SMITH, James L. (1981): Non-Aggressive Bidding Behavior and the Winner's Curse. In: *Economic Inquiry*, Jg. 19, S. 380–388.

SMITH, Vernon L. (1992): Auctions. In NEWMAN, Peter/MILGATE, Murray/EATWELL, John (Hrsg.): *The New Palgrave Dictionary of Money and Finance, Vol. 1.* London/Basingstoke/New York, NY: The Macmillan Press, S. 85–92.

SPENCE, Michael (1973): Job Market Signaling. In: *The Quarterly Journal of Economics*, Jg. 87, S. 355–374.

SPREMANN, Klaus (1988): Reputation, Garantie, Information. In: *ZfB*, Jg. 58, S. 613–629.

STEINER, Peter O. (1975): *Mergers: Motives, Effects, Policies.* 1. Auflage. Ann Arbor, MI: University of Michigan Press.

STENGEL, Arndt/SCHOLDERER, Frank (1994): Aufklärungspflichten beim Beteiligungs- und Unternehmenskauf. In: *NJW*, Jg. o. Jg., Nr. 3, S. 158–164.

STIGLITZ, Joseph E. (1975): The Theory of "Screening", Education, and the Distribution of Income. In: *The American Economic Review*, Jg. 65, S. 283–300.

STOECKER, Felix William (2004): Besonderheiten der Verkäufer-Due Diligence bei M&A Transaktionen. In: *Finanz Betrieb*, Jg. o. Jg., Nr. 10, S. 674–681.

STRASSER, Brigitte (2000): *Informationsasymmetrien bei Unternehmensakquisitionen.* Dissertation LMU München, Frankfurt am Main et al.: Peter Lang, Europäischer Verlag der Wissenschaften.

STRÖMBERG, Per (2007): *The New Demography of Private Equity.* SIFR, Stockholm School of Economics, CEPR, NBER – Working Paper.

TEMME, Ulrich (2003): Die Umwandlung von Aktiengesellschaften. In PICOT, Gerhard/MENTZ, Alexander/SEYDEL, Eberhard (Hrsg.): *Die Aktiengesellschaft bei Unternehmenskauf und Restrukturierung.* München: Verlag C.H. Beck, S. 431–492.

TERHART, Ewald (1981): Intuition-Interpretation-Argumentation. In: *Zeitschrift für Pädagogik*, Jg. 27, S. 769–793.

THALER, Richard H. (1988): Anomalies: The Winner's Curse. In: *Journal of Economic Perspectives*, Jg. 2, S. 191–202.

THOMMEN, Jean-Paul (2004): *Betriebswirtschaftslehre.* 6. Auflage. Zürich: Versus Verlag.

THOMSON FINANCIAL (2005a): *Monday, November 7, 2005: Financial Advisors: Mid-Market M&A Review.* 2005a, http://www.thomson.com/pdf/financial/league_table/ma/3Q2005/3Q05_MA_MidMarket.pdf, Abrufdatum: 15. November 2005.

THOMSON FINANCIAL (2005b): *Third Quarter 2005: Financial Advisors: Mergers & Acquisitions Review.* 2005b, http://www.thomson.com/pdf/financial/league_table/ma/3Q2005/3Q05_MA_Financial_Advisory.pdf, Abrufdatum: 15. November 2005.

THOMSON FINANCIAL (2006): *Fourth Quarter 2005: Financial Advisors: Mergers & Acquisitions Review.* 2006, http://www.thomsonreuters.com/content/PDF/financial/league_tables/ma/2005/4Q05_MA_Global_Financial_Ad visory.pdf, Abrufdatum: 17. Februar 2006.

TOUTENBURG, Helge (2000): *Induktive Statistik: Eine Einführung mit SPSS für Windows.* 2. Auflage. Berlin et al.: Springer.

TRUCKENBRODT, Holger (2008): Der schlafende Tiger ist erwacht. In LUCKS, Kai (Hrsg.): *Mergers & Acquisitions Jahrbuch 2008.* 1. Auflage. Frankfurt am Main: Financial Gates, S. 16–17.

TUFANO, Peter (2001): HBS-JFE Conference Volume: Complementary Research Methods. In: *Journal of Financial Economics*, Jg. 60, S. 179–185.

ULRICH, Hans (2001): Anwendungsorientierte Wissenschaft. In ULRICH, Hans (Hrsg.): *Management: Aufsätze 2. Teil 1981-1998.* 1. Auflage. Bern/Stuttgart/Wien: Verlag Paul Haupt, S. 53–62.

ULRICH, Peter/HILL, Wilhelm (1976): Wissenschaftstheoretische Grundlagen der Betriebswirtschaftslehre (Teil I). In: *WiSt*, Jg. 5, S. 305–309.

UNGERN-STERNBERG, Thomas von (1988): Cartel Stability in Sealed Bid Second Price Auctions. In: *The Journal of Industrial Economics*, Jg. 36, S. 351–358.

VATER, Hendrik (2005): Stapled Finance: Kapitalmarktinnovation oder trojanisches Pferd im Akquisitionsprozess? In: *Der Betrieb*, Jg. o. Jg., Nr. 36, S. 1921–1923.

VICKREY, William (1961): Counterspeculation, Auctions, And Competitive Sealed Tenders. In: *The Journal of Finance*, Jg. 16, S. 8–37.

VOGEL, Dieter H. (2002): *M&A - Ideal und Wirklichkeit.* 1. Auflage. Wiesbaden: Gabler Verlag.

WAEHRER, Keith/HARSTAD, Ronald M./ROTHKOPF, Michael H. (1998): Auction Form Preferences of Risk-Averse Bid Takers. In: *The RAND Journal of Economics*, Jg. 29, S. 179–192.

WAGNER, Franz (2002): Informationspflichten des Verkäufers bei M+A Transaktionen nach neuerer BGH-Rechtsprechung unter Berücksichtigung von altem und neuem Schuldrecht. In: *DStR*, Jg. o. Jg., Nr. 23, S. 958–967.

WEIHE, Ronald (2003): *Interessenskonflikte zwischen Unternehmensverkäufer und Management bei der Mergers & Acquisitions Beratung: Empirische Untersuchung managementobstruierter Unternehmensverkäufe.* Dissertation Universität Duisburg-Essen, Wiesbaden: Deutscher Universitäts-Verlag.

WEIHE, Ronald (2004): Unternehmensverkauf per Auktion. In: *Die Bank*, Jg. o. Jg., Nr. 12, S. 40–46.

WEIHE, Ronald (2005): Stapled Financing in M&A-Transaktionen. In: *Finanz Betrieb*, Jg. o. Jg., Nr. 11, S. 693–698.

WEISER, M. Felix (2003): Vendor Due Diligence: Ein Instrument zur Verbesserung der Verhandlungsposition des Verkäufers im Rahmen von Unternehmenstransaktionen. In: *Finanz Betrieb*, Jg. o. Jg., Nr. 10, S. 593–601.

WENGRAF, Tom (2002): *Qualitative Research Interviewing: Biographic Narrative and Semi-Structured Methods.* 2. Auflage. London/Thousand Oaks, CA/New Delhi: Sage Publications.

WESTON, J. Fred/SIU, Juan A./JOHNSON, Brian A. (2001): *Takeovers, Restructuring, and Corporate Governance.* 3. Auflage. Upper Saddle River, NJ: Prentice Hall.

WILDBERGER, Jan (2008): Gelungene Buy-and-Build-Strategien. In LUCKS, Kai (Hrsg.): *Mergers & Acquisitions Jahrbuch 2008.* 1. Auflage. Frankfurt am Main: Financial Gates, S. 32–33.

WILLIAMSON, Oliver E. (1971): The Vertical Integration of Production: Market Failure Considerations. In: *The American Economic Review*, Jg. 61, S. 112–123.

WILLIAMSON, Oliver E. (1979): Transaction-Cost Economics: The Governance of Contractual Relations. In: *The Journal of Law and Economics*, Jg. 22, S. 233–261.

WILLIAMSON, Oliver E. (1987): *The Economic Institutions of Free Capitalism.* 1. Auflage. New York, NY: The Free Press.

WILLIAMSON, Oliver E. (1990): A Comparison of Alternative Approaches to Economic Organization. In: *Journal of Institutional and Theoretical Economics*, Jg. 146, S. 61–71.

WILLIAMSON, Oliver E. (1991): Comparative Economic Organization: Vergleichende ökonomische Organisationstheorie: Die Analyse diskreter Strukturanalysen. In ORDELHEIDE, Dieter/RUDOLPH, Bernd/BÜSSELMANN, Elke (Hrsg.): *Betriebswirtschaftslehre und ökonomische Theorie.* Stuttgart: C.E. Poeschel Verlag, S. 13–49.

WILSON, Robert (1977): A Bidding Model of Perfect Competition. In: *The Review of Economic Studies*, Jg. 44, S. 511–518.

WILSON, Robert (1979): Auctions of Shares. In: *The Quarterly Journal of Economics*, Jg. 93, S. 675–689.

WÖHE, Günter/DÖRING, Ulrich (2002): *Einführung in die Allgemeine Betriebswirtschaftslehre.* 21. Auflage. München: Verlag Franz Vahlen.

WOLFSTETTER, Elmar (1996): Auctions: An Introduction. In: *Journal of Economic Surveys*, Jg. 10, S. 367–420.

WOLFSTETTER, Elmar (1998): Auktionen und Ausschreibungen: Bedeutung und Grenzen des „linkage“-Prinzips. In TIETZEL, Manfred (Hrsg.): *Ökonomische Theorie der Rationierung.* München: Vahlen Verlag, S. 139–161.

WOLFSTETTER, Elmar (1999): *Topics in Microeconomics: Industrial Organization, Auctions and Incentives.* 1. Auflage. Cambridge et al.: Cambridge University Press.

Ye, Lixin (2007): Indicative Bidding and a Theory of Two-Stage Auctions. In: *Games and Economic Behavior*, Jg. 58, S. 181–207.

Zinnbauer, Dieter (2001): *From Neo-Classical Economics to New Institutional Economics and Beyound - Prospects for an Interdisciplinary Research Programme?* LSE Development Studies Institute – Working Paper No. 01-03.

Anhang

Anhang A Annahmen im Grundmodell unabhängiger, privater Wertschätzungen

Die Annahmen des Grundmodells unabhängiger, privater Wertschätzungen lassen sich folgendermaßen zusammenfassen und formalisieren:[751]

- Ein einziges, unteilbares Objekt soll an einen von N potenziellen Käufern veräußert werden.
- Die Wertschätzung des Bieters i wird mit X_i bezeichnet. X_i ist eine Zufallsvariable und kennzeichnet Bieter i's maximale Zahlungsbereitschaft.
- Jede Zufallsvariable X_i ist unabhängig und identisch auf einem Intervall $[0, \omega]$ gemäß einer monoton steigenden Verteilungsfunktion F verteilt. Die Verteilungsfunktion gibt die Wahrscheinlichkeit dafür an, dass die Wertschätzung in einem bestimmten Intervall liegt. Es wird angenommen, dass F eine stetige Dichte $f \equiv F'$ aufweist sowie dass $E[X_i] < \infty$.
- Bieter i kennt die Realisation x_i der Zufallsvariablen X_i. Bezüglich der Wertschätzungen der Mitbieter weiß er jedoch lediglich, dass diese unabhängig gemäß F verteilt sind und dass F für alle Bieter identisch ist (Annahme symmetrischer Bieter). Bieter i interpretiert demnach die Wertschätzungen seiner Mitbieter als Zufallsvariablen.
- Ferner wird angenommen, dass sämtliche Parameter des Modells mit Ausnahme der Realisationen der Wertschätzungen allen Bietern bekannt sind. Dies beinhaltet neben der Verteilungsfunktion F auch die Anzahl der teilnehmenden Bieter.
- Es wird unterstellt, dass die Bieter risikoneutral sind. Dies bedeutet, dass sie ihren erwarteten Gewinn aus der Teilnahme an der Auktion maximieren.
- Zudem wird angenommen, dass die Bieter keinen Budget- oder Liquiditätsrestriktionen unterliegen.
- Jede Auktionsregel determiniert spieltheoretisch betrachtet ein Spiel zwischen den Bietern. Die korrespondierende Bietstrategie für Bieter i ist die Funktion $\beta_i : [0, \omega] \rightarrow \mathbb{R}_+$, die sein Gebot für jede denkbare Wertschätzung festlegt.

[751] Die folgenden Ausführungen sind der S. 14 aus Krishna (2002) entnommen.

Anhang B Bietstrategien im Grundmodell unabhängiger, privater Wertschätzungen: Vickrey-Auktion

In der Vickrey-Auktion gibt jeder Bieter ein verdecktes Gebot b_i ab und entrichtet bei Zuteilung einen Preis in Höhe des zweithöchsten Gebots.[752] Die korrespondierenden Auszahlungen lauten wie folgt:

$$\Pi_i = \begin{cases} x_i - \max_{j \neq i} b_j & \text{falls } b_i > \max_{j \neq i} b_j \\ 0 & \text{falls } b_i < \max_{j \neq i} b_j \end{cases}$$

Es wird unterstellt, dass im Falle von gleich hohen Geboten ($b_i = \max_{j \neq i} b_j$) das Verkaufsobjekt mit gleich hoher Wahrscheinlichkeit an Bieter i oder aber an Bieter $j \neq i$ geht.

Proposition *In einer Vickrey-Auktion ist es eine schwach dominante Strategie, gemäß der Bietfunktion $\beta^{II}(x) = x$ zu bieten.*

Beweis Betrachtet werden soll Bieter 1. Es wird angenommen, dass $p_1 = \max_{j \neq 1} b_j$ das höchste konkurrierende Gebot sei. Gibt Bieter 1 ein Gebot in Höhe von x_1 ab, so gewinnt er die Auktion sofern $x_1 > p_1$ und er verliert die Auktion sofern $x_1 < p_1$. Würde Bieter 1 stattdessen ein Gebot z_1 mit $z_1 < x_1$ abgeben, so würde er die Auktion immer noch gewinnen, falls $x_1 > z_1 \geq p_1$. Sein Gewinn wäre $x_1 - p_1$ und somit gleich hoch, wie wenn er x_1 geboten hätte. Gilt allerdings $p_1 > x_1 > z_1$, verliert er die Auktion. Dieses Ergebnis würde bei einem Gebot in Höhe von x_1 jedoch ebenfalls resultieren. Ist die Relation von Wertschätzung und Geboten hingegen $x_1 > p_1 > z_1$, verliert er die Auktion, obwohl er bei einem Gebot in Höhe von x_1 einen positiven Gewinn realisiert hätte. Folglich kann ein Gebot, das niedriger als x_1 ist, seinen Gewinn niemals erhöhen, in einigen Fällen aber reduzieren. Eine ähnliche Argumentation gilt für Gebote, die höher als x_1 sind. □

Zwecks Bestimmung der erwarteten gleichgewichtigen Zahlung an den Verkäufer soll weiterhin Bieter 1 betrachtet werden. Die Zufallsvariable $Y_1 \equiv Y_1^{(N-1)}$ ist der höchste Wert unter den anderen $N - 1$ Bietern. Die zu Y_1 gehörige Verteilungsfunktion sei G.

[752] Die folgenden Ausführungen sind S. 15f. aus Krishna (2002) entnommen.

Für sämtliche y gilt $G(y) = F(y)^{N-1}$. Die erwartete Auszahlung eines Bieters mit einer Wertschätzung von x lässt sich demnach beschreiben als:

$$\begin{aligned} m^{II}(x) &= \text{Wahrsch [Zuteilung]} \times E \text{ [zweithöchstes Gebot} \mid x = \text{höchstes Gebot]} \\ &= \text{Wahrsch [Zuteilung]} \times E \text{ [zweithöchster Wert} \mid x = \text{höchster Wert]} \\ &= G(x) \times E\left[Y_1 \mid Y_1 < x\right] \end{aligned}$$

Anhang C Bietstrategien im Grundmodell unabhängiger, privater Wertschätzungen: Höchstpreis-Auktion

In der Höchstpreis-Auktion gibt jeder Bieter ein verdecktes Gebot b_i ab und entrichtet bei Zuteilung einen Preis in Höhe seines Gebots.[753] Die korrespondierenden Auszahlungen lauten wie folgt:

$$\Pi_i = \begin{cases} x_i - b_i & \text{falls } b_i > \max_{j \neq i} b_j \\ 0 & \text{falls } b_i < \max_{j \neq i} b_j \end{cases}$$

Es wird weiterhin unterstellt, dass im Falle von gleich hohen Geboten das Verkaufsobjekt mit gleich hoher Wahrscheinlichkeit an Bieter i oder aber an Bieter $j \neq i$ geht.

Proposition *Die symmetrischen gleichgewichtigen Strategien in der Höchstpreis-Auktionen lauten*

$$\beta^I(x) = E[Y_1 \mid Y_1 < x],$$

wobei Y_1 der höchste von $N-1$ unabhängig gezogenen Werten ist.

Beweis Es wird angenommen, dass alle Bieter außer Bieter 1 der Strategie $\beta^I \equiv \beta$ gemäß der in Proposition 2 gegebenen Gleichung folgen. In diesem Fall ist es auch für Bieter 1 optimal, die Strategie β zu verfolgen. β ist annahmegemäß eine monoton steigende und stetige Funktion. Daher wird im Gleichgewicht der Bieter mit der höchsten Wertschätzung das höchste Gebot liefern und die Auktion gewinnen. Grundsätzlich ist es für Bieter 1 nicht optimal, ein Gebot $b > \beta(\omega)$ abzugeben. Bieter 1 würde zwar in jedem Fall die Zuteilung erhalten, könnte sich aber durch eine geringfügige Reduktion seines Gebots besser stellen, so dass er die Auktion nach wie vor gewinnt, jedoch weniger für das zu veräußernde Objekt zahlen muss. Daher werden nachfolgend lediglich Gebote, bei denen $b \leq \beta(\omega)$ gilt, betrachtet. $z = \beta^{-1}(b)$ soll die Wertschätzung bezeichnen, für die b das gleichgewichtige Gebot ist. Dies bedeutet, dass $\beta(z) = b$. Die

[753] Die folgenden Ausführungen sind S. 16-18 aus Krishna (2002) entnommen.

resultierende erwartete Auszahlung des Bieters aus einem Gebot in Höhe von $\beta(z)$ bei einer Wertschätzung von x lautet:

$$\begin{aligned}\Pi(b,x) &= G(z)[x-\beta(z)]\\ &= G(z)x - G(z)E[Y_1 \mid Y_1 < z]\\ &= G(z)x - \int_0^z yg(y)dy\\ &= G(z)x - G(z)z + \int_0^z G(y)dy\\ &= G(z)(x-z) + \int_0^z G(y)dy\end{aligned}$$

Unabhängig davon, ob $z \geq x$ oder $z \leq x$, gilt zudem Folgendes:

$$\Pi(\beta(x),x) - \Pi(\beta(z),x) = G(z)(z-x) - \int_x^z G(y)dy \geq 0$$

Folglich ist es für einen bestimmten Bieter mit einer Wertschätzung von x nicht vorteilhaft, ein anderes Gebot als $\beta(x)$ abzugeben, sofern sämtliche andere Bieter der Strategie β folgen. Dies impliziert, dass β eine symmetrische gleichgewichtige Strategie ist. □

Eine alternative Schreibweise des gleichgewichtigen Gebots lautet wie folgt:

$$\beta^I(x) = x - \int_0^x \frac{G(y)}{G(x)}dy$$

Diese umformulierte Gleichung zeigt, dass das Gebot niedriger als die tatsächliche Wertschätzung x ist. Da $\frac{G(y)}{G(x)} = [\frac{F(y)}{F(x)}]^{N-1}$, hängt das Ausmaß der Abweichung von der Anzahl der teilnehmenden Bieter ab. Bei steigender Bieteranzahl nähert sich das gleichgewichtige Gebot $\beta^I(x)$ an x an.

Die erwartete Zahlung eines Bieters mit einer Wertschätzung von x an den Verkäufer lautet:

$$\begin{aligned}m^I(x) &= \text{Wahrsch [Zuteilung]} \times \text{Gebot}\\ &= G(x) \times\ E[Y_1 \mid Y_1 < x]\end{aligned}$$

Sie entspricht der erwarteten Zahlung, die ein Bieter mit einer Wertschätzung von x in einer Vickrey-Auktion zu leisten hat.[754]

---

[754] Vgl. hierzu auch S. 324 des Anhangs.

Anhang D Grundmodell unabhängiger, privater Wertschätzungen: Vereinfachendes Beispiel bei Annahme von Bieterasymmetrien

Werden die Annahmen des Grundmodells unabhängiger, privater Wertschätzungen dahingehend modifiziert, dass Unterschiede in den Verteilungsfunktionen der Wertschätzungen der Bieter gegeben sind (Existenz von Bieterasymmetrien), bleibt in der Englischen Auktion weiterhin die Strategie dominant, ein Gebot in Höhe der tatsächlichen Wertschätzung abzugeben. Für die Höchstpreis-Auktion ist der Ausgang der Auktion nicht eindeutig bestimmbar. Der erwartete Gewinn des Verkäufers kann verglichen mit dem einer Englischen Auktion höher, niedriger oder aber gleich hoch ausfallen.[755] Unter der Voraussetzung, dass sich die Bieter in „starke" und in „schwache" Bieter unterscheiden lassen, sind die getroffenen Annahmen bzgl. der Verteilungsfunktion maßgeblich für das Ergebnis:[756]

- Bei gleicher Form der Verteilungsfunktionen beider Bieter aber unterschiedlichen Intervallen, in denen die Wertschätzungen liegen, ist die Höchstpreis-Auktion aus Perspektive des Verkäufers vorteilhaft.
- Liegen hingegen die Wertschätzungen der Interessenten im gleichen Intervall, sind jedoch mit unterschiedlichen Realisationswahrscheinlichkeiten behaftet und unterscheiden sich somit hinsichtlich ihrer Form, führt die Englische Auktion zu einem höheren Veräußerungserlös.

Diese Ergebnisse sollen anhand eines vereinfachenden Beispiels verdeutlicht werden. Zunächst wird der Fall betrachtet, in dem die *Verteilungsfunktionen die gleiche Form aufweisen*, die Wertschätzungen des stärkeren Bieters jedoch höhere Werte annehmen können, woraus eine Rechtsverschiebung resultiert. Zusätzlich wird unterstellt, dass die Wertschätzungen gleichverteilt sind und die Intervalle sich nicht überschneiden. Der stärkere Bieter gewinnt eine Höchstpreis-Auktion sicher, indem er ein Gebot in Höhe

---

[755] Vgl. Krishna (2002), S. 52f.; McAfee/McMillan (1987a), S. 715; Maskin/Riley (2000), S. 426-429; Maskin/Riley (1985), S. 153f.

[756] Vgl. Klemperer (1999), S. 236. Im ersten Fall kann die Verteilungsfunktion des stärkeren Bieters komplett nach rechts verschoben sein, so dass für ihn höhere Wertschätzungen resultieren. Dann haben die Intervalle beider Bieter unterschiedliche Anfangs- und Endpunkte. Alternativ ist eine Dehnung der Verteilungsfunktion des stärkeren Bieters denkbar, so dass ein breiteres Intervall resultiert. Der Anfangspunkt beider Verteilungen bleibt jedoch identisch; vgl. Maskin/Riley (2000), S. 415-417.

der maximalen Wertschätzung des schwächeren Bieters abgibt. Da seine eigene Wertschätzung stets über der des schwächeren Bieters liegt, realisiert er einen Gewinn. Der Verkäufer erhält eine sichere Zahlung in Höhe des abgegebenen Gebots des stärkeren Bieters, das der maximal denkbaren Wertschätzung des schwächeren Bieters entspricht. Böte der stärkere Bieter weniger, liefe er Gefahr, die Auktion zu verlieren und somit einen sicheren Gewinn aufzugeben. Bei einer Englischen Auktion erhält der Verkäufer lediglich eine Zahlung in Höhe des zweithöchsten Gebots. Da der schwächere Bieter die Auktion ohnehin nicht gewinnen kann, ist es für ihn optimal, ein Gebot in Höhe seiner tatsächlichen Wertschätzung abzugeben. Die tatsächliche Wertschätzung des schwächeren Bieters entspricht aber nicht zwingend seiner höchsten denkbaren Wertschätzung. In diesem Fall scheidet der Bieter aus der Auktion aus, bevor seine maximal denkbare Wertschätzung erreicht ist. Der stärkere Bieter erhält das Objekt zu eben diesem Preis. Aufgrund dieser Tatsache ist der *erwartete* Erlös des Verkäufers niedriger als bei einer Höchstpreis-Auktion und er erhält nicht mit Sicherheit eine Zahlung in Höhe der maximalen Wertschätzung des schwächeren Bieters. Allgemeiner gilt dieses Ergebnis, sofern die Wertschätzung des stärkeren Bieters mit einer hohen Wahrscheinlichkeit sehr viel höher ausfällt als die des schwächeren Bieters.[757]

Alternativ wird der Fall betrachtet, dass die Wertschätzungen im gleichen Intervall liegen, die *Verteilungsfunktionen jedoch eine unterschiedliche Form* aufweisen. Die Wahrscheinlichkeit, dass die Wertschätzung am unteren Ende des Intervalls liegt, ist hierbei für einen schwächeren Bieter höher als für einen stärkeren Bieter. Vereinfachend wird von einer Zweipunktverteilung ausgegangen. Dies bedeutet, dass die Zufallsvariable „Wertschätzung" nur zwei Ausprägungen annehmen kann, z.B. hoch und niedrig.[758] Zum besseren Verständnis soll an dieser Stelle auf ein Zahlenbeispiel zurückgegriffen werden. Es wird unterstellt, dass die Wertschätzungen der Bieter Null oder Zwei sein können. Der stärkere Bieter erfährt mit Sicherheit die hohe Wertschätzung. Die Wertschätzung des niedrigeren Bieters ist mit jeweils gleicher Wahrscheinlichkeit entweder hoch oder niedrig. In der Englischen Auktion entspricht der erwartete Verkaufserlös dem Erwartungswert der Wertschätzungen des schwächeren Bieters und beträgt: $\frac{1}{2} \times 2 + \frac{1}{2} \times 0 = 1$. In der Höchstpreis-Auktion beträgt die Wahrscheinlichkeit des stärkeren Bieters ein halb, dass er mit einem Gebot von Null gewinnt. Hieraus resultiert für ihn ein maximaler Gewinn, sollte die Wertschätzung des schwächeren Bieters

757 Vgl. Maskin/Riley (2000), S. 415f.

758 Die Annahme einer Zweipunktverteilung bedeutet, dass für eine Zufallsvariable nur zwei Werte mit einer positiven Wahrscheinlichkeit belegt sind; vgl. Toutenburg (2000), S. 70f.

tatsächlich niedrig sein. Trifft dies nicht zu, erhält er eine Auszahlung von Null, da er die Auktion verliert. Der Erwartungswert des Gewinns aus dieser Strategie beträgt: $2 - (\frac{1}{2} \times 2 + \frac{1}{2} \times 0) = 1$. Dieser Betrag in Höhe von Eins stellt zugleich eine Obergrenze für die Gebotshöhe des stärkeren Bieters dar. Böte er mehr, wäre sein erwarteter Gewinn immer niedriger als Eins und er stellte sich somit schlechter. Der stärkere Bieter hat daher einen Anreiz, ein im Vergleich zu seiner tatsächlichen Wertschätzung niedriges Gebot abzugeben. Der schwächere Bieter gewinnt die Auktion mit Sicherheit, sofern er das Gebot des stärkeren Bieters um einen infinitesimal kleinen Betrag (ϵ) überbietet. Sein erwarteter Gewinn vor Kenntnis seiner Wertschätzung beträgt hierbei mindestens ein halb ($\frac{1}{2} \times (2 - (1 + \epsilon)) = \frac{1}{2} \times (1 - \epsilon)$ für alle $\epsilon > 0$). Der erwartete Gewinn des Auktionators errechnet sich als Differenz aus Gesamtwohlfahrt und dem erwarteten Gewinn beider Bieter. Der Gewinner der Auktion hat mit Sicherheit eine Wertschätzung von zwei, weshalb die Gesamtwohlfahrt ebenfalls zwei beträgt. Der erwartete Gewinn beider Bieter zusammen beträgt mindestens anderthalb. Daher ist der erwartete Verkaufserlös maximal ein halb im Vergleich zu einer Englischen Auktion, bei der der erwartete Verkaufserlös Eins beträgt.[759] Allerdings führen weder die Englische noch die Höchstpreis-Auktion zu einem maximalen Verkaufserlös.[760]

759 Vgl. Maskin/Riley (2000), S. 417f.
760 Vgl. Cantillon (2008), S. 2.

Anhang E Modellannahmen bei voneinander abhängigen Wertschätzungen

Bei Annahme von voneinander abhängigen Wertschätzungen sind die Bieter nicht vollständig über den tatsächlichen Wert, den sie dem zu veräußernden Objekts beilegen, informiert.[761] Vielmehr können andere Bieter im Besitz von Informationen sein, die die Wertschätzung eines spezifischen Bieters beeinflussen würden, sofern er diese Informationen besäße:

- Es wird unterstellt, dass die Bieter über private Informationen verfügen. Die privaten Informationen von Bieter i sind in der Realisation der Zufallsvariablen $X_i \in [0, \omega_i]$ zusammengefasst, die auch als i's Signal bezeichnet wird.
- Der Wert des zu veräußernden Objekts für Bieter i kann als eine Funktion der Signale sämtlicher Bieter ausgedrückt werden: $V_i = v_i(X_1, X_2, \ldots, X_N)$. Hierbei ist die Funktion v_i die Bewertung des Bieters. Es wird unterstellt, dass v_i monoton steigend und zweifach stetig differenzierbar ist. Zudem wird angenommen, dass v_i streng monoton steigend für X_i ist. Diese Spezifizierung impliziert, dass der Wert des zu veräußernden Objekts vollständig durch die Signale definiert ist und somit keine weitere Unsicherheit existiert.
- $V_1, V_2, \ldots, V_N$ die N sind demnach die unbekannten Wertschätzungen der Bieter und $X_1, X_2, \ldots, X_N$ sind die N Signale der Bieter. In diesem Fall ist der erwartete Wert für i abhängig von sämtlichen Informationen, die den Bietern zur Verfügung stehen, durch $v_i(x_1, x_2, \ldots, x_N) \equiv E[V_i \mid X_1 = x_1, X_2 = x_2, \ldots, X_N = x_N]$ bestimmt.
- Ferner wird angenommen, dass $v_i(0, 0, \ldots, 0) = 0$ und dass $E[V_i] < \infty$.
- Die Prämisse der Risikoneutralität der Bieter, die bereits im Grundmodell unabhängiger, privater Wertschätzungen unterstellt wurde, bleibt weiterhin bestehen.

In diesem allgemeineren Modellrahmen sind das Modell unabhängiger, privater Wertschätzungen sowie das Modell gemeinsamer Wertschätzungen als Extremfälle enthalten. Im Modell unabhängiger, privater Wertschätzungen wäre die Spezifikation der Wertschätzungen $v_i(\mathbf{X}) = X_i$. Im Modell gemeinsamer Wertschätzungen hingegen

[761] Die folgenden Ausführungen sind den S. 83-87 aus Krishna (2002) entnommen.

messen alle Bieter dem Objekt den gleichen Wert $V = v(X_1, X_2, \ldots, X_N)$ zu. Die Informationen der Bieter bestehen jedoch ausschließlich aus ihren eigenen Signalen.

Wie im Grundmodell unabhängiger, privater Wertschätzungen wird ferner eine symmetrische Ausgangssituation unterstellt. Der Aspekt der symmetrischen Wertschätzungen, d.h. das die Wertschätzungen allesamt der gleichen Verteilung entstammen, muss bei voneinander abhängigen Wertschätzungen allerdings um den Aspekt der Symmetrie der Verteilung der Signale erweitert werden. Die Annahmen bzgl. einer symmetrischen Ausgangssituation lassen sich wie folgt zusammenfassen und formalisieren:

- Alle Signale X_i werden aus dem selben Intervall $[0, \omega]$ gezogen.
- Für sämtliche Bieter i lautet die Wertschätzung $v_i(\mathbf{X}) = u(X_i, \mathbf{X}_{-i})$. Die Funktion u, die für alle Bieter identisch ist, ist hierbei symmetrisch in ihren letzten $N-1$ Komponenten. Dies bedeutet aus Perspektive eines spezifischen Bieters, dass die Signale der anderen Bieter ausgetauscht werden können, ohne dass sich hierdurch ein Einfluss auf die Wertschätzung ergibt. Demnach gilt im Falle von drei Bietern die Gleichung $u(x, y, z) = u(x, z, y)$.
- Es wird ferner unterstellt, dass die gemeinsame Dichtefunktion der Signale f, die auf $[0, \omega]^N$ definiert ist, eine symmetrische Funktion ihrer Argumente ist und die Signale affiliiert sind.
- Der erwartete Wert für Bieter 1 bei einem Signal von x und dem höchsten Signal der anderen Bieter, Y_1, von y entspricht der Gleichung $v(x, y) = E[V_1 \mid X_1 = x, Y_1 = y]$. Aufgrund der unterstellten Symmetrie ist diese Funktion für sämtliche Bieter identisch.
- Es wird ferner angenommen, dass v eine monoton steigende Funktion für x und y sowie eine streng monoton steigende Funktion für x ist.
- Aus $u(\mathbf{0}) = 0$ folgt $v(0, 0) = 0$.

Eine weitere Verallgemeinerung des Grundmodells unabhängiger, privater Wertschätzungen wird dadurch erreicht, dass die Annahme der unabhängig verteilten Informationen der Bieter aufgegeben wird. Dies bedeutet, dass die Signale der Bieter korreliert sind. Daher muss die gemeinsame Dichte der Signale der Bieter $f(\mathbf{X})$ nicht zwingend ein Produkt der einzelnen Dichten $f_i(X_i)$ sein.

Vielmehr wird unterstellt, dass die Signale $X_1, X_2, \ldots, X_N$ positiv affiliiert sind:

- Die Zufallsvariablen $Y_1, Y_2, \ldots, Y_{N-1}$ seien die höchsten, zweithöchsten,..., niedrigsten der Signale aus $X_2, X_3, \ldots, X_N$. Sind die Variablen $X_1, X_2, \ldots, X_N$ affiliiert, so sind auch die Variablen $X_1, Y_1, \ldots, Y_{N-1}$ affiliiert.

- $G(\cdot \mid x)$ sei die Verteilung von Y_1 unter der Bedingung, dass $X_1 = x$. Dann impliziert die Affiliation von X_1 und Y_1 dass falls $x' > x$ gilt, die Verteilung $G(\cdot \mid x')$ die Verteilung $G(\cdot \mid x)$ dominiert:

$$\frac{g(y \mid x^{'})}{G(y \mid x^{'})} \geq \frac{g(y \mid x)}{G(y \mid x)}$$

- Schließlich impliziert $x' > x$ für jede monoton steigende Funktion γ, dass $E[\gamma(Y_1) \mid X_1 = x'] \geq E[\gamma(Y_1) \mid X_1 = x]$.

Anhang F Bietstrategien bei Annahme von voneinander abhängigen Wertschätzungen: Vickrey-Auktion

Proposition [762] *In einer Vickrey-Auktion sind die symmetrischen gleichgewichtigen Strategien durch $\beta^{II}(x) = v(x,x)$ gegeben.*

Beweis Betrachtet wird wieder Bieter 1. Es wird angenommen, dass sämtliche anderen Bieter $j \neq 1$ die Strategie $\beta \equiv \beta^{II}$ verfolgen. Die erwartete Auszahlung von Bieter 1 bei einem Signal von x und einem Gebot von b ist:

$$\begin{aligned}\Pi(b,x) &= \int_0^{\beta^{-1}(b)} (v(x,y) - \beta(y))g(y \mid x)dy \\ &= \int_0^{\beta^{-1}(b)} (v(x,y) - v(y,y))g(y \mid x)dy\end{aligned}$$

Hierbei bezeichnet $g(\cdot \mid x)$ die Dichte von $Y_1 \equiv \max_{i \neq 1} X_i$ unter der Bedingung, dass $X_1 = x$. Da v steigend in ihrem ersten Argument ist, gilt für alle $y < x$ die Ungleichung $v(x,y) - v(y,y) > 0$. Für alle $y > x$ gilt die Ungleichung $v(x,y) - v(y,y) < 0$. Daher wird Π maximiert, indem das Gebot b derart gewählt wird, dass $\beta^{-1}(b) = x$ resp. dass $b = \beta(x)$. □

[762] Die folgenden Ausführungen sind S. 87f. aus Krishna (2002) entnommen.

Anhang G Bietstrategien bei voneinander abhängigen Wertschätzungen: Englische Auktion

Im Folgenden wird eine einfacher zu analysierende Version der Englischen Auktion, die Japanische Auktion, betrachtet.[763] Von den Begrifflichkeiten her wird weiterhin der Terminus Englische Auktion verwendet.[764]

Eine symmetrische gleichgewichtige Strategie in der Englischen Auktion ist eine Sammlung $\boldsymbol{\beta}= (\beta^N, \beta^{N-1}, \ldots, \beta^2)$ von $N-1$ Funktionen $\beta^k : [0,1] \times \mathbb{R}_+^{N-k} \rightarrow \mathbb{R}_+$ für $1 < k \leq N$. Hierbei ist $\beta^k(x, p_{k+1}, \ldots, p_N)$ der Preis, zu dem Bieter 1 aus der Auktion ausscheidet. Die korrespondierende Anzahl aktiver Bieter wird durch k angegeben, sein eigenes Signal ist x und die Preise, zu denen die anderen $N-k$ Bieter ausgeschieden sind, waren $p_{k+1} \geq p_{k+2} \geq \ldots \geq p_N$.

Sind sämtliche Bieter aktiv, sei $\beta^N(x) = u(x, x, \ldots, x)$. $\beta^N(\cdot)$ ist eine stetige und steigende Funktion. Angenommen Bieter N ist der erste Bieter, der aus der Auktion ausscheidet. Der entsprechende Preis ist p_N und x_N ist ein eindeutiges Signal, so dass $\beta^N(x_N) = p_N$ gilt. Die verbleibenden $N-1$ Bieter folgen der Strategie $\beta^{N-1}(x, p_N) = u(x, \ldots, x, x_N)$ mit $\beta^N(x_N) = p_N$. Die Funktion $\beta^{N-1}(\cdot, p_N)$ ist ebenfalls stetig und steigend.

Diese Vorgehensweise wird rekursiv angewandt, so dass für alle k mit $2 \leq k < N$ davon ausgegangen werden kann, dass die Bieter $N, N-1, \ldots, k+1$ zu den Preisen $p_N, p_{N-1}, \ldots, p_{k+1}$ ausgeschieden sind. Die verbleibenden k Bieter folgen nun der Strategie $\beta^k(x, p_{k+1}, \ldots, p_N) = u(x, \ldots, x, x_{k+1}, \ldots, x_N)$, mit $\beta^{k+1}(x_{k+1}, p_{k+2}, \ldots, p_N) = p_{k+1}$.

Proposition *In einer Englischen Auktion sind die symmetrischen gleichgewichtigen Strategien durch* $\boldsymbol{\beta}$ *gegeben.* $\boldsymbol{\beta}$ *ist definiert durch* $\beta^N(x) = u(x, x, \ldots, x)$ *und* $\beta^k(x, p_{k+1}, \ldots, p_N) = u(x, \ldots, x, x_{k+1}, \ldots, x_N)$.

Beweis Betrachtet wird wieder Bieter 1, der ein Signal $X_1 = x$ erhält. Es wird angenommen, dass sämtliche anderen Bieter der Strategie $\boldsymbol{\beta}$ folgen. Die Zufallsvariablen $Y_1, Y_2, \ldots, Y_{N-1}$ seien wiederum die höchsten, zweithöchsten,..., niedrigsten der Signale aus $X_2, X_3, \ldots, X_N$. Ferner wird unterstellt, dass die Realisationen von $Y_1, \ldots, Y_N$,

[763] Die Ausführungen sind S. 90-92 aus Krishna (2002) entnommen.

[764] Vgl. hierzu auch S. 115 der vorliegenden Arbeit.

die durch $y_1, \ldots, y_N$ bezeichnet werden, derart ausgestaltet sind, dass Bieter 1 die Zuteilung erhält, sofern er ebenfalls der Strategie $\boldsymbol{\beta}$ folgt. In diesem Fall muss $x > y_1$ gelten. Der von Bieter 1 zu entrichtende Preis ist der Preis, zu dem der Bieter mit dem zweithöchsten Signal, y_1, ausgeschieden ist. Nach der Gleichung $\beta^k(x, p_{k+1}, \ldots, p_N) = u(x, \ldots, x, x_{k+1}, \ldots, x_N)$ entspricht dies $u(y_1, y_1, y_2, \ldots, y_N)$. Da $x > y_1$, ist die Auszahlung bei Zuteilung positiv: $u(x, y_1, y_2, \ldots, y_N) - u(y_1, y_1, y_2, \ldots, y_N) > 0$. Bieter 1 kann den Preis, den er für das zu veräußernde Objekt zahlen muss, nicht beeinflussen. Da zudem die Auszahlung aus einer Zuteilung positiv ist, kann Bieter 1 sich nicht besser stellen, indem er von der Strategie $\boldsymbol{\beta}$ abweicht. In einem nächsten Schritt soll unterstellt werden, dass die Realisationen von $Y_1, \ldots, Y_N$ derart ausgestaltet sind, dass Bieter 1 die Zuteilung nicht erhält, sofern er ebenfalls der Strategie $\boldsymbol{\beta}$ folgt. Daraus folgt, dass $x < y_1$. Falls Bieter 1 nicht aus der Auktion ausscheidet und die Zuteilung erhält, muss er ebenfalls einen Preis von $u(y_1, y_1, y_2, \ldots, y_N)$ entrichten. Da $x < y_1$, übersteigt der Preis nun allerdings den ex post Wert des zu veräußernden Objekts für Bieter 1. Daher kann sich Bieter 1 nicht besser stellen, als gemäß der Strategie $\boldsymbol{\beta}$ auszuscheiden. $\square$

Anhang H Bietstrategien bei voneinander abhängigen Wertschätzungen: Höchstpreis-Auktion

Zunächst wird unterstellt, dass sämtliche anderen Bieter $j \neq 1$ der steigenden und differenzierbaren Strategie β folgen.[765] Es zahlt sich für Bieter 1 nicht aus, weniger als $\beta(0)$ oder aber mehr als $\beta(\omega)$ zu bieten. $G(\cdot \mid x)$ sei weiterhin die Verteilungsfunktion von $Y_1 \equiv \max_{i \neq 1} X_i$ unter der Bedingung, dass $X_1 = x$. Die dazugehörige bedingte Dichtefunktion wird mit $g(\cdot \mid x)$ bezeichnet. Die erwartete Auszahlung von Bieter 1 bei einem Signal von x und einem Gebot in Höhe von $\beta(z)$ lautet:

$$\begin{aligned}\Pi(z,x) &= \int_0^z (v(x,y) - \beta(z))g(y \mid x)dy \\ &= \int_0^z v(x,y)g(y \mid x)dy - \beta(z)G(z \mid x)\end{aligned}$$

Die Bedingung erster Ordnung ist:

$$(v(x,z) - \beta(z))g(z \mid x) - \beta^{'}(z)G(z \mid x) = 0.$$

Im symmetrischen Gleichgewicht entspricht das optimale z dem Signal x, so dass die Gleichsetzung von $z = x$ in der Bedingung erster Ordnung zu folgender Differenzialgleichung führt:

$$\beta^{'}(x) = (v(x,x) - \beta(x))\frac{g(x \mid x)}{G(x \mid x)}$$

Proposition *Die symmetrischen gleichgewichtigen Strategien in einer Höchstpreis-Auktion sind durch*

$$\beta^I(x) = \int_0^x v(y,y)dL(y \mid x)$$

gegeben, wobei

$$L(y \mid x) = \exp\left(-\int_y^x \frac{g(t \mid t)}{G(t \mid t)}\,dt\right)$$

Beweis $L(\cdot \mid x)$ entspricht einer Verteilungsfunktion mit dem Träger $[0,x]$. Aufgrund der unterstellten Affiliation gilt für alle $t > 0$:

$$\frac{g(t \mid t)}{G(t \mid t)} \geq \frac{g(t \mid 0)}{G(t \mid 0)}$$

---

[765] Die folgenden Ausführungen sind S. 92-94 aus Krishna (2002) entnommen.

Daraus folgt:

$$\begin{aligned}
-\int_0^x \frac{g(t \mid t)}{G(t \mid t)}dt &\leq -\int_0^x \frac{g(t \mid 0)}{G(t \mid 0)}dt \\
&= -\int_0^x \frac{d}{dt}(\ln G(t \mid 0))dt \\
&= \ln G(0 \mid 0) - \ln G(x \mid 0) \\
&= -\infty
\end{aligned}$$

Die beidseitige Anwendung der Exponentialfunktion impliziert, dass für alle x die Gleichung $L(0 \mid x) = 0$ gilt. Darüber hinaus gilt $L(x \mid x) = 1$ und $L(\cdot \mid x)$ ist steigend. Daher ist $L(\cdot \mid x)$ eine Verteilungsfunktion. Falls $x' > x$, dann gilt für alle y die Ungleichung $L(y \mid x') \leq L(y \mid x)$. Da $v(y, y)$ eine steigende Funktion von y ist, bedeutet dies dass $\beta \equiv \beta^I$ eine steigende Funktion von x ist. Betrachtet werden soll nun ein Bieter, der $\beta(z)$ bietet, obwohl sein Signal x ist. Der erwartete Gewinn lautet in diesem Fall:

$$\Pi(z, x) = \int_0^z (v(x, y) - \beta(z))g(y \mid x)dy$$

Die Ableitung nach z ergibt:

$$\begin{aligned}
\frac{\partial \Pi}{\partial z} &= (v(x, z) - \beta(z))g(z \mid x) - \beta'(z)G(z \mid x) \\
&= G(z \mid x)\left[(v(x, z) - \beta(z))\frac{g(z \mid x)}{G(z \mid x)} - \beta'(z)\right]
\end{aligned}$$

Falls $z < x$, dann gilt wegen $v(x, z) > v(z, z)$ und der unterstellten Affiliation:

$$\frac{g(z \mid x)}{G(z \mid x)} > \frac{g(z \mid z)}{G(z \mid z)}$$

Daraus folgt unter Verwendung von $\beta'(x) = (v(x, x) - \beta(x))\frac{g(x|x)}{G(x|x)}$

$$\frac{\partial \Pi}{\partial z} > G(z \mid x)\left[(v(z, z) - \beta(z))\frac{g(z \mid z)}{G(z \mid z)} - \beta'(z)\right] = 0$$

Gilt umgekehrt $z > x$, folgt $\frac{\partial \Pi}{\partial z} < 0$. Daher wird $\Pi(z, x)$ maximiert, indem der Bieter $z = x$ wählt. □

Anhang I Erwartete Einnahmen des Verkäufers bei voneinander abhängigen Wertschätzungen

Proposition [766] *Der erwartete Gewinn aus einer Englischen Auktion ist mindestens so hoch wie der erwartete Gewinn aus einer Vickrey-Auktion.*

Beweis Die gleichgewichtige Strategie in der Vickrey-Auktion lautet $\beta^{II}(x) = v(x, x)$. $v(x, y)$ ist definiert als $v(x, y) = E[V_1 \mid X_1 = x, Y_1 = y]$. Für den Fall, dass x>y, gilt:

$$\begin{aligned} v(y, y) &= E[u(X_1, Y_1, Y_2, \ldots, Y_{N-1}) \mid X_1 = y, Y_1 = y] \\ &= E[u(Y_1, Y_1, Y_2, \ldots, Y_{N-1}) \mid X_1 = y, Y_1 = y] \\ &\leq E[u(Y_1, Y_1, Y_2, \ldots, Y_{N-1}) \mid X_1 = y, Y_1 = y] \end{aligned}$$

Die letzte Ungleichung resultiert aus der Tatsache, dass u in allen Argumenten steigt und die Signale affiliiert sind. Der ewartete Gewinn aus einer Vickrey-Auktion lautet:

$$\begin{aligned} E[R^{II}] &= E[\beta^{II}(Y_1) \mid X_1 > Y_1] \\ &= E[v(Y_1, Y_1) \mid X_1 > Y_1] \\ &\leq E[E[u(Y_1, Y_1, Y_2, \ldots, Y_{N-1}) \mid X_1 = x, Y_1 = y] \mid X_1 > Y_1] \\ &= E[u(Y_1, Y_1, Y_2, \ldots, Y_{N-1}) \mid X_1 > Y_1] \\ &= E[\beta^2(Y_1, Y_2, \ldots, Y_{N-1})] \\ &= E[R^{Eng}] \end{aligned}$$

Hierbei entspricht β^2 der Bietstrategie in der Englischen Auktion, sofern nur noch zwei Bieter vorhanden sind. Der Preis, zu dem der zweitletzte Bieter ausscheidet, ist der Preis, den der gewinnende Bieter zahlt. □

Proposition *Der erwartete Gewinn aus einer Vickrey-Auktion ist mindestens so hoch wie der erwartete Gewinn aus einer Höchstpreis-Auktion.*

Beweis Die Zahlung eines Bieters mit einem Signal von x bei erhaltener Zuteilung entspricht in einer Höchstpreis-Auktion seinem Gebot $\beta^I(x)$, wobei $\beta^I(x) = \int_0^x v(y, y) dL(y \mid x))$. Die erwartete Auszahlung eines Bieters mit einem Signal von x bei Zuteilung in einer Vickrey-Auktion lautet $E[\beta^{II}(Y_1) \mid X_1 = x, Y_1 < x]$, wobei $\beta^{II}(x) = (v(x, x))$.

766 Die folgenden Ausführungen sind S. 96-98 aus Krishna (2002) entnommen.

In beiden Auktionen ist die Wahrscheinlichkeit, dass ein Bieter mit einem Signal von x die Auktion gewinnt, gleich hoch. Aus den gleichgewichtigen Bietstrategien in der Vickrey-Auktion folgt:

$$\begin{aligned} E[\beta^{II}(Y_1) \mid X_1 = x, Y_1 < x] &= E[v(Y_1, Y_1) \mid X_1 = x, Y_1 < x] \\ &= \int_0^x v(y, y) dK(y \mid x) \end{aligned}$$

und für alle $y < x$,

$$K(y \mid x) \equiv \frac{1}{G(x \mid x)} G(y \mid x)$$

$K(\cdot \mid x)$ ist eine Verteilungsfunktion mit dem Träger $[0, x]$. In der gleichgewichtigen Bietstrategie in der Höchstpreis-Auktion, $\beta^I(x) = \int_0^x v(y, y) dL(y \mid x)$, ist $L(\cdot \mid x)$ ebenfalls eine Verteilungsfunktion mit dem Träger $[0, x]$. Für alle $y < x$ gilt $K(y \mid x) \leq L(y \mid x)$. Aufgrund der unterstellten Affiliation dominiert $G(\cdot \mid x)$ die Funktion $G(\cdot \mid t)$, so dass für alle $t < x$:

$$\frac{g(t \mid t)}{G(t \mid t)} \leq \frac{g(t \mid x)}{G(t \mid x)}$$

Daher gilt für alle $y < x$:

$$\begin{aligned} -\int_y^x \frac{g(t \mid t)}{G(t \mid t)} dt &\geq -\int_y^x \frac{g(t \mid x)}{G(t \mid x)} dt \\ &= -\int_y^x \frac{d}{dt} (ln\ G(t \mid x)) dt \\ &= ln\ G(y \mid x) - ln\ G(x \mid x) \\ &= ln \left(\frac{G(y \mid x)}{G(x \mid x)} \right) \end{aligned}$$

Durch Anwendung der Exponentialfunktion resultiert für alle $y < x$ die Ungleichung $L(y \mid x) \geq K(y \mid x)$. $\square$

Anhang J Interviewleitfaden

GESPRÄCHSPERSON

1. Wie viele Jahre Berufserfahrung haben Sie im M&A-Bereich?

2. Wie viele Jahre davon haben Sie in ihrem jetzigen Unternehmen verbracht?

3. Haben Sie einen Industriefokus?

4. Wie viele kontrollierte Auktionen haben Sie persönlich in den letzten zwei Jahren strukturiert / begleitet?

5. Betreuen Sie alle Phasen des Prozesses oder nur bestimmte Phasen?

INSTITUTION

6. Wie würden Sie ihre Klientenstruktur beschreiben?

   Größe: Mittelständler vs. Großunternehmen

   Art: Strategischer Investor, Finanzinvestor, Management, Familienunternehmen

7. In welcher Bandbreite bewegen sich die Dealvolumina der von ihrem Haus betreuten Verkaufsmandate?

8. Betreut Ihr Unternehmen vorwiegend Transaktionen im deutschsprachigen Raum, auf europäischer Ebene oder auf internationaler Ebene?

TEIL A: STRUKTURIERUNG

1. **Bitte beschreiben Sie kurz, was Sie unter dem Begriff der kontrollierten Auktion verstehen.**

2. **Laufen die einzelnen Phasen einer kontrollierten Auktion weitgehend standardisiert ab, oder ist die Ausgestaltung des Prozesses stärker individualisiert?**
   (Bei „ja" Frage A3, sonst Frage A4)

3. **Wie sehen die einzelnen Phasen einer kontrollierten Auktion aus?**
   Gehen Sie dabei bitte insbesondere auf folgende Aspekte ein:
   - Zielsetzung der einzelnen Phasen
   - An potenzielle Käufer gerichtete Informationen in den einzelnen Phasen (z.B. Unternehmensdaten, Informationen zum Prozessablauf, etc.)
   - Durchschnittliche Dauer der einzelnen Phasen

4. **Welche Faktoren bedingen eine stärker individualisierte Ausgestaltung der kontrollierten Auktion?**
   - In welcher Art und Weise nehmen folgende Faktoren (z.B. Anz. / Art potenzieller Käufer, Zielhierarchie des Verkäufers, Unternehmenscharakteristika) Einfluss auf den Prozess?

5. **Was sind aus Perspektive des Advisors die wichtigsten Erfolgsfaktoren bei der Strukturierung der Transaktion?**

6. **Wo sehen Sie die größten Herausforderungen und Fehlerquellen?**

TEIL B: PROZESSSCHRITTE

7. Nach welchen Kriterien wählen Sie die anzusprechenden Bieter aus?

- Beabsichtigte Anzahl an Bietern
- Art der Bieter (z.B. Finanzinvestor, strategischer Käufer, Management)
- Eigenschaften der Bieter (z.B. Person, Reputation, Strategie, Finanzkraft, Synergiepotenzial, Market Know-how, Internationalität)
- Interaktion zwischen den Käufern (erwarteter Wettbewerb, v.a. bei strategischen Käufern)

8. Welche Informationen zum Prozessablauf erhalten die angesprochenen Bieter?

- Zeitlicher Ablauf, Auktionsregel, Pflichtangaben in den Geboten
- Wird hierbei immer die gleiche Auktionsregel angewandt oder wird diese variiert (z.B. alternative Standard-Auktionsregeln, Festsetzung Mindestpreise, etc.)?
- Beziehen sich die Informationen jeweils auf eine Phase oder auf alle Phasen des Prozesses?
- Falls sich der Prozessablauf in späteren Phasen noch ändert, von welchen Kriterien hängt dies ab? In welchen Bereichen finden diese Änderungen primär statt (z.B. Änderung der Auktionsregel)?

- Können einzelne Bieter von diesem Prozessablauf abweichen (z.B. zeitlich oder aber Nachbesserung des Gebots möglich)? Wovon hängt dies ab?
- Werden den Bietern die Selektionskriterien für die nächste Runde kommuniziert?

9. Welche Angaben beinhaltet ein indikatives Gebot?

- Unterscheiden sich diese Angaben vom finalen Gebot? Inwiefern?

10. Nach welchen Kriterien selektieren Sie die Bieter für die nachfolgende Phase der Due Diligence?

- Art der Bieter (z.B. Finanzinvestor, strategischer Käufer, Management)
- Eigenschaften der Bieter (z.B. Person, Reputation, Strategie, Finanzkraft, Synergiepotenzial, Market Know-how, Internationalität)
- Eigenschaften des indikativen Gebots (z.B. Preis, Art / Umfang der Kaufvorbehalte, Finanzierung, Art der Zahlungsmittel)
- Interaktion zwischen den Käufern (erwarteter Wettbewerb)
- Welche Relevanz würden Sie den einzelnen Kriterien zuordnen?

11. **Glauben Sie, dass es den Bieterwettbewerb fördert, die Anzahl, die Person und / oder die indikativen Gebote der Mitbieter nicht zu veröffentlichen oder kann die Offenlegung dieser Informationen unter Umständen den Wettbewerb verstärken?**
    - Erhalten potenzielle Käufer auf Anfrage Informationen zu den Geboten der Mitbieter resp. über ihr Gebot relativ zu den Mitbietern?
    - Befürchten Sie, dass sich die Bieter untereinander absprechen? Welche Sanktionsmechanismen existieren?
    - Welche Möglichkeiten haben Sie als Advisor generell, den Bieterwettbewerb zu fördern?

12. **Unterscheidet sich die Due Diligence von der anderer Verkaufsverfahren?**
    - z.B. zusätzlich Durchführung einer Vendor Due Diligence?
    - z.B. in organisatorischer Hinsicht (räumliche und / oder zeitliche Trennung der Datenräume), damit die Bieter keine Informationen erlangen, wer die anderen potenziellen Käufer sind?
    - Wie wird der Verkäufer davor geschützt, dass potenzielle Käufer nur bieten, um an Unternehmensinterna zu gelangen?
    - Verlangen Sie Teilnahmegebühren? In welcher Höhe / Warum nicht?

13. Welche Angaben beinhaltet ein bindendes Gebot?

- Eigenschaften des Gebots (z.B. Preis, Art / Umfang der Kaufvorbehalte, Finanzierung, Art der Zahlungsmittel)?
- Eigenschaften des Käufers (z.B. Person, Reputation, Strategie, Finanzkraft, Synergiepotenzial, Market Know-how, Internationalität)
- Wie wird sichergestellt, dass die Bieter ihre Gebote auch finanzieren können?
- Macht sich die Teilnahme von strategischen Käufern und Finanzinvestoren in der Verteilung der Gebote bemerkbar?

14. Wie werden die Bieter, mit denen weiter verhandelt wird, ausgewählt?

- Wenn Sie die finalen Bieter auswählen müssten, welchen der eben genannten Kriterien würden Sie die höchste Relevanz zuordnen?

15. Könnten Sie abschließend kurz erläutern, was aus Perspektive des Advisors die wichtigsten Erfolgsfaktoren der Durchführung der Transaktion und der Steuerung des Bieterwettbewerbes sind?

16. Wo sehen Sie die größten Herausforderungen und Fehlerquellen?

TEIL C: AUSBLICK

17. Hat die Anzahl kontrollierter Auktionen im Vergleich zu alternativen Verkaufsverfahren in den letzten Jahren zu- oder abgenommen, oder ist sie gleich geblieben?
    - Auf welche Faktoren führen Sie diese Entwicklung zurück?
    - Glauben Sie, dass diese Entwicklung anhält oder erwarten Sie eine Änderung?

18. Existieren alternative Auktionsverfahren, die Sie im „private M&A" zum Verkauf eines Unternehmens einsetzen?
    - Wie sind diese ausgestaltet?
    - Wie schätzen Sie deren Anwendungshäufigkeit in Relation zu kontrollierten Auktionen ein?

19. Gibt es in der Industrie neuartige Beratungsprodukte, die insbesondere bei kontrollierten Auktionen zum Einsatz kommen?

Anhang K Vertraulichkeitserklärung

VERTRAULICHKEITSERKLÄRUNG

Hiermit wird bestätigt, dass Frau Vera Kopp, Doktorandin am Stiftungslehrstuhl für Unternehmensfinanzierung und Kapitalmärkte der European Business School (ebs), ein Forschungsprojekt zum Thema „Kontrollierte Auktionen bei Verkaufstransaktionen" durchführt. Das Projekt betreut Prof. Ulrich Hommel, Ph.D., Rektor der European Business School (ebs) sowie Inhaber des Stiftungslehrstuhls für Unternehmensfinanzierung und Kapitalmärkte.

Aus wissenschaftlichen Gründen ist eine Aufzeichnung der Interviews erforderlich. Die im Rahmen der Studie gewonnenen Informationen werden **streng vertraulich** behandelt und lediglich zu Forschungszwecken verwendet.

Hiermit wird den befragten Unternehmensvertretern zugesichert, dass

- die erhobenen Daten ausschließlich anonymisiert dokumentiert werden,
- die Datenauswertung ausschließlich auf aggregierter Basis erfolgt,
- die Ergebnisse nicht mit einer befragten Person oder einem Unternehmen assoziiert werden können.

Für Rückfragen steht Ihnen Frau Kopp jederzeit gerne zur Verfügung.

Prof. Ulrich Hommel, Ph.D.	*Vera Kopp*
Inhaber des Stiftungslehrstuhl für Unternehmensfinanzierung und Kapitalmärkte	Doktorandin

FINANZIERUNG, KAPITALMARKT UND BANKEN

Herausgegeben von Prof. Dr. Hermann Locarek-Junge, Dresden, Prof. Dr. Klaus Röder, Regensburg, und Prof. Dr. Mark Wahrenburg, Frankfurt

Band 68
Dennis Utzerath
Eigenkapitalregulierung und prozyklisches Bankverhalten
Lohmar – Köln 2010 • 192 S. • € 49,- (D) • ISBN 978-3-89936-898-7

Band 69
Bianca Ahrens
Capital Market Implications of Earnings Quality
Lohmar – Köln 2010 • 280 S. • € 58,- (D) • ISBN 978-3-89936-921-2

Band 70
Konrad Mair
Implizite Ausfallwahrscheinlichkeiten der Staatsanleihen von Schwellenländern – Ermittlung und Determinanten
Lohmar – Köln 2010 • 396 S. • € 66,- (D) • ISBN 978-3-89936-945-8

Band 71
Rafael Zajonz
Die Bewertung europäischer Immobilienaktien – Theoretische und empirische Modelle zur Erklärung der NAV-Spreads
Lohmar – Köln 2010 • 636 S. • € 83,- (D) • ISBN 978-3-89936-984-7

Band 72
Gaby Trinkaus
Analysis of non-compliant loans in German synthetic mortgage-backed securities transactions – Performance and regulatory effects
Lohmar – Köln 2010 • 164 S. • € 47,- (D) • ISBN 978-3-89936-990-8

Band 73
Vera Kopp
Kontrollierte Auktionen – Eine Analyse privater Unternehmensverkäufe aus Perspektive des Veräußerers
Lohmar – Köln 2010 • 384 S. • € 65,- (D) • ISBN 978-3-89936-993-9